船舶与海洋工程系列

U0292894

振动与声基础

（第2版）

张揽月　　张明辉　　陈文剑　编　著

哈尔滨工程大学出版社
Harbin Engineering University Press

内容简介

本书包括振动与声学的一般理论和一些技术应用的基础理论。

本书除绪论外共分7章。振动方面的内容包括集中参数机械振动系统的振动和完全弹性介质中弹性波传播规律;声学方面的内容包括理想流体中小振幅波的基本规律,声波的辐射、散射和接收,以及介质对声波的吸收和吸声材料、吸声结构。

本书可作为声学和水声学专业本科生的教材,也可作为从事声学专业人员的参考用书。

图书在版编目(CIP)数据

振动与声基础 / 张揽月,张明辉,陈文剑编著.
2 版. -- 哈尔滨:哈尔滨工程大学出版社,2024.7.
ISBN 978-7-5661-4497-3

Ⅰ.O32;O422

中国国家版本馆 CIP 数据核字第 2024CY2936 号

振动与声基础(第2版)
ZHENDONG YU SHENGJICHU(DI 2 BAN)

选题策划　雷　霞
责任编辑　宗盼盼
封面设计　李海波

出版发行	哈尔滨工程大学出版社
社　　址	哈尔滨市南岗区南通大街 145 号
邮政编码	150001
发行电话	0451-82519328
传　　真	0451-82519699
经　　销	新华书店
印　　刷	哈尔滨午阳印刷有限公司
开　　本	787 mm×1 092 mm　1/16
印　　张	18.5
字　　数	436 千字
版　　次	2024 年 7 月第 2 版
印　　次	2024 年 7 月第 1 次印刷
书　　号	ISBN 978-7-5661-4497-3
定　　价	58.00 元

http://www.hrbeupress.com
E-mail:heupress@hrbeu.edu.cn

再 版 说 明

　　本书第 1 版于 2016 年出版,至今已使用 8 年。为了更好地服务专业教学和科学研究,基于广大读者提出的宝贵意见和建议,编著者对本书内容进行了补充和修订。

　　声学是一门既古老又迅速发展的学科,近年来产生了许多声学分支。本书作为基础性教材,不可能详尽包罗声学发展的所有问题,其首要任务是为广大读者奠定学习基础,使其尽快掌握振动与声学问题的基本解法,为深入学习和从事相关工作夯实根基。

　　本书第 2 版保持了第 1 版的主体内容和风格特色,增加了一些近年来声学发展中涉及的有关声学基础方面的内容。例如,第 2 章的"弦的横振动"(陈文剑撰写)、第 4 章的"同相点声源组合声辐射"(张揽月撰写)和第 5 章的"阻抗表面目标声散射"(张明辉撰写)。本书增加的绪论部分由杨士莪院士撰写,详细阐述了学习振动与声基础的意义,高度概括了本书的内容和有效的学习方法。此外,杨士莪院士还对全书进行了审阅,对部分文字和图片提出了修改意见,在此,对杨士莪院士的专业指导和拨冗教诲表示深深的谢意!

　　本书的再版希望能继续获得广大读者的欢迎和认可,但由于编著者水平有限,书中错误之处在所难免,敬请广大读者批评指正!

编著者

2024 年 1 月

前　言

本书作为声学和水声学专业的入门书籍,阐述了振动与声学的基本概念,创建了解决振动和声学问题的一般方法,揭示了振动和声学的基本规律。全书由浅入深,各章包括基本概念、原理和处理方法。

本书阐述了振动与声学的基本原理和基本规律,振动方面的内容包括集中参数机械振动系统的振动和完全弹性介质中弹性波传播规律;声学方面的内容以波动方程的推导和波动方程的求解为主线,由三个基本方程推导出波动方程,之后是波动方程在不同条件下的求解,涉及平面波、球面波、柱面波,简谐平面波在两种介质平面分界面上的反射和折射,声波在波导中的传播,以及声波的辐射和散射问题。

全书除绪论外共分7章。第1章是集中参数机械振动系统的振动,采用振动体位移方程求解方法和机电类比方法分析了机械系统的振动特性等;第2章是完全弹性介质中弹性波传播规律,介绍了完全弹性介质中的弹性波传播、弹性介质中的波动方程、均匀弹性细棒的纵振动和小振幅弯曲振动、简谐平面波在流体-弹性体平面分界面上的反射和折射等;第3章是理想流体中小振幅波的基本规律,介绍了流体介质中的波动方程,平面波、柱面波和球面波,简谐平面波在两种介质平面分界面上的反射和折射,声波在波导中的传播等;第4章是声波的辐射,介绍了均匀脉动球面的声辐射、声偶极子和摆动球的声辐射、均匀脉动柱面的声辐射和辐射场的特点,以及亥姆霍兹积分公式等;第5章是声波的散射,介绍了圆球的散射、圆柱的散射和刚硬薄圆盘的散射等;第6章是声波的接收,介绍了接收器机械振动系统的振速畸变的原因和减少畸变的措施等;第7章是介质对声波的吸收和吸声材料、吸声结构,介绍了声吸收机制和典型吸声结构等。

本书参考了孙辉教授多年从事振动与声基础课程教学的讲义,并在孙辉教授的悉心指导下完成撰写,在此向孙辉教授表示衷心感谢!

由于编著者水平有限,书中难免有不当之处,欢迎读者批评指正!

编著者

2024 年 3 月

目　　录

第0章　绪论 ··· 1

　　0.1　学习振动与声基础的意义 ······························· 1

　　0.2　如何学好振动与声基础课程 ··························· 4

第1章　集中参数机械振动系统的振动 ······················· 6

　　1.1　单自由度振动系统的振动 ····························· 7

　　1.2　机电类比 ··· 33

　　1.3　多自由度耦合振动系统的振动 ······················· 38

第2章　完全弹性介质中弹性波传播规律 ····················· 48

　　2.1　弹性介质的基本特性 ································· 48

　　2.2　弹性介质中的弹性波 ································· 55

　　2.3　弦的横振动 ··· 60

　　2.4　均匀弹性细棒的纵振动 ······························· 66

　　2.5　均匀弹性细棒的小振幅弯曲振动 ······················· 74

　　2.6　简谐平面波在流体-弹性体平面分界面上的反射和折射 ····· 82

第3章　理想流体中小振幅波的基本规律 ····················· 88

　　3.1　基本声学量和理想流体中的基本方程 ··················· 88

　　3.2　理想流体中小振幅波波动方程和速度势函数 ············· 97

　　3.3　声场中的能量关系 ··································· 99

　　3.4　一般平面波的传播特性 ······························· 104

　　3.5　简谐平面声场的基本性质 ····························· 106

　　3.6　亥姆霍兹方程在直角坐标系下的通解 ··················· 112

　　3.7　简谐平面波在两种介质平面分界面上的反射和折射 ······· 115

　　3.8　简谐平面波在阻抗表面上的反射 ······················· 138

　　3.9　各向均匀的球面波 ··································· 143

　　3.10　简谐均匀扩张柱面波和亥姆霍兹方程在柱坐标系下的通解 ··· 152

　　3.11　声波在波导中的传播 ······························· 165

第4章　声波的辐射 ·· 179

　4.1　声波的辐射过程和辐射阻抗 ·· 179

　4.2　亥姆霍兹方程在球坐标系下的形式解 ·· 183

　4.3　均匀脉动球面的声辐射 ·· 190

　4.4　声偶极子和摆动球的声辐射 ·· 196

　4.5　同相点声源组合声辐射 ·· 208

　4.6　均匀脉动柱面的声辐射 ·· 214

　4.7　亥姆霍兹积分公式 ·· 219

　4.8　具有无限大刚硬障板的圆面辐射器的声辐射 ····································· 226

第5章　声波的散射 ·· 233

　5.1　声波的散射过程和定解 ·· 233

　5.2　圆球的散射 ·· 235

　5.3　圆柱的散射 ·· 247

　5.4　刚硬薄圆盘的散射 ·· 255

　5.5　阻抗表面目标声散射 ··· 257

第6章　声波的接收 ·· 261

　6.1　声波的接收过程 ··· 261

　6.2　接收器机械振动系统的振速畸变及其控制方法 ································· 261

　6.3　声场中的互易原理 ·· 264

　6.4　多普勒效应 ·· 268

第7章　介质对声波的吸收和吸声材料、吸声结构 ······································· 270

　7.1　介质对声波的吸收 ·· 270

　7.2　吸声材料及吸声结构 ··· 277

参考文献 ·· 287

第0章 绪 论

0.1 学习振动与声基础的意义

人类依靠五官来感知和认识世界,获取各种必要的信息,以判定应该采取的不同行动措施。当今世界属于信息社会,开发了多种不同的效能强大的技术手段,扩展了人类对信息采集与信息传递的能力。听和说是人类所具有的极为重要的信息采集与信息传递的手段,而这从其物理本质上来说,都属于声学的范畴。因此,从一定意义上来讲,声学也属于信息学科的范畴,无论是信息构成的形式,还是信息传递的手段,都离不开声学技术的应用。

声学是研究声波的产生、传播、接收和效应的科学,属于近代科学中发展最早,且具有极为丰富内容的学科之一。由于声波是一种物质振动状态的传递,因此只要是有物质存在的地方,不论该物质是否透明,或是否导电、导热,是高温还是低温,高压还是低压,声波都可以通过,并且在通过的时候,携带出关于该种物质不同物理、化学性质和结构特点的信息。例如,电磁波虽然是一种效能强大的信息传递工具,但无法用于测量热核反应中等离子体的温度,无法穿透金属隔层探知密室中隐藏的秘密,而这些工作,却都可以利用声波来实现。也正是由于声波所具有的这种特殊性能,其被广泛应用到工、农业生产,医疗、卫生事业,文化、艺术领域,以及科学研究和日常生活等人类各个不同活动领域,并与各领域的专门知识相结合,形成现代声学各个不同的分支学科。

水声学和水声工程研究声波在海洋中的发射、接收以及传播规律;研究利用声波作为信息载体,开发出可在海洋中实现水下目标探测、识别、通信、导航、定位以及遥感、遥测等各项功能的设备。海水对电磁波具有强烈的吸收效应,因此只有声波是唯一可在海水内部进行远程信息传递的有效载体。随着世界人口的不断增加,以及陆地上资源的逐渐枯竭,人类对海洋探测与开发工作日益广泛深入。海洋约占地球表面积的71%,海洋中蕴藏有大量人类生存所需的生物、矿产和油气资源;海水和大气的热交换,严重影响地球上的大气环流,形成所谓的厄尔尼诺和拉尼娜现象;海上交通是国际贸易的重要通道,因而海洋监测和海洋开发,以及海疆保卫,日益成为21世纪世界各国的重要活动之一。但海水对所有频率的电磁波,都有很强的吸收效应,哪怕是甚低频的电磁波,在海水中传播几十米后,也几乎被吸收衰减殆尽。海洋中各类依赖光合作用延续生命的植物,经过多少亿年的进化,也只能生存在距海面不超过100 m深度处,否则就接收不到足够的、经海水吸收已经变得极其微弱的太阳辐射能。而海水对同样频率的声波的吸收效应要比对电磁波的吸收效应弱很多,因此人们可以利用声波实现在海洋内部的信息检测与信息传递,从而实现对水中目标的探测、识别,以及各类水下通信、导航、遥感和遥测工作。而这也促进了对海洋开发、海疆保卫有不可替代作用的水声学和水声工程分支学科的发展。可以说,到目前为止,在陆地上有多少种利用电磁波(包括光波)进行观测、通信、测量的设备,在水里就有多少种功能类似的、适用于海洋环境的水声设备。因此,水声学的研究重点是海洋作为声信息传输通道时在各方面表现出的特性。

在环境声学领域,还有大气声学、地声学等分支学科,它们研究声波在不同介质对象条件下的传播特点。大气声学不仅用于台风预警,20世纪50年代,还曾用于监测大气中的核爆炸。地声学则广泛用于地震监测和地理探矿等方面。

超声学更是应用极其广泛的又一声学分支学科。超声焊接是借助声波引发的物体内部质点的强烈振动,使两种互相接触的不同物质分子,彼此渗入对方内部,从而使通常难以焊接的材料被牢固地黏结为一体。超声探伤可以借助声波在物体内部隙缝上的散射,发现不透明物体内部结构上的缺陷。超声清洗是利用超声空化气泡溃灭时产生的冲击波,剥离黏附于物体表面的异物。其他如超声钻孔、超声粉碎、超声选矿、超声混溶及石油业的超声测井等,均为声波在工业领域的应用例证。在农、牧业生产方面也有研究证明,在田地里播放轻音乐,可以提高小麦的产量;在牛栏里播放轻音乐,可以促使奶牛增加牛奶的产量;利用适当频率超声波的振动,还可以促进种子的发芽率。日常生活中使用的加湿器,是利用超声空化效应制作的一种设备。

在医疗卫生领域的制药过程中,因使用了超声工艺而避免了掺杂进任何异物,所以超声工艺常被应用于药物加工;超声BT与超声CT是医院里常见的检查设备;近年来更发展了利用超声聚焦来实现粉碎人体内部的结石,这样可避免开刀手术,不仅减少了病人的痛苦,更缩短了病人痊愈的时间;助听器也属于一种医疗器械,其音质不仅取决于电路的设计,更取决于拾音器和耳塞的设计、制造工艺。

在文化、艺术领域,凡涉及人类听觉感受的问题,无不与声学有关。实际上人类最早在声学领域的成就,就是在音律的开发与乐器的制作方面。现代声学的第一项成就,是关于厅堂音响设计的研究,即当今建筑声学分支学科领域。人们研究在建筑设计上,如何能保证在厅堂的各个不同角落,都能不失真且清晰地听到舞台或讲坛上发出的声音,并获得了适当控制房间混响时间的规律。另外,各种电声设备,如录、放音器材,调音器,组合音响等,其设计、制造要求,更是电声学分支学科的研究对象。利用调音器,可以更好地改善音质,提高音乐的悦耳程度。市场上销售的交响乐或歌唱家的光碟,实际上都是经过调音师利用调音器加工后的产品。我国电声设备的开发与生产,在世界上占据重要地位。为了创新和提高产品的声学品质,各相关企业对于掌握声学知识的从业人员有着极大的需求。

噪声是一种极为严重的环境污染,不仅影响人们的生活质量,也影响工业生产、国防隐身等领域的发展。随着人类环境保护意识的提高,以及生产生活中实际需要的增加,关于噪声与噪声抑制的研究也变得越来越重要。现在国际上从事声学研究的人员,大约有1/3都在噪声与噪声抑制领域工作,并形成了噪声和噪声抑制这一重要分支学科。需要强调的是,噪声虽然是由物体的不规则振动产生的,但物体不规则振动的强弱,并不能直接决定其噪声辐射的强弱,这主要取决于其振动的模态和周边各项声学环境条件。例如,以同样的力度,敲击物体的不同部位,往往将产生不同频率和不同强弱的声音。因此,只有熟悉声学基本规律的人员,才能更为有效地完成各项减振降噪任务。噪声控制领域分析各类噪声源的发声机理及其辐射噪声的特性,以及在不同环境条件下的噪声场空间分布规律;研究各种主动和被动的噪声抑制方法,以及不同消声材料和减振消声结构的开发与设计;研究环境与设备噪声的测试方法,提出合理的环境与设备噪声的限制指标。

声波能够穿透各种物质,通过该物质时的声速,以及该物质对不同频率声波所产生的吸收、衰减效应,都反映出该物质各项不同的力学和热力学特性;而通过声波在物体内部传播情况的观察,更能探知物体内部的结构情况。因此,高频甚至于特高频声波,已被普遍用于物质分子和晶体结构的研究,有关工作普遍归属于物理声学领域的不同分支学科,其中分子声学侧重于研究物质分子结构的形式;光声学利用物质的光声转换效应,开发出传统方法难以解决的检测手段;热声学研究热制发声与声学制冷;非线性声学研究高强度声波传播的特殊规律,并可利用物质对高强度声波的反应,开发对癌症的早期诊断技术;运动介质声学研究运动介质声辐射的规律,以及声源和声接收点与传播介质有相对运动时,所产生的声传播异常。

声学用收、发换能器的设计、制作和声学测量,是一项涉及物理学、材料学、机械工程学、电子技术等多个领域的高新技术,也是一项支撑各类声学工作不可或缺的且经济效益很高的关键技术。而声学测量则不仅应用于声学换能器和基阵的校准测量,也广泛应用于对事物的空间尺度和其他有关物理参数的测量。超声显微镜由于波长尺度小,可用于物质微观结构的观测,以获得清晰的图像。需要指出的是,在不同条件下,声强的差异极大,如夜晚寂静原野上的环境噪声强度和战场上大炮齐鸣时的背景噪声强度可能相差 1.0×10^{20} 倍。所以,声强测量不用通常的计量单位,而常用其对数值即分贝(dB)表示,且其最高的测量精度,也往往不超过 0.5 dB。

在声学领域,语言声学研究人物语言的辨识、语音通信中的信号压缩等问题,用以实现自动化的翻译、识别,以及提高通信速率等;生物声学研究生物利用声音实现报警、避障、探物、求偶等行为的机制,以期借助仿生技术,改进有关声学设备的设计;生理声学通过对人类发声器官和人耳结构与功能的研究,开发对机器人的声控应答功能,以及高质量声学换能器的设计途径。声学的其他领域还有心理声学、音乐声学、声信号处理等。

总之,声学的研究范围极广,涉及人类活动的各个方面,并提供了巨大的经济效益与社会效益,是一门有重大发展前景的学科。声学基础将介绍声学的基本概念,以及在不同环境条件下声场所服从的基本规律。

0.2　如何学好振动与声基础课程

本书将从介绍物体的振动开始,这是因为声波是由物体的振动产生的,后面对声波发射和接收的讨论,离不开对物体振动状态的分析,所以首先简单介绍描述物体振动状态的基本物理量。但振动学从根本上来说,是力学的一个分支,而不属于声学,因而并非重点。书中所介绍的机电类比方法,是为了借助大家已掌握的电路知识,进行不同条件下物体振动情况的分析。

声基础的介绍,一般从理想、静态、流体介质中小振幅波波动方程开始,并通过介质中质量元的运动方程、体积元的连续性方程和介质的状态方程,最终推导出表征声场变化规律的波动方程。波动方程是本书的重点,也是所有后续内容的出发点和基础,大家不仅要深刻理解并牢牢记住,更要了解波动方程是如何推出的,波动方程成立的各项约束条件是什么,为什么要有这些约束条件,最好能合上书本,自行推导出此方程。大家应该清楚地建立一个观点:所有的理论、概念、公式都有其成立的一定范围,超出所给定的范围,正确就将变为谬误。

平面波是最简单,也是最基本的声波形式,所以本书首先利用平面波来介绍声波的基本数学描述方法,进一步介绍波阻抗的概念,以及声强和声波幅度的关系。对平面波及其在不同介质界面上的反射和折射,大家要能利用有关的数学表达式,想象出其对应的物理图像;要理解平面波反射、折射时,各边界条件的由来,知道平面波在全反射与非全反射情况下,其反射波和折射波的差异。其次,本书通过进一步介绍球面波和柱面波,使大家了解不同基本形态声波的数学描述和声场的基本性质,以及不同形态声波将具有不同的波阻抗、理解波阻抗实部和虚部的物理意义。

声波在波导中传播的介绍,将给出声波传播的另一种形态,也是更接近于许多实际应用情况下的形态,并给出"简正波"的概念。大家要知道什么样的波,叫作简正波,并清楚声波在波导中传播时,介质本身即使没有频散特性,也存在频散现象的原因。

声波的散射,是本书的另一个重点,也更深刻地反映出声波的特点。简单来说,声波的特性不外乎两点:其一是对各类物质的强大穿透能力,其二是对各种环境变异的高度响应能力,用一句俗话来说,就叫"粘边就赖"。利用声波的第一个特性,可以根据玻璃的微弱振动,窃听到室内人员的说话内容;而利用声波的第二个特性可以进行探测或物质特性研究。

声波的辐射和接收,也是本书的主要内容。声波的辐射将介绍:声源的形状,声源的工作频率、振动方式,以及周围环境对其辐射效率的影响。声波的接收将介绍:接收器的机械振动系统的振速畸变及其控制方法,多普勒效应等。虽然所有的介绍,都是通过一定实例进行的,但重要的是通过学习,大家能够掌握有关的物理规律,而不是去背诵个别特例的计算公式和结果。

关于介质对声吸收机理的介绍,可帮助大家了解不同材料吸声能力的强弱,以便在实际工作中,正确选择合适的材料,构成满足需要的减振吸声设计。

要牢牢记住,想要真正学好一门课程,必须将在课程中所学到的知识与实际联系加以应用,并通过应用进一步加强概念理解。大家在实际工作中对各种问题还需要建立一定的数量级的概念,因而书中会涉及一些数学计算。声学既然属于物理学,那么要学好声学,也和学好物理学的方法一样,即"搞清概念,熟悉规律,掌握根本,联系实际"。而且最好不要局限于教师课堂讲授的内容,在可能的条件下,大家要去翻阅一些类似的参考书,看看别的学者对同一问题是怎样介绍的,通过比较分析,形成自己独特的见解。因为我们学习的目的不仅是要学到一些现有的知识,更重要的是在未来要有独立掌握更新的知识的能力,这样才能更好地适应未来社会的发展需要。

我国历史上对声学的研究就有不少贡献,从编钟的铸造、语音反切的发明,到和声、共振的研究,都远早于欧洲地区。中华人民共和国成立以后,从人民大会堂音响效果的设计开始,伴随着国家各项事业的发展,声学研究获得了迅速发展和提高,形成了完整的科研、生产、教学体系,在国家建设工作中发挥了积极的作用。希望大家认真学好振动与声基础课程,打下坚实的基础,为国家和民族做出更大贡献。

第1章　集中参数机械振动系统的振动

运动是物质存在的形式,机械运动是常见的物质运动。机械运动是指物质(或物体)空间位置的变化。因此,表示物体机械运动的基本物理量是描述物体位置随时间变化的空间坐标或空间坐标随时间变化的一阶或二阶导数(物体的运动速度或加速度)。在运动速度远小于光速(约 $3.0×10^8$ m/s)的条件下,物质(或物体)机械运动规律遵循牛顿力学基本定律。

机械振动是一种特殊方式的机械运动,是指物体在平衡点附近的往复运动。分析物体的振动是研究"声学"的基础,这是因为,声波是物质(声介质或简称介质)中相邻质团间振动的传递,并且,通常声波的产生也源于介质中物体的振动。

机械振动系统由具有不同力学性质的器件构成。一般情况下机械振动系统至少应由两类器件构成:①具有惯性(质量)的器件;②能使具有惯性(质量)的器件受到恢复力作用的器件。恢复力是总是指向平衡位置的力。

机械振动系统有两类,即集中参数机械振动系统(简称集中参数系统)和分布参数机械振动系统(简称分布参数系统)。集中参数系统就是假设构成机械振动系统的物体,如质量块、弹簧等,不论其几何尺寸大小如何都可以看作一个物理性质集中的系统。对于这种系统,质量块的质量认为是集中在一点的,也就是说,构成整个振动系统的质量块与弹簧的运动状态都是均匀的,这种振动系统也称为质点振动系统。

如图1-1中的单自由度弹簧振子系统,其弹簧连接一个质量块,弹簧是弹性元件,质量块是质量元件。当质量块沿 x 方向移动时,其便在 x 方向上做机械振动。弹簧振子系统中,质量块的质量远大于弹簧本身的质量,而质量块的硬度比弹簧的硬度大得多,所以弹簧本身的质量和质量块的

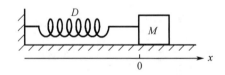

图1-1　单自由度弹簧振子系统

形变对系统振动的影响均可忽略不计,这时弹簧视作弹性元件而忽略其质量,质量块视作质量元件而忽略其弹性。虽然上面所述的系统是理想化的,但是在一定条件下,它可以被看作实际系统的近似模型,而且在上述假设下,数学处理可以大大简化,而研究所得的振动规律的图像又比较清晰和直观,因而对这种集中参数系统的研究十分重要。

实际上,常有另外一些机械振动系统,其每一部分都具有惯性、弹性和消耗能量的性质,这样的系统称作分布参数系统。如振动的鼓膜、膜的每一部分都有质量,同时又有弹性,它不能分为单独的质量、弹性等元件来讨论。

描述集中参数系统运动所需要的独立空间变量的个数称为该系统的自由度。只需用

一个独立空间变量即可描述系统运动的机械振动系统称作单自由度机械振动系统(简称单自由度振动系统)。例如,图1-1所示的单自由度弹簧振子系统即为单自由度振动系统;钟摆的摆动始终在一弧线内,为了描述某一时刻摆所在的位置,只需用摆离开平衡位置的距离 x 表示即可,因此钟摆摆动系统也为单自由度振动系统。在实际工作中,常见的机械振动系统可能是具有更多个自由度的振动系统。单自由度振动系统是最简单的机械振动系统,也是研究多自由度振动系统的基础。

1.1 单自由度振动系统的振动

1.1.1 单自由度振动系统的自由振动

自由振动是指振动系统无外力作用下的振动,即指在振动过程中不受外力作用。
系统发生振动的原因是系统有初始机械能。

1. 无阻尼振动系统的自由振动

(1)单自由度无阻尼振动系统

图1-1就是一个单自由度无阻尼振动系统,它由一个弹簧和一个质量块组成。其弹簧的弹性系数为 D(忽略弹簧的质量),质量块的质量为 M(忽略质量块的弹性),且其在运动过程中不受阻力作用。弹簧的弹性系数 D 在数值上等于弹簧产生单位长度变化所需作用力的大小。$C_m\left(C_m = \dfrac{1}{D}\right)$ 称为弹簧的柔顺系数,它表示弹簧在单位力作用下产生位移的大小。取质量块的静止位置(或称平衡位置)为 0 端。如果初始时因外力作用弹簧伸长(或压缩)使质量块偏离平衡位置,那么外力撤销后,质量块就会在弹簧的弹性力作用下,在平衡位置附近做往返运动,即发生振动。

(2)无阻尼振动系统的运动方程及其解

我们首先推导质量为 M 的质量块的运动方程,然后解出其振动位移。对图1-1中的质量块进行受力分析,当质量块位于平衡点 0 时,其受力为 0;当质量块偏离平衡位置时,其受到弹簧的弹性力。由胡克定律可知,弹簧形变不大时,弹性力与弹簧两端的相对位移成正比,而力的方向与位移的方向相反。在这里,因为弹簧一端固定,所以其两端的相对位移(即弹簧的位移)和质量块的位移 x 相等。因此弹性力的大小与 x 成正比,它作用在质量块上,方向与位移 x 的方向相反。弹性力表示为

$$F = -Dx \text{(小振幅条件下的胡克定律)} \tag{1-1}$$

式中,D 为弹簧系数,其量纲为 $T^{-2}M^1L^0$,SI 单位为 kg/s^2。

根据牛顿第二定律,质量块的运动方程为

$$M\frac{d^2x}{dt^2} = -Dx \text{(二阶常系数线性齐次常微分方程)} \tag{1-2}$$

令 $\omega_0^2 = \dfrac{D}{M}$,则式(1-2)可化为

$$\frac{\mathrm{d}^2 x}{\mathrm{d}t^2} + \omega_0^2 x = 0 \tag{1-3}$$

式中，$\omega_0 = \sqrt{\dfrac{D}{M}}$，是由系统参数 D、M 确定的常数。式（1-3）的特征方程为 $\lambda^2 + \omega_0^2 = 0$，得到 $\lambda = \pm j\omega_0$，所以，式（1-3）的复数形式的解为

$$x(t) = \widetilde{A}e^{j\omega_0 t} + \widetilde{B}e^{-j\omega_0 t} \tag{1-4}$$

式中，$\widetilde{A}$、$\widetilde{B}$ 为复常数，由初始条件决定；而 ω_0 由系统参数决定，与初始条件无关。

若关于 $x(t)$ 的初始条件为实数，则 $x(t)$ 的另一种表示形式为

$$x(t) = C_1 \cos(\omega_0 t) - C_2 \sin(\omega_0 t) = A\cos(\omega_0 t + \varphi) \tag{1-5}$$

式中，$C_1 = A\cos\varphi$；$C_2 = A\sin\varphi$。C_1、C_2 或 A、φ 由初始条件决定。

结论 1-1　无阻尼振动系统的自由振动是一个简谐（谐和）振动。

简谐振动是指正弦或余弦振动。对于式（1-5）表示的简谐振动，其振动幅度（振幅）为 A，振动的初始相位角（初相位）为 φ。而

$$\omega_0 = \sqrt{\frac{D}{M}} = 2\pi f_0$$

式中，f_0 为系统的振动频率，所以系统做自由振动的频率是由系统参数 D、M 确定的常数。f_0 又称为系统的固有频率，不同参数的系统具有不同的固有频率。

一般情况下，开始（$t=0$）时质量块被引离平衡位置，获得初始位移 x_0 和初始速度 v_0，则

$$x(t)\big|_{t=0} = x_0 \Rightarrow C_1 = x_0$$
$$v(t)\big|_{t=0} = \frac{\mathrm{d}x}{\mathrm{d}t}\bigg|_{t=0} = v_0 \Rightarrow C_2 = -\frac{v_0}{\omega_0} \tag{1-6}$$

从而有

$$x(t) = x_0 \cos(\omega_0 t) + \frac{v_0}{\omega_0}\sin(\omega_0 t)$$
$$= \sqrt{x_0^2 + \left(\frac{v_0}{\omega_0}\right)^2}\cos\left[\omega_0 t - \arctan\left(\frac{v_0}{\omega_0 x_0}\right)\right] \tag{1-7}$$

令

$$A = \sqrt{x_0^2 + \left(\frac{v_0}{\omega_0}\right)^2}, \quad \varphi = -\arctan\left(\frac{v_0}{\omega_0 x_0}\right)$$

则

$$x(t) = A\cos(\omega_0 t + \varphi)$$

图 1-2 给出了单自由度无阻尼振动系统的振动位移随时间变化的曲线。

$x(t) = A\cos(\omega_0 t + \varphi)$ 表示一个简谐振动，此振动的周期为 $T = \dfrac{2\pi}{\omega_0}$，周期的量纲为 $\mathrm{T}^1\mathrm{M}^0\mathrm{L}^0$，SI 单位为 s；此振动的频率为 $f_0 = \dfrac{1}{T_0} = \dfrac{\omega_0}{2\pi}$，频率的量纲为 $\mathrm{T}^{-1}\mathrm{M}^0\mathrm{L}^0$，SI 单位为 Hz（$1\ \mathrm{Hz} = 1\ \mathrm{s}^{-1}$）。

ω_0 称作角频率,SI 单位为rad/s;A 称作振幅;$\omega_0 t+\varphi$ 称作相位;φ 称作初相位。

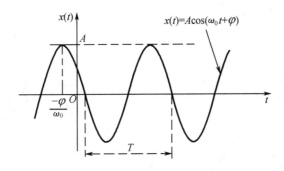

图 1-2 单自由度无阻尼振动系统的振动位移随时间变化的曲线

定义 1-1(固有频率) 振动系统自由振动时的频率为该系统的固有频率,记为f_0。

显然,根据定义 1-1 可知,$f_0 = \dfrac{\omega_0}{2\pi} = \dfrac{1}{2\pi}\sqrt{\dfrac{D}{M}}$ 为单自由度无阻尼振动系统的固有频率,而

$\omega_0 = \sqrt{\dfrac{D}{M}}$ 为单自由度无阻尼振动系统的固有角频率。系统的固有频率仅由系统参数决定,与初始条件无关。

(3)无阻尼振动系统的振速、加速度和振动能量

质量块做自由振动时,位移为

$$x(t) = A\cos(\omega_0 t + \varphi) \tag{1-8}$$

其瞬时速度和瞬时加速度可分别写成

$$v(t) = \frac{\mathrm{d}x(t)}{\mathrm{d}t} = -A\omega_0\sin(\omega_0 t + \varphi) \tag{1-9}$$

$$a(t) = \frac{\mathrm{d}v(t)}{\mathrm{d}t} = -A\omega_0^2\cos(\omega_0 t + \varphi) \tag{1-10}$$

位移、速度、加速度之间的相位关系为:速度的相位比位移的相位超前$\dfrac{\pi}{2}$,加速度的相位比速度的相位超前$\dfrac{\pi}{2}$,加速度和位移恰好反相。位移、速度、加速度之间的幅度关系为:位移振幅为A,振速振幅为$\omega_0 A$,加速度振幅为$\omega_0^2 A$。位移、速度、加速度之间的关系曲线如图 1-3 所示。

为了运算方便,对于谐和振动,可以引入复数,定义:若 $x(t) = \mathrm{Re}[\tilde{x}(t)]$,则称 $\tilde{x}(t)$ 为 $x(t)$ 的复数形式。显然,谐和位移、振速、加速度的复数形式如下。

复位移:

$$\tilde{x}(t) = A\mathrm{e}^{\mathrm{j}(\omega_0 t + \varphi)} \tag{1-11}$$

复振速:

$$\tilde{v}(t) = \mathrm{j}\omega_0 A\mathrm{e}^{\mathrm{j}(\omega_0 t + \varphi)} \tag{1-12}$$

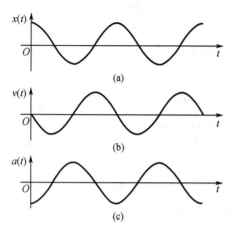

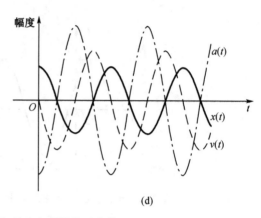

图 1-3 位移、速度、加速度之间的关系曲线

复加速度：

$$\tilde{a}(t) = -\omega_0^2 A e^{j(\omega_0 t + \varphi)} \tag{1-13}$$

若用复平面上旋转矢量表示谐和振动，则前面的谐和位移、振速、加速度在复平面上的旋转矢量表示如图 1-4 所示，可以更加明显地看出三者之间的幅度以及相位关系。

系统振动时，质量块的动能为

$$E_k(t) = \frac{1}{2}Mv^2(t)$$

$$= \frac{1}{2}MA^2\omega_0^2\sin^2(\omega_0 t + \varphi)$$

$$= \frac{1}{2}DA^2\frac{1-\cos[2(\omega_0 t + \varphi)]}{2} \tag{1-14}$$

图 1-4 谐和位移、振速、加速度在复平面上的关系

弹簧的弹性势能（克服弹性力所做的功）为

$$E_p(t) = \int_0^{x(t)} Dx\,dx$$

$$= \frac{1}{2}D[x(t)]^2$$

$$= \frac{1}{2}DA^2\cos^2(\omega_0 t + \varphi)$$

$$= \frac{1}{2}DA^2\frac{1+\cos[2(\omega_0 t + \varphi)]}{2} \tag{1-15}$$

振动系统的机械能为

$$E(t) = E_k(t) + E_p(t) = \frac{1}{2}DA^2\sin^2(\omega_0 t + \varphi) + \frac{1}{2}DA^2\cos^2(\omega_0 t + \varphi) = \frac{1}{2}DA^2$$

$$\tag{1-16}$$

单自由度无阻尼振动系统的动能、势能及机械能与时间的关系如图1-5所示。

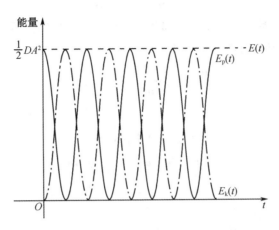

图1-5 单自由度无阻尼振动系统的动能、
势能及机械能与时间的关系

在系统振动过程中,由于假设不受外力作用(即自由振动),因此弹簧施加在质量块上的力为保守力(力的大小仅由质量块的位置决定)。所以,由弹簧和质量块构成的系统为能量守恒系统。显然,系统中的能量是一定的,取决于由初始激发所给予的能量。但是在系统内部,机械能会发生形式上的转换,即质量块的动能与弹簧的弹性势能之间的转换。

无阻尼振动系统的自由振动过程,是系统中的质量块的动能与弹簧的弹性势能相互循环转化的过程。振动过程中系统的机械能不变。

2. 阻尼振动系统的自由振动

(1)阻尼振动系统

机械振动系统的振动若有阻力作用,则为阻尼振动系统。任何一个实际机械振动系统都是阻尼振动系统。如果没有外力激励推动,那么受摩擦力或其他阻力的作用,系统的能量会不断损耗,质量块的振幅会逐渐减小,以至于振动停止。图1-6所示为阻尼振动系统。

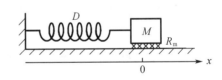

图1-6 阻尼振动系统

声学上最简单的阻尼模型是牛顿阻尼(黏滞阻尼),即阻力(F_r)正比于运动速度(v),方向与速度方向相反:

$$F_r = - R_m v \tag{1-17}$$

式中,R_m为阻力系数,其量纲为$T^{-1}M^1L^0$,SI单位为kg/s,称作机械欧姆或力欧姆。

(2)阻尼振动系统的运动方程及其解

$$M \frac{d^2 x}{dt^2} = - D x - R_m \frac{dx}{dt} \tag{1-18}$$

令

$$\delta = \frac{R_{\mathrm{m}}}{2M}, \omega_0 = \sqrt{\frac{D}{M}} \tag{1-19}$$

式中，δ 为系统的阻尼系数，其量纲为 $\mathrm{T^{-1}M^0L^0}$，SI 单位为 $\mathrm{s^{-1}}$，则方程（1-18）化为常系数二阶齐次常微分方程标准形式，即

$$\frac{\mathrm{d}^2 x}{\mathrm{d}t^2} + 2\delta \frac{\mathrm{d}x}{\mathrm{d}t} + \omega_0^2 x = 0 \tag{1-20}$$

其解为

$$x(t) = c_1 \mathrm{e}^{\mu_1 t} + c_2 \mathrm{e}^{\mu_2 t} \tag{1-21}$$

式中，μ_1、μ_2 为特征值，由特征方程 $\mu^2 + 2\delta\mu + \omega_0^2 = 0$ 决定，则

$$\mu_1 \text{、} \mu_2 = -\delta \pm \sqrt{\delta^2 - \omega_0^2} \tag{1-22}$$

下面分两种情况进行讨论。

① $\delta^2 > \omega_0^2$（$R_{\mathrm{m}}^2 > 4MD$，大阻尼）

此时，μ_1、μ_2 为小于 0 的实数：$x(t) = c_1 \mathrm{e}^{-|\mu_1|t} + c_2 \mathrm{e}^{-|\mu_2|t}$，其中每一项皆按指数规律衰减。当初始条件不同时，质量块的运动变化规律也不同。图 1-7 至图 1-9 分别为在大阻尼条件下，不同初始条件的质量块的运动情况。

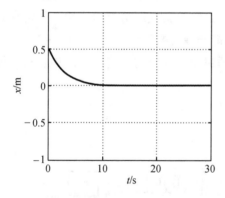

图 1-7 初始条件 $x_0 = 0.5$ m，$v_0 = 0$

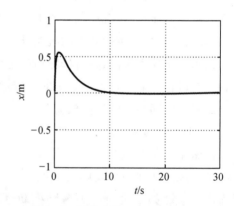

图 1-8 初始条件 $x_0 = 0$，$v_0 = 2$ m/s

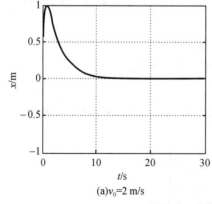

(a)$v_0 = 2$ m/s

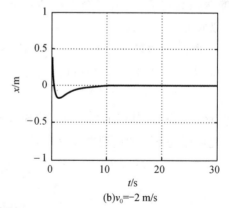

(b)$v_0 = -2$ m/s

图 1-9 初始条件 $x_0 = 0.5$ m

结论 1-2　在大阻尼条件下,阻尼振动系统不会发生自由机械振动。

② $\delta^2 < \omega_0^2$ ($R_m^2 < 4MD$,小阻尼)

$$\mu_1 、 \mu_2 = -\delta \pm j\sqrt{\omega_0^2 - \delta^2} \tag{1-23}$$

$$\Omega = \sqrt{\omega_0^2 - \delta^2} = \omega_0 \sqrt{1 - \left(\frac{\delta}{\omega_0}\right)^2} \tag{1-24}$$

则 $\mu_1 、 \mu_2 = -\delta \pm j\Omega$,代入式(1-21)得

$$x(t) = e^{-\delta t}(\widetilde{A}e^{j\Omega t} + \widetilde{B}e^{-j\Omega t}) \tag{1-25}$$

式中, δ 、 Ω 由系统参数决定; $\widetilde{A}$ 、 $\widetilde{B}$ 由初始条件决定。

若关于 $x(t)$ 的初始条件为实数,则有 $x(t) = A_0 e^{-\delta t}\cos(\Omega t + \varphi)$,其中 A_0 、 φ 由初始条件决定。振幅随时间衰减的简谐振动如图1-10所示。

显然, $x(t)$ 并不是周期的,更谈不上是简谐的。一般地,当 $\omega_0^2 \gg \delta^2$ 时(极小阻尼条件下),称 $x(t)$ 为振幅随时间衰减的简谐振动。尽管该振动为非周期的振动,但质量块每次通过平衡位置的时间间隔相同,为 $\dfrac{2\pi}{\Omega}$ 。

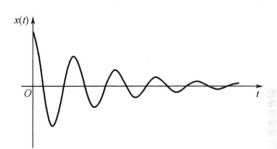

图1-10　振幅随时间衰减的简谐振动

结论 1-3　在极小阻尼条件下,阻尼振动系统的自由振动是振幅随时间衰减的简谐振动。

(3)阻尼振动系统的能量

机械能为动能和势能之和。若 $\omega_0^2 \gg \delta^2$,并记 $A(t) = A_0 e^{-\delta t}$,则

$$x(t) = A_0 e^{-\delta t}\cos(\Omega t + \varphi) \approx A_0 e^{-\delta t}\cos(\omega_0 t + \varphi) = A(t)\cos(\omega_0 t + \varphi) \tag{1-26}$$

$$v(t) = \frac{dx(t)}{dt} = -A_0 e^{-\delta t}\omega_0\sin(\omega_0 t + \varphi) - A_0 e^{-\delta t}\delta\cos(\omega_0 t + \varphi) \tag{1-27}$$

机械能为

$$E(t) = E_k(t) + E_p(t)$$

$$= \frac{1}{2}Mv^2(t) + \frac{1}{2}Dx^2(t)$$

$$= \frac{1}{2}M\left\{A_0 e^{-\delta t}\left[\omega_0\sin(\omega_0 t + \varphi) + \delta\cos(\omega_0 t + \varphi)\right]\right\}^2 + \frac{1}{2}D\left[A_0 e^{-\delta t}\cos(\omega_0 t + \varphi)\right]^2$$

$$= \frac{1}{2}M\left\{(A_0 e^{-\delta t}\omega_0)^2\left[\sin^2(\omega_0 t + \varphi) + \frac{\delta^2\cos^2(\omega_0 t + \varphi)}{\omega_0^2} + 2\frac{\delta\sin(\omega_0 t + \varphi)\cos(\omega_0 t + \varphi)}{\omega_0}\right]\right\} +$$

$$\quad \frac{1}{2}D(A_0 e^{-\delta t})^2\cos^2(\omega_0 t + \varphi)$$

$$= \frac{1}{2}DA^2(t)\left\{1 + \frac{\delta}{\omega_0}\sin[2(\omega_0 t + \varphi)]\right\} \quad \left[略去\frac{\delta^2\cos^2(\omega_0 t + \varphi)}{\omega_0^2}项\right] \tag{1-28}$$

由式（1-28）可以看出，在极小阻尼条件下的自由振动系统的总机械能是振荡衰减的，但后一时刻的机械能总是小于或等于前一时刻的机械能，显然系统中有阻尼是消耗能量的，所以后一时刻的能量不会超过前一时刻的能量。由于考虑的是牛顿阻尼，而牛顿阻尼中的阻力是和质量块的瞬时速度成正比的，当瞬时速度为零时，不消耗能量，瞬时速度越大，消耗能量越快，因此出现振荡衰减的现象。

取 $E(t)$ 在一个周期内的平均值为 $\overline{E(t)}$，则式（1-28）中的第二项消失：

$$\overline{E(t)} = \frac{1}{T}\int_t^{t+T} E(t)\,\mathrm{d}t = \frac{1}{2}DA_0^2 \mathrm{e}^{-2\delta t} = \frac{1}{2}MA_0^2\omega_0^2\mathrm{e}^{-2\delta t} \tag{1-29}$$

即在阻尼振动系统中，每周期内平均能量随时间按指数衰减，在无阻尼条件下为常数。振幅随时间衰减的简谐振动机械能平均衰减规律如图 1-11 所示。

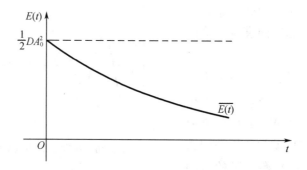

图 1-11 振幅随时间衰减的简谐振动机械能平均衰减规律

若 ΔE 为一个周期内的能量损失，则

$$\overline{\Delta E} = \overline{E(t)} - \overline{E(t+T)} = \frac{1}{2}DA_0^2\mathrm{e}^{-2\delta t}(1 - \mathrm{e}^{-2\delta T_0}) \tag{1-30}$$

一个周期内的相对能量损失为

$$\frac{\overline{\Delta E}}{\overline{E(t)}} = \frac{\frac{1}{2}DA_0^2\mathrm{e}^{-2\delta t}(1 - \mathrm{e}^{-2\delta T_0})}{\frac{1}{2}DA_0^2\mathrm{e}^{-2\delta t}} = 1 - \mathrm{e}^{-2\delta T_0} \approx 1 - (1 - 2\delta T_0) = 2\delta T_0 \tag{1-31}$$

根据系统固有频率的定义可知，小阻尼单自由度振动系统的固有频率为

$$f_0 = \frac{\Omega}{2\pi} = \frac{\sqrt{\omega_0^2 - \delta^2}}{2\pi} \tag{1-32}$$

阻尼振动系统的固有频率比无阻尼振动系统的固有频率低，在极小阻尼条件下（$\omega_0^2 \gg \delta^2$），近似有

$$f_0 = \frac{\omega_0}{2\pi} = \frac{1}{2\pi}\sqrt{\frac{D}{M}} \tag{1-33}$$

（3）阻尼振动系统中的阻尼量的表述

① 阻力系数 R_m

R_m 是用于描述黏滞阻力的物理量。$F_r = -R_m v$ 表示阻力与运动速度呈线性关系（黏滞阻力特征），其中 R_m 是阻力与运动速度的比例系数。

② 阻尼系数 δ

δ 是解方程时引入的，$\delta = \dfrac{R_m}{2M}$。

分析 δ 的物理意义：$\omega_0^2 > \delta^2$ 条件下，令 $A(t) = A_0 e^{-\delta t}$，则质量块的自由振动位移为

$$x(t) = A_0 e^{-\delta t} \cos(\Omega t + \varphi) = A(t)\cos(\Omega t + \varphi) \tag{1-34}$$

所以

$$\frac{A(t)}{A_0} = e^{-\delta t} \Rightarrow \delta = \frac{1}{t}\ln\left[\frac{A_0}{A(t)}\right] \tag{1-35}$$

可见 δ 的物理意义为：小阻尼单自由度振动系统自由振动时，在单位时间内振幅相对变化量的自然对数值。δ 的量纲为 $M^0 T^{-1} L^0$，SI 单位为 s^{-1}。

③ 对数衰减量 θ

定义 1-2（对数衰减量） 阻尼振子自由振动的振幅在一个周期内相对变化量的自然对数值为阻尼振子的对数衰减量，记为 θ。θ 的量纲为 $T^0 L^0 M^0$，即无量纲。根据定义有

$$\theta = \delta T_0 = \frac{1}{T_0}\ln\left[\frac{A_0}{A(T_0)}\right]T_0 = \ln\left[\frac{A_0}{A(T_0)}\right] \tag{1-36}$$

$$\theta = \delta T_0 = \frac{R_m}{2M}T_0 = \frac{R_m}{2Mf_0} \tag{1-37}$$

④ 衰减模数 τ

定义 1-3（衰减模数） 阻尼振子自由振动，振幅衰减到原来的 $\dfrac{1}{e}$ 时所需的时间，称作阻尼振子的衰减模数，记为 τ。根据定义有

$$\frac{A(\tau + t_0)}{A(t_0)} = \frac{1}{e} \Rightarrow \frac{A_0 e^{-\delta(\tau + t_0)}}{A_0 e^{-\delta t_0}} = \frac{1}{e} \Rightarrow \delta\tau = 1 \Rightarrow \tau = \frac{1}{\delta} \tag{1-38}$$

τ 的量纲为 $M^0 T^1 L^0$，SI 单位为 s。

⑤ 机械 Q 值 Q_m

定义 1-4（机械 Q 值） 阻尼振子自由振动，振幅衰减到原来的 $\dfrac{1}{e^\pi}$ 时所经历的周期数，称作系统的机械 Q 值，记为 Q_m，根据定义有

$$\frac{A(Q_m T_0 + t_0)}{A(t_0)} = \frac{1}{e^\pi} \Rightarrow \frac{e^{-\delta(Q_m T_0 + t_0)}}{e^{-\delta t_0}} = e^{-\pi} \Rightarrow Q_m = \frac{\pi}{\delta T_0} = \frac{\omega_0 M}{R_m} \tag{1-39}$$

它由 R_m、M、D 决定，反映了系统的性质，是系统参数。

分析机械 Q 值的物理意义：见式（1-31），阻尼振子自由振动，一个周期内损失能量的相对值为

$$\frac{\overline{\Delta E}}{E(t)} = 1 - e^{-2\delta T_0} \approx 1 - (1 - 2\delta T_0) = 2\delta T_0 = \frac{2\pi}{Q_m} = 2\theta \qquad (1-40)$$

可见，机械 Q 值的物理意义之一是：Q_m 值反比于阻尼振子自由振动时，一个周期内振动能量损失的相对值。

1.1.2　单自由度振动系统谐和力激励的受迫振动

一个振动系统受到阻力作用后振动不能永远维持，它要渐渐衰减到停止，因此要使振动持续不停，就要由另一个系统不断给予激发，即不断补充能量，这种由外加作用力维持的振动，称为强迫振动（受迫振动）。

1. 无阻尼振动系统在谐和力作用下的振动

如图 1-12 所示的弹簧振子，当此系统无阻尼时，质量为 M 的质量块受两个作用力，一个是弹性力，另一个是外加激励力。若激励力为谐和力，即力随时间的变化为正弦或余弦函数，则质量块的运动方程为

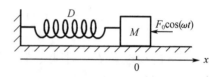

图 1-12　无阻尼振动系统在谐和力作用下的振动

$$M\frac{d^2 x(t)}{dt^2} + Dx(t) = F(t) = F_0\cos(\omega t)\ (F_0\ \text{为力的幅值}) \qquad (1-41)$$

用复数表示：$x(t) = \text{Re}[\widetilde{x}(t)]$，则式（1-41）化为

$$M\frac{d^2 \widetilde{x}(t)}{dt^2} + D\widetilde{x}(t) = F_0 e^{j\omega t} \qquad (1-42)$$

根据微分方程理论，式（1-42）的解为

$$\widetilde{x}(t) = \widetilde{x}_1(t) + \widetilde{x}_2(t) \qquad (1-43)$$

式中，$\widetilde{x}_1(t)$ 为式（1-42）所对应的齐次方程的解（此解数学中称为"通解"，物理中称为"暂态解"）；$\widetilde{x}_2(t)$ 为式（1-42）的特解（这是非齐次方程解的结构，物理中称为"稳态解"）。根据 1.1.1 节的结果，有

$$\widetilde{x}_1(t) = A_0 e^{j(\omega_0 t + \varphi)} \qquad (1-44)$$

式中，$\omega_0 = \pm\sqrt{\dfrac{D}{M}}$。

接下来求特解，令 $\widetilde{x}_2(t) = B e^{j\omega t}$，代入式（1-42）可得

$$B = \frac{F_0}{M(\omega_0^2 - \omega^2)} \qquad (1-45)$$

由式（1-43）知

$$\widetilde{x}(t) = A_0 e^{j(\omega_0 t + \varphi)} + \frac{F_0}{M(\omega_0^2 - \omega^2)} e^{j\omega t} \qquad (1-46)$$

所以,实际位移为

$$x(t) = \mathrm{Re}[\tilde{x}(t)] = A_0\cos(\omega_0 t + \varphi) + \frac{F_0}{M(\omega_0^2 - \omega^2)}\cos(\omega t) \tag{1-47}$$

式中,A_0 和 φ 由初始条件决定。式(1-47)是无阻尼振动系统在外加谐和力作用下的普遍解。其中,第一项与自由振动解的形式相同,称为自由振动分量;第二项与外加谐和力有关,且与外加谐和力的变化规律相同,称为强迫振动分量。

结论1-4 无阻尼振动系统在谐和力作用下的振动为两个简谐振动的叠加。

若取初始条件:$x\big|_{t=0} = 0$,$\dfrac{\mathrm{d}x}{\mathrm{d}t}\bigg|_{t=0} = 0$,代入式(1-47),则可得 $\varphi = 0°$,$A_0 = -\dfrac{F_0}{M(\omega_0^2 - \omega^2)}$,进而可得

$$x(t) = \frac{F_0}{M(\omega_0^2 - \omega^2)}[\cos(\omega t) - \cos(\omega_0 t)]$$

$$= \frac{2F_0}{M(\omega_0^2 - \omega^2)}\sin\left(\frac{\omega_0 - \omega}{2}t\right)\sin\left(\frac{\omega_0 + \omega}{2}t\right) \tag{1-48}$$

当激励力频率(ω)和系统固有频率(ω_0)相近时,振动表现为明显"拍"现象,如图1-13所示;振动频率近似地等于 ω,而振幅则做慢周期变化,"拍"的周期 $\tau = \dfrac{2\pi}{|\omega_0 - \omega|}$,即拍频等于激励力频率与系统固有频率之差。而当 $(\omega - \omega_0) \simeq (\omega + \omega_0)$ 时,"拍"现象不明显,如图1-14所示。

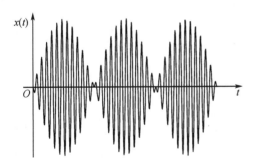

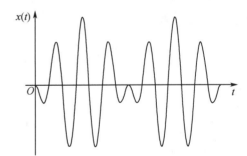

图1-13 $\omega - \omega_0 \ll \omega + \omega_0$ 时"拍"现象明显   图1-14 $(\omega - \omega_0) \simeq (\omega + \omega_0)$时"拍"现象不明显

特别地,当 $\omega = \omega_0$ 时,有

$$x(t) = \frac{2F_0}{M(\omega_0^2 - \omega^2)}\sin\left(\frac{\omega_0 - \omega}{2}t\right)\sin\left(\frac{\omega_0 + \omega}{2}t\right)$$

$$= \frac{F_0 t\sin\left(\dfrac{\omega_0 + \omega}{2}t\right)}{M(\omega_0 + \omega)}\frac{\sin\left(\dfrac{\omega_0 - \omega}{2}t\right)}{\dfrac{\omega_0 - \omega}{2}t}$$

$$= \frac{F_0 t}{2M\omega_0}\sin(\omega t) \tag{1-49}$$

式（1-49）表明，在无阻尼振动系统中，当 $\omega = \omega_0$ 时，质量块的振幅随时间增加逐渐变大，如图1-15所示。

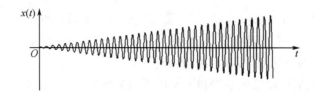

图1-15 在无阻尼振动系统中，当 $\omega = \omega_0$ 时，质量块的振幅随时间变化的规律

结论1-5 无阻尼振子在谐和力激励下产生的振动是两个简谐振动的合振动，一个是自由振动，另一个是强迫振动，形成拍频振动。由于无阻尼，所以自由振动总也不消失。

特例 当 $\omega \to \omega_0$ 时，振子振幅逐渐 $\to \infty$（共振）。

实际上，由于阻力的存在，自由振动随时间的增加会逐渐消失，振动仅有强迫振动项，且达到稳态。

2. 阻尼振动系统在谐和力作用下的强迫振动

阻尼振动系统在谐和力作用下的强迫振动，如图1-16所示。

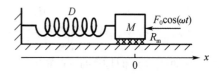

图1-16 阻尼振动系统在谐和力作用下的强迫振动

系统有阻尼，且有谐和力作用时，质量为 M 的质量块的运动方程为

$$M\frac{\mathrm{d}^2\widetilde{x}(t)}{\mathrm{d}t^2} + R_\mathrm{m}\frac{\mathrm{d}\widetilde{x}(t)}{\mathrm{d}t} + D\widetilde{x}(t) = F_0 \mathrm{e}^{\mathrm{j}\omega t} \tag{1-50}$$

其解为

$$\widetilde{x}(t) = \widetilde{x}_1(t) + \widetilde{x}_2(t) \tag{1-51}$$

其中，$\widetilde{x}_1(t) = A_0 \mathrm{e}^{-\delta t}\mathrm{e}^{\mathrm{j}(\Omega t + \varphi)}$ 为齐次方程的解。

令 $\widetilde{x}_2(t) = B\mathrm{e}^{\mathrm{j}\omega t}$，代入式（1-50）可得

$$B = \frac{F_0}{\mathrm{j}\omega\left[R_\mathrm{m} + \mathrm{j}\left(M\omega - \dfrac{D}{\omega}\right)\right]} \tag{1-52}$$

所以

$$\widetilde{x}_2(t) = \frac{F_0}{\mathrm{j}\omega\left[R_\mathrm{m} + \mathrm{j}\left(M\omega - \dfrac{D}{\omega}\right)\right]}\mathrm{e}^{\mathrm{j}\omega t} \tag{1-53}$$

令

$$Z_\mathrm{m} = R_\mathrm{m} + \mathrm{j}\left(M\omega - \frac{D}{\omega}\right) = |Z_\mathrm{m}|\mathrm{e}^{\mathrm{j}\phi} \tag{1-54}$$

则

$$\tilde{x}_2(t) = \frac{F_0}{\mathrm{j}\omega \mid Z_\mathrm{m} \mid} \mathrm{e}^{\mathrm{j}(\omega t - \phi)} = \frac{F_0}{\omega \mid Z_\mathrm{m} \mid} \mathrm{e}^{\mathrm{j}\left(\omega t - \phi - \frac{\pi}{2}\right)} \tag{1-55}$$

所以

$$\tilde{x}(t) = \mathrm{Re}[\tilde{x}_1(t) + \tilde{x}_2(t)] = A_0 \mathrm{e}^{-\delta t} \cos(\Omega t + \varphi) + \frac{F_0}{\omega \mid Z_\mathrm{m} \mid} \sin(\omega t - \phi) \tag{1-56}$$

式中,A_0 和 φ 由初始条件决定;Ω、δ、$\mid Z_\mathrm{m} \mid$、ϕ 由系统参数决定。

结论 1-6　对于阻尼振动系统在谐和力作用下的强迫振动来说,质量块的位移由两个函数组成,一个是振幅衰减的简谐振动,它是自由振动项;另一个是振幅不变的简谐振动,它是强迫振动项。随时间的增加,前者(暂态解)对质量块运动的影响趋于 0,后者(稳态解)成为描述质量块运动的函数。

3. 强迫振动的过渡过程

阻尼振子受迫振动,总是经过一段时间后达到稳定。振子受力激励后,从初始状态至达到稳定振幅简谐振动的过程称为过渡过程,就是暂态解对运动的影响趋于 0 的过程。

(1)过渡时间

从最简单的情况入手分析,设振子初始条件为 $x(0) = 0,v(0) = 0$,且激励力的频率等于系统的固有频率($\omega = \omega_0$),则

$$x(t) = A_0 \mathrm{e}^{-\delta t} \cos(\omega_0 t + \varphi_1) + \frac{F_0}{\omega_0 R_\mathrm{m}} \sin(\omega_0 t) \tag{1-57}$$

代入初始条件可得

$$A_0 = \frac{F_0}{\omega_0 R_\mathrm{m}}, \varphi_1 = \frac{\pi}{2}$$

所以

$$x(t) = \frac{F_0}{\omega_0 R_\mathrm{m}}(1 - \mathrm{e}^{-\delta t})\sin(\omega_0 t) \tag{1-58}$$

图 1-17 是由式(1-58)画出的零初始条件下,当 $\omega \to \omega_0$ 时,阻尼振动系统振动随时间变化的规律。

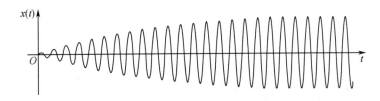

图 1-17　零初始条件下,当 $\omega \to \omega_0$ 时,阻尼振动系统振动随时间变化的规律

显然此振动振幅达到稳定的过程,由因子式 $1 - \mathrm{e}^{-\delta t}$ 决定。一般认为振幅达到稳定值的 95% 时,就达到了稳态,也就是从此以后,暂态解对质量块运动的影响可忽略不计。

若 $1-e^{-\delta t}=0.956$，则 $t=\dfrac{\pi}{\delta}$（因为 $e^{-\pi}\approx0.044$）。

定义 1-5（过渡时间） $\tau_0=\dfrac{\pi}{\delta}$ 为系统的过渡时间，单位为 s。

可见，过渡时间反映了暂态解对振动系统振动影响的时间长短。

又由 $\delta=\dfrac{R_{\mathrm{m}}}{2M}$ 和 $Q_{\mathrm{m}}=\dfrac{\omega_0 M}{R_{\mathrm{m}}}$ 得 $\tau_0=\dfrac{\pi}{\delta}=Q_{\mathrm{m}}T_0$，可知 Q_{m} 值越大，系统的过渡时间越长，即 Q_{m} 越大，则 τ_0 越大，也就是达到稳态需要时间长，这是因为 Q_{m} 越大，则阻力越小，暂态解消失越慢。

（2）激励力频率不等于系统的固有频率

当激励力频率不等于系统的固有频率（$\omega\neq\omega_0$）时，过渡过程中振动出现"拍"现象，随时间的增加，"拍"现象越来越不明显，直到消失，如图 1-18 所示。

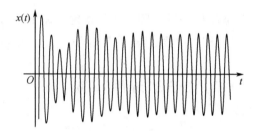

图 1-18 当 $\omega\neq\omega_0$ 时，过渡过程中振动出现"拍"现象

（3）激励力频率等于系统的固有频率

当激励力频率等于系统的固有频率（$\omega=\omega_0$）时，单频矩形脉冲波的激励力作用于不同 Q_{m} 值的系统上，振子位移随时间变化的规律，如图 1-19 所示。

4. 强迫振动的稳态振动

（1）强迫振动的位移稳态解和振速稳态解

在实际工程中，人们主要关注的是稳态解。系统受迫振动，经过一段时间后暂态解对振动的影响趋于 0，描述质量块运动的只有稳态解，所以下面分析稳态解。

位移稳态解为

$$\tilde{x}(t)=\frac{F_0}{\mathrm{j}\omega\,|\,Z_{\mathrm{m}}\,|}e^{\mathrm{j}(\omega t-\phi)} \tag{1-59}$$

振速稳态解为

$$\tilde{v}(t)=\frac{\mathrm{d}\tilde{x}(t)}{\mathrm{d}t}=\frac{F_0}{\mathrm{j}\omega\,|\,Z_{\mathrm{m}}\,|}\mathrm{j}\omega e^{\mathrm{j}(\omega t-\phi)}=\frac{F_0}{|\,Z_{\mathrm{m}}\,|}e^{\mathrm{j}(\omega t-\phi)}=\frac{F_0 e^{\mathrm{j}\omega t}}{|\,Z_{\mathrm{m}}\,|e^{\mathrm{j}\phi}}=\frac{\widetilde{F}(t)}{\widetilde{Z}_{\mathrm{m}}} \tag{1-60}$$

式中，$\widetilde{F}=F_0 e^{\mathrm{j}\omega t}$；$\widetilde{Z}_{\mathrm{m}}=R_{\mathrm{m}}+\mathrm{j}\left(M\omega-\dfrac{D}{\omega}\right)=|\,Z_{\mathrm{m}}\,|e^{\mathrm{j}\phi}$。

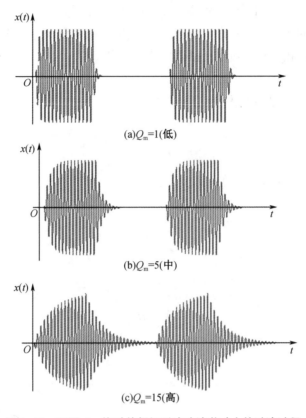

(a)$Q_m=1$(低)

(b)$Q_m=5$(中)

(c)$Q_m=15$(高)

图 1-19 不同 Q_m 值时单频矩形脉冲波激励力的过渡过程

（2）机械阻抗和频率特性曲线

定义 1-6（机械阻抗） 机械振动系统在谐和激励力作用下产生稳定的同频率谐和振速,若用复数力 $\widetilde{F}$ 表示谐和激励力,用复振速 $\tilde{v}$ 表示振速,则复数力与复振速之比称为该系统在该频率下的机械阻抗,记为 $\widetilde{Z}_m$（或 Z_m）。

$$\widetilde{Z}_m = \frac{\widetilde{F}}{\tilde{v}} = |\widetilde{Z}_m| e^{j\phi} = \mathscr{R}_m + j\mathscr{X}_m \tag{1-61}$$

式中,$\mathscr{R}_m$ 为机械阻;$\mathscr{X}_m$ 为机械抗。

$|\widetilde{Z}_m|$ 的量纲为 $M^1T^{-1}L^0$,SI 单位为 kg/s。

由定义 1-6 可知,前例（图 1-16）阻尼振动系统的机械阻抗为

$$Z_m = R_m + j\left(M\omega - \frac{D}{\omega}\right) = |Z_m| e^{j\phi} \tag{1-62}$$

$$|Z_m| = \sqrt{R_m^2 + \left(M\omega - \frac{D}{\omega}\right)^2}, \quad \phi = \arctan\left(\frac{M\omega - \dfrac{D}{\omega}}{R_m}\right)$$

定义 1-7（频率特性曲线） 机械振动系统在谐和激励力作用下产生振动,改变激励力

的频率,并保持激励力幅值不变,初相位为0°;得到稳定的同频率振动的某个响应,该响应的振动幅值随频率的变化曲线叫作该响应的幅频特性曲线;该响应的振动相位随频率的变化曲线叫作该响应的相频特性曲线。幅频特性曲线和相频特性曲线统称为频率特性曲线。

例如:

① 前文阻尼振动系统的稳态位移响应为

$$\widetilde{x}(t) = \frac{F_0}{j\omega Z_m}e^{j\omega t} = \frac{F_0}{j\omega\left[R_m + j\left(M\omega - \dfrac{D}{\omega}\right)\right]}e^{j\omega t} = x_m e^{j(\omega t - \phi_x)}$$

所以,位移响应的幅度函数和相位函数分别为

$$x_m = \frac{F_0}{\omega\sqrt{R_m^2 + \left(M\omega - \dfrac{D}{\omega}\right)^2}} \tag{1-63}$$

$$\phi_x = \arctan\left(\frac{M\omega - \dfrac{D}{\omega}}{R_m}\right) + \frac{\pi}{2} \tag{1-64}$$

位移响应的幅频特性曲线和相频特性曲线如图1-20所示。

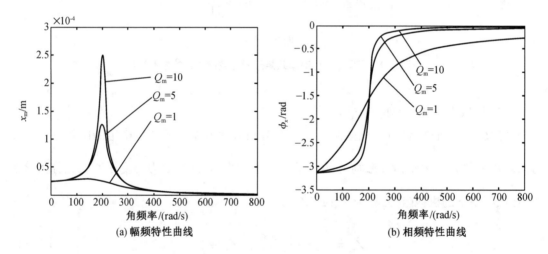

图1-20　位移响应的幅频特性曲线和相频特性曲线

② 前文阻尼振动系统的稳态振速响应为

$$\widetilde{v}(t) = \frac{d\widetilde{x}(t)}{dt} = \frac{F_0}{Z_m}e^{j\omega t} = \frac{F_0}{R_m + j\left(M\omega - \dfrac{D}{\omega}\right)}e^{j\omega t}$$

$$= v_m e^{j(\omega t - \phi_v)}$$

所以,速度响应的幅度函数和相位函数分别为

$$v_m = \frac{F_0}{\sqrt{R_m^2 + \left(M\omega - \dfrac{D}{\omega}\right)^2}} \tag{1-65}$$

$$\phi_v = \arctan\left(\frac{M\omega - \dfrac{D}{\omega}}{R_m}\right) \tag{1-66}$$

速度响应的幅频特性曲线和相频特性曲线如图 1-21 所示。

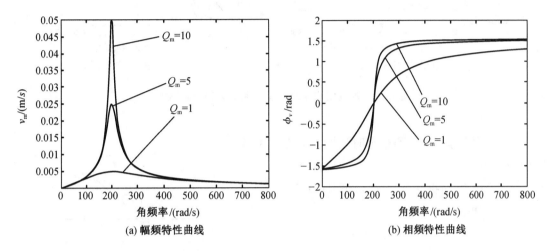

(a) 幅频特性曲线 (b) 相频特性曲线

图 1-21 速度响应的幅频特性曲线和相频特性曲线

③ 前文阻尼振动系统的稳态加速度响应为

$$\tilde{a} = \frac{\mathrm{d}\tilde{v}(t)}{\mathrm{d}t} = \mathrm{j}\omega \frac{F_0}{Z_m}\mathrm{e}^{\mathrm{j}\omega t} = \mathrm{j}\omega \frac{F_0}{R_m + \mathrm{j}\left(M\omega - \dfrac{D}{\omega}\right)}\mathrm{e}^{\mathrm{j}\omega t} = a_m \mathrm{e}^{\mathrm{j}(\omega t - \phi_a)}$$

式中,加速度响应的幅度函数和相位函数分别为

$$a_m = \frac{\omega F_0}{\sqrt{R_m^2 + \left(M\omega - \dfrac{D}{\omega}\right)^2}} \tag{1-67}$$

$$\phi_a = \arctan\left(\frac{M\omega - \dfrac{D}{\omega}}{R_m}\right) - \frac{\pi}{2} \tag{1-68}$$

加速度响应的幅频特性曲线和相频特性曲线如图 1-22 所示。

谐和力作用下弹簧振子位移、振速、加速度与激励力间的相位关系如图 1-23 所示。

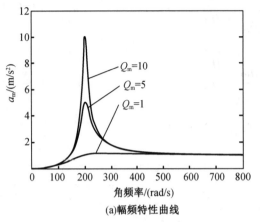

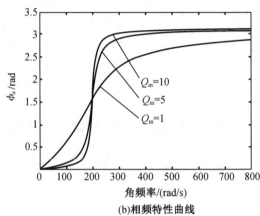

(a)幅频特性曲线   (b)相频特性曲线

图1-22　加速度响应的幅频特性曲线和相频特性曲线

（3）系统的振动达到稳态时激励力对振动系统的输入功率

① 激励力对振动系统输入的瞬时功率

瞬时功率为

$$W(t) = F(t)v(t)$$

因为

$$F(t) = F_0\cos(\omega t), v(t) = \frac{F_0}{|Z_m|}\cos(\omega t - \phi_v)$$

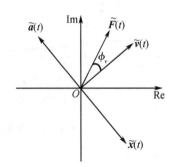

图1-23　谐和力作用下弹簧振子位移、振速、加速度与激励力间的相位关系

所以

$$
\begin{aligned}
W(t) = F(t)v(t) &= \frac{F_0^2}{|Z_m|}\cos(\omega t - \phi_v)\cos(\omega t) \\
&= \frac{F_0^2}{|Z_m|}\frac{1}{2}\left[\cos(2\omega t - \phi_v) + \cos\phi_v\right]
\end{aligned}
\tag{1-69}
$$

式中，$|Z_m| = \sqrt{R_m^2 + \left(M\omega - \dfrac{D}{\omega}\right)^2}$；$\phi_v = \arctan\left(\dfrac{M\omega - \dfrac{D}{\omega}}{R_m}\right)$。

② 一个周期内激励力对振动系统输入的平均功率

平均输入功率为

$$\overline{W}(t) = \frac{1}{T}\int_0^T W(t)\mathrm{d}t = \frac{1}{T}\int_0^T \frac{F_0^2}{|Z_m|}\frac{1}{2}\left[\cos(2\omega t - \phi_v) + \cos\phi_v\right]\mathrm{d}t = \frac{F_0^2}{2|Z_m|}\cos\phi_v$$

$$\tag{1-70}$$

系统的振动达到稳态时，激励力对振动系统的平均输入功率等于系统阻尼的消耗功率。用式（1-70）计算的激励力对振动系统输入的平均输入功率与激励力频率的关系如图1-24所示。

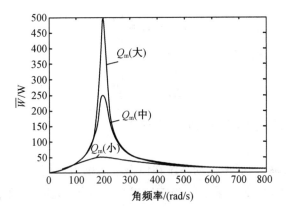

$\overline{W}/W$ 轴上标注: 0, 50, 100, 150, 200, 250, 300, 350, 400, 450, 500

横轴: 角频率/(rad/s), 标注 0, 100, 200, 300, 400, 500, 600, 700, 800

$Q_m(大)$ $Q_m(中)$ $Q_m(小)$

图1-24 用式(1-70)计算的激励力对振动系统输入的平均输入功率与激励力频率的关系

③ 激励力对振动系统输入最大功率时的激励力频率以及半功率点频带宽

由式(1-70)知

$$\overline{W}(t) = \frac{F_0^2}{2|Z_m|}\cos\phi_v$$

可得 $\overline{W}(t)_{max} = \dfrac{F_0^2}{2R_m}$，此时 $\omega = \omega_0 = \sqrt{\dfrac{D}{M}}$。

所以，激励力频率 $f = \dfrac{1}{2\pi}\sqrt{\dfrac{D}{M}}$ 时，平均输入功率最大。

定义1-8（半功率点频带宽） 由最大平均输入功率下降到1/2最大平均输入功率时所对应的频带宽度称为半功率点频带宽，也称-3 dB带宽，记为 $\Delta f_{-3\ dB}$。

由式(1-70)，可解出半功率点频带宽 $\Delta f_{-3\ dB}$。

$$\overline{W}(t) = \frac{F_0^2}{2|Z_m|}\cos\phi_v = \frac{1}{2}\overline{W}(t)_{max} = \frac{1}{2}\frac{F_0^2}{2R_m} \Rightarrow \frac{\cos\phi_v}{|Z_m|} = \frac{1}{2R_m}$$

因为 $\cos\phi_v = \dfrac{R_m}{|Z_m|}$，所以可得

$$\frac{R_m^2}{|Z_m|^2} = \frac{1}{2} \Rightarrow \frac{R_m^2}{R_m^2 + (M\omega - D/\omega)^2} = \frac{1}{2} \Rightarrow R_m = \pm(M\omega - D/\omega)$$

又因为

$$Q_m = \frac{\omega_0 M}{R_m}$$

所以

$$\begin{cases} \dfrac{\omega_0}{\omega_1} - \dfrac{\omega_1}{\omega_0} = \dfrac{1}{Q_m} \\[2mm] \dfrac{\omega_2}{\omega_0} - \dfrac{\omega_0}{\omega_2} = \dfrac{1}{Q_m} \end{cases}$$

即

$$\omega_2 - \omega_1 = \frac{\omega_0}{Q_m}$$

得半功率点频带宽为

$$\Delta f_{-3\,dB} = \frac{f_0}{Q_m} \tag{1-71}$$

（4）机械振动系统与"频率"有关的几个概念

① 共振频率

定义 1-9（共振频率） 机械振动系统在恒振幅激励力作用下发生振动,若响应随激励力频率的变化出现极大值,则称系统的该响应发生了共振,此时的频率即为系统该响应的共振频率。

一般来说,同一系统不同的响应有不同的共振频率。例如,位移共振频率、振速共振频率、加速度共振频率等。

【例 1-1】 由单自由度阻尼振子的位移幅值函数,求位移共振频率。

解 位移幅值函数为

$$x_m(\omega) = \frac{F_0}{\omega\sqrt{R_m^2 + \left(M\omega - \dfrac{D}{\omega}\right)^2}}$$

求其极值,可得位移共振频率。亦即,由方程$\dfrac{d}{d\omega}x_m(\omega) = 0$可解得位移共振角频率为

$$\omega_x = \omega_0\sqrt{1 - \frac{1}{2Q_m^2}}$$

式中,$\omega_0 = \sqrt{\dfrac{D}{M}}$；$Q_m = \dfrac{\omega_0}{2\delta}\left(\delta = \dfrac{R_m}{2M}\right)$。

可得位移共振频率为

$$f_x = f_0\sqrt{1 - \frac{1}{2Q_m^2}}$$

【例 1-2】 由单自由度阻尼振子的振速幅值函数,求振速共振频率。

解 振速幅值函数为

$$v_m(\omega) = \frac{F_0}{\sqrt{R_m^2 + \left(M\omega - \dfrac{D}{\omega}\right)^2}}$$

求其极值,可得振速共振频率。亦即,由方程$\dfrac{d}{d\omega}v_m(\omega) = 0$可解得振速共振角频率为

$$\omega_v = \omega_0 = \sqrt{\frac{D}{M}}$$

式中,$\omega_0 = \sqrt{\dfrac{D}{M}}$；$Q_m = \dfrac{\omega_0}{2\delta}\left(\delta = \dfrac{R_m}{2M}\right)$。

可得振速共振频率为

$$f_v = f_0 = \frac{1}{2\pi}\sqrt{\frac{D}{M}}$$

【例1-3】 由单自由度阻尼振子的加速度幅值函数,求加速度共振频率。

解 加速度幅值函数为

$$a_m(\omega) = \frac{\omega F_0}{\sqrt{R_m^2 + \left(M\omega - \dfrac{D}{\omega}\right)^2}}$$

求其极值,可得加速度共振频率。亦即,由方程$\dfrac{\mathrm{d}}{\mathrm{d}\omega}a_m(\omega)=0$可解得加速度共振角频率为

$$\omega_a = \omega_0 \bigg/ \sqrt{1 - \frac{1}{2Q_m^2}}$$

式中,$\omega_0 = \sqrt{\dfrac{D}{M}}$;$Q_m = \dfrac{\omega_0}{2\delta}\left(\delta = \dfrac{R_m}{2M}\right)$。

可得加速度共振频率为

$$f_a = f_0 \bigg/ \sqrt{1 - \frac{1}{2Q_m^2}}$$

② 谐振频率

定义1-10(谐振频率) 机械振动系统在谐和激励力作用下发生振动,并达到稳态,如果外力时时刻刻向系统内输入能量(对系统做正功),则此时系统发生了谐振,发生谐振时的频率称作系统的谐振频率。

由单自由度阻尼振子受迫振动的振速稳态解函数,可求得该系统的谐振频率。显然,若$\tilde{v}$与$\tilde{F}$同相位,则激励力时时刻刻向系统做正功。

由式(1-60)可知,振速稳态解函数为

$$\tilde{v}(t) = \frac{\tilde{F}}{R_m + \mathrm{j}\left(M\omega - \dfrac{D}{\omega}\right)}$$

所以若$\tilde{v}$与$\tilde{F}$同相位,则$\arg\left[R_m + \mathrm{j}\left(M\omega - \dfrac{D}{\omega}\right)\right]=0$,据此可得系统的谐振频率,即

$$f_{谐振} = f_0 = \frac{1}{2\pi}\sqrt{\frac{D}{M}} \quad \left(\omega_{谐振} = \omega_0 = \sqrt{\frac{D}{M}}\right)$$

当激励力频率等于系统的谐振频率时,激励力与激励点处的振速同相位,并且与其他频率相比,此频率下激励力对振动系统的输入功率最大。

③ 固有频率

定义1-11(固有频率) 机械振动系统无外力作用下自由振动的频率称作系统的固有频率。

由振动系统自由振动微分方程的特征值方程可得系统的固有频率。

1.1.3 单自由度振动系统任意时间函数力激励的受迫振动

本节介绍当外力是任意时间函数时，系统振动的分析方法。根据动力学基本定律，当单自由度振动系统受到任意力 $F(t)$ 作用时，上节推导出来的运动方程仍然成立。下面分别讨论 $F(t)$ 是周期力和非周期力的情况。

1. 周期力对阻尼振动系统的作用

若 $F(t)$ 为周期力，则

$$F(t) = F(t + nT) \tag{1-72}$$

阻尼振动系统的受迫振动的运动方程为

$$M \frac{\mathrm{d}^2 x}{\mathrm{d}t^2} + R_m \frac{\mathrm{d}x}{\mathrm{d}t} + Dx = F(t) \tag{1-73}$$

由于方程(1-73)是线性的，所以 $F(t)$ 和 $x(t)$ 可以分别看作一个线性系统的输出与输入（激励和响应）（图1-25）。

根据线性系统的叠加原理，若 $x_1(t)$ 是 $F_1(t)$ 的响应，$x_2(t)$ 是 $F_2(t)$ 的响应，则 $F(t) = F_1(t) + F_2(t)$ 的响应是 $x(t) = x_1(t) + x_2(t)$。对于线性系统，若 $F(t)$ 是频率为 ω 的简谐函数，则响应 $x(t)$ 也必是频率为 ω 的简谐函数，在 $x(t)$ 中并不会有其他频率分量。由此可知求周期力激励下系统响应的方法如下。

$$F(t) \longrightarrow \boxed{\text{线性系统}} \longrightarrow x(t)$$

**图1-25　线性系统激励和
响应的关系**

（1）把 $F(t)$ 表示为傅里叶级数形式，即

$$F(t) = \sum_{n=0}^{\infty} A_n \cos(\omega_n t - \varphi_n) \tag{1-74}$$

根据傅里叶级数理论，式(1-74)中：

$$A_0 = \frac{1}{2}a_0, \quad A_n = \pm \sqrt{a_n^2 + b_n^2}, \quad \varphi_n = \arctan\left(\frac{b_n}{a_n}\right)$$

$$a_n = \frac{2}{T} \int_{-\frac{T}{2}}^{\frac{T}{2}} F(t) \cos(\omega_n t) \mathrm{d}t$$

$$b_n = \frac{2}{T} \int_{-\frac{T}{2}}^{\frac{T}{2}} F(t) \sin(\omega_n t) \mathrm{d}t$$

则

$$f_n = \frac{n}{T}, \quad \omega_n = 2\pi f_n, \quad n = 0, 1, 2, \cdots$$

$$\Rightarrow M \frac{\mathrm{d}^2 x}{\mathrm{d}t^2} + R_m \frac{\mathrm{d}x}{\mathrm{d}t} + Dx = F(t) = \sum_{n=0}^{\infty} A_n \cos(\omega_n t - \varphi_n) \tag{1-75}$$

（2）取 $F_n(t) = A_n \cos(\omega_n t - \varphi_n)$。

（3）令 $x_n(t)$ 是 $F_n(t)$ 激励下的位移响应，则

$$M \frac{\mathrm{d}^2 x_n(t)}{\mathrm{d}t^2} + R_m \frac{\mathrm{d}x_n(t)}{\mathrm{d}t} + Dx_n(t) = F_n(t) = A_n \cos(\omega_n t - \varphi_n) \tag{1-76}$$

若 $x_n(t) = \text{Re}[\tilde{x}_n(t)]$，则

$$M\frac{\mathrm{d}^2\tilde{x}_n(t)}{\mathrm{d}t^2} + R_\mathrm{m}\frac{\mathrm{d}\tilde{x}_n(t)}{\mathrm{d}t} + D\tilde{x}_n(t) = A_n\mathrm{e}^{\mathrm{j}(\omega_n t - \varphi_n)} \tag{1-77}$$

其稳态解为

$$\tilde{x}_n(t) = \frac{A_n}{\mathrm{j}\omega_n Z(\omega_n)}\mathrm{e}^{\mathrm{j}(\omega_n t - \varphi_n)} \tag{1-78}$$

式中，$Z(\omega_n) = R_\mathrm{m} + \mathrm{j}\left(\omega_n M - \dfrac{D}{\omega_n}\right)$，为振动系统的机械阻抗。

（4）由线性系统的叠加定理，可知

$$\tilde{x}(t) = \sum_{n=0}^{\infty}\tilde{x}_n(t) = \sum_{n=0}^{\infty}\frac{A_n}{\mathrm{j}\omega_n\left[R_\mathrm{m} + \mathrm{j}\left(\omega_n M - \dfrac{D}{\omega_n}\right)\right]}\mathrm{e}^{\mathrm{j}(\omega_n t - \varphi_n)} \tag{1-79}$$

所以

$$x(t) = \text{Re}[\tilde{x}(t)] = \sum_{n=0}^{\infty}\text{Re}\left\{\frac{A_n}{\mathrm{j}\omega_n\left[R_\mathrm{m} + \mathrm{j}\left(\omega_n M - \dfrac{D}{\omega_n}\right)\right]}\mathrm{e}^{\mathrm{j}(\omega_n t - \varphi_n)}\right\} \tag{1-80}$$

综上所述，此方法过程为：周期力 $F(t)$ 分解成简谐力的叠加，求出每个简谐力的响应，再将各简谐力的响应叠加，得到周期力 $F(t)$ 作用下机械振动系统的响应。这种求周期力响应的方法，要求描述力与响应间关系的方程是线性的，并且在这里没有考虑暂态解。

2. 非周期力对阻尼振动系统的作用

若 $F(t)$ 为任意函数力（非周期力），则阻尼振动系统的受迫振动的运动方程为

$$M\frac{\mathrm{d}^2x}{\mathrm{d}t^2} + R_\mathrm{m}\frac{\mathrm{d}x}{\mathrm{d}t} + Dx = F(t) \tag{1-81}$$

初始条件不同，解决问题的方法也不同。若为"0"初值问题，则有如下定解问题：

$$\begin{cases} M\dfrac{\mathrm{d}^2x(t)}{\mathrm{d}t^2} + R_\mathrm{m}\dfrac{\mathrm{d}x(t)}{\mathrm{d}t} + Dx(t) = F(t) \\ x(t)\Big|_{t=0} = 0 \\ v(t)\Big|_{t=0} = 0 \\ F(t)\Big|_{t<0} = 0 \end{cases} \tag{1-82}$$

对式(1-81)两侧取傅里叶变换，并记 $X(\omega) = \mathscr{F}[x(t)]$ 和 $F(\omega) = \mathscr{F}[F(t)]$ 分别为 $x(t)$ 与 $f(t)$ 的傅里叶变换，则可得

$$\mathscr{F}\left(M\frac{\mathrm{d}^2x}{\mathrm{d}t^2} + R_\mathrm{m}\frac{\mathrm{d}x}{\mathrm{d}t} + Dx\right) = \mathscr{F}[F(t)] = F(\omega)$$

$$\Rightarrow M\mathscr{F}\left(\frac{\mathrm{d}^2x}{\mathrm{d}t^2}\right) + R_\mathrm{m}\mathscr{F}\left(\frac{\mathrm{d}x}{\mathrm{d}t}\right) + D\mathscr{F}(x) = F(\omega)$$

$$\Rightarrow [M(\mathrm{j}\omega)^2 + R_{\mathrm{m}}(\mathrm{j}\omega) + D]X(\omega) = F(\omega)$$

$$\Rightarrow X(\omega) = \frac{F(\omega)}{\mathrm{j}\omega\left[R_{\mathrm{m}} + \mathrm{j}\left(M\omega - \dfrac{D}{\omega}\right)\right]} \tag{1-83}$$

然后对式(1-83)进行傅里叶反变换,可得位移函数为

$$x(t) = \mathscr{F}^{-1}[X(\omega)]$$

$$= \frac{1}{2\pi}\int_{-\infty}^{\infty} \frac{F(\omega)\mathrm{e}^{\mathrm{j}\omega t}}{\mathrm{j}\omega\left[R_{\mathrm{m}} + \mathrm{j}\left(\omega M - \dfrac{D}{\omega}\right)\right]}\mathrm{d}\omega$$

$$= \frac{1}{2\pi}\int_{-\infty}^{\infty} \frac{F(\omega)\mathrm{e}^{\mathrm{j}\omega t}}{-M[\omega - (\Omega + \mathrm{j}\delta)][\omega - (-\Omega + \mathrm{j}\delta)]}\mathrm{d}\omega \tag{1-84}$$

根据"留数定理"有

$$x(t) = \frac{1}{2\pi}\int_{-\infty}^{\infty} \frac{F(\omega)\mathrm{e}^{\mathrm{j}\omega t}}{-M[\omega - (\Omega + \mathrm{j}\delta)][\omega - (-\Omega + \mathrm{j}\delta)]}\mathrm{d}\omega$$

$$= \frac{1}{2\pi} 2\pi\mathrm{j} \sum_{\text{上半面}} \mathrm{res}\left\{\frac{F(z)\mathrm{e}^{\mathrm{j}zt}}{-M[z - (\Omega + \mathrm{j}\delta)][z - (-\Omega + \mathrm{j}\delta)]}\right\}$$

$$= \mathrm{j} \sum_{\substack{\text{上半面}\\F(z)\text{奇点}}} \mathrm{res}\left[\frac{F(z)\mathrm{e}^{\mathrm{j}zt}}{-M(z - \Omega - \mathrm{j}\delta)(z + \Omega - \mathrm{j}\delta)}\right] +$$

$$\mathrm{j}\left[\frac{-F(\Omega + \mathrm{j}\delta)\mathrm{e}^{\mathrm{j}\Omega t}}{2M\Omega} + \frac{F(-\Omega + \mathrm{j}\delta)\mathrm{e}^{-\Omega t}}{2M\Omega}\right]\mathrm{e}^{-\delta t} \tag{1-85}$$

式(1-85)等号右边第二项是由系统参数决定的项,对应于暂态解;随时间增加,逐渐消失。式(1-85)等号右边第一项是由激励力函数的傅里叶变换函数的奇点决定的项,对应于稳态解。

【例 1-4】 求力 $F(t) = \begin{cases} 1, & t > 0 \\ 0, & t < 0 \end{cases}$ 激励下,图 1-16 所示阻尼振动系统的响应。

解 $x(t) = \mathscr{F}^{-1}[X(\omega)] = \dfrac{1}{2\pi}\int_{-\infty}^{\infty} \dfrac{F(\omega)\mathrm{e}^{\mathrm{j}\omega t}}{\mathrm{j}\omega Z_{\mathrm{m}}(\omega)}\mathrm{d}\omega$

其中

$$F(\omega) = \mathscr{F}[f(t)] = \frac{1}{\mathrm{j}\omega}$$

$$\mathrm{j}\omega Z_{\mathrm{m}}(\omega) = \mathrm{j}\omega\left[R_{\mathrm{m}} + \mathrm{j}\left(\omega M - \frac{D}{\omega}\right)\right]$$

$$= D + \mathrm{j}\omega R_{\mathrm{m}} - M\omega^2$$

$$= -M\left(\omega^2 - \omega_0^2 + \mathrm{j}\omega\frac{R_{\mathrm{m}}}{M}\right)$$

$$= -M[\omega - (\Omega + \mathrm{j}\delta)][\omega - (-\Omega + \mathrm{j}\delta)]$$

则

$$x(t) = \frac{1}{2\pi}\int_{-\infty}^{\infty} \frac{F(\omega)\mathrm{e}^{\mathrm{j}\omega t}}{-M[\omega - (\Omega + \mathrm{j}\delta)][\omega - (-\Omega + \mathrm{j}\delta)]}\mathrm{d}\omega$$

$$\Rightarrow x(t) = \frac{1}{2\pi} \oint_C \frac{1}{jz} \frac{e^{jzt}}{-M[z - (\Omega + j\delta)][z - (-\Omega + j\delta)]} dz$$

$$= \frac{1}{2\pi} 2\pi j \sum_{\text{上半面}} \text{res}\left\{ \frac{1}{jz} \frac{e^{jzt}}{-M[z - (\Omega + j\delta)][z - (-\Omega + j\delta)]} \right\}$$

$z = \Omega + j\delta$ 为 $\dfrac{1}{jz} \dfrac{e^{jzt}}{-M[z - (\Omega + j\delta)][z - (-\Omega + j\delta)]}$ 的一阶奇点,其留数为

$$\text{res}\left\{ \frac{1}{jz} \frac{e^{jzt}}{-M[z - (\Omega + j\delta)][z - (-\Omega + j\delta)]} \right\}\bigg|_{z = \Omega + j\delta} = \frac{e^{j(\Omega + j\delta)t}}{-j2M(\Omega + j\delta)\Omega}$$

$z = -\Omega + j\delta$ 为 $\dfrac{1}{jz} \dfrac{e^{jzt}}{-M[z - (\Omega + j\delta)][z - (-\Omega + j\delta)]}$ 的一阶奇点,其留数为

$$\text{res}\left\{ \frac{1}{jz} \frac{e^{jzt}}{-M[z - (\Omega + j\delta)][z - (-\Omega + j\delta)]} \right\}\bigg|_{z = -\Omega + j\delta} = \frac{e^{j(-\Omega + j\delta)t}}{j2M(-\Omega + j\delta)\Omega}$$

$z = 0$ 为 $\dfrac{1}{jz} \dfrac{e^{jzt}}{-M[z - (\Omega + j\delta)][z - (-\Omega + j\delta)]}$ 的一阶奇点,其留数为

$$\text{res}\left\{ \frac{1}{jz} \frac{e^{jzt}}{-M[z - (\Omega + j\delta)][z - (-\Omega + j\delta)]} \right\}\bigg|_{z = 0} = \frac{1}{jD}$$

所以

$$x(t) = j \sum_{\text{上半面}} \text{res}\left\{ \frac{1}{jz} \frac{e^{jzt}}{-M[z - (\Omega + j\delta)][z - (-\Omega + j\delta)]} \right\}$$

$$\Rightarrow x(t) = j\left\{ \frac{e^{j(\Omega + j\delta)t}}{j2M(\Omega + j\delta)\Omega} + \frac{e^{j(-\Omega + j\delta)t}}{j2M(-\Omega + j\delta)\Omega} + \frac{1}{jD} \right\} = \frac{1}{D} - \frac{1}{D}\cos(\Omega t - \varphi)e^{-\delta t}$$

其中,位移 $x(t)$ 随时间的变化关系如图 1-26 所示。

傅里叶变换方法并不是解任意力激励下系统响应的唯一方法。傅里叶变换可以在频域上求解响应,还可以在时域上求解响应。如图 1-27 所示的线性系统,其传递函数为 $H(\omega)$。

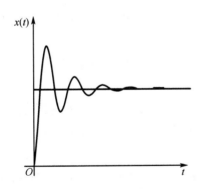

图 1-26　例 1-4 中位移 $x(t)$ 随时间的变化关系

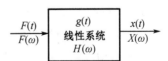

图 1-27　线性系统输入与输出函数的时域及频域表示

若 $g(t)$ 为系统脉冲响应函数,则有

$$\begin{cases} g(t) = \mathscr{F}^{-1}[H(\omega)] \\ H(\omega) = \mathscr{F}[g(t)] \end{cases} \tag{1-86}$$

在频域上求响应，即

$$x(t) = \mathscr{F}^{-1}[X(\omega)] = \frac{1}{2\pi}\int_{-\infty}^{\infty} H(\omega)F(\omega)\mathrm{e}^{j\omega t}\mathrm{d}\omega \tag{1-87}$$

在时域上求响应，即

$$x(t) = \int_0^t g(t-\tau)F(\tau)\mathrm{d}\tau \tag{1-88}$$

例如，对于阻尼振动系统，位移响应的传递函数为

$$H(\omega) = \frac{X(\omega)}{F(\omega)} = \frac{1}{j\omega Z_m(\omega)} = \frac{1}{j\omega\left[R_m + j\left(\omega M - \dfrac{D}{\omega}\right)\right]} \tag{1-89}$$

其脉冲响应函数为

$$g(t) = \mathscr{F}^{-1}[H(\omega)] = \frac{1}{2\pi}\int_{-\infty}^{+\infty} \frac{\mathrm{e}^{j\omega t}}{j\omega\left[R_m + j\left(\omega M - \dfrac{D}{\omega}\right)\right]}\mathrm{d}\omega \tag{1-90}$$

习　题

1. 由测量知道弹簧振子的固有频率是 50 Hz，若将质量块的质量增大 5 g，则其固有频率变为 45 Hz，试求弹性系数。

2. 一台机器为隔振而装在一组弹簧上，在平衡时由于机器的质量而使弹簧压缩了 25 mm，求竖直方向自由振动的角频率。

3. 弹性系数为 D 的弹簧和质量为 M 的质量块组成一个单自由度振动系统。

(1) 若质量块的质量增加一倍，但系统的固有频率保持不变，则应增加几个同种弹簧? 如何连接?

(2) 若质量块的质量减少一半，但系统的固有频率保持不变，则应增加几个同种弹簧? 如何连接?

4. 弹簧振子自由振动的振幅为 A，问其振动的动能等于势能时，位移瞬时值为多大?

5. 试证：弹簧振子受迫振动中的位移振幅的低频极限值、速度共振时的速度振幅值及加速度振幅的高频极限值均与频率无关。

6. 有一单自由度阻尼振动系统（图 1-28），$M=0.5$ kg，$D=150$ N/m，$R_m=1.4$ kg/s，分别求出系统的 Q_m 值、阻尼系数和过渡时间；再求出系统的位移共振频率、振速共振频率、加速度共振频率、谐振频率和半功率点频带宽。又，若激励力为 $F(t)=3\cos(6t)$，求振动达到稳态后位移的幅值、振速的幅值、加速度的幅值，一个周期内的耗能。再，如果激励力幅值未变，但频率与系统谐振频率相等，则位移的幅值、振速的幅值、加速度的幅值又为多少?

7. 如图 1-29 所示，光滑桌面有一小孔，细绳一端拴一质量为 M 的质量块，另一端穿过

小孔后,有一恒力 F 作用在该绳端。若质量块沿桌面水平滑动经过小孔上方时不会卡住,试分析质量块的运动:

(1)写出质量块的运动方程,解出形式解。

(2)当 $t=0$ 时,质量块距小孔水平距离为 A,试求出质量块的位移函数。

(3)质量块的运动是周期的吗? 是简谐的吗?

(4)可以认为该系统是机械振动系统吗? 为什么?

图 1-28　习题 6 图　　　　　　　　　　图 1-29　习题 7 图

1.2　机　电　类　比

用与电子线路分析方法类似的网络定律和定理分析机械系统的振动问题的方法,称为机电类比。

1.2.1　类比综述

类比属于形式逻辑中的一种推理方法,它的哲学依据是辨证法的"世界上的一切事物都处于普遍联系之中"的观点。它是一种创造性思维方法。其推理公式如下:

事物 A 有性质 a、b、c、d

事物 B 有性质 a、b、c、d、e

推论　事物 A 也有性质 e。

类比推理方法在物理学的发展进程中起到了不可替代的积极作用,但是这种推理方法属于不完全推理,有可能得到错误的结论。例如,星际间存在"以太"的错误概念,源于电磁波与机械波的类比;而实验证明电磁波与机械波不同,电磁波可以在真空中传播,星际间不存在"以太"。为避免类比推理可能出现错误,推理的依据,即两事物共同具有的性质 a、b、c、d 应与待推论的性质 e 有本质的密切联系。

机电类比的依据是描述现象的微分方程的一致性。例如,描述图 1-30 的单自由度振动系统运动的微分方程与描述图 1-31 的单回路振荡电路的微分方程具有同一性。

根据类比推理公式可知,有关分析电路的网络理论可以用来分析机械振动问题。这样就避免了处理机械振动问题时解复杂的微分方程,尤其在解多自由度振动问题时,机电类比方法有明显的优势。

$$M\frac{\mathrm{d}v}{\mathrm{d}t} + R_{\mathrm{m}}v + \frac{1}{C_{\mathrm{m}}}\int v\mathrm{d}t = F(t) \qquad L\frac{\mathrm{d}i}{\mathrm{d}t} + Ri + \frac{1}{C}\int i\mathrm{d}t = e(t)$$

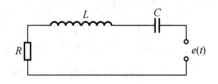

图 1-30　机械系统　　　　　　　　　　　图 1-31　电路系统

1.2.2　力学元件和电学元件

1. 力学元件

力学系统中的基本元件有质量元件（惯性）、弹簧元件［弹（顺）性］、阻尼元件［耗散（损）性］、杠杆元件（变量）等。表 1-1 给出了各力学元件及其作用力和速度之间的关系。

表 1-1　各力学元件及其作用力和速度之间的关系

元件名及其参数	力学符号	力和速度之间的关系	物理规律
质量元件（惯性） 元件参数：质量 M	M	$F = M\dfrac{\mathrm{d}v}{\mathrm{d}t}$	牛顿第二定律
弹簧元件［弹（顺）性］ 元件参数：柔顺系数 C_{m}	C_{m}	$F = \dfrac{1}{C_{\mathrm{m}}}\int v\mathrm{d}t$	胡克定律
阻尼元件［耗散（损）］ 元件参数：阻力系数 R_{m}	R_{m}	$F = R_{\mathrm{m}}v$	牛顿黏滞定律
杠杆元件（变量） 元件参数：变力比 B	$F_1(v_1)$　B　$F_2(v_2)$	$F_1 = BF_2$ $v_2 = Bv_1$	杠杆定律

2. 电学元件

电路系统中的基本元件为电感、电容、电阻、变压器等，各元件上的电压和电流之间的关系及电路中的符号见表 1-2。

表1-2　电学元件上的电压和电流之间的关系及电路中的符号

电学元件	符号	电压和电流之间的关系	物理规律
电感	 L	$e = L\dfrac{\mathrm{d}i}{\mathrm{d}t}$	电磁感应定律
电容	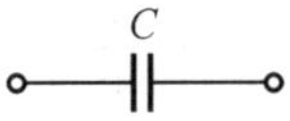 C	$e = \dfrac{I}{C}\int i\,\mathrm{d}t$	电容定义
电阻	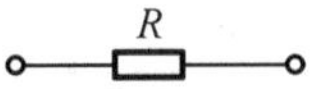 R	$e = Ri$	欧姆定律
变压器	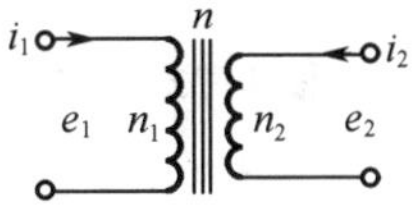 i_1 n i_2 e_1 n_1 n_2 e_2	$e_1 = Be_2$ $i_2 = Bi_1$ $\dfrac{e_1}{e_2} = \dfrac{n_1}{n_2}$	电磁感应定律

3. 力学元件和电学元件的类比

机电类比包括阻抗型机电类比和导纳型机电类比。

（1）阻抗型机电类比

定义1-12（阻抗型机电类比）　力学元件上的力 F 对应电学元件上的电压 e，力学元件上的速度 v 对应电学元件上的电流 i，这种类比称作阻抗型机电类比。

在阻抗型机电类比条件下，考察力学元件与电学元件上物理量的对应关系，可得到元件间的对应关系如下：

质量元件与电感元件对应，其电路符号为 L；元件值为质量元件的质量值。

弹性元件与电容元件对应，其电路符号为 C；元件值为弹性元件的柔顺系数值。

阻尼元件与电阻元件对应，其电路符号为 R；元件值为阻尼元件的阻力系数值。

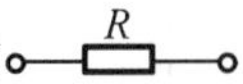

（2）导纳型机电类比

定义1-13（导纳型机电类比）　力学元件上的力 F 对应电学元件上的电流 i，力学元件上的速度 v 对应电学元件上的电压 e，这种类比称作导纳型机电类比。

在导纳型机电类比条件下，考察力学元件与电学元件上物理量的对应关系，可得到元件间的对应关系如下：

质量元件与电容元件对应，其电路符号为 C；元件值为质量元件的质量值。

弹簧元件与电感元件对应，其电路符号为 L；元件值为弹性元件的柔顺系数值。

阻尼元件与电导元件对应，其电路符号为 $1/R$；元件值为阻尼元件的阻力系数的倒数值。

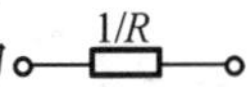

结论1-7　同样一个力学元件，在不同的类比（阻抗型机电类比或导纳型机电类比）线路中所用的符号不同。

原因 电路元件符号表示的是电路中电流和电压的运算关系。同一元件的物理量间的关系是固定的,为了在不同类型类比电路中使这种关系不变,需用不同符号表示。

4. 机械系统简图

实际机械系统在画成机电类比构图之前,要用力学元件示意符号将其画成机械系统简图。基本力学元件示意符号如图 1-32 所示。

机械系统简图构图规则:

(1)机械系统简图中连线的含义为无质量刚性连杆,同一连杆上的元件具有相同的速度。

(2)机械系统简图中的质量一端必须接地。

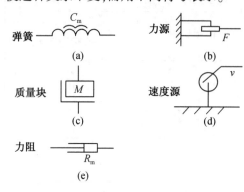

图 1-32 基本力学元件示意符号

5. 机电类比构图

机电类比构图的一般过程:装置图→机械系统简图→导纳型机电类比图→阻抗型机电类比图。

图 1-33 给出了机电类比构图的过程。

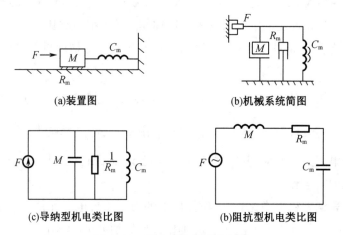

(a)装置图　　　　　　　(b)机械系统简图

(c)导纳型机电类比图　　　(b)阻抗型机电类比图

图 1-33 机电类比构图的过程

阻抗型电路与导纳型电路互相转换的"点线法":

(1)在原图的每个回路中绘一点"·",在回路外也绘一点"·"。

(2)用连线连接各点"·",每条连线只通过一个元件,且不与其他连线交叉,一点可连多线,但一个元件只能通过一条连线。

(3)把原图去掉,所有元件换成相应的"对偶元件"。

(4)整理所得线路图为原图的对偶线路图,即完成了两型类比电路的转换。

6. 机电类比构图要点

机电类比构图要点如下。

（1）由装置图准确地画出机械系统简图。

（2）由机械系统简图按照元件在导纳型机电类比图中的符号，画出导纳型机电类比图。

注意 在此过程中，只改变元件符号，不需要改变连接线。其依据是，机械系统简图中的同一连线上各元件有相同的速度，这也是导纳型机电类比图的性质。这个步骤较关键，它完成了机电的转换。

（3）根据"网络理论"，由导纳型机电类比图转换成阻抗型机电类比图。

机电类比构图的一般规则如下。

（1）力学示意图上的一个连线相当于导纳型机电类比图中的一个节点，或相当于阻抗型机电类比图中的一个回路。

（2）质量元件与其他元件相连时，速度无降落。

（3）考虑连点时，质量元件两端只看作一点，质量元件与源连接不算连点。

（4）弹簧两端与其他元件相连时，力通过或力降落，与和它并联的元件力降落一致。

（5）阻尼器两端接元件，性质类似于弹簧，阻尼器一端接地，性质类似于质量元件。

习　题

1. 试画出图 1-34 所示的各机械振动系统的阻抗型机电类比图，并由此求出机械振动系统各类元件串、并联时的元件值。

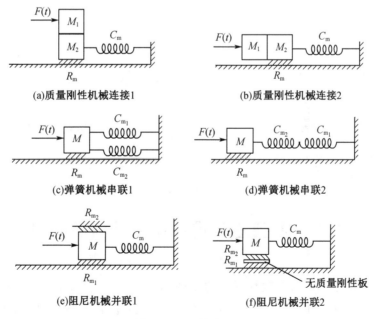

(a)质量刚性机械连接1　　　(b)质量刚性机械连接2

(c)弹簧机械串联1　　　(d)弹簧机械串联2

(e)阻尼机械并联1　　　(f)阻尼机械并联2

图 1-34　习题 1 图

2. 一台质量为 M 的机器与底座弹簧构成机械振动系统 R_m-M-C_m，为了减振，加装了一个动力吸振器弹簧振子 M_1-C_{m_1}，如图 1-35 所示。试用"网络理论"证明，当外力 $F(t) = F_0 e^{j\omega t}$ 的角频率 $\omega = \sqrt{\dfrac{1}{M_1 C_{m_1}}}$ 时，机器的振速幅值趋于 0。

3. 图 1-36 可近似为马戏团的独轮车振动系统示意图，试画出其阻抗型机电类比图。

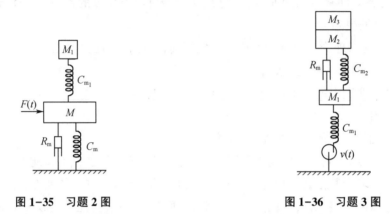

图 1-35 习题 2 图   图 1-36 习题 3 图

4. 图 1-37 可近似为振动搅拌器的振动系统示意图，试画出其阻抗型机电类比图。

5. 试画出如图 1-38 所示的机械振动系统的阻抗型机电类比图。

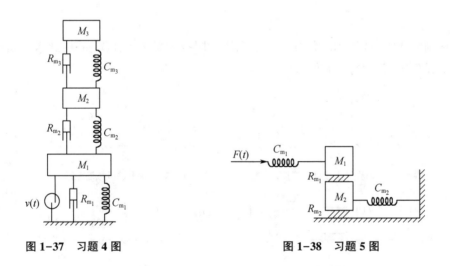

图 1-37 习题 4 图   图 1-38 习题 5 图

1.3 多自由度耦合振动系统的振动

1.1 节讨论的是单自由度振动系统的振动，即系统的运动只用一个空间变量 x 描述。对图 1-39 所示系统，仅用一个空间变量 x 是不能完全确定整个系统的运动状态的；描述这个系统需用两个空间变量，一个是质量为 M_1 的质量块相对于其平衡位置的位移 x_1，另一个是质量为 M_2 的质量块相对于其平衡位置的位移 x_2。在运动的过程中 x_1 和 x_2 相互独立，因此该系统是两个自由度耦合振动系统。

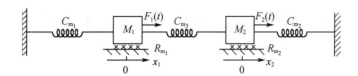

图 1-39 两个自由度耦合振动系统

并且,由于系统中两个振子 $M_1\text{-}C_{m_1}$、$M_2\text{-}C_{m_2}$ 的运动通过弹性元件 C_{m_3} 关联,因此这个弹性元件 C_{m_3} 称作振动耦合元件。C_{m_3} 的作用表现为振子 $M_1\text{-}C_{m_1}$ 与振子 $M_2\text{-}C_{m_2}$ 作用力的耦合。振动系统的振子间除了通过弹簧实现力耦合外,也可通过其他类型的元件关联实现力耦合。例如,如图 1-40(a)所示,两振子间通过阻尼器件 R_{m_1} 实现力耦合;如图 1-40(b)所示,两振子间通过杠杆(相当于电路中的变压器)实现力耦合;如图 1-40(c)所示,振子间通过阻尼元件和弹性元件实现力耦合。机械振动系统中各振子的运动通过某些类型的元件关联在一起,称为机械耦合,这类系统称为多自由度耦合振动系统。

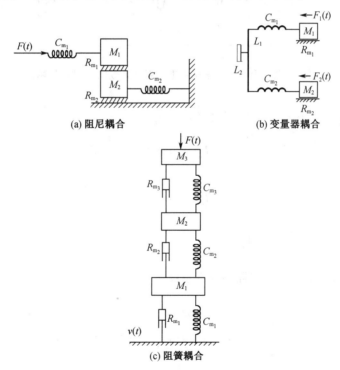

(a) 阻尼耦合   (b) 变量器耦合

(c) 阻簧耦合

图 1-40 不同耦合方式的机械耦合振动系统

1.2 节习题中,除了习题 1 外,其他题目涉及的振动系统均为多自由度耦合振动系统。

下面将以图 1-39 所示的两个自由度耦合振动系统为例,讨论其强迫振动和自由振动;分析耦合系统振动的方法,并掌握其振动规律。

1.3.1 两个自由度耦合振动系统的强迫振动

图 1-39 所示的两个自由度耦合振动系统对应的阻抗型机电类比图如图 1-41 所示。

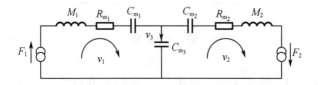

图 1-41 两个自由度耦合振动系统对应的阻抗型机电类比图

其等效的 T 型四端网络如图 1-42 所示。图 1-42 中 v_1 为 M_1 的振速，v_2 为 M_2 的振速。

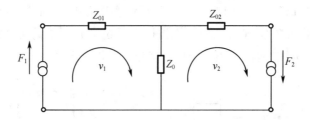

图 1-42 两个自由度耦合振动系统等效的 T 型四端网络

在图 1-42 中，由电学元件串、并联关系可得

$$\begin{cases} Z_{01} = R_{m_1} + j\left(\omega M_1 - \dfrac{1}{\omega C_{m_1}}\right) \\[2mm] Z_{02} = R_{m_2} + j\left(\omega M_2 - \dfrac{1}{\omega C_{m_2}}\right) \\[2mm] Z_0 = \dfrac{-j}{\omega C_{m_3}} \end{cases} \tag{1-91}$$

分析 T 型四端网络时，一般需做如下定义。

1. 输入阻抗 Z_{11}、Z_{22}

$$Z_{11} \equiv \left.\frac{\widetilde{F}_1}{\widetilde{v}_1}\right|_{\widetilde{F}_2 = 0} \quad \widetilde{F}_2 \text{ 端短路时，从 } \widetilde{F}_1 \text{ 端看进去的阻抗} \tag{1-92}$$

$$Z_{22} \equiv \left.\frac{\widetilde{F}_2}{\widetilde{v}_2}\right|_{\widetilde{F}_1 = 0} \quad \widetilde{F}_1 \text{ 端短路时，从 } \widetilde{F}_2 \text{ 端看进去的阻抗} \tag{1-93}$$

2. 转移阻抗（传输阻抗）Z_{12}、Z_{21}

$$Z_{12} \equiv \left.\frac{\widetilde{F}_1}{\widetilde{v}_2}\right|_{\widetilde{F}_2 = 0} \tag{1-94}$$

$$Z_{21} \equiv \frac{\widetilde{F}_2}{\widetilde{v}_1}\bigg|_{\widetilde{F}_1=0} \tag{1-95}$$

3. 自阻抗 Z_1、Z_2

$$Z_1 \equiv \frac{\widetilde{F}_1}{\widetilde{v}_1}\bigg|_{\widetilde{v}_2=0} \quad \widetilde{F}_2 \text{ 端开路时，从 } \widetilde{F}_1 \text{ 端看进去的阻抗} \tag{1-96}$$

$$Z_2 \equiv \frac{\widetilde{F}_2}{\widetilde{v}_2}\bigg|_{\widetilde{v}_1=0} \quad \widetilde{F}_1 \text{ 端开路时，从 } \widetilde{F}_2 \text{ 端看进去的阻抗} \tag{1-97}$$

4. 耦合阻抗 $\widetilde{Z}_0$

$$\widetilde{Z}_0 = \frac{1}{j\omega C_{m_3}} \tag{1-98}$$

阻抗为两个复数量之比，因而阻抗也是复数。后文为书写方便，复数量略去复数标记。例如，阻抗简记：$\widetilde{Z}=Z$。

如果令

$$Z_1 \equiv Z_{01} + Z_0, \; Z_2 \equiv Z_{02} + Z_0 \tag{1-99}$$

根据"网络理论"有

$$\begin{cases} \widetilde{F}_1 = Z_1 \widetilde{v}_1 - Z_0 \widetilde{v}_2 \\ \widetilde{F}_2 = Z_1 \widetilde{v}_2 - Z_0 \widetilde{v}_1 \end{cases} \tag{1-100}$$

用式(1-100)可以解出在 $\widetilde{F}_1$、$\widetilde{F}_2$ 激励下系统的响应 $\widetilde{v}_1$、$\widetilde{v}_2$。

【例1-6】 简单情况下，在单端激励时，即 $\widetilde{F}_2=0$ 时，求出系统的振速响应 $\widetilde{v}_1$、$\widetilde{v}_2$。

解 若 $F_2=0$，式(1-100)化为

$$\begin{cases} \widetilde{F}_1 = Z_1 \widetilde{v}_1 - Z_0 \widetilde{v}_2 \\ 0 = Z_1 \widetilde{v}_2 - Z_0 \widetilde{v}_1 \end{cases} \tag{1-101}$$

消去 $\widetilde{v}_2$ 得

$$Z_{11} \equiv \frac{\widetilde{F}_1}{\widetilde{v}_1}\bigg|_{\widetilde{F}_2=0} = Z_1 \frac{Z_0^2}{Z_2} \text{(输入阻抗)} \tag{1-102}$$

消去 $\widetilde{v}_1$ 得

$$Z_{12} \equiv \frac{\widetilde{F}_1}{\widetilde{v}_2}\bigg|_{\widetilde{F}_2=0} = \frac{Z_1 Z_2 - Z_0^2}{Z_0} \text{(传输阻抗)} \tag{1-103}$$

在此情况下分析 M_2 的振动：

由式(1-103)得

$$\widetilde{v}_2 \equiv \frac{\widetilde{F}_1}{Z_{12}}\bigg|_{\widetilde{F}_2=0} \text{(归结为分析 } 1/Z_{12} \text{ 的频率特性)} \tag{1-104}$$

式中

$$Z_{12} = \frac{Z_1 Z_2 - Z_0^2}{Z_0}$$

由式(1-91)和式(1-99)得

$$\begin{cases} Z_1 = Z_{01} + \dfrac{1}{j\omega C_{m_3}} = R_{m_1} + j\left(\omega M_1 - \dfrac{1}{\omega C_{m_1}}\right) + \dfrac{1}{j\omega C_{m_1}} \\[3mm] Z_2 = Z_{02} + \dfrac{1}{j\omega C_{m_3}} = R_{m_2} + j\left(\omega M_2 - \dfrac{1}{\omega C_{m_2}}\right) + \dfrac{1}{j\omega C_{m_3}} \\[3mm] Z_0 = \dfrac{-j}{\omega C_{m_3}} \end{cases} \tag{1-105}$$

若令

$$X_1 = M_1\omega - \left(\frac{1}{\omega C_{m_1}} + \frac{1}{\omega C_{m_3}}\right), X_2 = M_2\omega - \left(\frac{1}{\omega C_{m_2}} + \frac{1}{\omega C_{m_3}}\right) \tag{1-106}$$

则

$$Z_{12} = -\omega C_{m_3}\left[(R_1 X_1 + R_2 X_1) + j\left(X_1 X_2 - \frac{1}{\omega^2 C_{m_3}^2} - R_1 R_2\right)\right] \tag{1-107}$$

又,若阻抗相对较小,即 $R_1 R_2 \ll X_1 X_2$,则有

$$Z_{12} = -\omega C_{m_3}\left[(R_1 X_1 + R_2 X_1) + j\left(X_1 X_2 - \frac{1}{\omega^2 C_{m_3}^2}\right)\right] \tag{1-108}$$

分析:式(1-108)虚部为 0 时,系统中的 M_2 振速的幅值达到最大,有

$$X_1 X_2 - \frac{1}{\omega^2 C_{m_3}^2} = 0 \Rightarrow (\omega^2 - \omega_1^2)(\omega^2 - \omega_2^2) - k^2 \omega_1^2 \omega_2^2 = 0 \tag{1-109}$$

为简化表示,令

$$\frac{1}{C_{m_{01}}} = \frac{1}{C_{m_1}} + \frac{1}{C_{m_3}} = D_1, \frac{1}{C_{m_{02}}} = \frac{1}{C_{m_2}} + \frac{1}{C_{m_3}} = D_2, \frac{1}{C_{m_3}} = D_3$$

$$k_1 = \frac{D_3}{D_1}, k_2 = \frac{D_3}{D_2}, k = \sqrt{k_1 k_2}$$

$$\delta_1 = \frac{R_{m_1}}{2M_1}, \delta_2 = \frac{R_{m_2}}{2M_2}, \omega_1^2 = \frac{D_1}{M_1}, \omega_2^2 = \frac{D_2}{M_2}$$

解式(1-109)可得

$$\begin{cases} \omega_+ = \sqrt{\dfrac{1}{2}(\omega_1^2 + \omega_2^2) + \dfrac{1}{2}\sqrt{(\omega_1^2 - \omega_2^2)^2 + 4k^2\omega_1^2\omega_2^2}} \\[4mm] \omega_- = \sqrt{\dfrac{1}{2}(\omega_1^2 + \omega_2^2) - \dfrac{1}{2}\sqrt{(\omega_1^2 - \omega_2^2)^2 + 4k^2\omega_1^2\omega_2^2}} \end{cases} \tag{1-110}$$

此二角频率为两个自由度耦合振动系统受迫振动时,M_2 的振速共振角频率。可推知,它也是 M_1 的振速共振角频率。

显然

$$\begin{cases} \omega_+ > \max(\omega_1, \omega_2) \\ \omega_- < \min(\omega_1, \omega_2) \end{cases} \tag{1-111}$$

两个自由度耦合振动系统受迫振动时，M_2（或 M_1）的振速响应的幅频特性曲线（又称谐振曲线）为双峰结构，如图 1-43 所示。

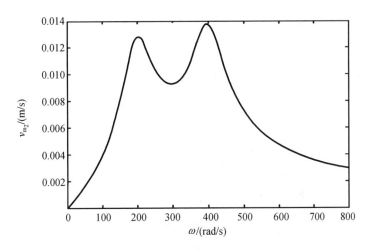

图 1-43 两个自由度耦合振动系统的谐振曲线

分析多自由度耦合振动系统的受迫振动稳态解时，用机电类比的方法更直接方便，避免了解微分方程组的麻烦，由类比电路，用网络分析方法就可得到激励力与各点振速响应的关系。

1.3.2 两个自由度耦合振动系统的自由振动

求解自由振动不同于求受迫振动的稳态解，不宜用机电类比的网络分析方法，因为网络分析中的阻抗概念是建立在稳态响应基础上的。

由运动方程来求解自由振动。对系统中各质量块进行受力分析，按照牛顿第二定律，列出运动方程；通过求解运动方程，分析耦合振动系统的自由振动。

1. 运动方程

$$\begin{cases} M_1 \dfrac{d^2 x_1}{dt^2} + R_{m_1} \dfrac{dx_1}{dt} + \dfrac{1}{C_{m_1}} x_1 + \dfrac{1}{C_{m_3}}(x_1 - x_2) = 0 \\ M_2 \dfrac{d^2 x_2}{dt^2} + R_{m_2} \dfrac{dx_2}{dt} + \dfrac{1}{C_{m_2}} x_1 + \dfrac{1}{C_{m_3}}(x_2 - x_1) = 0 \end{cases} \tag{1-112}$$

为简化表示，令

$$\frac{1}{C_{m_{01}}} = \frac{1}{C_{m_1}} + \frac{1}{C_{m_3}} = D_1, \frac{1}{C_{m_{02}}} = \frac{1}{C_{m_2}} + \frac{1}{C_{m_3}} = D_2, \frac{1}{C_{m_3}} = D_3$$

$$k_1 = \frac{D_3}{D_1}, k_2 = \frac{D_3}{D_2}, k = \sqrt{k_1 k_2}$$

$$\delta_1 = \frac{R_{m_1}}{2M_1}, \delta_2 = \frac{R_{m_2}}{2M_2}, \omega_1^2 = \frac{D_1}{M_1}, \omega_2^2 = \frac{D_2}{M_2}$$

式（1-112）可化为

$$
\begin{cases}
\dfrac{\mathrm{d}^2 x_1}{\mathrm{d}t^2} + 2\delta_1 \dfrac{\mathrm{d}x_1}{\mathrm{d}t} + \omega_1^2 x_1 - k_1 \omega_1^2 x_2 = 0 \\[3mm]
\dfrac{\mathrm{d}^2 x_2}{\mathrm{d}t^2} + 2\delta_2 \dfrac{\mathrm{d}x_2}{\mathrm{d}t} + \omega_2^2 x_2 - k_2 \omega_2^2 x_1 = 0
\end{cases}
\tag{1-113}
$$

2. 简正振动

为使问题简单，分析无阻尼情况（$\delta_1 = 0, \delta_2 = 0$），有

$$
\begin{cases}
\dfrac{\mathrm{d}^2 x_1}{\mathrm{d}t^2} + \omega_1^2 x_1 - k_1 \omega_1^2 x_2 = 0 \\[3mm]
\dfrac{\mathrm{d}^2 x_2}{\mathrm{d}t^2} + \omega_2^2 x_2 - k_2 \omega_2^2 x_1 = 0
\end{cases}
\tag{1-114}
$$

解之，将 $x_1 = A\mathrm{e}^{\lambda t}, x_2 = B\mathrm{e}^{\lambda t}$ 代入方程（1-114），则有

$$
\begin{cases}
(\lambda^2 + \omega_1^2)A - k_1\omega_1^2 B = 0 \\[2mm]
-k_2\omega_2^2 A + (\lambda^2 + \omega_2^2)B = 0
\end{cases}
\tag{1-115}
$$

因为 A 和 B 不同时为 0，则根据线性代数方程理论可知，A 和 B 的系数行列式为 0，即

$$
\begin{vmatrix}
\lambda^2 + \omega_1^2 & -k_1\omega_1^2 \\
-k_2\omega_2^2 & \lambda^2 + \omega_2^2
\end{vmatrix} = 0
\tag{1-116}
$$

此方程为特征方程或称为频率方程。解之可得 λ 的值，它有 4 个值：

$$
\begin{cases}
\lambda = \pm \mathrm{j}\omega_+ \text{、} \pm \mathrm{j}\omega_- \\[2mm]
\omega_+ = \sqrt{\dfrac{1}{2}(\omega_1^2 + \omega_2^2) + \dfrac{1}{2}\sqrt{(\omega_1^2 - \omega_2^2)^2 + 4k^2\omega_1^2\omega_2^2}} \\[4mm]
\omega_- = \sqrt{\dfrac{1}{2}(\omega_1^2 + \omega_2^2) - \dfrac{1}{2}\sqrt{(\omega_1^2 - \omega_2^2)^2 + 4k^2\omega_1^2\omega_2^2}}
\end{cases}
\tag{1-117}
$$

所以，可得方程（1-114）的形式解为

$$
\begin{cases}
x_1(t) = A_+^+ \mathrm{e}^{\mathrm{j}\omega_+ t} + A_+^- \mathrm{e}^{-\mathrm{j}\omega_+ t} + A_-^+ \mathrm{e}^{\mathrm{j}\omega_- t} + A_-^- \mathrm{e}^{-\mathrm{j}\omega_- t} \\[2mm]
x_2(t) = B_+^+ \mathrm{e}^{\mathrm{j}\omega_+ t} + B_+^- \mathrm{e}^{-\mathrm{j}\omega_+ t} + B_-^+ \mathrm{e}^{\mathrm{j}\omega_- t} + B_-^- \mathrm{e}^{-\mathrm{j}\omega_- t}
\end{cases}
\tag{1-118}
$$

在 A_+^+、A_+^-、A_-^+、A_-^-、B_+^+、B_+^-、B_-^+、B_-^- 这 8 个常数中，相同上下角标的 A 和 B 有关系[通过方程（1-115）中的任意一个等式形成的关系]，真正独立的只有 4 个，并且这 4 个独立量由初始条件确定。

取方程（1-115）中的第一个等式，即

$$(\lambda^2 + \omega_1^2)A - k_1\omega_1^2 B = 0 \tag{1-119}$$

解得 A 和 B 的关系为 $A = \dfrac{k_1\omega_1^2}{\lambda^2 + \omega_1^2}B$，则

$$A_+ = \frac{k_1\omega_1^2}{\lambda^2 + \omega_1^2}\bigg|_{\lambda=\pm j\omega_+} B_+ \Rightarrow A_+^+ = \frac{k_1\omega_1^2}{\omega_1^2 - \omega_+^2}B_+^+, A_+^- = \frac{k_1\omega_1^2}{\omega_1^2 - \omega_+^2}B_+^- \tag{1-120}$$

$$A_- = \frac{k_1\omega_1^2}{\lambda^2 + \omega_1^2}\bigg|_{\lambda=\pm j\omega_-} B_- \Rightarrow A_-^+ = \frac{k_1\omega_1^2}{\omega_1^2 - \omega_-^2}B_-^+, A_-^- = \frac{k_1\omega_1^2}{\omega_1^2 - \omega_-^2}B_-^- \tag{1-121}$$

又若,初始条件为实数,则经过运算可得

$$x_1(t) = a_+\cos(\omega_+ t - \phi_+) + a_-\cos(\omega_- t - \phi_-) \tag{1-122}$$

$$x_2(t) = a_+\frac{\omega_1^2 - \omega_+^2}{k_1\omega_1^2}\cos(\omega_+ t - \phi_+) + a_-\frac{\omega_1^2 - \omega_-^2}{k_1\omega_1^2}\cos(\omega_- t - \phi_-) \tag{1-123}$$

式中,a_+、a_-、ϕ_+、ϕ_-由初始条件确定。

结论1-8　两个自由度无阻尼耦合振动系统自由振动,每一个质量块的振动均为两个谐和振动的叠加。

定义1-14(简正振动)　简正振动是多自由度耦合振动系统自由振动的方式。多自由度耦合振动系统在自由振动时,在每一个自由度上的振动,可分解成多个简谐振动的叠加形式,其中的每一个简谐振动称为该系统的一个简正振动,其频率称为该系统的一个简正频率。简正振动的频率取决于系统参数,振幅和初相位取决于初始条件。

简正频率是多自由度耦合振动系统自由振动的固有频率,小阻尼条件下,在数值上与该系统受迫振动的速度共振频率相等。

3. 能量在二振子间的传递

当$t = 0$时,二振子的位移分别为$x_1(t=0) = A$,$x_2(t=0) = 0$,振速分别为$\dfrac{\mathrm{d}x_1(t)}{\mathrm{d}t}\bigg|_{t=0} = 0$,

$\dfrac{\mathrm{d}x_2(t)}{\mathrm{d}t}\bigg|_{t=0} = 0$,则

$$\begin{cases} x_1(t) = A\cos\left(\dfrac{\omega_+ - \omega_-}{2}t\right)\cos\left(\dfrac{\omega_+ + \omega_-}{2}t\right) - A\dfrac{\omega_1^2 - \omega_2^2}{\omega_+^2 - \omega_-^2}\sin\left(\dfrac{\omega_+ - \omega_-}{2}t\right)\sin\left(\dfrac{\omega_+ + \omega_-}{2}t\right) \\[4mm] x_2(t) = 2A\dfrac{\mu^2\sqrt{\dfrac{M_1}{M_2}}}{\omega_+^2 - \omega_-^2}\sin\left(\dfrac{\omega_+ - \omega_-}{2}t\right)\sin\left(\dfrac{\omega_+ + \omega_-}{2}t\right) \end{cases} \tag{1-124}$$

式中,$\mu = \dfrac{D_3}{\sqrt{M_1 M_2}}$称作该耦合系统的耦合系数。

从位移函数可知,每个质量块的振动均为两个不同频率谐和振动的叠加。能量在二振子间"流动"的过程($\omega_1 \neq \omega_2$)如图1-44所示。开始时,振子1的能量在振动过程中传给振子2,表现为振子1的振幅逐渐减小,振子2的振幅逐渐增大;经一段时间后,振子2又把能量还给振子1,表现为振子1的振幅逐渐增大,振子2的振幅逐渐减小。这个过程循环往复,即能量在二振子间不断"流动"。

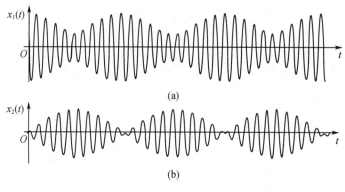

图 1-44　能量在二振子间"流动"的过程（$\omega_1 \neq \omega_2$）

若是特殊情况,即 $\omega_1 = \omega_2$,则有

$$\begin{cases} x_1(t) = A\cos\left(\dfrac{\omega_+ - \omega_-}{2}t\right)\cos\left(\dfrac{\omega_+ + \omega_-}{2}t\right) \\ x_2(t) = A\sqrt{\dfrac{D_1}{D_2}}\sin\left(\dfrac{\omega_+ - \omega_-}{2}t\right)\sin\left(\dfrac{\omega_+ + \omega_-}{2}t\right) \end{cases} \tag{1-125}$$

振子 1 的能量全部传给振子 2,振子 2 又把能量全部传给振子 1,能量在二振子间不断"流动"（图 1-45）。

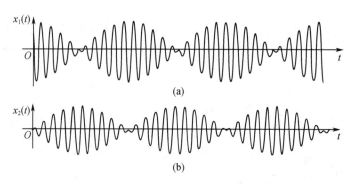

图 1-45　能量在二振子间"流动"的过程（$\omega_1 = \omega_2$）

1.3.3　多自由度耦合振动系统振动简述

多自由度耦合振动系统和两个自由度耦合振动系统的振动有许多相似之处。图 1-46 所示为弹簧耦合的多自由度耦合振动系统。

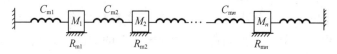

图 1-46　弹簧耦合的多自由度耦合振动系统

任意多个自由度的系统进行自由振动或受迫振动时,一般是通过受力分析得到运动方程,并进行求解。

在谐和外力或非谐和外力作用下,求解受迫振动的稳态振动解时,振动速度或其他响应的计算可用机电类比方法。先把机械系统画成类比电路,然后利用"网络理论"求出分路中的电流,即可得到相应质量块的振动速度。

总结多自由度耦合振动系统的振动规律如下。

1. 自由振动

(1)由 n 个二阶常系数齐次微分方程构成的方程组描述其运动。由特征方程,可解出简正频率。

(2)每一个自由度上振子的振动可以包括 n 个简正频率振动的简正振动分量。

(3)系统有 n 个固有频率。

(4)固有频率由系统参数决定。

(5)振子振动的各简正振动的幅值和初相位由初始条件决定。

2. 受迫振动

(1)可利用机电类比电路和网络定律分析其受迫振动的稳态解。

(2)受迫振动达到稳态后,每一个自由度上振子的振动响应取决于系统参数和激励力的频率及幅度。

(3) n 个自由度的振动系统有 n 个谐振频率(速度共振频率),在小阻尼条件下,它们等于系统的固有频率。

需要注意的是,如果特征方程有重根,则称这种现象为简并,此时简正振动的数目减少。

第 2 章 完全弹性介质中弹性波传播规律

2.1 弹性介质的基本特性

在日常生活中,人们常见的物质形态主要有气体、液体和固体。

人们根据气体和液体物质内部的力学特征抽象出流体的概念。流体的力学特征是流体中任取一个面元,其所受周围流体的作用力的大小与面元大小有关,方向总是垂直于面元方向(无切向力)。

固体内部质量微团间的相互作用力的特征与流体不同,正因为这种不同,使得固体物质能够保持自己的形状。固体物质内部的力学特征是固体中相互接触的质量微团间有相互作用力,相互作用力的大小和方向均与质量微团间的接触面元的大小和方向有关,其方向并不一定与面元方向垂直(存在切向力)。在分析固体机械运动时,若不考虑其弹性形变,则抽象出刚体的概念;若考虑其弹性形变,则抽象出弹性体的概念。弹性形变是指物体在外力作用下,形状发生变化,外力撤消后,物体恢复原来形状。

根据能够发生弹性形变的固体物质内部的力学特征,抽象出了弹性介质的概念。弹性介质在外力作用下会发生形变;弹性介质的力学特征是弹性介质中相互接触的质量微团间有相互作用力,相互作用力的大小和方向均与质量微团间的接触面元的大小和方向有关,其方向并不一定与面元方向垂直(存在切向力),如图2-1所示。弹性介质的这个力学特征,使得弹性介质中的机械波有纵波和横波两种类型。

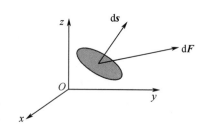

图 2-1 弹性体内一个面元受周围弹性体的作用力

完全弹性介质是指弹性介质内质量微团的机械运动无机械能损失。本节分析完全弹性介质内小振幅机械波的基本规律,以及完全弹性介质的形变是在弹性范围内的小幅度弹性形变。

2.1.1 弹性体内的应力张量、应力分量

流体内面元所受周围流体的作用力 dF 与面元 ds 的关系为

$$\mathrm{d}\boldsymbol{F} = -p\mathrm{d}\boldsymbol{s} \tag{2-1}$$

式中，p 为流体内部压强。

$\mathrm{d}\boldsymbol{F}$ 与 $\mathrm{d}\boldsymbol{s}$ 方向相反，它们之间由一个标量 p 联系。流体中每一空间点的力的状态由该点的压强描述。但是在弹性体内部，面元所受相邻弹性体的作用力 $\mathrm{d}\boldsymbol{F}$ 的方向与面元 $\mathrm{d}\boldsymbol{s}$ 的方向并不保持一致(图 2-1)，所以在弹性体内部，面元所受周围弹性体的作用力 $\mathrm{d}\boldsymbol{F}$ 与面元 $\mathrm{d}\boldsymbol{s}$ 之间不能由一个标量联系，应由一个张量(矩阵)联系，即

$$\mathrm{d}\boldsymbol{F} = \boldsymbol{T}\mathrm{d}\boldsymbol{s} \tag{2-2}$$

若记

$$\mathrm{d}\boldsymbol{F} = \begin{pmatrix} \mathrm{d}F_x \boldsymbol{i} \\ \mathrm{d}F_y \boldsymbol{j} \\ \mathrm{d}F_z \boldsymbol{k} \end{pmatrix}, \mathrm{d}\boldsymbol{s} = \begin{pmatrix} \mathrm{d}s_x \boldsymbol{i} \\ \mathrm{d}s_y \boldsymbol{j} \\ \mathrm{d}s_z \boldsymbol{k} \end{pmatrix} \tag{2-3}$$

则有

$$\begin{pmatrix} \mathrm{d}F_x \boldsymbol{i} \\ \mathrm{d}F_y \boldsymbol{j} \\ \mathrm{d}F_z \boldsymbol{k} \end{pmatrix} = \begin{pmatrix} T_{xx}\boldsymbol{ii} & T_{xy}\boldsymbol{ij} & T_{xz}\boldsymbol{ik} \\ T_{yx}\boldsymbol{ji} & T_{yy}\boldsymbol{jj} & T_{yz}\boldsymbol{jk} \\ T_{zx}\boldsymbol{ki} & T_{zy}\boldsymbol{kj} & T_{zz}\boldsymbol{kk} \end{pmatrix} \begin{pmatrix} \mathrm{d}s_x \boldsymbol{i} \\ \mathrm{d}s_y \boldsymbol{j} \\ \mathrm{d}s_z \boldsymbol{k} \end{pmatrix} = \begin{pmatrix} (T_{xx}\mathrm{d}s_x + T_{xy}\mathrm{d}s_y + T_{xz}\mathrm{d}s_z)\boldsymbol{i} \\ (T_{yx}\mathrm{d}s_x + T_{yy}\mathrm{d}s_y + T_{yz}\mathrm{d}s_z)\boldsymbol{j} \\ (T_{zx}\mathrm{d}s_x + T_{zy}\mathrm{d}s_y + T_{zz}\mathrm{d}s_z)\boldsymbol{k} \end{pmatrix} \tag{2-4}$$

称

$$\boldsymbol{T} = \begin{pmatrix} T_{xx}\boldsymbol{ii} & T_{xy}\boldsymbol{ij} & T_{xz}\boldsymbol{ik} \\ T_{yx}\boldsymbol{ji} & T_{yy}\boldsymbol{jj} & T_{yz}\boldsymbol{jk} \\ T_{zx}\boldsymbol{ki} & T_{zy}\boldsymbol{kj} & T_{zz}\boldsymbol{kk} \end{pmatrix}$$

为弹性体的应力张量。$T_{xx}\boldsymbol{ii}, T_{xy}\boldsymbol{ij}, \cdots, T_{zz}\boldsymbol{kk}$ 称为应力张量的分量(元素)。

张量由有序矢量构成。应力张量的每一个分量是由单位坐标矢量构成的并矢量。

在数学上可用矩阵表示张量。例如，弹性体的应力张量也简记作

$$\boldsymbol{T} = \begin{pmatrix} T_{xx} & T_{xy} & T_{xz} \\ T_{yx} & T_{yy} & T_{yz} \\ T_{zx} & T_{zy} & T_{zz} \end{pmatrix} \tag{2-5}$$

如果知道弹性体中某点的应力张量，那么就可求出过该点的任一面元所受的力的大小和方向。所以，弹性体内每一空间点的应力张量描述了该点力的状态。应力张量由 9 个分量构成，因而弹性体内每一空间点力的状态需用 9 个量描述。

应力张量的分量 $T_{ab}(a=x,y,z;b=x,y,z)$ 的物理意义为：b 方向面元在 a 方向的受力。

利用弹性体内力矩平衡条件，可得应力张量是对称张量，即

$$T_{ab} = T_{ba} \tag{2-6}$$

所以应力张量是由 6 个独立分量构成的 3×3 阶张量。

应力张量中，主对角线上的应力分量称作正应力；非主对角线上的应力分量称作切应力。

如果记：

正应力为

$$T_{xx} = T_1, T_{yy} = T_2, T_{zz} = T_3 \tag{2-7}$$

切应力为

$$T_{yz} = T_4, T_{xz} = T_5, T_{xy} = T_6 \tag{2-8}$$

则

$$\boldsymbol{T} = \begin{pmatrix} T_{xx} & T_{xy} & T_{xz} \\ T_{yx} & T_{yy} & T_{yz} \\ T_{zx} & T_{zy} & T_{zz} \end{pmatrix} = \begin{pmatrix} T_1 & T_6 & T_5 \\ T_6 & T_2 & T_4 \\ T_5 & T_4 & T_3 \end{pmatrix} \tag{2-9}$$

$T_1, T_2, \cdots, T_6$ 可构成一个 6 维列向量，即

$$\boldsymbol{\alpha} = \begin{pmatrix} T_1 \\ T_2 \\ T_3 \\ T_4 \\ T_5 \\ T_6 \end{pmatrix} \tag{2-10}$$

2.1.2　弹性体内的应变张量、应变分量

弹性体内的应力是由弹性体内各点的相对形变产生的。下面分析如何描述产生应力的形变。

如图 2-2 所示，设弹性体内 M 点的位置为 $\boldsymbol{R}(x,y,z)$，形变后 M 点移动至 M' 点，其形变位移为

$$\boldsymbol{\rho}(x,y,z) = \xi(x,y,z)\boldsymbol{i} + \eta(x,y,z)\boldsymbol{j} + \zeta(x,y,z)\boldsymbol{k} \tag{2-11}$$

M' 点的坐标位置为

$$\overrightarrow{OM'} = \boldsymbol{R}(x,y,z) + \boldsymbol{\rho}(x,y,z) = (x+\xi)\boldsymbol{i} + (y+\eta)\boldsymbol{j} + (z+\zeta)\boldsymbol{k} \tag{2-12}$$

形变位移不能表示弹性体内不同点的相对形变，更不能直接描述相对形变产生的应力。为了表示相对形变，在 M 点的附近取相邻点 Q；形变前，其坐标位置（图 2-3）为

$$\overrightarrow{OQ} = \boldsymbol{R}(x,y,z) + \mathrm{d}\boldsymbol{r} = (x+\mathrm{d}x)\boldsymbol{i} + (y+\mathrm{d}y)\boldsymbol{j} + (z+\mathrm{d}z)\boldsymbol{k} \tag{2-13}$$

形变后，Q 点移动至 Q' 点，取辅助点 Q_0，使

$$\overrightarrow{M'Q_0} = \mathrm{d}\boldsymbol{r} \tag{2-14}$$

则 Q' 点坐标位置可表示为 $\overrightarrow{OQ'} = \boldsymbol{R}(x,y,z) + \boldsymbol{\rho}(x,y,z) + \mathrm{d}\boldsymbol{r} + \mathrm{d}\boldsymbol{\rho}$，$M$、$Q$ 两点间的绝对形变位移为 $(\overrightarrow{OQ'} - \overrightarrow{OM'}) - (\overrightarrow{OQ} - \overrightarrow{OM}) = (\overrightarrow{OQ'} - \overrightarrow{OM'}) - \mathrm{d}\boldsymbol{r} = \mathrm{d}\boldsymbol{\rho}$；$M$、$Q$ 两点间的相对形变位移为 $\dfrac{\mathrm{d}\boldsymbol{\rho}}{\mathrm{d}\boldsymbol{r}}$。

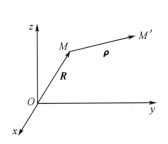

图 2-2 形变位移示意图

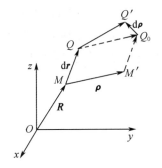

图 2-3 相对形变位移分析用示意图

因为

$$\boldsymbol{\rho} = \begin{pmatrix} \xi(x,y,z) \\ \eta(x,y,z) \\ \zeta(x,y,z) \end{pmatrix}$$

所以

$$\mathrm{d}\boldsymbol{\rho} = \begin{pmatrix} \mathrm{d}\xi(x,y,z) \\ \mathrm{d}\eta(x,y,z) \\ \mathrm{d}\zeta(x,y,z) \end{pmatrix} \tag{2-15}$$

由于坐标增量 $\mathrm{d}\boldsymbol{r}=\mathrm{d}x\boldsymbol{i}+\mathrm{d}y\boldsymbol{j}+\mathrm{d}z\boldsymbol{k}$ 产生的位移增量为 $\mathrm{d}\boldsymbol{\rho}=\mathrm{d}\xi\boldsymbol{i}+\mathrm{d}\eta\boldsymbol{j}+\mathrm{d}\zeta\boldsymbol{k}$,且

$$\begin{cases} \mathrm{d}\xi(x,y,z) = \dfrac{\partial \xi}{\partial x}\mathrm{d}x + \dfrac{\partial \xi}{\partial y}\mathrm{d}y + \dfrac{\partial \xi}{\partial z}\mathrm{d}z \\[2mm] \mathrm{d}\eta(x,y,z) = \dfrac{\partial \eta}{\partial x}\mathrm{d}x + \dfrac{\partial \eta}{\partial y}\mathrm{d}y + \dfrac{\partial \eta}{\partial z}\mathrm{d}z \\[2mm] \mathrm{d}\zeta(x,y,z) = \dfrac{\partial \zeta}{\partial x}\mathrm{d}x + \dfrac{\partial \zeta}{\partial y}\mathrm{d}y + \dfrac{\partial \zeta}{\partial z}\mathrm{d}z \end{cases}$$

写成矩阵运算形式为

$$\mathrm{d}\boldsymbol{\rho} = \begin{pmatrix} \mathrm{d}\xi \\ \mathrm{d}\eta \\ \mathrm{d}\zeta \end{pmatrix} = \begin{pmatrix} \dfrac{\partial \xi}{\partial x} & \dfrac{\partial \xi}{\partial y} & \dfrac{\partial \xi}{\partial z} \\[2mm] \dfrac{\partial \eta}{\partial x} & \dfrac{\partial \eta}{\partial y} & \dfrac{\partial \eta}{\partial z} \\[2mm] \dfrac{\partial \zeta}{\partial x} & \dfrac{\partial \zeta}{\partial y} & \dfrac{\partial \zeta}{\partial z} \end{pmatrix} \begin{pmatrix} \mathrm{d}x \\ \mathrm{d}y \\ \mathrm{d}z \end{pmatrix} = \begin{pmatrix} \dfrac{\partial \xi}{\partial x} & \dfrac{\partial \xi}{\partial y} & \dfrac{\partial \xi}{\partial z} \\[2mm] \dfrac{\partial \eta}{\partial x} & \dfrac{\partial \eta}{\partial y} & \dfrac{\partial \eta}{\partial z} \\[2mm] \dfrac{\partial \zeta}{\partial x} & \dfrac{\partial \zeta}{\partial y} & \dfrac{\partial \zeta}{\partial z} \end{pmatrix} \mathrm{d}\boldsymbol{r} \tag{2-16}$$

因此,M、Q 两点间的相对位移形变 $\dfrac{\mathrm{d}\boldsymbol{\rho}}{\mathrm{d}\boldsymbol{r}}$ 为张量,即

$$\frac{\mathrm{d}\boldsymbol{\rho}}{\mathrm{d}\boldsymbol{r}} = \begin{pmatrix} \dfrac{\partial \xi}{\partial x}\boldsymbol{ii} & \dfrac{\partial \xi}{\partial y}\boldsymbol{ij} & \dfrac{\partial \xi}{\partial z}\boldsymbol{ik} \\[2mm] \dfrac{\partial \eta}{\partial x}\boldsymbol{ji} & \dfrac{\partial \eta}{\partial y}\boldsymbol{jj} & \dfrac{\partial \eta}{\partial z}\boldsymbol{jk} \\[2mm] \dfrac{\partial \zeta}{\partial x}\boldsymbol{ki} & \dfrac{\partial \zeta}{\partial y}\boldsymbol{kj} & \dfrac{\partial \zeta}{\partial z}\boldsymbol{kk} \end{pmatrix} = \begin{pmatrix} \dfrac{\partial \xi}{\partial x} & \dfrac{\partial \xi}{\partial y} & \dfrac{\partial \xi}{\partial z} \\[2mm] \dfrac{\partial \eta}{\partial x} & \dfrac{\partial \eta}{\partial y} & \dfrac{\partial \eta}{\partial z} \\[2mm] \dfrac{\partial \zeta}{\partial x} & \dfrac{\partial \zeta}{\partial y} & \dfrac{\partial \zeta}{\partial z} \end{pmatrix} \tag{2-17}$$

式（2-17）是"相对位移形变张量"，它是产生应力的原因，但并不是"相对位移形变张量"的所有分量都对产生应力有贡献。

根据矩阵分解定理，可将"相对位移形变张量"分解为

$$\frac{\mathrm{d}\boldsymbol{\rho}}{\mathrm{d}\boldsymbol{r}} = \begin{pmatrix} \dfrac{\partial \xi}{\partial x} & \dfrac{\partial \xi}{\partial y} & \dfrac{\partial \xi}{\partial z} \\[2mm] \dfrac{\partial \eta}{\partial x} & \dfrac{\partial \eta}{\partial y} & \dfrac{\partial \eta}{\partial z} \\[2mm] \dfrac{\partial \zeta}{\partial x} & \dfrac{\partial \zeta}{\partial y} & \dfrac{\partial \zeta}{\partial z} \end{pmatrix} = \boldsymbol{\Pi}_{3\times3} + \boldsymbol{\Pi}'_{3\times3} \tag{2-18}$$

式中，$\boldsymbol{\Pi}_{3\times3}$ 和 $\boldsymbol{\Pi}'_{3\times3}$ 分别为 3×3 阶的对称矩阵与 3×3 阶对角线为 0 元素的反对称矩阵，且

$$\boldsymbol{\Pi}_{3\times3} = \begin{pmatrix} \dfrac{\partial \xi}{\partial x} & \dfrac{1}{2}\left(\dfrac{\partial \xi}{\partial y} + \dfrac{\partial \eta}{\partial x}\right) & \dfrac{1}{2}\left(\dfrac{\partial \xi}{\partial z} + \dfrac{\partial \zeta}{\partial x}\right) \\[3mm] \dfrac{1}{2}\left(\dfrac{\partial \xi}{\partial y} + \dfrac{\partial \eta}{\partial x}\right) & \dfrac{\partial \eta}{\partial y} & \dfrac{1}{2}\left(\dfrac{\partial \eta}{\partial z} + \dfrac{\partial \zeta}{\partial y}\right) \\[3mm] \dfrac{1}{2}\left(\dfrac{\partial \xi}{\partial z} + \dfrac{\partial \zeta}{\partial x}\right) & \dfrac{1}{2}\left(\dfrac{\partial \eta}{\partial z} + \dfrac{\partial \zeta}{\partial y}\right) & \dfrac{\partial \zeta}{\partial z} \end{pmatrix} \tag{2-19}$$

$$\boldsymbol{\Pi}'_{3\times3} = \begin{pmatrix} 0 & \dfrac{1}{2}\left(\dfrac{\partial \xi}{\partial y} - \dfrac{\partial \eta}{\partial x}\right) & \dfrac{1}{2}\left(\dfrac{\partial \xi}{\partial z} - \dfrac{\partial \zeta}{\partial x}\right) \\[3mm] -\dfrac{1}{2}\left(\dfrac{\partial \xi}{\partial y} - \dfrac{\partial \eta}{\partial x}\right) & 0 & \dfrac{1}{2}\left(\dfrac{\partial \eta}{\partial z} - \dfrac{\partial \zeta}{\partial y}\right) \\[3mm] -\dfrac{1}{2}\left(\dfrac{\partial \xi}{\partial z} - \dfrac{\partial \zeta}{\partial x}\right) & -\dfrac{1}{2}\left(\dfrac{\partial \eta}{\partial z} - \dfrac{\partial \zeta}{\partial y}\right) & 0 \end{pmatrix}$$

可以证明，$\boldsymbol{\Pi}_{3\times3}$ 是使弹性体内产生应力的相对位移形变张量；$\boldsymbol{\Pi}'_{3\times3}$ 是"刚性"旋转产生的相对位移形变张量，它不产生应力。

定义 2-1（应变张量） 弹性体内与应力有关的相对位移形变张量为应变张量，记作 $\boldsymbol{\Sigma}$，简称应变。

$$\boldsymbol{\Sigma} = \begin{pmatrix} \dfrac{\partial \xi}{\partial x} & \dfrac{\partial \xi}{\partial y} + \dfrac{\partial \eta}{\partial x} & \dfrac{\partial \xi}{\partial z} + \dfrac{\partial \zeta}{\partial x} \\[3mm] \dfrac{\partial \xi}{\partial y} + \dfrac{\partial \eta}{\partial x} & \dfrac{\partial \eta}{\partial y} & \dfrac{\partial \eta}{\partial z} + \dfrac{\partial \zeta}{\partial y} \\[3mm] \dfrac{\partial \xi}{\partial z} + \dfrac{\partial \zeta}{\partial x} & \dfrac{\partial \eta}{\partial z} + \dfrac{\partial \zeta}{\partial y} & \dfrac{\partial \zeta}{\partial z} \end{pmatrix} \tag{2-20}$$

一般应变张量也简记为

$$\boldsymbol{\Sigma} = \begin{pmatrix} \varepsilon_{xx} & \varepsilon_{xy} & \varepsilon_{xz} \\ \varepsilon_{yx} & \varepsilon_{yy} & \varepsilon_{yz} \\ \varepsilon_{zx} & \varepsilon_{zy} & \varepsilon_{zz} \end{pmatrix} = \begin{pmatrix} \varepsilon_1 & \varepsilon_6 & \varepsilon_5 \\ \varepsilon_6 & \varepsilon_2 & \varepsilon_4 \\ \varepsilon_5 & \varepsilon_4 & \varepsilon_3 \end{pmatrix} \tag{2-21}$$

式中，正应变：

$$\varepsilon_{xx} = \frac{\partial \xi}{\partial x} = \varepsilon_1, \varepsilon_{yy} = \frac{\partial \eta}{\partial y} = \varepsilon_2, \varepsilon_{zz} = \frac{\partial \zeta}{\partial z} = \varepsilon_3 \tag{2-22}$$

切应变:

$$\varepsilon_{yz} = \varepsilon_{zy} = \frac{\partial \eta}{\partial z} + \frac{\partial \zeta}{\partial y} = \varepsilon_4$$

$$\varepsilon_{xz} = \varepsilon_{zx} = \frac{\partial \xi}{\partial z} + \frac{\partial \zeta}{\partial x} = \varepsilon_5 \tag{2-23}$$

$$\varepsilon_{xy} = \varepsilon_{yx} = \frac{\partial \xi}{\partial y} + \frac{\partial \eta}{\partial x} = \varepsilon_6$$

正应变和切应变统称为应变分量。

$\varepsilon_1, \varepsilon_2, \cdots, \varepsilon_6$ 可构成一个 6 维列向量,即

$$\boldsymbol{\varepsilon} = \begin{pmatrix} \varepsilon_1 \\ \varepsilon_2 \\ \varepsilon_3 \\ \varepsilon_4 \\ \varepsilon_5 \\ \varepsilon_6 \end{pmatrix} \tag{2-24}$$

2.1.3　应力与应变之间的关系(广义胡克定律)

弹性体内的应力是由应变引起的,因而应力是应变的函数:

$$T_i = f_i(\varepsilon_1, \varepsilon_2, \varepsilon_3, \varepsilon_4, \varepsilon_5, \varepsilon_6) \tag{2-25}$$

在小形变条件下,应力可用线性关系表示:

$$\begin{cases} T_1 = c_{11}\varepsilon_1 + c_{12}\varepsilon_2 + c_{13}\varepsilon_3 + c_{14}\varepsilon_4 + c_{15}\varepsilon_5 + c_{16}\varepsilon_6 \\ T_2 = c_{21}\varepsilon_1 + c_{22}\varepsilon_2 + c_{23}\varepsilon_3 + c_{24}\varepsilon_4 + c_{25}\varepsilon_5 + c_{26}\varepsilon_6 \\ T_3 = c_{31}\varepsilon_1 + c_{32}\varepsilon_2 + c_{33}\varepsilon_3 + c_{34}\varepsilon_4 + c_{35}\varepsilon_5 + c_{36}\varepsilon_6 \\ T_4 = c_{41}\varepsilon_1 + c_{42}\varepsilon_2 + c_{43}\varepsilon_3 + c_{44}\varepsilon_4 + c_{45}\varepsilon_5 + c_{46}\varepsilon_6 \\ T_5 = c_{51}\varepsilon_1 + c_{52}\varepsilon_2 + c_{53}\varepsilon_3 + c_{54}\varepsilon_4 + c_{55}\varepsilon_5 + c_{56}\varepsilon_6 \\ T_6 = c_{61}\varepsilon_1 + c_{62}\varepsilon_2 + c_{63}\varepsilon_3 + c_{64}\varepsilon_4 + c_{65}\varepsilon_5 + c_{66}\varepsilon_6 \end{cases} \tag{2-26}$$

用矩阵表示为

$$\begin{pmatrix} T_1 \\ T_2 \\ T_3 \\ T_4 \\ T_5 \\ T_6 \end{pmatrix} = \begin{pmatrix} c_{11} & c_{12} & c_{13} & c_{14} & c_{15} & c_{16} \\ c_{21} & c_{22} & c_{23} & c_{24} & c_{25} & c_{26} \\ c_{31} & c_{32} & c_{33} & c_{34} & c_{35} & c_{36} \\ c_{41} & c_{42} & c_{43} & c_{44} & c_{45} & c_{46} \\ c_{51} & c_{52} & c_{53} & c_{54} & c_{55} & c_{56} \\ c_{61} & c_{62} & c_{63} & c_{64} & c_{65} & c_{66} \end{pmatrix} \begin{pmatrix} \varepsilon_1 \\ \varepsilon_2 \\ \varepsilon_3 \\ \varepsilon_4 \\ \varepsilon_5 \\ \varepsilon_6 \end{pmatrix} \tag{2-27}$$

矩阵 $(c_{ij})_{6\times6}$ 称作弹性常数矩阵,c_{ij} 为弹性常数($i=1,2,\cdots,6;j=1,2,\cdots,6$)。

式(2-26)[或式(2-27)]表示的应力与应变的关系,称为广义胡克定律。

弹性常数矩阵反映了弹性介质中应力与应变的关系。不同弹性材料,其弹性常数矩阵

中的弹性常数也不同。

对各向同性的弹性体，$(c_{ij})_{6\times6}$ 矩阵中的 36 个弹性常数可用两个独立常数表示。例如，取拉梅常数 μ、λ 或取杨氏模量 E 与泊松系数 σ。

（1）用拉梅常数 μ、λ 表示应力与应变的关系：

$$\begin{cases} T_1 = \lambda(\varepsilon_1 + \varepsilon_2 + \varepsilon_3) + 2\mu\varepsilon_1 \\ T_2 = \lambda(\varepsilon_1 + \varepsilon_2 + \varepsilon_3) + 2\mu\varepsilon_2 \\ T_3 = \lambda(\varepsilon_1 + \varepsilon_2 + \varepsilon_3) + 2\mu\varepsilon_3 \\ T_4 = \mu\varepsilon_4 \\ T_5 = \mu\varepsilon_5 \\ T_6 = \mu\varepsilon_6 \end{cases} \tag{2-28}$$

（2）用杨氏模量 E 和泊松系数 σ 表示应力与应变的关系：

$$\begin{cases} T_{xx} = E\varepsilon_{xx} + \sigma(T_{yy} + T_{zz}) \\ T_{yy} = E\varepsilon_{yy} + \sigma(T_{zz} + T_{xx}) \\ T_{zz} = E\varepsilon_{zz} + \sigma(T_{xx} + T_{yy}) \\ T_{xy} = \dfrac{E}{2(1+\sigma)}\varepsilon_{xy} \\ T_{xz} = \dfrac{E}{2(1+\sigma)}\varepsilon_{xz} \\ T_{yz} = \dfrac{E}{2(1+\sigma)}\varepsilon_{yz} \end{cases} \tag{2-29}$$

常见弹性材料的 ρ、E、σ 值见表 2-1 和表 2-2。

表 2-1　常见弹性材料的 ρ、E、σ 值 1

材料名称	铝	铜	金	银	钨	铁	锻铁	铸铁
密度 $\rho/(10^3\ \text{kg/m}^3)$	2.70	8.97	19.30	10.50	19.30	7.86	7.90	7.90
杨氏模量 $E/(10^9\ \text{N/m}^2)$	70	124	80	76	360	206	195	115
泊松系数 σ	0.34	0.35	0.42	0.37	—	0.29	0.29	0.25

表 2-2　常见弹性材料的 ρ、E、σ 值 2

材料名称	黄铜	硬铝	混凝土	玻璃	花岗岩	有机玻璃	硫化橡胶
密度 $\rho/(10^3\ \text{kg/m}^3)$	8.45	2.80	2.40	2.40~2.50	2.70	1.20	1.10~2.20
杨氏模量 $E/(10^9\ \text{N/m}^2)$	105	70	10~17	50~80	40~70	2.5~2.7	0.001~1.000
泊松系数 σ	0.35	0.33	0.10~0.21	0.20~0.27	—	—	0.46~0.49

习　题

1. 根据拉梅常数 μ、λ 表示的应力与应变关系,以及杨氏模量 E 和泊松系数 σ 表示的应力与应变关系,推出拉梅常数 μ、λ 与杨氏模量 E 和泊松系数 σ 的关系。

2. 根据拉梅常数 μ、λ 表示的应力与应变关系,以及用弹性常数 c_{ij} 表示的应力与应变关系,推出拉梅常数 μ、λ 与弹性常数 c_{ij} 的关系。

2.2　弹性介质中的弹性波

2.2.1　弹性介质中的波动方程

周围相邻介质作用到质团 $\mathrm{d}x\mathrm{d}y\mathrm{d}z$ 6 个面上的"有效"应力分量标记示意图如图 2-4 所示。

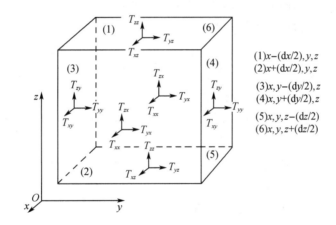

图 2-4　周围相邻介质作用到质团 $\mathbf{d}x\mathbf{d}y\mathbf{d}z$ 6 个面上的"有效"应力分量标记示意图

下面分析周围介质对质团的作用力。

质团 $\mathrm{d}x\mathrm{d}y\mathrm{d}z$ 的 x 方向受力:

(1)(2)面 x 方向受力为

$$F_{12x} = \left[T_{xx}\left(x + \frac{\mathrm{d}x}{2}, y, z\right) - T_{xx}\left(x - \frac{\mathrm{d}x}{2}, y, z\right) \right]\mathrm{d}y\mathrm{d}z = \frac{\partial T_{xx}(x, y, z)}{\partial x}\mathrm{d}x\mathrm{d}y\mathrm{d}z \quad (2\text{-}30)$$

(3)(4)面 x 方向受力为

$$F_{34x} = \left[T_{xy}\left(x, y + \frac{\mathrm{d}y}{2}, z\right) - T_{xy}\left(x, y - \frac{\mathrm{d}y}{2}, z\right) \right]\mathrm{d}x\mathrm{d}z = \frac{\partial T_{xy}(x, y, z)}{\partial y}\mathrm{d}x\mathrm{d}y\mathrm{d}z \quad (2\text{-}31)$$

（5）（6）面 x 方向受力为

$$F_{56x} = \left[T_{xz}\left(x,y,z+\frac{\mathrm{d}z}{2}\right) - T_{xz}\left(x,y,z-\frac{\mathrm{d}z}{2}\right) \right]\mathrm{d}x\mathrm{d}z = \frac{\partial T_{xz}(x,y,z)}{\partial z}\mathrm{d}x\mathrm{d}y\mathrm{d}z \quad (2-32)$$

所以，质团 $\mathrm{d}x\mathrm{d}y\mathrm{d}z$ 的 x 方向受力为

$$F_x = F_{12x} + F_{34x} + F_{56x} = \left[\frac{\partial T_{xx}(x,y,z)}{\partial x} + \frac{\partial T_{xy}(x,y,z)}{\partial y} + \frac{\partial T_{xz}(x,y,z)}{\partial z} \right]\mathrm{d}x\mathrm{d}y\mathrm{d}z$$

$$(2-33)$$

如果弹性介质中质团 $\mathrm{d}x\mathrm{d}y\mathrm{d}z$ 的位移矢量记为

$$s(x,y,z,t) = (\xi(x,y,z,t)\boldsymbol{i}, \eta(x,y,z,t)\boldsymbol{j}, \zeta(x,y,z,t)\boldsymbol{k})$$

根据牛顿第二定律，得

$$\frac{\mathrm{d}^2\xi(x,y,z,t)}{\mathrm{d}t^2}\rho\,\mathrm{d}x\mathrm{d}y\mathrm{d}z = F_x = \left[\frac{\partial T_{xx}(x,y,z,t)}{\partial x} + \frac{\partial T_{xy}(x,y,z,t)}{\partial y} + \frac{\partial T_{xz}(x,y,z,t)}{\partial z} \right]\mathrm{d}x\mathrm{d}y\mathrm{d}z$$

若考虑小形变，忽略二阶小量，则 $\dfrac{\mathrm{d}^2\xi}{\mathrm{d}t^2} = \dfrac{\partial^2\xi}{\partial t^2}$，得质团 $\mathrm{d}x\mathrm{d}y\mathrm{d}z$ 在 x 方向的运动方程为

$$\rho\frac{\partial^2\xi(x,y,z,t)}{\partial t^2} = \frac{\partial T_{xx}(x,y,z,t)}{\partial x} + \frac{\partial T_{xy}(x,y,z,t)}{\partial y} + \frac{\partial T_{xz}(x,y,z,t)}{\partial z} \quad (2-34)$$

同理，可得质团 $\mathrm{d}x\mathrm{d}y\mathrm{d}z$ 在 y 方向和 z 方向的运动方程：

质团 $\mathrm{d}x\mathrm{d}y\mathrm{d}z$ 在 y 方向的运动方程为

$$\rho\frac{\partial^2\eta(x,y,z,t)}{\partial t^2} = \frac{\partial T_{yx}(x,y,z,t)}{\partial x} + \frac{\partial T_{yy}(x,y,z,t)}{\partial y} + \frac{\partial T_{yz}(x,y,z,t)}{\partial z} \quad (2-35)$$

质团 $\mathrm{d}x\mathrm{d}y\mathrm{d}z$ 在 z 方向的运动方程为

$$\rho\frac{\partial^2\zeta(x,y,z,t)}{\partial t^2} = \frac{\partial T_{zx}(x,y,z,t)}{\partial x} + \frac{\partial T_{zy}(x,y,z,t)}{\partial y} + \frac{\partial T_{zz}(x,y,z,t)}{\partial z} \quad (2-36)$$

将质团 $\mathrm{d}x\mathrm{d}y\mathrm{d}z$ 在 x 方向、y 方向和 z 方向的运动方程的应力分量函数用位移函数表示，可得到弹性体中的位移函数的波动方程。

用拉梅常数表示应力与应变的关系有

$$\begin{cases} T_{xx} = \lambda(\varepsilon_{xx} + \varepsilon_{yy} + \varepsilon_{zz}) + 2\mu\varepsilon_{xx} \\ T_{yy} = \lambda(\varepsilon_{xx} + \varepsilon_{yy} + \varepsilon_{zz}) + 2\mu\varepsilon_{yy} \\ T_{zz} = \lambda(\varepsilon_{xx} + \varepsilon_{yy} + \varepsilon_{zz}) + 2\mu\varepsilon_{zz} \\ T_{xy} = \mu\varepsilon_{xy} \\ T_{xz} = \mu\varepsilon_{xz} \\ T_{yz} = \mu\varepsilon_{yz} \end{cases} \quad (2-37)$$

式中，μ、λ 为弹性介质的拉梅常数；$\varepsilon_{ij}(i=x,y,z;j=x,y,z)$ 为弹性介质中应变张量的分量，且

$$\varepsilon_{xx} = \frac{\partial\xi}{\partial x}, \varepsilon_{yy} = \frac{\partial\eta}{\partial y}, \varepsilon_{zz} = \frac{\partial\zeta}{\partial z}, \varepsilon_{xz} = \varepsilon_{zx} = \frac{\partial\xi}{\partial z} + \frac{\partial\zeta}{\partial x}, \varepsilon_{xy} = \varepsilon_{yx} = \frac{\partial\xi}{\partial y} + \frac{\partial\eta}{\partial x}, \varepsilon_{yz} = \varepsilon_{zy} = \frac{\partial\eta}{\partial z} + \frac{\partial\zeta}{\partial y}$$

$$(2-38)$$

将式（2-37）和式（2-38）代入质团 $\mathrm{d}x\mathrm{d}y\mathrm{d}z$ 在 x 方向的运动方程，可得弹性体中 x 方向

位移函数的波动方程为

$$\rho \frac{\partial^2 \xi}{\partial t^2} = \frac{\partial T_{xx}}{\partial x} + \frac{\partial T_{xy}}{\partial y} + \frac{\partial T_{xz}}{\partial z}$$

$$= \frac{\partial \left[\lambda \left(\varepsilon_{xx} + \varepsilon_{yy} + \varepsilon_{zz} \right) + 2\mu \varepsilon_{xx} \right]}{\partial x} + \frac{\partial \mu \varepsilon_{xy}}{\partial y} + \frac{\partial \mu \varepsilon_{xz}}{\partial z}$$

$$= \frac{\partial \left[\lambda \left(\frac{\partial \xi}{\partial x} + \frac{\partial \eta}{\partial y} + \frac{\partial \zeta}{\partial z} \right) + 2\mu \frac{\partial \xi}{\partial x} \right]}{\partial x} + \mu \frac{\partial \left(\frac{\partial \xi}{\partial y} + \frac{\partial \eta}{\partial x} \right)}{\partial y} + \mu \frac{\partial \left(\frac{\partial \xi}{\partial z} + \frac{\partial \zeta}{\partial x} \right)}{\partial z}$$

$$= (\lambda + \mu) \frac{\partial}{\partial x} \left(\frac{\partial \xi}{\partial x} + \frac{\partial \eta}{\partial y} + \frac{\partial \zeta}{\partial z} \right) + \mu \left(\frac{\partial^2 \xi}{\partial x^2} + \frac{\partial^2 \xi}{\partial y^2} + \frac{\partial^2 \xi}{\partial z^2} \right)$$

所以得弹性介质中质团 $dxdydz$ 的 x 方向位移函数的波动方程为

$$\rho \frac{\partial^2 \xi(x,y,z,t)}{\partial t^2} = (\lambda + \mu) \frac{\partial}{\partial x} \nabla \cdot \boldsymbol{s}(x,y,z,t) + \mu \nabla^2 \xi(x,y,z,t) \tag{2-39}$$

同理,可得弹性介质中质团 $dxdydz$ 的 y 方向和 $dxdydz$ 的 z 方向位移函数的波动方程分别为

$$\rho \frac{\partial^2 \eta(x,y,z,t)}{\partial t^2} = (\lambda + \mu) \frac{\partial}{\partial y} \nabla \cdot \boldsymbol{s}(x,y,z,t) + \mu \nabla^2 \eta(x,y,z,t) \tag{2-40}$$

$$\rho \frac{\partial^2 \zeta(x,y,z,t)}{\partial t^2} = (\lambda + \mu) \frac{\partial}{\partial z} \nabla \cdot \boldsymbol{s}(x,y,z,t) + \mu \nabla^2 \zeta(x,y,z,t) \tag{2-41}$$

综上,弹性介质中位移矢量 $\boldsymbol{s}(x,y,z,t) = (\xi(x,y,z,t)\boldsymbol{i}, \eta(x,y,z,t)\boldsymbol{j}, \zeta(x,y,z,t)\boldsymbol{k})$ 的波动方程为

$$\rho \frac{\partial^2 \boldsymbol{s}(x,y,z,t)}{\partial t^2} = (\lambda + \mu) \nabla \left[\nabla \cdot \boldsymbol{s}(x,y,z,t) \right] + \mu \nabla^2 \boldsymbol{s}(x,y,z,t) \tag{2-42}$$

式中,∇ 为哈密顿算符;ρ 为弹性介质的密度;λ、μ 为弹性介质的拉梅常数。

式(2-42)是弹性介质中位移矢量 $\boldsymbol{s}(x,y,z,t)$ 的波动方程。位移矢量 $\boldsymbol{s}(x,y,z,t)$ 各分量满足的波动方程为式(2-39)至式(2-41)。

2.2.2　弹性介质中的平面波

下面以空间函数形式最简单的平面波为例,分析弹性介质中的机械波传播的特点。对于平面波,可假设位移矢量只是时间变量 t 和直角坐标系空间变量 x 的函数,即

$$\boldsymbol{s}(x,y,z,t) = \boldsymbol{s}(x,t) = (\xi(x,t)\boldsymbol{i}, \eta(x,t)\boldsymbol{j}, \zeta(x,t)\boldsymbol{k}) \tag{2-43}$$

将式(2-43)代入式(2-39)至式(2-41),运算时注意 $\frac{\partial}{\partial y} = 0, \frac{\partial}{\partial z} = 0$。

由式(2-39)$\Rightarrow \rho \frac{\partial^2 \xi(x,t)}{\partial t^2} = (\lambda+\mu) \frac{\partial}{\partial x} \nabla \cdot \boldsymbol{s}(x,t) + \mu \nabla^2 \xi(x,t)$,得

$$\rho \frac{\partial^2 \xi(x,t)}{\partial t^2} = (\lambda + 2\mu) \frac{\partial^2 \xi(x,t)}{\partial x^2} \quad \Rightarrow \frac{\partial^2 \xi(x,t)}{\partial x^2} - \frac{1}{c_l^2} \frac{\partial^2 \xi(x,t)}{\partial t^2} = 0 \tag{2-44}$$

式中,$c_l^2 = \frac{\lambda+2\mu}{\rho}$。

由式（2-40）$\Rightarrow \rho \dfrac{\partial^2 \eta(x,t)}{\partial t^2} = (\lambda+\mu)\dfrac{\partial}{\partial y}\nabla \cdot s(x,t) + \mu \nabla^2 \eta(x,t)$，得

$$\rho \frac{\partial^2 \eta(x,t)}{\partial t^2} = \mu \frac{\partial^2 \eta(x,t)}{\partial x^2} \Rightarrow \frac{\partial^2 \eta(x,t)}{\partial x^2} - \frac{1}{c_t^2}\frac{\partial^2 \eta(x,t)}{\partial t^2} = 0 \tag{2-45}$$

其中，$c_t^2 = \dfrac{\mu}{\rho}$。

由式（2-41）$\Rightarrow \rho \dfrac{\partial^2 \zeta(x,t)}{\partial t^2} = (\lambda+\mu)\dfrac{\partial}{\partial z}\nabla \cdot s(x,t) + \mu \nabla^2 \zeta(x,t)$，得

$$\rho \frac{\partial^2 \zeta(x,t)}{\partial t^2} = \mu \frac{\partial^2 \zeta(x,t)}{\partial x^2} \quad \Rightarrow \frac{\partial^2 \zeta(x,t)}{\partial x^2} - \frac{1}{c_t^2}\frac{\partial^2 \zeta(x,t)}{\partial t^2} = 0 \tag{2-46}$$

式中，$c_t^2 = \dfrac{\mu}{\rho}$。

式（2-44）至式（2-46）均为达朗贝尔方程。显然，其解可分别表示为

$$\begin{cases} \xi(x,t) = f_1(x - c_l t) + f_2(x + c_l t) \\ \eta(x,t) = g_1(x - c_t t) + g_2(x + c_t t) \\ \zeta(x,t) = h_1(x - c_t t) + h_2(x + c_t t) \end{cases} \tag{2-47}$$

其中，$f_1(\cdot)$、$f_2(\cdot)$、$g_1(\cdot)$、$g_2(\cdot)$、$h_1(\cdot)$、$h_2(\cdot)$ 均为二次可微函数。

时空变量组成的不同形式的时空综量，波函数的物理意义也不同。例如，时空综量为 $x-c_l t$，其波函数表示的是以 c_l 速度向 x 正方向传播的波；而时空综量为 $x+c_l t$，其波函数表示的是以 c_l 速度向 x 负方向传播的波。

取正向波：

$$\begin{cases} \xi(x,t) = f_1(x - c_l t) \\ \eta(x,t) = g_1(x - c_t t) \\ \zeta(x,t) = h_1(x - c_t t) \end{cases} \tag{2-48}$$

1. 平面弹性波场中纵波与横波的传播速度分析

（1）$\xi(x,t) = f_1(x-c_l t)$ 为向 x 正方向传播的波，而 ξ 为 x 方向的位移，即振动方向与波的传播方向一致，所以该波是纵波，其传播速度（纵波波速）为 $c_l = \sqrt{\dfrac{\lambda+2\mu}{\rho}}$。

（2）$\eta(x,t) = g_1(x-c_t t)$ [或 $\zeta(x,t) = h_1(x-c_t t)$] 为向 x 正方向传播的波，而 η（或 ζ）为 y（或 z）方向的位移，即振动方向与波的传播方向垂直，所以该波是横波，其传播速度（横波波速）为 $c_t = \sqrt{\dfrac{\mu}{\rho}}$。

显然 $c_l > c_t$，即弹性介质中，纵波比横波传播得快。

2. 简谐平面弹性波场中质点运动轨迹分析

对于简谐波，式（2-48）的波函数可写为

$$\begin{cases} \xi(x,t) = A_1\cos(\omega t - k_l x) \\ \eta(x,t) = B_1\cos(\omega t - k_t x) \\ \zeta(x,t) = C_1\cos(\omega t - k_t x) \end{cases} \tag{2-49}$$

式(2-49)中的三个式子分别是坐标 x 处的质点在 x、y、z 三个方向的位移,因此该质点的运动轨迹在三个坐标面上的投影曲线分别为:

(1)O-x-y 坐标面:

$$\begin{cases} x(x,t) = A_1 \cos(\omega t - k_t x) \\ y(x,t) = B_1 \cos(\omega t - k_t x) \end{cases}$$

(2)O-x-z 坐标面:

$$\begin{cases} x(x,t) = A_1 \cos(\omega t - k_t x) \\ z(x,t) = C_1 \cos(\omega t - k_t x) \end{cases}$$

(3)O-y-z 坐标面:

$$\begin{cases} y(x,t) = B_1 \cos(\omega t - k_t x) \\ z(x,t) = C_1 \cos(\omega t - k_t x) \end{cases}$$

可见,该质点的运动轨迹在三个坐标面上的投影曲线均为(广义)椭圆曲线,可推知,该质点的运动轨迹为(广义)椭圆曲线。

2.2.3 弹性介质中质点位移势函数的波动方程

一般情况下,弹性介质中波场的质点运动是有旋运动。根据"场论"的有关理论,任意一个矢量场可表示成一个标量场的梯度与一个矢量场的旋度之和。

定义 2-2 若位移矢量

$$s(\boldsymbol{r},t) = \nabla \Phi(\boldsymbol{r},t) + \nabla \times \boldsymbol{\Psi}(\boldsymbol{r},t) \tag{2-50}$$

则 $\Phi(\boldsymbol{r},t)$ 为位移标量势函数,$\boldsymbol{\Psi}(\boldsymbol{r},t)$ 为位移矢量势函数。

将式(2-50)代入式(2-42),可得到 $\Phi(\boldsymbol{r},t)$ 的波动方程和 $\boldsymbol{\Psi}(\boldsymbol{r},t)$ 的波动方程。

因为

$$\rho_0 \frac{\partial^2 s(\boldsymbol{r},t)}{\partial t^2} = (\lambda + \mu)\, \nabla[\nabla \cdot s(\boldsymbol{r},t)] + \mu\, \nabla^2 s(\boldsymbol{r},t)$$

所以

$$\rho_0 \frac{\partial^2(\nabla \Phi + \nabla \times \boldsymbol{\Psi})}{\partial t^2} = (\lambda + \mu)\, \nabla[\nabla \cdot (\nabla \Phi + \nabla \times \boldsymbol{\Psi})] + \mu\, \nabla^2(\nabla \Phi + \nabla \times \boldsymbol{\Psi})$$

$$\tag{2-51}$$

$$\Rightarrow 左边 = \nabla \rho_0 \frac{\partial^2 \Phi}{\partial t^2} + \nabla \times \rho_0 \frac{\partial^2 \boldsymbol{\Psi}}{\partial t^2}$$

$$\Rightarrow 右边 = (\lambda + \mu) \nabla[\nabla \cdot (\nabla \Phi + \nabla \times \boldsymbol{\Psi})] + \mu\, \nabla^2(\nabla \Phi + \nabla \times \boldsymbol{\Psi})$$

$$= \nabla(\lambda + \mu)[\nabla \cdot (\nabla \Phi + \nabla \times \boldsymbol{\Psi})] + \mu\, \nabla(\nabla^2 \Phi) + \mu\, \nabla^2(\nabla \times \boldsymbol{\Psi})$$

$$= \nabla(\lambda + \mu)(\nabla \cdot \nabla \Phi) + \nabla \mu(\nabla^2 \Phi) + \mu\{\nabla[\nabla \cdot (\nabla \times \boldsymbol{\Psi})] - \nabla \times \nabla \times (\nabla \times \boldsymbol{\Psi})\}$$

$$= \nabla(\lambda + 2\mu)(\nabla^2 \Phi) - \mu\, \nabla \times \nabla \times (\nabla \times \boldsymbol{\Psi})$$

注意,在上式推导中,利用了"场论"中的三个关系式,即

$$\nabla \cdot (\nabla \times \boldsymbol{A}) = 0, \quad \nabla \times (\nabla \times \boldsymbol{A}) = \nabla(\nabla \cdot \boldsymbol{A}) - \nabla^2 \boldsymbol{A}, \quad \nabla \cdot (\nabla B) = \nabla^2 B$$

因此,式(2-51)化为

$$\nabla \rho_0 \frac{\partial^2 \Phi}{\partial t^2} + \nabla \times \rho_0 \frac{\partial^2 \boldsymbol{\Psi}}{\partial t^2} = \nabla(\lambda + 2\mu)(\nabla^2 \Phi) - \mu \nabla \times \nabla \times (\nabla \times \boldsymbol{\Psi}) \qquad (2\text{-}52)$$

$$\Rightarrow \begin{cases} \nabla \rho_0 \dfrac{\partial^2 \Phi}{\partial t^2} = \nabla(\lambda + 2\mu)(\nabla^2 \Phi) \\[3mm] \nabla \times \rho_0 \dfrac{\partial^2 \boldsymbol{\Psi}}{\partial t^2} = -\mu \nabla \times \nabla \times (\nabla \times \boldsymbol{\Psi}) \end{cases} \qquad (2\text{-}53)$$

$$\Rightarrow \begin{cases} \rho_0 \dfrac{\partial^2 \Phi}{\partial t^2} = (\lambda + 2\mu)(\nabla^2 \Phi) \\[3mm] \rho_0 \dfrac{\partial^2 \boldsymbol{\Psi}}{\partial t^2} = -\mu \nabla \times (\nabla \times \boldsymbol{\Psi}) \end{cases}$$

显然，纵波势函数的波动方程为

$$\rho \frac{\partial^2 \Phi}{\partial t^2} = (\lambda + 2\mu) \nabla^2 \Phi \Rightarrow \nabla^2 \Phi - \frac{1}{c_l^2} \frac{\partial^2 \Phi}{\partial t^2} = 0 \qquad (2\text{-}54)$$

式中，$c_l = \sqrt{\dfrac{\lambda + 2\mu}{\rho}}$，为弹性介质的纵波波速。

横波势函数的波动方程为

$$\rho \frac{\partial^2 \boldsymbol{\Psi}}{\partial t^2} = -\mu \nabla \times (\nabla \times \boldsymbol{\Psi}) \Rightarrow \nabla \times (\nabla \times \boldsymbol{\Psi}) + \frac{1}{c_t^2} \frac{\partial^2 \boldsymbol{\Psi}}{\partial t^2} = 0 \qquad (2\text{-}55)$$

式中，$c_t = \sqrt{\dfrac{\mu}{\rho}}$，为弹性介质的横波波速。

2.3　弦的横振动

　　对于两端固定并张紧的弦，在静止状态下弦处于水平平衡位置，假定在某时刻有一瞬时的外力或位移激励作用于弦，弦的各部分就在张力的作用下开始垂直于弦长方向振动，而振动的传播方向是沿着弦长方向，弦的这种振动方式称为横振动。

　　理想的振动弦，是指用一定方式把有一定长度、一定质量，性质均匀、柔软的细丝或细绳张紧，并以张力作为弹性恢复力进行振动的弹性体，这里忽略弦自身的劲度。

　　理想弦假设条件：均匀细弦，指弦是均匀的，弦的线密度是常数，弦的截面直径与弦的长度相比可以忽略；柔软的弦，指弦在形变时不抵抗弯曲，弦上各点所受的张力方向与弦的切线方向一致，伸长变形与张力的关系服从胡克定律；张紧的弦，指弦的长度等于弦在纵向 x 轴上所占据的长度；微小的横振动，指弦的位置始终在一直线段附近（平衡位置），而弦上各点均在同一平面内垂直于该直线的方向上做微小振动，"微小"也是指弦振动的幅度及弦上任意点切线的倾角都很小。

　　下面将利用上述假设条件推导出弦横振动的波动方程。

2.3.1　弦横振动的波动方程和形式解

1. 弦横振动的波动方程

设弦的线密度为 ρ，微元段 $\mathrm{d}s$ 的质量为 $\rho\mathrm{d}s$，在 A、B 处受到左右邻段的张力分别为 T_1、T_2，沿弦的切线方向与 x 轴的夹角为 α_1、α_2（图 2-5）。

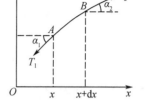

图 2-5　弦的微元段受力示意图

弦线上传播的横波在 x 方向无振动，作用在微元段 $\mathrm{d}s$ 上的张力在 x 方向的分量应为零，即

$$T_2\cos\alpha_2 - T_1\cos\alpha_1 = 0 \qquad (2\text{-}56)$$

在 y 方向的运动方程为

$$T_2\sin\alpha_2 - T_1\sin\alpha_1 = \rho\mathrm{d}s\frac{\partial^2 y(x,t)}{\partial t^2} \qquad (2\text{-}57)$$

对于小振幅振动，夹角 α_1 和 α_2 很小，因此有

$$\mathrm{d}s \approx \mathrm{d}x,\ T_1 = T_2 \approx T$$

$$\cos\alpha_1 \approx 1,\ \cos\alpha_2 \approx 1$$

$$\sin\alpha_1 \approx \tan\alpha_1 = \left.\frac{\partial y(x,t)}{\partial x}\right|_x,\ \sin\alpha_2 \approx \tan\alpha_2 = \left.\frac{\partial y(x,t)}{\partial x}\right|_{x+\mathrm{d}x}$$

则有 y 方向的运动方程为

$$T_2\left[\frac{\partial y(x,t)}{\partial x}\right]_{x+\mathrm{d}x} - T_1\left[\frac{\partial y(x,t)}{\partial x}\right]_x = \rho\mathrm{d}x\frac{\partial^2 y(x,t)}{\partial t^2} \qquad (2\text{-}58)$$

将 $\left[\dfrac{\partial y(x,t)}{\partial x}\right]_{x+\mathrm{d}x}$ 按泰勒级数展开并略去高阶小量，有

$$\left[\frac{\partial y(x,t)}{\partial x}\right]_{x+\mathrm{d}x} = \left[\frac{\partial y(x,t)}{\partial x}\right]_x + \left[\frac{\partial^2 y(x,t)}{\partial x^2}\right]_x \mathrm{d}x \qquad (2\text{-}59)$$

将式（2-59）代入式（2-58）得到弦横振动的波动方程为

$$\frac{\partial^2 y(x,t)}{\partial x^2} - \frac{1}{c^2}\frac{\partial^2 y(x,t)}{\partial t^2} = 0 \qquad (2\text{-}60)$$

式中，$c^2 = \dfrac{T}{\rho}$。

2. 弦横振动的波动方程的形式解

采用分离变量法，假设式（2-60）的解为 $y(x,t) = T(t)X(x)$，则有

$$\frac{c^2}{X(x)}\frac{\partial^2 X(x)}{\partial x^2} = \frac{1}{T(t)}\frac{\partial^2 T(t)}{\partial t^2} = -\omega^2 \qquad (2\text{-}61)$$

得到两个独立的方程：

$$\frac{\mathrm{d}^2 X(x)}{\mathrm{d}x^2} + \left(\frac{\omega}{c}\right)^2 X(x) = 0 \qquad (2\text{-}62)$$

$$\frac{\mathrm{d}^2 T(t)}{\mathrm{d}t^2} + \omega^2 T(t) = 0 \qquad (2\text{-}63)$$

方程(2-62)、方程(2-63)的解分别为

$$X(x) = A\cos\left(\frac{\omega x}{c}\right) + B\sin\left(\frac{\omega x}{c}\right) = A\cos(kx) + B\sin(kx) \ , \ k = \frac{\omega}{c} \tag{2-64}$$

$$T(t) = C\cos(\omega t) + D\sin(\omega t) \tag{2-65}$$

因此可以得到弦横振动的波动方程的形式解为

$$y(x,t) = \left[A\cos(kx) + B\sin(kx)\right]\left[C\cos(\omega t) + D\sin(\omega t)\right] \tag{2-66}$$

式中，A、B、C、D 由边界条件和初始条件确定。

2.3.2 两端固定的弦的自由振动

对于两端固定的弦，边界条件为

$$y(x,t)\big|_{x=0} = 0 \tag{2-67}$$

$$y(x,t)\big|_{x=L} = 0 \tag{2-68}$$

将式(2-67)和式(2-68)分别代入式(2-66)，可得 $A = 0$ 和 $B\sin(kL) = 0$。正弦函数等于零，必须有以下关系：

$$kL = n\pi, n = 1,2,\cdots \tag{2-69}$$

因此得到固有角频率：

$$\omega_n = \frac{n\pi c}{L}, n = 1,2,\cdots \tag{2-70}$$

或固有频率：

$$f_n = \frac{nc}{2L} = \frac{n}{2L}\sqrt{\frac{T}{\rho}}, n = 1,2,\cdots \tag{2-71}$$

对于两端固定的弦，振动频率具有一系列特定的数值($f_n = f_1, f_2, \cdots$)，并且仅同弦本身的固有力学参量有关，因此称为弦的固有频率。固有频率的数值是以 $n = 1, 2, \cdots$ 次序离散变化的，也称这种弦的固有频率为简正频率。当 $n = 1$ 时，$f_1 = \frac{c}{2L}$ 称为弦的基频，$n > 1$ 的各次频率称为泛频。当 $n = 2$ 时，$f_2 = \frac{c}{L}$ 称为第一泛频；当 $n = 3$ 时，$f_3 = \frac{3c}{2L}$ 称为第二泛频；等等。弦的各次泛频都为基频的整数倍，称这种具有简单的倍数关系的频率为谐频，通常称弦的基频为第一谐频，第一泛频称为第二谐频，第二泛频称为第三谐频，等等。

对于两端固定的弦，固有频率是一系列特定的值(f_n)，仅与弦的固有力学参数有关。因此可以把弦振动的图形用公式表示为

$$X_n(x) = B_n\sin(k_n x) \tag{2-72}$$

式中，$X_n(x)$ 称为振动系统的简正模态。图2-6给出了两端固定的弦的前6阶简正振动的振动模态。

再结合时间项，有

$$y_n(x,t) = \sin(k_n x)\left[C_n\cos(\omega_n t) + D_n\sin(\omega_n t)\right] \tag{2-73}$$

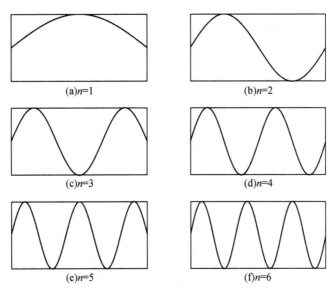

图 2-6 两端固定的弦的前 6 阶简正振动的振动模态

式(2-72)中的 B_n 包含在 C_n 和 D_n 中。弦做自由振动时,一般 n 个简正振动方式都可能存在,所以弦振动的总效果应该为各种振动方式的叠加,因此弦的总位移为

$$y(x,t) = \sum_{n=1}^{\infty} \sin(k_n x)\left[C_n\cos(\omega_n t) + D_n\sin(\omega_n t) \right] \tag{2-74}$$

式中, C_n 和 D_n 仍是待定值,由初始条件确定。假设在初始时刻 $t = 0$ 时,有

$$y(x,0) = f(x) \tag{2-75}$$

$$\frac{\partial y(x,0)}{\partial t} = g(x) \tag{2-76}$$

将式(2-75)和式(2-76)分别代入式(2-74),可得

$$f(x) = \sum_{n=1}^{\infty} C_n\sin(k_n x) \tag{2-77}$$

$$g(x) = \sum_{n=1}^{\infty} D_n\omega_n\sin(k_n x) \tag{2-78}$$

由三角函数的正交性:

$$\int_0^L \sin(k_n x)\sin(k_m x)\,\mathrm{d}x = \begin{cases} \dfrac{L}{2}, & m = n \\ 0, & m \neq n \end{cases} \tag{2-79}$$

可得

$$C_n = \frac{2}{L}\int_0^L f(x)\sin(k_n x)\,\mathrm{d}x \tag{2-80}$$

$$D_n = \frac{2}{\omega_n L}\int_0^L g(x)\sin(k_n x)\,\mathrm{d}x \tag{2-81}$$

图 2-7 中实线是两端固定的弦的前 6 阶简正振动在某一固定时刻时弦的位移分布,虚

线是对应阶的振幅分布。振幅为零的位置为波节，振幅最大的位置为波腹。由式（2-72）可求得第 n 个简正振动的波节位置为

$$x_{m_1} = \frac{m}{n}L \qquad (2-82)$$

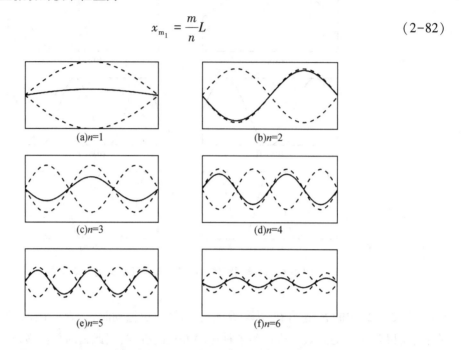

图 2-7　两端固定的弦的前 6 阶简正振动在某一固定时刻时弦的
位移分布及对应阶的振幅分布示意图

波腹位置为

$$x_{m_2} = \frac{\left(m + \dfrac{1}{2}\right)}{n}L \qquad (2-83)$$

由以上讨论可知，两端固定的弦的自由振动，除了基频（最低频率）振动外，还可以包含频率为基频整数倍的振动，这种倍频振动也称为谐波振动。通过调整弦长或弦的张力，可以改变弦的固有频率；振动中各种谐波是否出现或出现的相对大小取决于激励的初始条件。

2.3.3　一端固定，另一端谐和力激励的弦的横振动

对于一端固定，另一端谐和力激励的弦，边界条件为

$$y(x,t)\,\big|_{x=0} = 0 \qquad (2-84)$$

$$T\frac{\partial y(x,t)}{\partial x}\bigg|_{x=L} = F_0\cos(\omega t) \qquad (2-85)$$

将式（2-84）和式（2-85）分别代入式（2-66），可得

$$A = 0 \qquad (2-86)$$

$$Bk\cos(kL)\big[C\cos(\omega t) + D\sin(\omega t)\big] = F_0\cos(\omega t) \qquad (2-87)$$

由式(2-87)可得 $D = 0$,进一步可求得

$$B = \frac{F_0}{k\cos(kL)} \tag{2-88}$$

因此可得弦的位移函数为

$$y(x,t) = \frac{F_0}{k\cos(kL)}\sin(kx)\cos(\omega t) \tag{2-89}$$

分析 当 $\cos(kL) \to 0$ 时,弦的位移 $y(x,t)$ 趋于无穷,发生了位移共振。此时有

$$\omega_n = \frac{(1 + 2n)\pi}{2L}c, n = 1, 2, \cdots \tag{2-90}$$

或

$$f_n = \frac{(1 + 2n)}{4L}c, n = 1, 2, \cdots \tag{2-91}$$

2.3.4 一端固定,另一端谐和位移激励的弦的横振动

对于一端固定,另一端谐和位移激励的弦,边界条件为

$$y(x,t)\big|_{x=0} = 0 \tag{2-92}$$

$$y(x,t)\big|_{x=L} = L_0\cos(\omega t) \tag{2-93}$$

将式(2-92)和式(2-93)分别代入式(2-66),可得

$$A = 0 \tag{2-94}$$

$$B\sin(kL)\big[C\cos(\omega t) + D\sin(\omega t)\big] = L_0\cos(\omega t) \tag{2-95}$$

由式(2-95)可得 $D = 0$,进一步可求得

$$B = \frac{L_0}{\sin(kL)} \tag{2-96}$$

因此可得弦的位移函数为

$$y(x,t) = \frac{L_0}{\sin(kL)}\sin(kx)\cos(\omega t) \tag{2-97}$$

分析 当 $\sin(kL) \to 0$ 时,弦的位移 $y(x,t)$ 趋于无穷,发生了位移共振。此时有

$$\omega_n = \frac{n\pi}{L}c, n = 1, 2, \cdots \tag{2-98}$$

或

$$f_n = \frac{nc}{2L}, n = 1, 2, \cdots \tag{2-99}$$

习　　题

1. 两端固定的弦,弦长为 L,弦的线密度为 ρ,张力为 T,此时弦自由振动的固有频率为 f_n。如果:

（1）弦长增加一倍，其他参数不变；

（2）线密度增加一倍，其他参数不变；

（3）张力增加一倍，其他参数不变；

请分别写出上述参数改变后固有频率 f_n' 与 f_n 的关系。

2. 如图 2-8 所示，一端固定，另一端有一个质量为 M 的质量块负载，质量块沿 x 轴无位移变化，弦的线密度为 ρ，张力为 T。求解弦自由振动时的位移函数。$\left(\text{质量块负载的边界条件：} T\dfrac{\partial y(x,t)}{\partial x}\bigg|_{x=L} = -m\dfrac{\partial^2 y(x,t)}{\partial^2 t}\bigg|_{x=L}\right)$。

图 2-8　习题 2 图

2.4　均匀弹性细棒的纵振动

2.4.1　均匀弹性细棒纵振动的近似理论

图 2-9 所示为均匀弹性细棒。

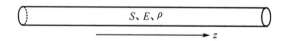

图 2-9　均匀弹性细棒示意图

均匀　棒的材料参数杨氏模量 E 和密度 ρ 为常数，棒的横截面积 S 为常数。

弹性细棒　棒截面的最大线度远小于棒中弹性波的波长。

纵振动　沿棒的长度方向振动。

均匀弹性细棒纵振动的近似理论是指在上述情况下，可以近似认为：

（1）只考虑 z 方向的振动，其他方向的振动可略。

（2）只考虑 z 方向的应力分量，其他方向的应力可略。

（3）在垂直于 z 轴的同一个截面上振动相同。

1. 均匀弹性细棒小振幅纵振动波动方程

均匀弹性细棒体积微元受力，如图 2-10 所示。

在细棒中取微元 $\mathrm{d}z$ 段，在微元 $\mathrm{d}z$ 段两端受相邻棒体的作用力为

$$F = S(z + \mathrm{d}z)T_{zz}(z + \mathrm{d}z) - S(z)T_{zz}(z) = S\frac{\partial T_{zz}(z)}{\partial z}\mathrm{d}z \qquad (2\text{-}100)$$

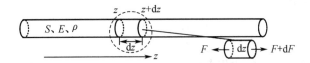

图 2-10 均匀弹性细棒体积微元受力示意图

取 ζ 为 dz 微元的 z 方向位移,根据牛顿第二定律,微元 dz 段运动方程为

$$\rho S dz \frac{d^2\zeta(z,t)}{dt^2} = S\frac{\partial T_{zz}(z)}{\partial z}dz \Rightarrow \rho\frac{d^2\zeta(z,t)}{dt^2} = \frac{\partial T_{zz}(z)}{\partial z} \qquad (2-101)$$

又因为

$$T_{zz} = E\varepsilon_{zz} + \sigma(T_{yy} + T_{xx}) = E\varepsilon_{zz} = E\frac{\partial\zeta(z,t)}{\partial z}$$

所以

$$\rho\frac{d^2\zeta(z,t)}{dt^2} = \frac{\partial T_{zz}(z)}{\partial z} = E\frac{\partial^2\zeta(z,t)}{\partial z^2} \qquad (2-102)$$

又,在小振幅条件下,有

$$\frac{d^2\zeta(z,t)}{dt^2} = \frac{\partial^2\zeta(z,t)}{\partial t^2}$$

得均匀弹性细棒小振幅纵振动波动方程为

$$\frac{\partial^2\zeta(z,t)}{\partial z^2} - \frac{1}{c_0^2}\frac{\partial^2\zeta(z,t)}{\partial t^2} = 0 \qquad (2-103)$$

式中,$c_0^2 = \dfrac{E}{\rho}$。

式(2-103)是由均匀弹性细棒纵振动的近似理论得到的均匀弹性细棒小振幅纵振动波动方程,它与流体波动方程形式一样。

2. 均匀弹性细棒小振幅纵振动波动方程的形式解

用"分离变数法"解均匀弹性细棒小振幅纵振动波动方程,可得位移函数形式解为

$$\zeta(z,t) = \sum_k [A\cos(kz) + B\sin(kz)][C\cos(\omega_k t) + D\sin(\omega_k t)] \qquad (2-104)$$

式中,$\omega_k = kc_0$;k、A、B 由边界条件确定;C、D 由初始条件确定。

位移函数形式解也可表示为

$$\zeta(z,t) = \sum_\omega [A\cos(k_\omega z) + B\sin(k_\omega z)][C\cos(\omega t) + D\sin(\omega t)] \qquad (2-105)$$

其中,$k_\omega = \dfrac{\omega}{c_0}$;$\omega$、$A$、$B$ 由边界条件确定;C、D 由初始条件确定。

求解均匀弹性细棒小振幅纵振动波动位移函数的初始条件,包括初始位移分布函数和初始振速分布函数,即

初始位移分布函数:

$$\zeta(z,t)\big|_{t=0} = f(z) \qquad (2-106)$$

初始振速分布函数：

$$\frac{\partial \zeta(z,t)}{\partial t}\bigg|_{t=0} = g(z) \tag{2-107}$$

3. 均匀弹性细棒纵振动的边界条件类型

（1）固定边界条件（端点固定不动，位移为零），即

$$\zeta(z,t)\big|_{z=端点} = 0 \tag{2-108}$$

（2）自由边界条件（端点自由，应力为零），即

$$\frac{\partial \zeta(z,t)}{\partial z}\bigg|_{z=端点} = 0 \tag{2-109}$$

（3）质量负载边界条件（端点连接刚性质量块），即

$$SE\frac{\partial \zeta(z,t)}{\partial z}\bigg|_{z=端点} = -M\frac{\partial^2 \zeta(z,t)}{\partial t^2}\bigg|_{z=端点} \tag{2-110}$$

（4）激励力作用边界条件（端点有激励力作用），即

$$SE\frac{\partial \zeta(z,t)}{\partial z}\bigg|_{z=端点} = F(t) \tag{2-111}$$

均匀弹性细棒纵振动不同类型边界条件如图 2-11 所示。

(a)固定边界条件 (b)自由边界条件 (c)质量负载边界条件 (d)激励力作用边界条件

图 2-11　均匀弹性细棒纵振动不同类型边界条件示意图

2.4.2　两端自由均匀弹性细棒的自由纵振动

如图 2-12 所示，长为 L 的均匀弹性细棒，两端自由，求其无外力作用下的自由振动。

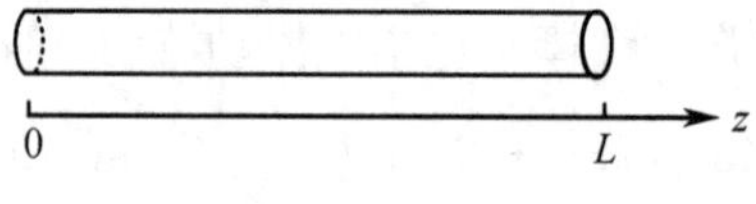

图 2-12　两端自由均匀弹性细棒

1. 波动方程和边界条件

显然，其波动方程为

$$\frac{\partial^2 \zeta(z,t)}{\partial z^2} - \frac{1}{c_0^2}\frac{\partial^2 \zeta(z,t)}{\partial t^2} = 0$$

式中，$c_0^2 = \dfrac{E}{\rho}$。

由式（2-109）可知其边界条件为

$$\frac{\partial \zeta(z,t)}{\partial z}\bigg|_{z=0} = 0, \quad \frac{\partial \zeta(z,t)}{\partial z}\bigg|_{z=L} = 0$$

2. 位移函数方程的形式解与简正振动

由式(2-104)可知,用"分离变数法"解波动方程,可得位移函数的形式解为

$$\zeta(z,t) = \sum_k \left[A\cos(kz) + B\sin(kz) \right] \left[C\cos(\omega_k t) + D\sin(\omega_k t) \right]$$

式中,$\omega_k = kc_0$。

则

$$\frac{\partial}{\partial z}\zeta(z,t) = \sum_k \frac{\partial}{\partial z}\left[A\cos(kz) + B\sin(kz) \right]\left[C\cos(\omega_k t) + D\sin(\omega_k t) \right]$$

$$= \sum_k k\left[-A\sin(kz) + B\cos(kz) \right]\left[C\cos(\omega_k t) + D\sin(\omega_k t) \right]$$

由

$$\frac{\partial \zeta(z,t)}{\partial z}\bigg|_{z=0} = 0$$

得

$$\sum_k kB\left[C\cos(\omega_k t) + D\sin(\omega_k t) \right] = 0 \Rightarrow B = 0$$

由

$$\frac{\partial \zeta(z,t)}{\partial z}\bigg|_{z=L} = 0$$

得

$$\sum_k k\{ -A\sin(kL)\left[C\cos(\omega_k t) + D\sin(\omega_k t) \right] \} = 0 \Rightarrow kL = n\pi, n = 0,1,2,\cdots$$

所以

$$k_n = \frac{n\pi}{L}, n = 0,1,2,\cdots$$

因为

$$\omega_k = kc_0$$

所以

$$\omega_n = k_n c_0 = \frac{n\pi}{L}c_0$$

综上所述,可得

$$\zeta(z,t) = \sum_{n=0}^{\infty} A_n\cos\left(\frac{n\pi}{L}z\right)\left[C\cos\left(\frac{n\pi}{L}c_0 t\right) + D\sin\left(\frac{n\pi}{L}c_0 t\right) \right]$$

舍去对于振动无意义的 $n=0$ 项,此式整理后,得到两端自由均匀弹性细棒纵振动位移函数的形式解为

$$\zeta(z,t) = \sum_{n=1}^{\infty} a_n\cos\left(\frac{n\pi}{L}z\right)\cos\left(\frac{n\pi}{L}c_0 t + \phi_n\right) \tag{2-112}$$

式中,a_n 和 ϕ_n 由初始条件确定。

定义 2-3　$\zeta_n(z,t)=a_n\cos\left(\dfrac{n\pi}{L}z\right)\cos\left(\dfrac{n\pi}{L}c_0t+\phi_n\right)$ 称为两端自由均匀弹性细棒纵振动的第 n 阶简正振动。

第 n 阶简正振动的角频率为 $\omega_n=k_nc_0=\dfrac{n\pi}{L}c_0$。而 $a_n\cos\left(\dfrac{n\pi}{L}z\right)$ 称为第 n 阶简正振动的振幅分布函数。前 3 阶简正振动的振幅在棒中的分布如图 2-13 所示。

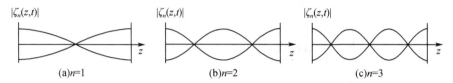

图 2-13　前 3 阶简正振动的振幅在棒中的分布示意图

第 n 阶简正振动函数是相应边界条件下的第 n 阶特征（固有）函数。因而，不同阶简正振动的振幅分布函数在 $z\in[0,L]$ 区域内彼此正交，并且所有阶简正振动函数构成正交完备函数族。这样，如果给定初始条件的位移分布函数和振速分布函数，则利用简正振动函数在 $z\in[0,L]$ 的正交完备性，进行傅里叶级数展开可得形式解中的 a_n 和 ϕ_n 值。自由振动中哪些简正振动函数存在，以及它们的振动幅值和初相位是多少，取决于初始条件。

定义 2-4　$f_n=\dfrac{\omega_n}{2\pi}=\dfrac{n}{2L}c_0$ 称为两端自由均匀弹性细棒纵振动的第 n 阶简正振动频率，也称为两端自由均匀弹性细棒纵振动的第 n 阶简正振动的固有频率。

分布参数系统有无穷多个固有频率。其中的最低频率称作基频，其他固有频率称作泛频。

两端自由均匀弹性细棒纵振动基频为 $f_1=\dfrac{c_0}{2L}$。

两端自由均匀弹性细棒纵振动第 n 阶泛频为 $f_n=\dfrac{nc_0}{2L}=nf_1$。

可见，两端自由均匀弹性细棒纵振动第 n 阶泛频是基频的 n 倍。

分布参数系统与集中参数系统的自由振动比较如下。

（1）分布参数系统的自由振动以简正振动方式（模态）进行，能够以无穷多个固有频率做无穷多阶简正振动。

（2）n 个自由度的集中参数系统的自由振动也以简正振动方式进行，但其最多有 n 个固有频率，各自由度上最多有 n 个简正振动叠加。

2.4.3　一端固定，另一端简谐力激励的均匀弹性细棒的稳态纵振动

如图 2-14 所示，长为 L 的均匀弹性细棒，一端固定，另一端简谐力激励，求其振动。

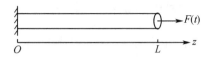

图2-14　一端固定,另一端简谐力激励的均匀弹性细棒

1. 波动方程和边界条件

显然,其波动方程为

$$\frac{\partial^2 \zeta(z,t)}{\partial z^2} - \frac{1}{c_0^2}\frac{\partial^2 \zeta(z,t)}{\partial t^2} = 0$$

式中,$c_0^2 = \dfrac{E}{\rho}$。

由式(2-108)和式(2-111)可知其边界条件为

$$\zeta(z,t)\big|_{z=0} = 0, SE\frac{\partial \zeta(z,t)}{\partial z}\bigg|_{z=L} = F(t)$$

对于简谐力激励,取 $F(t) = F_0\cos(\omega t)$。

2. 振动的稳态解和共振频率

由式(2-105)可知,用"分离变数法"解波动方程,可得形式解为

$$\zeta(z,t) = \sum_{\omega} \big[A\cos(k_\omega z) + B\sin(k_\omega z)\big]\big[C\cos(\omega t) + D\sin(\omega t)\big], k_\omega = \omega/c_0$$

由

$$\zeta(z,t)\big|_{z=0} = 0$$

得

$$A = 0$$

由 $SE\dfrac{\partial \zeta(z,t)}{\partial z}\bigg|_{z=L} = F(t) = F_0\cos(\omega t)$,得

$$\sum_{\omega} BSEk_\omega\cos(k_\omega L)\big[C\cos(\omega t) + D\sin(\omega t)\big] = F_0\cos(\omega t)$$

$$\Rightarrow D = 0, BSEk_\omega\cos(k_\omega L)C = F_0, k_\omega = \omega/c_0$$

整理后,得到一端固定,另一端简谐力激励的均匀弹性细棒的稳态纵振动函数为

$$\zeta(z,t) = \frac{F_0 c_0}{SE\omega\cos\left(\dfrac{\omega}{c_0}L\right)}\sin\left(\frac{\omega}{c_0}z\right)\cos(\omega t) \tag{2-113}$$

分析　由式(2-113)知,$\cos\left(\dfrac{\omega}{c_0}L\right) \to 0$ 时,振动位移趋于无穷,系统发生位移共振。显然,$\dfrac{\omega}{c_0}L = \dfrac{\pi}{2} + n\pi, n = 0,1,2,\cdots \Rightarrow \omega_n = \dfrac{1+2n}{2L}\pi c_0 \Rightarrow f_n = \dfrac{1+2n}{4L}c_0, n = 0,1,2,\cdots$,所以长为 L 的均匀弹性细棒,一端固定,另一端简谐力激励,其位移共振频率为

$$f_n = \frac{1+2n}{4L}c_0, n = 0,1,2,\cdots \tag{2-114}$$

2.4.4　均匀弹性细棒纵振动的阻抗转移公式（电传输线类比）

类似流体中声波场的波阻抗，在均匀弹性细棒纵振动波场中定义波阻抗（类波阻抗）。

定义 2-5（均匀弹性细棒纵振动的波阻抗）　若在均匀弹性细棒简谐纵振动波场中，$\widetilde{T}_{zz}(z,t)$ 为棒中 z 处的复应力分量，$\widetilde{v}_z(z,t)$ 为棒中 z 处的复振速。定义均匀弹性细棒纵振动的波阻抗为 $Z(z)=\dfrac{\widetilde{T}_{zz}(z,t)}{\widetilde{v}_z(z,t)}$。

求图 2-15 所示的终端有阻抗负载的有限长均匀弹性细棒纵振动的阻抗转移公式。

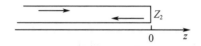

图 2-15　终端有阻抗负载的有限长均匀弹性细棒

由于端面的反射，在棒中存在相向传播的弹性波。根据波动方程，位移函数可表示为

$$\zeta(z,t)=Ae^{j(\omega t-kz)}+Be^{j(\omega t+kz)}=A\left[e^{j(\omega t-kz)}+Re^{j(\omega t+kz)}\right],\ k=\omega/c_0 \tag{2-115}$$

式中，R 是位移波在棒端（$z=0$ 处）的反射系数。

振速函数为

$$v_z(z,t)=\frac{\partial}{\partial t}\zeta(z,t)=Aj\omega\left[e^{j(\omega t-kz)}+Re^{j(\omega t+kz)}\right],\ k=\omega/c_0 \tag{2-116}$$

应力分量函数为

$$T_{zz}(z,t)=E\frac{\partial}{\partial z}\zeta(z,t)=-jkAE\left[e^{j(\omega t-kz)}-Re^{j(\omega t+kz)}\right],\ k=\omega/c_0 \tag{2-117}$$

如果已知终端（$z=0$ 处）的波阻抗为 Z_2，则有

$$\left.\frac{T_{zz}(z,t)}{v_z(z,t)}\right|_{z=0}=Z_2\Rightarrow\left.\frac{-jkAE\left[e^{j(\omega t-kz)}-Re^{j(\omega t+kz)}\right]}{j\omega A\left[e^{j(\omega t-kz)}+Re^{j(\omega t+kz)}\right]}\right|_{z=0}=Z_2$$

式中，$k=\omega/c_0$，且 $c_0^2=E/\rho$。则

$$R=\frac{\rho c_0+Z_2}{\rho c_0-Z_2} \tag{2-118}$$

棒中 z 处的波阻抗为

$$Z(z,\omega)=\frac{T_{zz}(z,t)}{v_z(z,t)}=\frac{-jkAE\left[e^{j(\omega t-kz)}-Re^{j(\omega t+kz)}\right]}{j\omega A\left[e^{j(\omega t-kz)}+Re^{j(\omega t+kz)}\right]}=\rho c_0\frac{Re^{jkz}-e^{-jkz}}{Re^{jkz}+e^{-jkz}} \tag{2-119}$$

将式（2-118）代入式（2-119），得阻抗转移公式为

$$Z(z,\omega)=\rho c_0\frac{Re^{jkz}-e^{-jkz}}{Re^{jkz}+e^{-jkz}}=\rho c_0\frac{(\rho c_0+Z_2)e^{jkz}-(\rho c_0-Z_2)e^{-jkz}}{(\rho c_0+Z_2)e^{jkz}+(\rho c_0-Z_2)e^{-jkz}}$$

进一步得

$$Z(z,\omega) = Z_2 \frac{\mathrm{j}\dfrac{\rho c_0}{Z_2}\tan(kz) + 1}{\mathrm{j}\dfrac{Z_2}{\rho c_0}\tan(kz) + 1} \qquad (2\text{-}120)$$

式(2-120)将棒中 z 处的波阻抗与棒端($z=0$ 处)的波阻抗建立了联系,由棒端的波阻抗可求出棒中其他位置的波阻抗。式(2-120)称为阻抗转移公式。

习　　题

1. 长为 L 的均匀弹性细棒,一端固定,另一端自由。

(1)试求棒做纵振动的固有频率;

(2)证明棒的泛频是基频的奇数倍;

(3)若棒被均匀拉伸,并使自由端长度达到 L_0 后突然释放,试求在棒的自由端各次谐波振幅;

(4)若棒中各点的初位移为0,初始速度为 v_0,试求出棒中位移分布函数;

(5)若有一恒定的纵向力作用于棒上,棒的固有频率是否会受影响?

2. 长为 1 m,横截面积为 1.0×10^{-4} m^2 的铜棒,两端自由。求:

(1)棒纵振动的基频;以基频振动时棒中位移振幅最小的位置。

(2)如果棒的一端加上一个 0.18 kg 的刚性质量块,棒纵振动的基频变为多少? 以基频振动时棒中位移振幅最小的位置变到何处?

3. 试推导出材料参数均匀的变截面细棒中小振幅纵振动的波动方程。

4. 一根长为 L 的均匀弹性细棒两端固定,绘出前 3 阶简正振动方式(模态)的振幅分布。

5. 长为 L、密度为 ρ、杨氏模量为 E、横截面积为 S 的均匀弹性细棒,一端固定,另一端有一质量负载 M。

(1)试求其自由纵振动的频率方程;

(2)如果棒以基频振动,棒上的哪一位置位移振幅最大?

6. 同 5 题细棒,其一端有质量负载 M_1,另一端有质量负载 M_2,试求其自由纵振动的频率方程。

7. 同 5 题细棒,其一端固定,另一端自由。当在自由端加上质量为 M 的质量块时,其做纵振动的基频值是没加质量块之前的基频值的 25%,试求所加的质量块的质量 M 等于多少?

8. 同 5 题细棒,其一端自由,另一端与弹簧相连,弹簧系数为 D,弹簧的另一端固定,试求其纵振动的频率方程。

9. 长为 L、密度为 ρ、杨氏模量为 E、横截面积为 S 的细棒,在其一端受到纵向力 $F_0\cos(\omega t)$ 的作用,另一端自由。

（1）求出棒中位移函数的表示式；

（2）求力作用端的输入机械阻抗；

（3）若棒长与棒中波长之比远小于1，其输入机械阻抗为多少？并以此证明，棒很短或频率很低时，本题中长为 L 的细棒相当于集中参数系统的一个质量，其质量为 $M = SpL$。

2.5 均匀弹性细棒的小振幅弯曲振动

弯曲振动是指棒中质点位移垂直于棒的长度方向。

2.5.1 均匀弹性细棒小振幅 y 方向的弯曲振动的相关知识

1. 均匀弹性细棒小振幅 y 方向的位移 $\eta(x,t)$ 与微元在 y 方向的受力 $F(x,t)$ 的关系

取如图 2-16 所示的坐标系。棒中取微元 dx，建立其 y 方向运动方程。为此，要求出相邻棒体对微元 dx 在 y 方向的受力 $F(x,t)$ 与微元 dx 在 y 方向的位移 $\eta(x,t)$ 的关系。

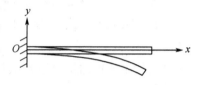

图 2-16 细棒弯曲振动的坐标系

分析 棒弯曲时，棒中微元 dx 在 y 方向的位移 $\eta(x,t)$ 会产生使微元 dx 旋转的力矩，而微元 dx 在 y 方向的受力 $F(x,t)$ 也会产生使微元 dx 旋转的力矩。因为微元 dx 没有旋转，所以力矩平衡，即这两个力矩之和为零。据此，可以得到微元 dx 在 y 方向的受力 $F(x,t)$ 与微元 dx 在 y 方向的位移 $\eta(x,t)$ 的关系。

棒弯曲时棒中微元 dx 形变如图 2-17(a)所示。形变时微元 dx 沿棒长方向没改变长度的面为中性面；中性面上侧沿棒长度方向的线段被拉伸，中性面下侧的线段被压缩。因而，$\eta(x,t)$ 在截面上产生以 O-O 为轴的力矩。O-O 轴是中性面与截面相交形成的线段。在截面上建立局部坐标系 h-O-O，如图 2-17(b)所示。

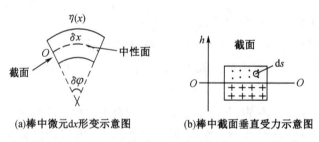

(a)棒中微元dx形变示意图　　　　(b)棒中截面垂直受力示意图

图 2-17 推导均匀弹性细棒小振幅弯曲振动波动方程用图 1

截面上 ds 受力为

$$dF_x(h) = ds E \varepsilon_{xx} = ds E \frac{\partial}{\partial x}\xi = ds E h \frac{\partial}{\partial x}\varphi = ds E h \frac{\delta \varphi}{\delta x} \tag{2-121}$$

式中，h 是截面上的面元 ds 在局部坐标系 h-O-O 中的坐标变量[图 2-17(b)]。

所以，以 $O\text{-}O$ 为轴的力矩为

$$M = \iint_s h\mathrm{d}F_x(h) = \iint_s h\mathrm{d}sEh\frac{\delta\varphi}{\delta x} = E\frac{\delta\varphi}{\delta x}\iint_s h^2\mathrm{d}s = EI\frac{\delta\varphi}{\delta x} \tag{2-122}$$

式中，I 为截面 s 以 $O\text{-}O$ 为轴的转动惯性矩，且

$$I \equiv \iint_s h^2\mathrm{d}s \tag{2-123}$$

式(2-123)给出的力矩在图 2-17(a)中以穿出纸面为正。

下面分析式(2-122)中的 $\dfrac{\delta\varphi}{\delta x}$ 与位移 $\eta(x,t)$ 的关系，如图 2-18 所示。

由图 2-18 可知

$$\delta\varphi = \varphi_1 + \varphi_2 \tag{2-124}$$

由微商的几何意义可得

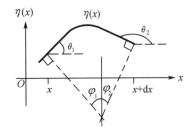

图 2-18　$\dfrac{\delta\varphi}{\delta x}$ 与位移 $\eta(x,t)$ 的

关系分析用图

$$\frac{\partial\eta(x,t)}{\partial x}\bigg|_x = \tan\theta_1 \approx \theta_1 = \phi_1 \tag{2-125}$$

$$\frac{\partial\eta(x,t)}{\partial x}\bigg|_{x+\mathrm{d}x} = \tan\theta_2 = \tan(\pi-\phi_2) = -\tan\phi_2 \approx -\phi_2 \tag{2-126}$$

式(2-125)和式(2-126)中的约等号，是因为对于小振幅振动，其位移以及位移的各阶导数都是小量。

所以

$$\delta\phi = \phi_1 + \phi_2 = \frac{\partial\eta(x,t)}{\partial x}\bigg|_x - \frac{\partial\eta(x,t)}{\partial x}\bigg|_{x+\mathrm{d}x} = -\frac{\partial^2\eta(x,t)}{\partial x^2}\mathrm{d}x \tag{2-127}$$

综上所述，由式(2-122)和式(2-127)，得 $\mathrm{d}x\to0$ 时，因此 y 方向的位移 $\eta(x,t)$ 在棒的 x 处截面上以 $O\text{-}O$ 为轴的力矩为

$$M = EI\frac{\delta\phi}{\delta x} = EI\frac{-\dfrac{\partial^2\eta(x,t)}{\partial x^2}\mathrm{d}x}{\delta x} \approx -EI\frac{\partial^2\eta(x,t)}{\partial x^2} \tag{2-128}$$

如图 2-19(a)所示，棒中微元 $\mathrm{d}x$ 左右两个截面均受有由于形变产生的力矩；并且，x 处截面上的力矩以 $O\text{-}O$ 为轴，方向穿出纸面；$x+\mathrm{d}x$ 处截面上的力矩以 $O'\text{-}O'$ 为轴，方向穿入纸面；又由于 $\mathrm{d}x\to0$ 时，$O\text{-}O$ 轴与 $O'\text{-}O'$ 轴趋于相同，所以 y 方向的位移 $\eta(x,t)$ 在微元 $\mathrm{d}x$ 处产生的净力矩为

$$\mathrm{d}M = M(x) + M(x+\mathrm{d}x) = \left[-EI\frac{\partial^2\eta(x,t)}{\partial x^2}\right]\bigg|_x - \left[-EI\frac{\partial^2\eta(x,t)}{\partial x^2}\right]\bigg|_{x+\mathrm{d}x}$$

$$\Rightarrow \mathrm{d}M = EI\frac{\partial^3\eta(x,t)}{\partial x^3}\mathrm{d}x \tag{2-129}$$

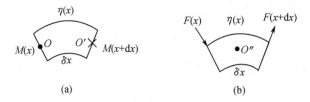

图 2-19 推导均匀弹性细棒小振幅弯曲振动波动方程用图 2

又由于微元 $\mathrm{d}x$ 左右两个截面受相邻棒体的 y 方向的力 $F(x,t)$ 作用,产生以 O''-O'' 为轴的力矩,如图 2-19(b)所示。合力矩为

$$\mathrm{d}M' = \frac{\mathrm{d}x}{2}F(x) + \frac{\mathrm{d}x}{2}F(x+\mathrm{d}x) = \frac{\mathrm{d}x}{2}F(x) + \frac{\mathrm{d}x}{2}\left[F(x) + \frac{\partial}{\partial x}F(x)\mathrm{d}x\right] = F(x)\mathrm{d}x$$

$$(2\text{-}130)$$

由于微元 $\mathrm{d}x$ 并没有旋转,因此其形变产生的力矩 $\mathrm{d}M$ 与相邻棒体的 y 方向的受力 $F(x,t)$ 产生的力矩 $\mathrm{d}M'$ 之和为 0;并且在 $\mathrm{d}x \to 0$ 时,O-O 轴、O'-O' 轴及 O''-O'' 轴合为同轴,有

$$\delta M + \delta M' = 0 \qquad\qquad (2\text{-}131)$$

由式(2-129)和式(2-130)及式(2-131),得

$$EI\frac{\partial^3 \eta(x,t)}{\partial x^3}\mathrm{d}x + F(x,t)\mathrm{d}x = 0 \qquad\qquad (2\text{-}132)$$

这样便得到了微元 $\mathrm{d}x$ 在 y 方向的位移 $\eta(x,t)$ 与其在 y 方向的受力 $F(x,t)$ 的关系为

$$F(x,t) = -EI\frac{\partial^3 \eta(x,t)}{\partial x^3} \qquad\qquad (2\text{-}133)$$

2. 均匀弹性细棒小振幅弯曲振动的波动方程

棒中取微元 $\mathrm{d}x$,其受力如图 2-20 所示。利用式(2-133)可得,微元 $\mathrm{d}x$ 的 y 方向的受力为

$$F_y = -F(x,t) + F(x+\mathrm{d}x,t) = \frac{\partial}{\partial x}F(x,t)\mathrm{d}x = -EI\frac{\partial^4 \eta(x,t)}{\partial x^4}\mathrm{d}x \qquad (2\text{-}134)$$

式中,E 是棒的杨氏模量;I 是以棒截面与中性面相交的直线为轴,棒截面的转动惯性矩(图 2-21),见式(2-123),即

$$I \equiv \iint_s h^2 \mathrm{d}s$$

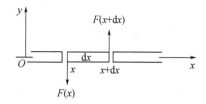

图 2-20 微元 $\mathrm{d}x$ 的受力示意图

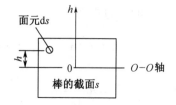

图 2-21 计算转动惯性矩示意图

可知,式(2-123)定义的棒截面转动惯性矩 I 与棒的截面及棒的弯曲方向(转轴位置及取向)有关。常见几种截面的均匀弹性细棒弯曲振动的转动惯性矩 I 见表2-3。

表 2-3　常见几种截面的均匀弹性细棒弯曲振动的转动惯性矩 I

矩形截面	圆形截面	圆环截面
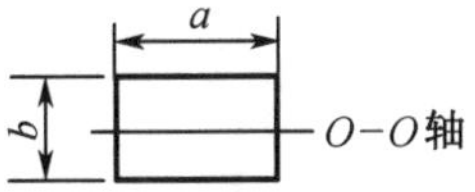	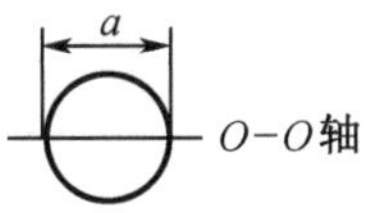	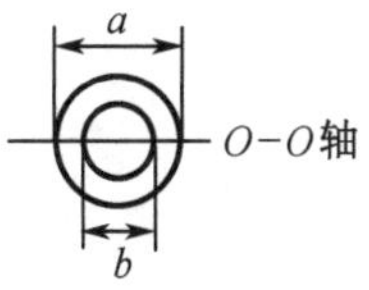
$I = \iint\limits_{s} h^2 \mathrm{d}s = \dfrac{ab^3}{12}$	$I = \iint\limits_{s} h^2 \mathrm{d}s = \dfrac{\pi a^4}{64}$	$I = \iint\limits_{s} h^2 \mathrm{d}s = \dfrac{\pi(a^4 - b^4)}{64}$

根据牛顿第二定律和式(2-125)得微元 $\mathrm{d}x$ 的 y 方向运动方程为

$$\rho S \mathrm{d}x \frac{\mathrm{d}^2}{\mathrm{d}t^2}\eta(x,t) = f_y = -EI\frac{\partial^4 \eta(x,t)}{\partial x^4}\mathrm{d}x$$

对于小振幅振动,有

$$\frac{\mathrm{d}^2 \eta(x,t)}{\mathrm{d}t^2} = \frac{\partial^2 \eta(x,t)}{\partial t^2}$$

所以,上式化为

$$\rho S \frac{\partial^2 \eta(x,t)}{\partial t^2} = -EI\frac{\partial^4 \eta(x,t)}{\partial x^4}$$

定义

$$a^2 = \frac{EI}{\rho S} \tag{2-135}$$

则

$$\rho S \frac{\partial^2 \eta(x,t)}{\partial t^2} = -EI\frac{\partial^4 \eta(x,t)}{\partial x^4}$$

可化为

$$\frac{\partial^4 \eta(x,t)}{\partial x^4} + \frac{1}{a^2}\frac{\partial^2 \eta(x,t)}{\partial t^2} = 0 \tag{2-136}$$

式(2-136)为均匀弹性细棒小振幅弯曲振动的波动方程。

注意　它与流体中波动方程、弹性体中波动方程以及细棒纵振动波动方程的差别:弯曲振动方程的空间变量导数是4阶。

细棒中弯曲波沿着细棒的延长方向传播,振动方向垂直于棒的延长方向,因而细棒中弯曲波是横波。

2.5.2 细棒中弯曲波的传播特性

细棒的弯曲振动位移波动方程为

$$\frac{\partial^4 \eta(x,t)}{\partial x^4} + \frac{1}{a^2}\frac{\partial^2 \eta(x,t)}{\partial t^2} = 0$$

令 $\eta(x,t) = A\cos(\omega t - kx - \varphi)$，得

$$\frac{\partial^2 \eta(x,t)}{\partial t^2} = -A\omega^2 \cos(\omega t - kx - \varphi) \tag{2-137}$$

$$\frac{\partial^4 \eta(x,t)}{\partial x^4} = Ak^4 \cos(\omega t - kx - \varphi) \tag{2-138}$$

将式(2-137)和式(2-138)代入细棒的弯曲振动位移波动方程，得到细棒弯曲波波数和角频率的关系为

$$\omega^2 = a^2 k^4 \tag{2-139}$$

式中，$a^2 = \dfrac{EI}{S\rho}$。

由相速度的定义和式(2-139)，可得细棒中弯曲波的位移相速度为

$$c_p = \frac{\mathrm{d}x}{\mathrm{d}t}\bigg|_{\omega t - kx - \varphi = 常数} = \frac{\omega}{k} = \sqrt{\omega a} \tag{2-140}$$

结论 2-1 细棒是弯曲波的频散介质。

2.5.3 细棒中弯曲振动的形式解

细棒的弯曲振动位移波动方程为

$$\frac{\partial^4 \eta(x,t)}{\partial x^4} + \frac{1}{a^2}\frac{\partial^2 \eta(x,t)}{\partial t^2} = 0$$

用"分离变数法"求解该方程，令

$$\eta(x,t) = Y(x)T(t) \tag{2-141}$$

代入细棒的弯曲振动位移波动方程，得

$$\frac{\mathrm{d}^2 T(t)}{\mathrm{d}t} + \omega^2 T(t) = 0 \tag{2-142}$$

$$\frac{\mathrm{d}^4 Y(x)}{\mathrm{d}x^4} - \frac{\omega^2}{a^2}Y(x) = 0 \tag{2-143}$$

式中，ω 是分离变数得到的常数，与 x、t 无关。

解方程(2-142)，得

$$T_\omega(t) = a\cos(\omega t) + b\sin(\omega t) = A'\cos(\omega t - \varphi_\omega) \tag{2-144}$$

解方程(2-143)，得

$$Y_\omega(x) = A_\omega \mathrm{ch}\left(\sqrt{\frac{\omega}{a}}x\right) + B_\omega \mathrm{sh}\left(\sqrt{\frac{\omega}{a}}x\right) + C_\omega \cos\left(\sqrt{\frac{\omega}{a}}x\right) + D_\omega \sin\left(\sqrt{\frac{\omega}{a}}x\right) \tag{2-145}$$

由式(2-141)、式(2-144)和式(2-145),得细棒的弯曲振动位移波动方程的形式解为

$$\eta_\omega(x,t) = T_\omega(t) Y_\omega(x)$$

所以

$$\eta(x,t) = \sum_\omega \eta_\omega(x,t)$$

$$= \sum_\omega \left[A_\omega \mathrm{ch}\left(\sqrt{\frac{\omega}{a}}x\right) + B_\omega \mathrm{sh}\left(\sqrt{\frac{\omega}{a}}x\right) + C_\omega \cos\left(\sqrt{\frac{\omega}{a}}x\right) + D_\omega \sin\left(\sqrt{\frac{\omega}{a}}x\right) \right] \cos(\omega t + \varphi_\omega)$$

$$(2-146)$$

式中,A_ω、B_ω、C_ω、D_ω、φ_ω、ω 由边界条件和初始条件确定。

初始条件包括初始位移分布和初始速度分布。

初始位移分布为

$$\eta(x,t)\big|_{t=0} = f(x) \tag{2-147}$$

初始速度分布为

$$\frac{\mathrm{d}\eta(x,t)}{\mathrm{d}t}\bigg|_{t=0} = g(x) \tag{2-148}$$

2.5.4 细棒弯曲振动的边界条件类型

实际工程中弯曲振动的边界载荷有多种类型。下面介绍最基本的细棒弯曲振动边界条件类型,即嵌定、自由、简支三种边界类型,如图 2-22 所示。

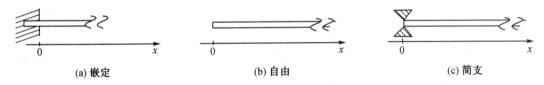

(a) 嵌定   (b) 自由   (c) 简支

图 2-22 细棒弯曲振动的边界类型示意图

1. 端点嵌定

位移为 0,位移曲线的斜率为 0:

$$Y(x)\big|_{x=端点} = 0, \quad \frac{\mathrm{d}Y(x)}{\mathrm{d}x}\bigg|_{x=端点} = 0 \tag{2-149}$$

2. 端点自由

力为 0,力矩为 0:

$$\frac{\mathrm{d}^3 Y(x)}{\mathrm{d}x^3}\bigg|_{x=端点} = 0, \quad \frac{\mathrm{d}^2 Y(x)}{\mathrm{d}x^2}\bigg|_{x=端点} = 0 \tag{2-150}$$

3. 端点简支

位移为 0,力矩为 0:

$$Y(x)\big|_{x=端点} = 0, \quad \frac{\mathrm{d}^2 Y(x)}{\mathrm{d}x^2}\bigg|_{x=端点} = 0 \tag{2-151}$$

2.4.5　一端自由,另一端嵌定的细棒自由弯曲振动

一端自由,另一端嵌定的细棒自由弯曲振动,如图 2-23 所示。

细棒的弯曲振动波动方程:

$$\frac{\partial^4 \eta(x,t)}{\partial x^4} + \frac{1}{a^2}\frac{\partial^2 \eta(x,t)}{\partial t^2} = 0$$

式中,$a^2 = \dfrac{EI}{S\rho}$。

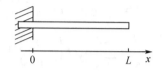

图 2-23　一端自由,另一端嵌定的
细棒自由弯曲振动示意图

边界条件:

$x=0$ 端嵌定:

$$Y(x)\big|_{x=0} = 0, \frac{\mathrm{d}Y(x)}{\mathrm{d}x}\bigg|_{x=0} = 0 \tag{2-152}$$

$x=L$ 端自由:

$$\frac{\mathrm{d}^3 Y(x)}{\mathrm{d}x^3}\bigg|_{x=L} = 0, \frac{\mathrm{d}^2 Y(x)}{\mathrm{d}x^2}\bigg|_{x=L} = 0 \tag{2-153}$$

方程形式解为

$$\eta(x,t) = \sum_\omega \eta_\omega(x,t)$$

$$= \sum_\omega \left[A_\omega \mathrm{ch}\left(\sqrt{\frac{\omega}{a}}x\right) + B_\omega \mathrm{sh}\left(\sqrt{\frac{\omega}{a}}x\right) + C_\omega \cos\left(\sqrt{\frac{\omega}{a}}x\right) + D_\omega \sin\left(\sqrt{\frac{\omega}{a}}x\right) \right]\cos(\omega t + \varphi_\omega)$$

$$\tag{2-154}$$

将式(2-154)代入式(2-152),得

$$A_\omega + C_\omega = 0, B_\omega + D_\omega = 0 \tag{2-155}$$

将式(2-154)代入式(2-153),得

$$\begin{cases} A_\omega\left[\mathrm{ch}\left(\sqrt{\frac{\omega}{a}}L\right) + \cos\left(\sqrt{\frac{\omega}{a}}L\right)\right] + B_\omega\left[\mathrm{sh}\left(\sqrt{\frac{\omega}{a}}L\right) + \sin\left(\sqrt{\frac{\omega}{a}}L\right)\right] = 0 \\ A_\omega\left[\mathrm{sh}\left(\sqrt{\frac{\omega}{a}}L\right) - \sin\left(\sqrt{\frac{\omega}{a}}L\right)\right] + B_\omega\left[\mathrm{ch}\left(\sqrt{\frac{\omega}{a}}L\right) + \cos\left(\sqrt{\frac{\omega}{a}}L\right)\right] = 0 \end{cases} \tag{2-156}$$

根据 A_ω、B_ω 不同时为 0 的充要条件,得

$$\begin{vmatrix} \mathrm{ch}\left(\sqrt{\frac{\omega}{a}}L\right) + \cos\left(\sqrt{\frac{\omega}{a}}L\right) & \mathrm{sh}\left(\sqrt{\frac{\omega}{a}}L\right) + \sin\left(\sqrt{\frac{\omega}{a}}L\right) \\ \mathrm{sh}\left(\sqrt{\frac{\omega}{a}}L\right) - \sin\left(\sqrt{\frac{\omega}{a}}L\right) & \mathrm{ch}\left(\sqrt{\frac{\omega}{a}}L\right) + \cos\left(\sqrt{\frac{\omega}{a}}L\right) \end{vmatrix} = 0$$

$$\Rightarrow \left[\mathrm{ch}\left(\sqrt{\frac{\omega}{a}}L\right) + \cos\left(\sqrt{\frac{\omega}{a}}L\right)\right]^2 = \mathrm{sh}^2\left(\sqrt{\frac{\omega}{a}}L\right) - \sin^2\left(\sqrt{\frac{\omega}{a}}L\right) \tag{2-157}$$

根据函数性质可知,$\sin^2 x + \cos^2 x = 1$,$\mathrm{ch}^2 x - \mathrm{sh}^2 x = 1$,则

$$\mathrm{ch}\left(\sqrt{\frac{\omega}{a}}L\right)\cos\left(\sqrt{\frac{\omega}{a}}L\right) = -1 \tag{2-158}$$

解方程(2-158),可得本征值,但这是超越方程,无解析形式解。

图2-24是用函数曲线的交点表示的方程 ch $x$cos $x = -1$ 的根。记 β_n 为方程 ch $x$cos $x = -1$ 的第 n 个根,其值可见表2-4。

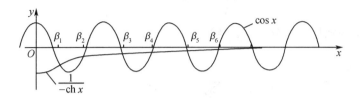

图2-24 函数曲线的交点表示的方程 ch $x$cos $x = -1$ 的根示意图

表2-4 方程 ch $x$cos $x = -1$ 的第 n 个根 β_n 值

β_1	β_2	β_3	β_4	…	β_n
1.875	4.694	7.855	10.995	…	$\beta_n = \dfrac{2n-1}{2}\pi$

由本征值可得本征频率:

因为

$$\beta_n = \sqrt{\frac{\omega}{a}}L, n = 1, 2, \cdots \tag{2-159}$$

所以

$$\omega_n = \frac{a\beta_n^2}{L^2} = \sqrt{\frac{EI}{S\rho}}\frac{\beta_n^2}{L^2}, n = 1, 2, \cdots \tag{2-160}$$

结论2-2 一端自由,另一端嵌定的细棒自由弯曲振动是由无穷多个简谐振动叠加构成,每一简谐振动的振动频率由式(2-160)确定。

基频为

$$f_1 = \frac{\omega_1}{2\pi} = \frac{1}{2\pi}\left(\frac{1.875}{L}\right)^2\sqrt{\frac{EI}{S\rho}} \tag{2-161}$$

泛频和基频之比为

$$\frac{f_n}{f_1} = \frac{\omega_n}{\omega_1} = \left(\frac{\beta_n}{\beta_1}\right)^2 \tag{2-162}$$

由表2-4可知,细棒自由弯曲振动,泛频不是基频的谐音频率;基频与相邻泛频间隔较大,并且阶数越高相邻泛频间隔越大。

由式(2-145)至式(2-156)和式(2-160)可得本问题解的第 n 阶本征函数为

$$\eta_{\omega_n}(x,t) = \left\{A_\omega\left[\text{ch}\left(\sqrt{\frac{\omega_n}{a}}x\right) - \cos\left(\sqrt{\frac{\omega_n}{a}}x\right)\right] + B_\omega\left[\text{sh}\left(\sqrt{\frac{\omega_n}{a}}x\right) - \sin\left(\sqrt{\frac{\omega_n}{a}}x\right)\right]\right\}\cos(\omega_n t + \varphi_n)$$

$$\tag{2-163}$$

式中

$$A_\omega = -\frac{\mathrm{sh}\left(\sqrt{\frac{\omega}{a}}L\right) + \sin\left(\sqrt{\frac{\omega}{a}}L\right)}{\mathrm{ch}\left(\sqrt{\frac{\omega}{a}}L\right) + \cos\left(\sqrt{\frac{\omega}{a}}L\right)}B_\omega \qquad (2\text{-}164)$$

而 B_ω、φ_n 值由初始位移分布和初始速度分布确定。

习　　题

1. 一根直径 0.01 m 的铝棒，在何频率下棒中横振动相速度与纵振动相速度数值相等？

2. 一端被夹住的长 50 cm 的钢棒，如果截面是边长 1 cm 的正方形，则 4 个最低的横振动频率是多少？ 如果截面是半径为 0.5 cm 的圆形，则又如何？ 如果截面是宽为 b，长为 $2b$ 的长方形，试问当棒的最低频率是 250 Hz 时，b 必须是什么数值？

3. 一端固定，另一端自由，长为 L 的细棒做横振动。若已知基频振动时自由端的位移振幅为 η_0，试求以 η_0 来表示棒的基频的位移函数。

4. 长为 L 的细棒一端固定，另一端自由，如果初始时刻使棒具有位移 $\eta(t=0)=\dfrac{\eta_0}{L}x$，试求解棒做横振动的位移表示式。

5. 长为 L 的细棒两端自由，求棒做横振动的频率方程。

6. 一根钢棒长 0.5 m，半径 0.005 m，两端自由。试求：

(1) 棒做横振动的基频；

(2) 如果棒以基频振动时棒中点处的振幅是 2 cm，那么棒两端的振幅为多少？

7. 长为 L 的细棒两端固定，求棒做横振动的频率方程。

2.6　简谐平面波在流体-弹性体平面分界面上的反射和折射

理想流体中简谐平面波 φ_i 以入射角 θ_i 入射到流体-弹性体平面分界面上（$z=0$ 平面）。在流体介质中有反射波 φ_r，其反射角为 θ_r。在弹性介质中有折射纵波 φ_2，其折射角为 θ_l，以及折射横波 ψ_y，其折射角为 γ_t，如图 2-25 所示。

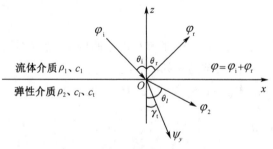

图 2-25　简谐平面波在流体-弹性体平面分界面上的反射和折射示意图

2.6.1 波场位移势函数和边界条件

流体介质的波场和弹性介质中的波场均用位移势函数表示。由于流体介质中的波场为无旋场,因此位移势函数只用标量势函数 $\varphi(x,z,t) = \varphi_i(x,z,t) + \varphi_r(x,z,t)$ 表示即可;而弹性介质中的波场需用标量位移势函数和矢量位移势函数表示。

如图 2-25 所示,在直角坐标系下,入射波场与 y 坐标变量无关,并且边界条件也与 y 坐标变量无关,因此波场与 y 坐标变量无关。这种情况下,弹性介质中的矢量位移势函数只取 y 方向分量 ψ_y 即可表示横波波场。因此,流体介质和弹性介质中的位移势函数分别为

$$\frac{\partial^2 \varphi(x,z,t)}{\partial x^2} + \frac{\partial^2 \varphi(x,z,t)}{\partial z^2} - \frac{1}{c_1^2}\frac{\partial^2 \varphi(x,z,t)}{\partial t^2} = 0; z \geq 0 \,(\text{流体介质中位移势函数})$$

$$\frac{\partial^2 \varphi_2(x,z,t)}{\partial x^2} + \frac{\partial^2 \varphi_2(x,z,t)}{\partial z^2} - \frac{1}{c_l^2}\frac{\partial^2 \varphi_2(x,z,t)}{\partial t^2} = 0; z \leq 0 \,(\text{弹性介质中位移标量势函数,}$$

纵波)

$$\frac{\partial^2 \psi_y(x,z,t)}{\partial x^2} + \frac{\partial^2 \psi_y(x,z,t)}{\partial z^2} - \frac{1}{c_t^2}\frac{\partial^2 \psi_y(x,z,t)}{\partial t^2} = 0; z \leq 0 \,(\text{弹性介质中矢量位移势函数,横波})$$

边界条件:

界面处法向位移连续:

$$\zeta_1(x,z,t)\big|_{z=0} = \zeta_2(x,z,t)\big|_{z=0}$$

界面处应力分量连续:

$$T_{\text{弹}zz}(x,z,t)\big|_{z=0} = T_{\text{流}zz}(x,z,t)\big|_{z=0} = -p(x,z,t)\big|_{z=0}$$

$$T_{\text{弹}xz}(x,z,t)\big|_{z=0} = T_{\text{流}xz}(x,z,t)\big|_{z=0} = 0$$

$$T_{\text{弹}yz}(x,z,t)\big|_{z=0} = T_{\text{流}yz}(x,z,t)\big|_{z=0} = 0$$

2.6.2 波场位移势函数的形式解

流体介质中的波场:

$$\varphi(x,z,t) = \varphi_i(x,z,t) + \varphi_r(x,z,t) \tag{2-165}$$

入射波:

$$\varphi_i(x,z,t) = Ae^{j(\omega t - k_1 \sin\theta_i x + k_1 \cos\theta_i z)} \tag{2-166}$$

反射波:

$$\varphi_r(x,z,t) = RAe^{j(\omega t - k_1 \sin\theta_r x - k_1 \cos\theta_r z)} \tag{2-167}$$

式中,R 为平面波位移势函数在界面的反射系数;$k_1 = \omega/c_1$;入射波为已知波场。

弹性介质中折射纵波:

$$\varphi_2(x,z,t) = WAe^{j(\omega t - k_l \sin\theta_l x + k_l \cos\theta_l z)} \tag{2-168}$$

式中,W 为平面波位移势函数在界面的纵波折射系数;$k_l = \omega/c_l$。

弹性体中折射横波：

$$\psi_y(x,z,t) = PAe^{j(\omega t - k_t \sin \gamma_t x + k_t \cos \gamma_t z)} \tag{2-169}$$

式中，P 为平面波位移势函数在界面的横波折射系数；$k_t = \omega / c_t$。

式(2-167)至式(2-169)中的 θ_r、θ_l、γ_t、R、W、P 为待求常数，其值与入射波及流体介质和弹性介质的参数有关，由边界条件解出。

2.6.3 波场位移势函数的边界条件

1. 界面上法向位移连续条件

流体介质中质点在界面法向的位移为

$$\zeta_1(x,z,t) = \frac{\partial \varphi(x,z,t)}{\partial z} = Ajk_1 \left[e^{j(\omega t - k_1 \sin \theta_i x + k_1 \cos \theta_i z)} \cos \theta_i - Re^{j(\omega t - k_1 \sin \theta_r x - k_1 \cos \theta_r z)} \cos \theta_r \right]$$

弹性介质中质点在界面法向的位移为

$$\zeta_2(x,z,t) = \frac{\partial \varphi_2(x,z,t)}{\partial z} + \frac{\partial \psi_y(x,z,t)}{\partial x}$$

$$= Aj \left[Wk_l \cos \theta_l e^{j(\omega t - k_l \sin \theta_l x + k_l \cos \theta_l z)} - Pk_t \sin \gamma_t e^{j(\omega t - k_t \sin \gamma_t x + k_t \cos \gamma_t z)} \right]$$

由界面上质点法向位移连续条件 $\zeta_1(x,z,t)|_{z=0} = \zeta_2(x,z,t)|_{z=0}$，得

$$k_1 \left(e^{-jk_1 \sin \theta_i x} \cos \theta_i - Re^{-jk_1 \sin \theta_r x} \cos \theta_r \right) = Wk_l \cos \theta_l e^{-jk_l \sin \theta_l x} - Pk_t \sin \gamma_t e^{-jk_t \sin \gamma_t x} \tag{2-170}$$

2. 界面上应力分量连续条件

(1) 应力分量与位移势函数的关系

$$T_{zz}(x,z,t) = \lambda(\varepsilon_{xx} + \varepsilon_{yy} + \varepsilon_{zz}) + 2\mu\varepsilon_{zz}$$

$$T_{xz}(x,z,t) = \mu\varepsilon_{xz}$$

对于本问题，波场与 y 变量无关，并且矢量位移势函数只考虑 y 方向的分量，可得

$$T_{zz}(x,z,t) = \lambda(\varepsilon_{xx} + \varepsilon_{yy} + \varepsilon_{zz}) + 2\mu\varepsilon_{zz}$$

$$= (\lambda + 2\mu) \left[\frac{\partial^2 \varphi(x,z,t)}{\partial x^2} + \frac{\partial^2 \varphi(x,z,t)}{\partial z^2} \right] + 2\mu \left[\frac{\partial^2 \psi_y(x,z,t)}{\partial x \partial z} - \frac{\partial^2 \varphi(x,z,t)}{\partial x^2} \right]$$

$$= \rho \frac{\partial^2 \varphi(x,z,t)}{\partial t^2} + 2\rho c_t^2 \left[\frac{\partial^2 \psi_y(x,z,t)}{\partial x \partial z} - \frac{\partial^2 \varphi(x,z,t)}{\partial x^2} \right]$$

上式推导中，利用了纵波波动方程 $(\lambda + 2\mu)\nabla^2 \varphi = \rho \dfrac{\partial^2 \varphi(x,z,t)}{\partial t^2}$ 和 $c_t^2 = \dfrac{\mu}{\rho}$ 的关系。

$$T_{xz}(x,z,t) = \mu\varepsilon_{xz} = \mu \left[\frac{\partial^2 \psi_y(x,z,t)}{\partial x^2} - \frac{\partial^2 \psi_y(x,z,t)}{\partial z^2} + 2 \frac{\partial^2 \varphi(x,z,t)}{\partial x \partial z} \right]$$

又，给出的应力分量与位移势函数关系，若用在流体介质中，取 $\mu = 0$ 即可。

(2) 界面上的法向应力分量连续方程

流体介质中界面上的法向应力：

$$T_{流zz}(x,z,t)|_{z=0} = \rho_1 \frac{\partial^2 \varphi(x,z,t)}{\partial t^2} \bigg|_{z=0} = -\rho_1 \omega^2 A \left(e^{-jk_1 \sin \theta_i x} + Re^{-jk_1 \sin \theta_r x} \right)$$

弹性介质中界面上的法向应力：

$$T_{弹zz}(x,z,t)\big|_{z=0} = \rho_2 \frac{\partial^2 \varphi_2(x,z,t)}{\partial t^2} + 2\rho_2 c_t^2 \left[\frac{\partial^2 \psi_y(x,z,t)}{\partial x \partial z} - \frac{\partial^2 \varphi_2(x,z,t)}{\partial x^2} \right]\Bigg|_{z=0}$$

$$= -W\rho_2\omega^2 A \mathrm{e}^{-jk_l\sin\theta_l x} + 2\rho_2 c_t^2 (Pk_t^2 \mathrm{e}^{-jk_t\sin\gamma_t x}\cos\gamma_t\sin\gamma_t + Wk_l^2 \mathrm{e}^{-jk_l\sin\theta_l x}\sin^2\theta_l)$$

由界面上法向应力分量连续条件 $T_{流zz}(x,z,t)\big|_{z=0} = T_{弹zz}(x,z,t)\big|_{z=0}$，得

$$-W\rho_2\omega^2 A \mathrm{e}^{-jk_l\sin\theta_l x} + 2\rho_2 c_t^2 (Pk_t^2 \mathrm{e}^{-jk_t\sin\gamma_t x}\cos\gamma_t\sin\gamma_t + Wk_l^2 \mathrm{e}^{-jk_l\sin\theta_l x}\sin^2\theta_l)$$

$$= -\rho_1\omega^2 A(\mathrm{e}^{-jk_1\sin\theta_i x} + R\mathrm{e}^{-jk_1\sin\theta_r x}) \tag{2-171}$$

（3）界面上的切向应力分量连续方程

流体介质中界面上的切向应力：

$$T_{流xz}(x,z,t)\big|_{z=0} = 0$$

弹性介质中界面上的切向应力：

$$T_{弹xz}(x,z,t)\big|_{z=0} = \mu \left[\frac{\partial^2 \psi_y(x,z,t)}{\partial x^2} - \frac{\partial^2 \psi_y(x,z,t)}{\partial z^2} + 2\frac{\partial^2 \varphi(x,z,t)}{\partial x \partial z} \right]\Bigg|_{z=0}$$

$$= \mu Pk_t^2 \mathrm{e}^{-jk_t\sin\gamma_t x}(\sin^2\gamma_t - \cos^2\gamma_t) + 2\mu Wk_l^2 \mathrm{e}^{-jk_l\sin\theta_l x}\sin\theta_l\cos\theta_l$$

由界面上切向应力分量连续条件 $T_{流xz}(x,z,t)\big|_{z=0} = T_{弹xz}(x,z,t)\big|_{z=0}$，得

$$Pk_t^2 \mathrm{e}^{-jk_t\sin\gamma_t x}(\sin^2\gamma_t - \cos^2\gamma_t) + 2Wk_l^2 \mathrm{e}^{-jk_l\sin\theta_l x}\sin\theta_l\cos\theta_l = 0 \tag{2-172}$$

2.6.4　反射定律和折射定律以及反射系数和折射系数

1. 反射定律和折射定律

若方程（2-170）、方程（2-171）和方程（2-172）对任何 x 成立，必有

$$k_1\sin\theta_i = k_1\sin\theta_r = k_l\sin\theta_l = k_t\sin\gamma_t \tag{2-173}$$

（1）反射定律

由式（2-173）得反射定律：

$$\theta_r = \theta_i \tag{2-174}$$

反射定律　平面波从流体入射至流体-弹性体平面分界面上，产生反射波，反射角等于入射角。

（2）折射定律

由式（2-173）和 $k_1 = \omega/c_1$，$k_l = \omega/c_l$，$k_t = \omega/c_t$ 关系，可得折射定律：

$$R = \frac{\sin\theta_l}{c_l} = \frac{\sin\gamma_t}{c_t} = \frac{\sin\theta_i}{c_1} \tag{2-175}$$

折射定律　平面波从流体入射至流体-弹性体平面分界面上，产生折射纵波和折射横波，入射角的正弦值与流体波速之比等于纵波折射角的正弦值与纵波波速之比，也等于横波折射角的正弦值与横波波速之比。

2. 位移势函数的反射系数及纵波位移势函数和横波位移势函数的折射系数

利用反射定律和折射定律，方程（2-170）化简为

$$Wk_l\cos\theta_l - Pk_t\sin\gamma_t = k_1\cos\theta_i(1-R) \tag{2-176}$$

方程(2-171)化简为

$$-W\rho_2\omega^2 + 2\rho_2c_t^2(Pk_t^2\cos\gamma_t\sin\gamma_t + Wk_l^2\sin^2\theta_l) = -\rho_1\omega^2(1+R) \tag{2-177}$$

方程(2-172)化简为

$$-Pk_t^2(\sin^2\gamma_t - \cos^2\gamma_t) + 2Wk_l^2\sin\theta_l\cos\theta_l = 0 \tag{2-178}$$

将方程(2-176)、方程(2-177)和方程(2-178)联立,可分别解出流体介质中位移势函数的反射系数 R,以及弹性介质中纵波位移势函数的折射系数 W 和横波位移势函数的折射系数 P,即

$$R = \frac{Z_1\cos^2 2\gamma_t + Z_t\sin^2 2\gamma_t - Z}{Z_1\cos^2 2\gamma_t + Z_t\sin^2 2\gamma_t + Z} \tag{2-179}$$

$$W = \frac{\rho_1}{\rho_2}\frac{2Z_1\cos 2\gamma_t}{Z_1\cos^2 2\gamma_t + Z_1\sin^2 2\gamma_t + Z} \tag{2-180}$$

$$P = -\frac{\rho_1}{\rho_2}\frac{2Z_1\sin 2\gamma_t}{Z_1\cos^2 2\gamma_t + Z_t\sin^2 2\gamma_t + Z} \tag{2-181}$$

式中, $Z_1 = \dfrac{\rho_2 c_l}{\cos\theta_l}$; $Z_t = \dfrac{\rho_2 c_t}{\cos\gamma_t}$; $Z = \dfrac{\rho_1 c_1}{\cos\theta_i}$ 。

分析

(1)由反射定律和折射定律可知,当知垂直入射($\theta_i = 0°$)时,有 $\theta_r = 0°$, $\theta_l = 0°$, $\gamma_t = 0°$,则

$$P = -\frac{\rho_1}{\rho_2}\frac{2Z_t\sin 2\gamma_t}{Z_1\cos^2 2\gamma_t + Z_t\sin^2 2\gamma_t + Z} = 0$$

$$W = \frac{\rho_1}{\rho_2}\frac{2Z_1\cos 2\gamma_t}{Z_1\cos^2 2\gamma_t + Z_1\sin^2 2\gamma_t + Z} = \frac{\rho_1}{\rho_2}\frac{2Z_1}{Z_1 + Z} = \frac{\rho_1}{\rho_2}\frac{2\rho_2 c_l}{\rho_2 c_l + \rho_1 c_1}$$

$$R = \frac{Z_1\cos^2 2\gamma_t + Z_t\sin^2 2\gamma_t - Z}{Z_1\cos^2 2\gamma_t + Z_t\sin^2 2\gamma_t + Z} = \frac{Z_1 - Z}{Z_1 + Z} = \frac{\rho_2 c_l - \rho_1 c_1}{\rho_2 c_l + \rho_1 c_1}$$

结论 2-3 平面波从流体垂直入射至流体-弹性体平面分界面时,弹性体中无横波;此时,界面上入射波、反射波和折射纵波的关系与平面波垂直入射至流体-流体界面类似。

(2)利用反射系数和折射系数公式,当横波折射角 $\gamma_t = \dfrac{\pi}{4}$ 时,有

$$P = -\frac{\rho_1}{\rho_2}\frac{2Z_t\sin 2\gamma_t}{Z_1\cos^2 2\gamma_t + Z_t\sin^2 2\gamma_t + Z} = -\frac{\rho_1}{\rho_2}\frac{2Z_t}{Z_t + Z}$$

$$= -\frac{\rho_1}{\rho_2}\frac{4\rho_2 c_t\cos\left[\arcsin\left(\dfrac{c}{\sqrt{2}c_t}\right)\right]}{2\rho_2 c_t\cos\left[\arcsin\left(\dfrac{c}{\sqrt{2}c_t}\right)\right] + \sqrt{2}\rho_1 c_1}$$

$$W = \frac{\rho_1}{\rho_2}\frac{2Z_1\cos 2\gamma_t}{Z_1\cos^2 2\gamma_t + Z_1\sin^2 2\gamma_t + Z} = 0$$

$$R = \frac{Z_1\cos^2 2\gamma_t + Z_t\sin^2 2\gamma_t - Z}{Z_1\cos^2 2\gamma_t + Z_t\sin^2 2\gamma_t + Z} = \frac{Z_t - Z}{Z_t + Z} = \frac{2\cos\left[\arcsin\left(\dfrac{c}{\sqrt{2}\,c_t}\right)\right]\rho_2 c_t - \rho_1 c_1\sqrt{2}}{2\cos\left[\arcsin\left(\dfrac{c}{\sqrt{2}\,c_t}\right)\right]\rho_2 c_t + \rho_1 c_1\sqrt{2}}$$

结论 2-4 平面波入射至流体–弹性体平面界面上,入射角 $\theta_i = \arcsin\left(\dfrac{c}{\sqrt{2}\,c_t}\right)$ 时,弹性体中无纵波,只有横波。

(3)利用折射定律,讨论折射波出现非均匀平面波的条件以及发生全内反射的条件。

① 如果 $c_1 > c_l > c_t$,根据折射定律,有 $\theta_i > \theta_l > \gamma_t$,所以折射纵波和折射横波不会出现非均匀平面波。

② 如果 $c_l > c_1 > c_t$,根据折射定律,有 $\theta_l > \theta_i > \gamma_t$,所以折射横波不会出现非均匀平面波,但当 $\theta_i \geqslant \arcsin\left(\dfrac{c_1}{c_l}\right)$ 时,折射纵波是非均匀平面波。

③ 如果 $c_l > c_t > c_1$,根据折射定律,有 $\theta_l > \gamma_t > \theta_i$。

a. 当 $\theta_i < \arcsin\left(\dfrac{c_1}{c_l}\right)$ 时,折射纵波和横波均是正常的平面波;

b. 当 $\arcsin\left(\dfrac{c_1}{c_t}\right) > \theta_i \geqslant \arcsin\left(\dfrac{c_1}{c_l}\right)$ 时,折射纵波是非均匀平面波,而折射横波是正常平面波;

c. 当 $\theta_i \geqslant \arcsin\left(\dfrac{c_1}{c_t}\right)$ 时,折射纵波和横波均是非均匀平面波,此时发生全内反射,即反射波能量等于入射波能量。

结论 2-5 平面波斜入射至流体–弹性体平面分界面时,如果 $c_t > c_1$,定义 $\theta_{tc} = \arcsin\left(\dfrac{c}{c_t}\right)$ 为横波临界角;当入射角 $\theta_i \geqslant \theta_{tc}$ 时,弹性介质中的纵波和横波均为非均匀波,此时发生全内反射,即入射波能量等于反射波能量。

第 3 章　理想流体中小振幅波的基本规律

3.1　基本声学量和理想流体中的基本方程

声有两个含义:一个含义是指空气中的振动传入人耳,引起耳膜振动,刺激听觉神经产生的感觉,这个"声"可理解为单词"声音"的简略;另一个含义是指介质中机械振动的传播,这个"声"可理解为单词"声波"的简略。本书所用声的含义是指声波,是物理学中的概念。

振动频率是振动的特征量,声作为介质中机械振动的传播,可按振动频率分为:超音频声(超声),频率高于 20 000 Hz 的声波;音频声,频率为 20~20 000 Hz 的声波(是人耳能感知的频率范围);次音频声(次声),频率低于 20 Hz 的声波。

声波根据其振幅,可分为大振幅声波(有限振幅声波)和小振幅声波。

声波在介质中传播,根据介质的不同,可分为流体中声波、弹性体中声波和等离子体中声波。

声波的频率、振幅和介质都会影响声波的传播特性与振动方式,以及声引起的其他效应。

一般介质是由分子和原子组成的。本章研究的声学现象不涉及介质的微观结构,而将介质看作由许多连续分布的质团构成的连续体。这些质团比声现象涉及的空间尺度小很多,分析其机械运动时可以作为质点。同时这些质团与分子的微观结构相比又大很多,能包含大量分子,认为声波的过程中分子运动处于准平衡状态,介质质团的物理状态可以用宏观物理量描述。

3.1.1　基本声学量

为了研究声波的各种性质,需要确定用什么物理量来描述声波过程。研究机械运动的基本物理量是力、加速度(或速度)和质量(牛顿第二定律包含的三个物理量),在连续分布的流体介质中相应的物理量是压强、质团运动速度及密度。这些物理量随位置和时间变化,因此可用 $P(x,y,z,t)$、$U(x,y,z,t)$ 以及 $\rho(x,y,z,t)$ 表示介质中不同位置与不同时间的压强、质点速度和密度。声波的作用改变了原来介质中的压强、质点速度和密度,相应的变化量称为声压、质点振速和密度逾量,它们是三个基本声学量。

1. 声压

定义 3-1（声压） 介质中有声场时的压强 $P(x,y,z,t)$ 与无声场时的压强 $P_0(x,y,z,t)$ 之差，称作介质中声场的声压，记作 $p(x,y,z,t)$，写成

$$p(x,y,z,t) = P(x,y,z,t) - P_0(x,y,z,t) \tag{3-1}$$

声波的作用引起介质中质团的压缩和伸张，因此有声场时的压强比无声场时的压强可能大也可能小，即声压随着时间的增加有正负变化。

在 SI 中，声压的单位为 N/m^2，简称 Pa。（在 CGS 制中，声压的单位是达因/厘米^2，简称 μbar，在有些参考书中仍沿用这个单位。$1 \, bar = 10^6 \, \mu bar = 10^5 \, Pa$，$1 \, Pa = 10^6 \, \mu Pa = 10 \, \mu bar$）

声学中，可用声压级（L_p）表示声压幅值或有效值的大小：

$$L_p = 20 \lg(p/p_{ref}) \, dB \tag{3-2}$$

式中，p 为声压幅值或有效值；p_{ref} 为参考声压值。

用声压级表示声压幅值或有效值大小时，要标明参考声压 p_{ref} 的数值。

国际标准化组织（ISO）推荐使用：

空气声学中，$p_{ref} = 20 \, \mu Pa$，此值是一般人耳对 1 000 Hz 声音的闻阈。

水声学中，$p_{ref} = 1 \, \mu Pa$。

当空气声学中取 $p_{ref} = 20 \, \mu Pa$ 和水声学中取 $p_{ref} = 1 \, \mu Pa$ 时，则要求代入声压 p 的有效值计算声压级。

人耳能听到 1 000 Hz 声音的声压有效值的最小值（闻阈）大约为 20 μPa，微风吹动树叶发出声音的声压有效值大约为 2×10^{-4} Pa，飞机发动机发出声音的声压有效值大约为 200 Pa。

【例 3-1】 取参考声压 $p_{ref} = 20 \, \mu Pa$，飞机发动机发出声音的声压有效值大约为 200 Pa，求其声压级。

解 $L_p = 20 \lg(p/p_{ref}) = 20 \lg(200 \, Pa/20 \, \mu Pa) = 140 \, dB$

2. 质点振速

在声波的作用下，介质质团（点）在其平衡位置 (x,y,z) 附近做往复运动，其振动位移和瞬时速度随时间变化。我们可用质点位移或速度来描述声场。

定义 3-2（质点振速） 介质中有声场时的质点运动速度 $U(x,y,z,t)$ 与无声场时的质点运动速度 $U_0(x,y,z,t)$ 之差，称作介质中声场的质点振速，记作 $u(x,y,z,t)$，写成

$$\boldsymbol{u}(x,y,z,t) = \boldsymbol{U}(x,y,z,t) - \boldsymbol{U}_0(x,y,z,t) \tag{3-3}$$

$|\boldsymbol{u}|$ 的量纲为 LT^{-1}，SI 单位为 m/s。

对于一般传播的声波，在空气中，若声压振幅为 1 Pa，则其质点振速振幅约为 2.3×10^{-3} m/s，对应于频率 1 000 Hz 声波，质点位移振幅约为 3.7×10^{-7} m；在水中，若声压振幅同样为 1 Pa，则其质点振速振幅约为 7.0×10^{-7} m/s，对应于频率 1 000 Hz 声波，质点位移振幅仅约为 1.0×10^{-10} m。可见，一般声场中介质质点位移振幅很小。

声学中，也可用振速级（L_c）表示声波振速幅值或有效值的大小：

$$L_c = 20 \lg(u/u_{ref}) \, dB$$

式中，u 为声波振速幅值或有效值；u_{ref} 为参考振速值。

用振速级表示声波振速幅值或有效值的大小时，要标明参考振速 u_{ref} 的数值。

注意 质点振速与声波传播速度是两个不同的概念，两者不能混淆。声波传播速度是指介质中扰动的传播速度。小振幅声波的传播速度是决定于介质本身的物理常数；空气中声波的传播速度约为 340 m/s；海水中声波的传播速度约为 1 500 m/s。但声场中质点振速的振幅值却小得多，它的大小与声源的激励大小有关。

3. 密度逾量

定义 3-3（密度逾量） 介质中有声场时的密度 $\rho(x,y,z,t)$ 与无声场时的密度 $\rho_0(x,y,z,t)$ 之差，称作介质中声场的密度逾量，记作 $\rho_l(x,y,z,t)$，写成

$$\rho_l(x,y,z,t) = \rho(x,y,z,t) - \rho_0(x,y,z,t) \tag{3-4}$$

ρ_l 的量纲为 ML^{-3}，SI 单位为 kg/m^3。

取介质密度的相对变化量，称作压缩量。

定义 3-4（压缩量）

$$s(x,y,z,t) = \frac{\rho(x,y,z,t) - \rho_0(x,y,z,t)}{\rho_0(x,y,z,t)} \tag{3-5}$$

为介质中声场的压缩量（无量纲量）。

这里描述声场采用的是物理量的空间分布函数，即 $p(x,y,z,t)$、$u(x,y,z,t)$ 和 $\rho_l(x,y,z,t)$；物理量的值属于该时刻位于该空间位置处的质团，如果该质团运动到其他位置，则该质团的物理量值取新位置处的值，即场值取决于空间位置，不取决于质团。这种描述场的方法称作欧拉方法。

3.1.2 理想流体中三个基本方程

前面介绍了描述声波的物理量。声波是在介质中传播的。不同性质的介质，波的传播特性和波的振动形式不同。本章主要介绍理想流体中声波的性质。

流体介质是由气体和液体抽象出来的介质模型。其力学特征是，介质中相互接触的质团间有相互作用力，接触面微元上的相互作用力大小正比于微元面积，方向垂直于接触面微元，如图 3-1 所示。因而，微元上的受力 dF 与 ds 间可用标量 P 联系：$dF = -Pds$；这个标量 P 就是流体中的压强。流体的这个力学特征是，流体中只存在纵波。流体的另一个特征是，物质空间分布的连续性，即介质中质团连续分布无间隙。作为传播声波的流体介质，还有一个性质，就是可压缩性，即质团在压力作用下会发生体积的变化。由于

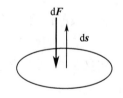

图 3-1　流体中微元 ds 受力示意图

质团的质量没变，因而在压力作用下会引起质团内质量密度的变化。以上就是"流体"的含义。理想流体的"理想"是指流体介质中质团的机械运动无机械能损耗，即质团相互间无耗散作用力。

本节将依据理想流体介质遵循的基本物理规律，得到声场中某个声学量的空间、时间变化规律相互联系的方程，即波动方程。波动方程在研究声学问题中具有重要意义，它在数学上描述了介质中质团振动的传播过程，同时也是定量计算声学问题的基础。

推导波动方程的过程是,根据物理学三个基本定律:质量守恒定律、能量守恒定律和动量守恒定律(牛顿第二定律),获得流体中三个基本方程:连续性方程,状态方程和运动方程;在介质静止、均匀,声波小振幅条件下,分别略去这三个基本方程中的二阶及以上小量,获得三个基本声学量中任意两个基本声学量的线性关系方程;这三个线性关系方程联立,可得到任意一个基本声学量的波动方程。

1. 连续性方程

本小节依据质量守恒定律,推导出流体中的连续性方程,并在介质静止、均匀,声波小振幅条件下建立基本声学量 ρ_l 和 $\boldsymbol{u}$ 之间的关系。

根据质量守恒定律,可推知,在连续介质中,如果流进与流出某一空间体积的流体质量不等,则必将引起该体积中介质密度的变化。

在介质中,任取一点 $M(x,y,z)$,以 $M(x,y,z)$ 为中心作一个立体框 ABCDEFGH,其边长分别为 $\mathrm{d}x$、$\mathrm{d}y$、$\mathrm{d}z$,立体框包围的空间体积为 $\mathrm{d}V = \mathrm{d}x\mathrm{d}y\mathrm{d}z$,如图3-2所示。分析介质流动引起立体框内介质质量的变化。

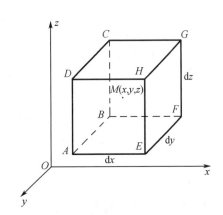

图3-2 推导连续性方程用示意图
(ABCDEFGH 为固定在介质中的矩形框)

设 t 时刻,介质质团流过 M 点的速度为 $\boldsymbol{U}(x,y,z,t)$,在直角坐标系下 $\boldsymbol{U}(x,y,z,t)$ 可以写为 $\boldsymbol{U}(x,y,z,t) = U_x(x,y,z,t)\boldsymbol{i} + U_y(x,y,z,t)\boldsymbol{j} + U_z(x,y,z,t)\boldsymbol{k}$;又,若 M 点的密度为 $\rho(x,y,z,t)$,则单位时间内流过 M 点且与流速 $\boldsymbol{U}$ 垂直的单位面积的介质质量,即 M 点的质量流通密度为 $\rho\boldsymbol{U} = \rho U_x\boldsymbol{i} + \rho U_y\boldsymbol{j} + \rho U_z\boldsymbol{k}$。由此可知,单位时间内流出闭曲面 S 外的介质质量为

$$\Delta m = \oiint\limits_S \rho\boldsymbol{U}\cdot\mathrm{d}\boldsymbol{s} \rightarrow = \oiint\limits_S (\rho U_x\boldsymbol{i} + \rho U_y\boldsymbol{j} + \rho U_z\boldsymbol{k})\cdot\mathrm{d}\boldsymbol{s}$$

式中,$\mathrm{d}\boldsymbol{s}$ 取闭曲面 S 的外法线方向。

(1)对流入、流出立体框 ABCDEFGH 内质量的分析

在 $\mathrm{d}t$ 时间段,通过 x 方向的两个面元 ABCD 与 EFGH 流出 $\mathrm{d}x\mathrm{d}y\mathrm{d}z$ 框外的介质质量:

先考虑在 $\mathrm{d}t$ 时间段,从 ABCD 面流出 $\mathrm{d}x\mathrm{d}y\mathrm{d}z$ 框外的介质质量:

$$\rho\left(x-\frac{\mathrm{d}x}{2},y,z\right)\boldsymbol{U}\left(x-\frac{\mathrm{d}x}{2},y,z\right)\cdot\mathrm{d}y\mathrm{d}z(-\boldsymbol{i})\mathrm{d}t = -\rho\left(x-\frac{\mathrm{d}x}{2},y,z\right)U_x\left(x-\frac{\mathrm{d}x}{2},y,z\right)\mathrm{d}y\mathrm{d}z\mathrm{d}t$$

$$(3-6)$$

根据函数的微分关系,式(3-6)的 $\rho\left(x-\dfrac{\mathrm{d}x}{2},y,z\right)U_x\left(x-\dfrac{\mathrm{d}x}{2},y,z\right)$ 用函数 $\rho(x,y,z)U_x(x,y,z)$ 和坐标增量 $-\dfrac{\mathrm{d}x}{2}$ 表示为

$$\rho\left(x-\frac{\mathrm{d}x}{2},y,z\right)U_x\left(x-\frac{\mathrm{d}x}{2},y,z\right) = \rho(x,y,z)U_x(x,y,z) + \frac{\partial\rho(x,y,z)U_x(x,y,z)}{\partial x}\left(-\frac{1}{2}\mathrm{d}x\right)$$

所以在 $\mathrm{d}t$ 时间段，从 $ABCD$ 面流出 $\mathrm{d}x\mathrm{d}y\mathrm{d}z$ 框外的介质质量为

$$-\left[\rho(x,y,z)U_x(x,y,z)+\frac{\partial\rho(x,y,z)U_x(x,y,z)}{\partial x}\left(-\frac{1}{2}\mathrm{d}x\right)\right]\mathrm{d}y\mathrm{d}z\mathrm{d}t$$

再考虑在 $\mathrm{d}t$ 时间段，从 $EFGH$ 面流出 $\mathrm{d}x\mathrm{d}y\mathrm{d}z$ 框外的介质质量：

$$\rho\left(x+\frac{\mathrm{d}x}{2},y,z\right)U\left(x+\frac{\mathrm{d}x}{2},y,z\right)\cdot\mathrm{d}y\mathrm{d}z\,\boldsymbol{i}\mathrm{d}t$$

$$=\left[\rho(x,y,z)U_x(x,y,z)+\frac{\partial\rho(x,y,z)U_x(x,y,z)}{\partial x}\left(\frac{1}{2}\mathrm{d}x\right)\right]\mathrm{d}y\mathrm{d}z\mathrm{d}t$$

则在 $\mathrm{d}t$ 时间段，通过 x 方向两个面元 $ABCD$ 与 $EFGH$ 流出 $\mathrm{d}x\mathrm{d}y\mathrm{d}z$ 框外的介质质量为

$$\frac{\partial(\rho U_x)}{\partial x}\mathrm{d}x\mathrm{d}y\mathrm{d}z\mathrm{d}t \tag{3-7}$$

用类似的推导过程，可得在 $\mathrm{d}t$ 时间段，通过 y 方向两个面元 $AEHD$ 与 $BFGC$ 流出 $\mathrm{d}x\mathrm{d}y\mathrm{d}z$ 框外的介质质量为

$$\frac{\partial(\rho U_y)}{\partial y}\mathrm{d}x\mathrm{d}y\mathrm{d}z\mathrm{d}t \tag{3-8}$$

同样，可得在 $\mathrm{d}t$ 时间段，通过 z 方向两个面元 $AEFB$ 与 $DHGC$ 流出 $\mathrm{d}x\mathrm{d}y\mathrm{d}z$ 框外的介质质量为

$$\frac{\partial(\rho U_z)}{\partial z}\mathrm{d}x\mathrm{d}y\mathrm{d}z\mathrm{d}t \tag{3-9}$$

所以在 $\mathrm{d}t$ 时间段，介质质团的速度 $\boldsymbol{U}(x,y,z,t)$ 引起的 $\mathrm{d}x\mathrm{d}y\mathrm{d}z$ 框中介质质量的增加为

$$-\left[\frac{\partial(\rho U_x)}{\partial x}+\frac{\partial(\rho U_y)}{\partial y}+\frac{\partial(\rho U_z)}{\partial z}\right]\mathrm{d}x\mathrm{d}y\mathrm{d}z\mathrm{d}tv \tag{3-10}$$

（2）连续性方程推导

$\mathrm{d}x\mathrm{d}y\mathrm{d}z$ 框没有变，质量的变化改变了 $\mathrm{d}x\mathrm{d}y\mathrm{d}z$ 框内介质的密度，根据质量守恒定律有

$$\{\rho[x,y,z,(t+\mathrm{d}t)]-\rho(x,y,z,t)\}\mathrm{d}x\mathrm{d}y\mathrm{d}z=-\left[\frac{\partial(\rho U_x)}{\partial x}+\frac{\partial(\rho U_y)}{\partial y}+\frac{\partial(\rho U_z)}{\partial z}\right]\mathrm{d}x\mathrm{d}y\mathrm{d}z\mathrm{d}t$$

$$\Rightarrow\frac{\rho(x,y,z,t+\mathrm{d}t)-\rho(x,y,z,t)}{\mathrm{d}t}\mathrm{d}x\mathrm{d}y\mathrm{d}z$$

$$=-\left[\frac{\partial(\rho U_x)}{\partial x}+\frac{\partial(\rho U_y)}{\partial y}+\frac{\partial(\rho U_z)}{\partial z}\right]\mathrm{d}x\mathrm{d}y\mathrm{d}z \tag{3-11}$$

得连续性方程为

$$\frac{\partial\rho(x,y,z,t)}{\partial t}=-\left[\frac{\partial(\rho U_x)}{\partial x}+\frac{\partial(\rho U_y)}{\partial y}+\frac{\partial(\rho U_z)}{\partial z}\right] \tag{3-12}$$

取哈密顿算子：

$$\nabla=\left(\boldsymbol{i}\frac{\partial}{\partial x},\boldsymbol{j}\frac{\partial}{\partial y},\boldsymbol{k}\frac{\partial}{\partial z}\right) \tag{3-13}$$

$\nabla\cdot\boldsymbol{A}$ 称作矢量场 $\boldsymbol{A}$ 的散度。

则连续性方程也可表示为

$$\frac{\partial \rho(x,y,z,t)}{\partial t} = - \nabla \cdot [\rho(x,y,z,t)\boldsymbol{U}(x,y,z,t)] \qquad (3-14)$$

结论 3-1 连续性方程文字表述为:质量密度的时间导数等于质量流通密度的散度负值。

(3)均匀、静止理想流体小振幅波的连续性方程

根据声学量定义,有

$$\rho = \rho_0 + \rho_l$$
$$\boldsymbol{U} = \boldsymbol{U}_0 + \boldsymbol{u}$$

均匀的含义是指 $\rho_0 =$ 常数。

静止的含义是指 $\boldsymbol{U}_0 = 0$。

小振幅波的含义是指小振幅波的声学量和声学量的各阶时间或空间导数为一阶小量。

由连续性方程

$$\frac{\partial \rho(x,y,z,t)}{\partial t} = - \nabla \cdot [\rho(x,y,z,t)\boldsymbol{U}(x,y,z,t)]$$

得

$$\frac{\partial(\rho_0 + \rho_l)}{\partial t} = - \nabla \cdot [(\rho_l + \rho_0)(\boldsymbol{U}_0 + \boldsymbol{u})] \qquad (3-15)$$

$$\Rightarrow \frac{\partial \rho_l}{\partial t} = -\rho_0 \nabla \cdot \boldsymbol{u} - \boldsymbol{u} \cdot \nabla \rho_l - \rho_l \nabla \cdot \boldsymbol{u} \qquad (3-16)$$

略去二阶小量项,即 $\boldsymbol{u} \cdot \nabla \rho_l$ 和 $\rho_l \nabla \cdot \boldsymbol{u}$,得均匀、静止理想流体中小振幅波的连续性方程为

$$\frac{\partial \rho_l}{\partial t} = -\rho_0 \nabla \cdot \boldsymbol{u} \qquad (3-17)$$

2. 状态方程

依据热力学定律,建立 p 与 ρ_l 的关系式。

声波作用下介质产生压缩伸张变化,介质的密度和压强都发生变化。根据热力学定律,质量一定的理想流体,独立的热力学参数只有三个。例如,取热力学参数压力 P、密度 ρ 及熵值 s,则有关系:

$$P = P(\rho, s) = f(\rho, s)$$

如果在声波作用下,P 经"等熵过程",从 $P_0(\rho_0, s_0) \rightarrow P(\rho, s_0)$,则在 (ρ_0, s_0) 点做 $P(\rho, s_0)$ 幂级数展开,有

$$P(\rho, s_0) = P_0(\rho_0, s_0) + \left.\frac{\partial f}{\partial \rho}\right|_{\rho_0, s_0}(\rho - \rho_0) + \cdots + \frac{1}{n!}\left.\frac{\partial^{(n)} f}{\partial \rho^{(n)}}\right|_{\rho_0, s_0}(\rho - \rho_0)^n + \cdots$$

$$\qquad (3-18)$$

$$\Rightarrow P(\rho, s_0) - P_0(\rho_0, s_0) = \left.\frac{\partial f}{\partial \rho}\right|_{\rho_0, s_0}\rho_l + \cdots + \frac{1}{n!}\left.\frac{\partial^{(n)} f}{\partial \rho^{(n)}}\right|_{\rho_0, s_0}\rho_l^n + \cdots$$

$$\Rightarrow p(\rho, s_0) = \left.\frac{\partial f}{\partial \rho}\right|_{\rho_0, s_0}\rho_l + \cdots + \frac{1}{n!}\left.\frac{\partial^{(n)} f}{\partial \rho^{(n)}}\right|_{\rho_0, s_0}\rho_l^n + \cdots \qquad (3-19)$$

如果是小振幅波,则声学量和声学量的各阶时间或空间导数均为一阶小量。对式(3-19)略去高阶小量,得

$$p = \left(\frac{\partial f}{\partial \rho}\right)_{\rho_0, s_0} \rho_l$$

定义 3-5（介质的等熵波速） $c_0 = \sqrt{\left(\frac{\partial P(\rho,s)}{\partial \rho}\right)_{\rho_0, s_0}}$ 为介质的等熵波速。它是介质的固有性质。

c_0 的量纲为 LT^{-1},是速度量纲;SI 单位为 m/s。

所以,理想流体中小振幅波的状态方程可表示为

$$p = c_0^2 \rho_l \tag{3-20}$$

【例 3-2】 试求理想气体的等熵波速。

解 对于理想气体,绝热过程方程为

$$PV^\gamma = P_0 V_0^\gamma \quad （\gamma \text{ 为泊松比}）$$

$$\Rightarrow P = f(\rho,s) = \left(\frac{V_0}{V}\right)^\gamma P_0 = \left(\frac{\rho}{\rho_0}\right)^\gamma P_0 \quad （\text{因为 } V = \frac{M}{\rho}）$$

所以

$$c_0^2 = \frac{\partial}{\partial \rho}\left(\frac{\rho}{\rho_0}\right)^\gamma P_0 \bigg|_{\rho_0, s_0} = \gamma \frac{\rho^{\gamma-1}}{\rho_0^\gamma} p_0 \bigg|_{\rho_0, s_0} = \gamma \frac{P_0}{\rho_0}$$

因为

$$PV = \frac{M}{\mu} RT \quad （\text{物态方程}）$$

所以

$$\frac{P_0}{\rho_0} = \frac{RT_0}{\mu}$$

因此

$$c_0 = \sqrt{\gamma \frac{P_0}{\rho_0}} = \sqrt{\gamma \frac{RT_0}{\mu}} \tag{3-21}$$

式(3-21)表明对于理想气体,c_0 取决于介质的参数 γ、P_0、ρ_0。

【例 3-3】 求空气标准状态下的等熵波速。

解 因为空气在标准状态下,所以 $\gamma = 1.41$,$\rho_0 = 1.23 \ kg/m^3$,$P_0 = 1.014 \times 10^5 \ Pa$。

根据式(3-21),可得

$$c_0 = \sqrt{\gamma \frac{P_0}{\rho_0}} = \sqrt{1.41 \frac{1.014 \times 10^5}{1.23}} \approx 340 \ m/s$$

对于非均匀介质,由于 P_0、ρ_0 是空间位置坐标的函数,因此一般情况下 c_0 也是空间位置坐标的函数。

液体中,常数 c_0 值与其绝热压缩系数有关。由 c_0 定义,有

$$c_0^2 = \left(\frac{\mathrm{d}P}{\mathrm{d}\rho}\right)_{s_0} = \left(\frac{\frac{\mathrm{d}P}{\mathrm{d}\rho}}{\rho_0}\right)_{s_0} \approx \left(\frac{\mathrm{d}P}{\frac{\mathrm{d}V}{V_0}\rho_0}\right)_{s_0} = \frac{1}{\beta_s \rho_0} \tag{3-22}$$

式中,β_s 为液体的绝热压缩系数。由此得到

$$c_0 = \sqrt{\frac{1}{\beta_s \rho_0}} \tag{3-23}$$

c_0 取决于介质的初始密度和介质的压缩系数。利用式(3-23)可求出液体介质的 c_0 值。在实际介质中各处的原始状态不一样,因此 c_0 具有不同的值。

【例 3-4】　10 ℃水,$\rho_0 = 1\ 000\ \text{kg/m}^3$,$\beta_s = 4.75 \times 10^{-10}\ \text{s} \cdot \text{m/kg}$,由式(3-23)可求出 $c_0 \approx 1\ 450\ \text{m/s}$。

利用式(3-21)和式(3-23)计算出的气体、液体中声速值与一般条件下实验测定的值非常接近,实验结果间接证明了一般条件下声波传播过程中介质质团的热力学过程是绝热过程。但在次声频声波传播过程中介质质团的热力学过程是等温过程。

3. 运动方程

依据牛顿第二定律,建立 p 与 $\boldsymbol{u}$ 的关系式。

(1)质量微团受力分析

设流体介质中压强为 $P(x,y,z,t)$,在介质中取质量微团 $ABCDEFGH$ 六面体,边长分别为 $\mathrm{d}x$、$\mathrm{d}y$、$\mathrm{d}z$。分析其受力,即周围流体对该六面体的压力。在推导连续性方程时,选择固定在空间不动的框架微元,分析由介质流动引起的框架微元内介质密度的变化;而在推导运动方程时,选取的是介质的质量微团,分析声波作用下它的受力及其运动。

如图 3-3 所示,设介质质点的速度分布为 $\boldsymbol{U}(x,y,z,t)$,压强分布为 $P(x,y,z,t)$,介质质量微团所受周围流体的作用力在 x 方向的分力只作用在 $ABCD$ 面和 $EFGH$ 面上。作用在 $ABCD$ 面和 $EFGH$ 面上的压力分别为

$$\boldsymbol{F}_{x1} = -P\left(x-\frac{\mathrm{d}x}{2},y,z\right)\mathrm{d}y\mathrm{d}z(-\boldsymbol{i})$$

$$= \left[P(x,y,z,t) + \frac{\partial P(x,y,z,t)}{\partial x}\left(-\frac{\mathrm{d}x}{2}\right)\right]\mathrm{d}y\mathrm{d}z\boldsymbol{i} \tag{3-24}$$

$$\boldsymbol{F}_{x2} = -P\left(x+\frac{\mathrm{d}x}{2},y,z\right)\mathrm{d}y\mathrm{d}z\boldsymbol{i}$$

$$= -\left[P(x,y,z,t) + \frac{\partial P(x,y,z,t)}{\partial x}\left(\frac{\mathrm{d}x}{2}\right)\right]\mathrm{d}y\mathrm{d}z\boldsymbol{i} \tag{3-25}$$

可得,质量微团所受 x 方向的合力为

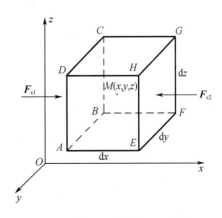

图 3-3　推导运动方程用示意图
（$ABCDEFGH$ 为质量微团）

$$F_x = F_{x1} + F_{x2} = -\frac{\partial P(x,y,z,t)}{\partial x}\mathrm{d}x\mathrm{d}y\mathrm{d}z\boldsymbol{i} \tag{3-26}$$

同理,质量微团所受 y 方向的合力为

$$F_y = -\frac{\partial P(x,y,z,t)}{\partial y}\mathrm{d}x\mathrm{d}y\mathrm{d}z\boldsymbol{j} \tag{3-27}$$

同理,质量微团所受 z 方向的合力为

$$F_z = -\frac{\partial P(x,y,z,t)}{\partial z}\mathrm{d}x\mathrm{d}y\mathrm{d}z\boldsymbol{k} \tag{3-28}$$

利用哈密顿算子 $\nabla = \left(\boldsymbol{i}\,\dfrac{\partial}{\partial x},\boldsymbol{j}\,\dfrac{\partial}{\partial y},\boldsymbol{k}\,\dfrac{\partial}{\partial z}\right)$ 表示质量微团受到的合力为

$$\boldsymbol{F} = -\nabla P(x,y,z,t)\,\mathrm{d}x\mathrm{d}y\mathrm{d}z \tag{3-29}$$

（2）质量微团的运动方程

根据牛顿第二定律,质量微团的运动方程为

$$\rho\,\mathrm{d}x\mathrm{d}y\mathrm{d}z\,\frac{\mathrm{d}\boldsymbol{U}}{\mathrm{d}t} = \boldsymbol{F} = -\nabla P\mathrm{d}x\mathrm{d}y\mathrm{d}z$$

$$\Rightarrow \rho\,\frac{\mathrm{d}\boldsymbol{U}}{\mathrm{d}t} = -\nabla P \tag{3-30}$$

（3）均匀、静止理想流体小振幅波的运动方程

介质均匀,无声波时介质压强为

$$P_0 = 常数 \Rightarrow \nabla P(x,y,z,t) = \nabla p(x,y,z,t)$$

介质静止,无声波时介质流速为

$$U_0 = 0 \Rightarrow \frac{\mathrm{d}\boldsymbol{U}(x,y,z,t)}{\mathrm{d}t} = \frac{\mathrm{d}\boldsymbol{u}(x,y,z,t)}{\mathrm{d}t} \tag{3-31}$$

所以由式（3-30）和式（3-31）得

$$\rho\,\frac{\mathrm{d}\boldsymbol{u}}{\mathrm{d}t} = -\nabla p \tag{3-32}$$

$\dfrac{\mathrm{d}\boldsymbol{u}}{\mathrm{d}t}$ 是质团的加速度。根据多元函数微分关系,有

$$\frac{\mathrm{d}\boldsymbol{u}(x,y,z,t)}{\mathrm{d}t} = \frac{\partial\boldsymbol{u}(x,y,z,t)}{\partial t} + \left[\boldsymbol{u}(x,y,z,t)\cdot\nabla\right]\boldsymbol{u}(x,y,z,t) \tag{3-33}$$

注 $\dfrac{\partial\boldsymbol{u}}{\partial t}$ 是本地加速度,$(\boldsymbol{u}\cdot\nabla)\boldsymbol{u}$ 是迁移加速度。

对于小振幅波,声学量和声学量的各阶时间导数与声学量的各阶空间导数均为一阶小量。对式（3-33）,略去高阶小量,得

$$\frac{\mathrm{d}\boldsymbol{u}(x,y,z,t)}{\mathrm{d}t} = \frac{\partial\boldsymbol{u}(x,y,z,t)}{\partial t} \tag{3-34}$$

由式（3-32）式（3-34）得

$$\rho\,\frac{\partial\boldsymbol{u}}{\partial t} = -\nabla p \Rightarrow (\rho_0 + \rho_l)\,\frac{\partial\boldsymbol{u}}{\partial t} = -\nabla p \tag{3-35}$$

显然,有

$$\rho_0 \frac{\partial \boldsymbol{u}}{\partial t} = -\nabla p \quad \left(\rho_l \frac{\partial \boldsymbol{u}}{\partial t} \text{为高阶小量,略去}\right) \tag{3-36}$$

因此,均匀、静止理想流体中小振幅波的运动方程为

$$\rho_0 \frac{\partial \boldsymbol{u}}{\partial t} = -\nabla p \tag{3-37}$$

此式也称为欧拉公式。

注 $\dfrac{\mathrm{d}\boldsymbol{u}(x,y,z,t)}{\mathrm{d}t} = \dfrac{\partial \boldsymbol{u}(x,y,z,t)}{\partial t} + [\boldsymbol{u}(x,y,z,t) \cdot \nabla]\boldsymbol{u}(x,y,z,t)$,即式(3-33)的推导:

$$\frac{\mathrm{d}\boldsymbol{u}(x,y,z,t)}{\mathrm{d}t} = \frac{\partial \boldsymbol{u}(x,y,z,t)}{\partial t} + \frac{\partial \boldsymbol{u}(x,y,z,t)}{\partial x}\frac{\partial x}{\partial t} + \frac{\partial \boldsymbol{u}(x,y,z,t)}{\partial y}\frac{\partial y}{\partial t} + \frac{\partial \boldsymbol{u}(x,y,z,t)}{\partial z}\frac{\partial z}{\partial t}$$

$$= \frac{\partial \boldsymbol{u}(x,y,z,t)}{\partial t} + \frac{\partial \boldsymbol{u}(x,y,z,t)}{\partial x}u_x + \frac{\partial \boldsymbol{u}(x,y,z,t)}{\partial y}u_y + \frac{\partial \boldsymbol{u}(x,y,z,t)}{\partial z}u_z$$

$$= \frac{\partial \boldsymbol{u}(x,y,z,t)}{\partial t} + u_x\frac{\partial \boldsymbol{u}(x,y,z,t)}{\partial x} + u_y\frac{\partial \boldsymbol{u}(x,y,z,t)}{\partial y} + u_z\frac{\partial \boldsymbol{u}(x,y,z,t)}{\partial z}$$

$$= \frac{\partial \boldsymbol{u}(x,y,z,t)}{\partial t} + \boldsymbol{u} \cdot \left(\boldsymbol{i}\frac{\partial}{\partial x} + \boldsymbol{j}\frac{\partial}{\partial y} + \boldsymbol{k}\frac{\partial}{\partial z}\right)\boldsymbol{u}(x,y,z,t)$$

$$= \frac{\partial \boldsymbol{u}(x,y,z,t)}{\partial t} + [\boldsymbol{u}(x,y,z,t) \cdot \nabla]\boldsymbol{u}(x,y,z,t)$$

3.2 理想流体中小振幅波波动方程和速度势函数

3.2.1 理想流体中小振幅波波动方程

均匀、静止理想流体中小振幅波基本声学量的三个方程,即式(3-17)、式(3-20)和式(3-37)通过消元,可以得到一个基本声学量的方程。

$\dfrac{\partial[式(3-17)]}{\partial t}$ 得

$$\frac{\partial^2 \rho_l}{\partial t^2} + \rho_0 \frac{\partial}{\partial t}\nabla \cdot \boldsymbol{u} = 0 \tag{3-38}$$

$\dfrac{\partial^2[式(3-20)]}{\partial t^2}$ 得

$$\frac{\partial^2 p}{\partial t^2} = c_0^2 \frac{\partial^2 \rho_l}{\partial t^2} \tag{3-39}$$

$\nabla \cdot [式(3-37)]$ 得

$$\rho_0 \nabla \cdot \frac{\partial}{\partial t}\boldsymbol{u} = -\nabla \cdot (\nabla p) = -(\nabla \cdot \nabla)p = -\nabla^2 p \tag{3-40}$$

将式(3-38)代入式(3-39)，得

$$\frac{1}{c_0^2}\frac{\partial^2 p}{\partial t^2} + \rho_0\frac{\partial}{\partial t}\nabla\cdot\boldsymbol{u} = 0 \tag{3-41}$$

对于物理可实现函数，有$\nabla\cdot\frac{\partial}{\partial t}\boldsymbol{u} = \frac{\partial}{\partial t}\nabla\cdot\boldsymbol{u}$，则

$$\nabla^2 p(\boldsymbol{r},t) - \frac{1}{c_0^2}\frac{\partial^2 p(\boldsymbol{r},t)}{\partial t^2} = 0 \tag{3-42}$$

此为小振幅波波动方程（声压的波动方程）。其中，$\nabla^2 = \left(\frac{\partial^2}{\partial x^2}+\frac{\partial^2}{\partial y^2}+\frac{\partial^2}{\partial z^2}\right)$，称作拉普拉斯算符（子）。

3.2.2 速度势函数

定义 3-6（速度势函数） 若质点运动是无旋的，则质点的运动速度$\boldsymbol{u}(\boldsymbol{r},t)$可以用一个标量函数$\Psi(\boldsymbol{r},t)$的负梯度表示，即

$$\boldsymbol{u}(\boldsymbol{r},t) = -\nabla\Psi(\boldsymbol{r},t) \tag{3-43}$$

则这个标量函数称为质点运动的速度势函数。

由欧拉公式（运动方程）$\rho_0\frac{\partial\boldsymbol{u}}{\partial t} = -\nabla p$和式(3-43)可推得

$$p(\boldsymbol{r},t) = \rho_0\frac{\partial\Psi(\boldsymbol{r},t)}{\partial t} \tag{3-44}$$

状态方程可写为

$$\frac{1}{c_0^2}\frac{\partial p}{\partial t} = \frac{\partial\rho_l}{\partial t} \tag{3-45}$$

连续性方程为

$$\frac{\partial\rho_l}{\partial t} = -\rho_0\nabla\cdot(\boldsymbol{u}) \tag{3-46}$$

式(3-44)和式(3-45)联立，可得

$$\frac{1}{c_0^2}\frac{\partial p}{\partial t} = -\rho_0\nabla\cdot(\boldsymbol{u})$$

将式(3-43)和式(3-44)代入上式，可得

$$\nabla^2\Psi(\boldsymbol{r},t) - \frac{1}{c_0^2}\frac{\partial^2\Psi(\boldsymbol{r},t)}{\partial t^2} = 0 \tag{3-47}$$

同理，根据状态方程，即$p = c_0^2\rho_l$，代入声压的波动方程，可得ρ_l的波动方程为

$$\nabla^2\rho_l(\boldsymbol{r},t) - \frac{1}{c_0^2}\frac{\partial^2\rho_l(\boldsymbol{r},t)}{\partial t^2} = 0 \tag{3-48}$$

根据压缩比定义：$s = \frac{\rho_l}{\rho_0}$，则$s$的波动方程为

$$\nabla^2 s(\boldsymbol{r},t) - \frac{1}{c_0^2}\frac{\partial^2 s(\boldsymbol{r},t)}{\partial t^2} = 0 \tag{3-49}$$

对比式(3-41)、式(3-47)、式(3-48)和式(3-49)可以看出,声压的波动方程、速度势函数的波动方程、密度逾量的波动方程以及压缩比的波动方程形式是完全一样的。

习　题

1. 证明下列表达式是一维波动方程的正确解:

(1) $p(x,t) = Ae^{j\omega t}\sin(kx) + Be^{j\omega t}\cos(kx)$;

(2) $p(x,t) = (Ce^{jkx} + De^{-jkx})e^{j\omega t}$。

2. (1) 理想气体的声速 c_0 是否随静压强变化? 在波动方程中 c_0 是否随瞬时声压变化?

(2) 如果理想气体遵循等温状态方程,声速 c_0 的表达式将是怎样的? 空气在 20 ℃时等温波速是多少? 此值与空气在 20 ℃时的等熵波速差多少?

3. 计算 20 ℃和标准大气压下空气中的声速。(20 ℃, $\rho = 1.21$ kg/m³,标准大气压 $P_0 = 1.01\times10^5$ Pa)

4. 试问夏天(温度为 36 ℃)空气中的声速比冬天(温度为 0 ℃)时高出多少?

5. 分别取参考声压为 2.0×10^{-5} Pa,1.0×10^{-6} Pa,2.0×10^{-4} μbar,1.0×10^{-5} μbar,计算声压有效值为 3.5 N/m² 的平面声波的声压级。

3.3　声场中的能量关系

声波使介质质团在平衡位置附近做往返振动,同时在介质质团中产生了压缩和膨胀;前者使介质具有了振动动能,后者使介质具有了形变势能,两部分之和就是由于声扰动使介质得到的声能量。扰动传播,声能量也跟着转移;从能量的角度看,可以说声波的传播过程实质上就是机械振动能量的传播过程。

3.3.1　声能量密度

定义 3-7(声能量密度)　声场中单位体积介质所具有的机械能为声场的声能量密度,简称声能密度,记为 E_0。

声能密度 E_0 的量纲为 $M^1T^{-2}L^{-1}$;SI 单位为 J/m³。

声场中的机械能包括声场的动能和声场的势能。下面分析声能密度 E_0 与基本声学量的关系;声场中取任意一个质量为 m_0、体积为 V_0 的质团。

该质团的动能为

$$E_k(\boldsymbol{r},t) = \frac{1}{2}m_0 u^2 = \frac{1}{2}\rho_0 V_0 u^2(\boldsymbol{r},t) \tag{3-50}$$

该质团的势能为:质团由平衡状态(V_0, P_0)至(V, P)状态声压 p 所做的功(图 3-4 中阴影部分)。

所以

$$E_p(\boldsymbol{r}, t) = \frac{1}{2} p(V_0 - V)$$

$$= \frac{1}{2} p \left(\frac{1}{\rho_0} - \frac{1}{\rho} \right) m_0$$

$$= \frac{1}{2} p \frac{\rho - \rho_0}{\rho \rho_0} m_0$$

$$\approx \frac{1}{2} p \frac{\rho_1}{\rho_0} V_0$$

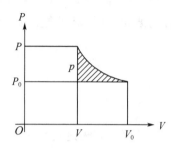

图 3-4　计算声场中质团势能的示意图(声场中质团的 P-V 图)

因为

$$p = c_0^2 \rho_1$$

所以

$$E_p(\boldsymbol{r}, t) = \frac{1}{2} p^2 \frac{1}{c_0^2 \rho_0} V_0 \tag{3-51}$$

所以,声场中质量为 m_0、体积为 V_0 的介质质团的机械能为

$$E(V_0) = E_k + E_p$$

$$= \frac{1}{2} \rho_0 u^2(\boldsymbol{r}, t) V_0 + \frac{1}{2} \frac{1}{c_0^2 \rho_0} p^2(\boldsymbol{r}, t) V_0$$

$$\tag{3-52}$$

根据声能密度的定义,得声能密度 E_0 与基本声学量的关系为

$$E_0(\boldsymbol{r}, t) = \frac{E(V_0)}{V_0} = \frac{1}{2} \left[\rho_0 u^2(\boldsymbol{r}, t) + \frac{1}{c_0^2 \rho_0} p^2(\boldsymbol{r}, t) \right] \tag{3-53}$$

由于声场中各点的 $p(\boldsymbol{r}, t)$、$u(\boldsymbol{r}, t)$ 值不同,因而各点的声能密度不等。又由于 $p(\boldsymbol{r}, t)$、$u(\boldsymbol{r}, t)$ 是时间的函数,因此声能量密度也随时间变化。

3.3.2　声能流密度

波在介质中传播时,声波的能量随着振动状态沿波的传播方向传输。设想在理想介质中发射一个脉冲扰动声,则随着脉冲扰动传播,声波能量也在向前传输,沿波传播方向布放的一些声接收器能陆续收到这个脉冲扰动声。因此,声波传播过程是声能从一个区域流向另一个区域的过程。用声能流这个概念可描述声场中声能量的传播方向和多少。

定义 3.8(声能流密度)　声场中某点单位时间内通过与声波能量传播方向垂直的单位面积的声能为声场中该点的声能流通密度,简称声能流密度或声能流。它是一个向量,方向为声波能量的传播方向。记为 $\boldsymbol{W}(\boldsymbol{r}, t)$。

声能流密度 $\boldsymbol{W}(\boldsymbol{r}, t)$ 的量纲为 $M^1 T^{-3}$;SI 单位为 $J/(m^2 \cdot s) = W/m^2$。

根据能量守恒定律,可得声能密度 $E_0(\boldsymbol{r}, t)$ 与声能流密度 $\boldsymbol{W}(\boldsymbol{r}, t)$ 的关系为

$$\frac{\partial E_0(\boldsymbol{r},t)}{\partial t} = -\nabla \cdot \boldsymbol{W}(\boldsymbol{r},t) \tag{3-54}$$

下面给出式(3-54)的具体推导过程,推导的过程与前面连续性方程推导过程类似。连续性方程是依据质量守恒定律得到的质量流通密度与质量密度的关系;现在是依据能量守恒定律,建立声能流密度 $\boldsymbol{W}(\boldsymbol{r},t)$ 与声能密度 $E_0(\boldsymbol{r},t)$ 的关系。

在声场中,取以点 $M(x,y,z)$ 为中心,$\mathrm{d}x$、$\mathrm{d}y$、$\mathrm{d}z$ 为边长的立方框;声波传播时,声能量流入、流出该立方框;根据能量守恒定律,该立方框内的净流入能量应等于该体积内声能量的增加量,这个增加量改变了立方框内的声能密度。

令声场中声能流密度为

$$\boldsymbol{W}(x,y,z,t) = W_x(x,y,z,t)\boldsymbol{i} + W_y(x,y,z,t)\boldsymbol{j} + W_z(x,y,z,t)\boldsymbol{k} \tag{3-55}$$

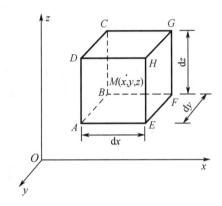

图 3-5 推导声能流密度 $\boldsymbol{W}(\boldsymbol{r},t)$ 与声能密度 $E_0(\boldsymbol{r},t)$ 的关系用图

(1)在 $\mathrm{d}t$ 时间段,声能流密度 $\boldsymbol{W}(\boldsymbol{r},t)$ 通过 $ABCD$ 面与 $EFGH$ 面流入 $\mathrm{d}x\mathrm{d}y\mathrm{d}z$ 框内的声能量

在 $\mathrm{d}t$ 时间段,从 $ABCD$ 面流出 $\mathrm{d}x\mathrm{d}y\mathrm{d}z$ 框中的能量为

$$-\left[W_x + \frac{\partial W_x}{\partial x}\left(-\frac{1}{2}\mathrm{d}x\right)\right]\mathrm{d}y\mathrm{d}z\mathrm{d}t \tag{3-56}$$

在 $\mathrm{d}t$ 时间段,从 $EFGH$ 面流出 $\mathrm{d}x\mathrm{d}y\mathrm{d}z$ 框中的能量为

$$\left[W_x + \frac{\partial W_x}{\partial x}\left(\frac{1}{2}\mathrm{d}x\right)\right]\mathrm{d}y\mathrm{d}z\mathrm{d}t \tag{3-57}$$

所以,在 $\mathrm{d}t$ 时间段,声能流密度 $\boldsymbol{W}(\boldsymbol{r},t)$ 通过 $ABCD$ 面与 $EFGH$ 面流入 $\mathrm{d}x\mathrm{d}y\mathrm{d}z$ 框内的声能量为

$$-\frac{\partial W_x}{\partial x}\mathrm{d}x\mathrm{d}y\mathrm{d}z\mathrm{d}t \tag{3-58}$$

(2)在 $\mathrm{d}t$ 时间段,声能流密度 $\boldsymbol{W}(\boldsymbol{r},t)$ 通过 $AEHD$ 面与 $BFGC$ 面流入 $\mathrm{d}x\mathrm{d}y\mathrm{d}z$ 框内的声能量为

$$-\frac{\partial W_y}{\partial y}\mathrm{d}x\mathrm{d}y\mathrm{d}z\mathrm{d}t \tag{3-59}$$

（3）在 dt 时间段，声能流密度 $W(r,t)$ 通过 $AEFB$ 面与 $DHGC$ 面流入 dxdydz 框内的声能量为

$$-\frac{\partial W_z}{\partial z}\mathrm{d}x\mathrm{d}y\mathrm{d}z\mathrm{d}t \tag{3-60}$$

所以，在 dt 时间段，声能流密度 $W(x,y,z,t)$ 引起的在 dxdydz 框中能量的增加为

$$-\left(\frac{\partial W_x}{\partial x}+\frac{\partial W_y}{\partial y}+\frac{\partial W_z}{\partial z}\right)\mathrm{d}x\mathrm{d}y\mathrm{d}z\mathrm{d}t \tag{3-61}$$

因为 dxdydz 框没有变，所以能量的变化改变了 dxdydz 框内声能密度，根据能量守恒定律有

$$\left[E_0(x,y,z,t+\mathrm{d}t)-E_0(x,y,z,t)\right]\mathrm{d}x\mathrm{d}y\mathrm{d}z=-\left(\frac{\partial W_x}{\partial x}+\frac{\partial W_y}{\partial y}+\frac{\partial W_z}{\partial z}\right)\mathrm{d}x\mathrm{d}y\mathrm{d}z\mathrm{d}t \tag{3-62}$$

所以

$$\frac{E_0(x,y,z,t+\mathrm{d}t)-E_0(x,y,z,t)}{\mathrm{d}t}\mathrm{d}x\mathrm{d}y\mathrm{d}z=-\left(\frac{\partial W_x}{\partial x}+\frac{\partial W_y}{\partial y}+\frac{\partial W_z}{\partial z}\right)\mathrm{d}x\mathrm{d}y\mathrm{d}z \tag{3-63}$$

得

$$\frac{\partial E_0(x,y,z,t)}{\partial t}=-\left(\frac{\partial W_x}{\partial x}+\frac{\partial W_y}{\partial y}+\frac{\partial W_z}{\partial z}\right) \tag{3-64}$$

可写为

$$\frac{\partial E_0(r,t)}{\partial t}=-\nabla\cdot W \tag{3-65}$$

用 $E_0(r,t)$ 与基本声学量 $p(r,t)$、$u(r,t)$ 的关系式（3-53）和 $W(r,t)$ 与 $E_0(r,t)$ 的关系式（3-65），可得 $W(r,t)$ 与基本声学量 $p(r,t)$、$u(r,t)$ 的关系式为

$$\frac{\partial E_0}{\partial t}=\frac{1}{2}\rho_0\frac{\partial u^2}{\partial t}+\frac{1}{2}\frac{1}{c_0^2\rho_0}\frac{\partial p^2}{\partial t}=\rho_0 u\cdot\frac{\partial u}{\partial t}+\frac{1}{c_0^2\rho_0}p\frac{\partial p}{\partial t}=u\cdot\rho_0\frac{\partial u}{\partial t}+p\frac{1}{c_0^2\rho_0}\frac{\partial p}{\partial t}$$

因为

$$\rho_0\frac{\partial u}{\partial t}=-\nabla p,\frac{\partial p}{\partial t}=c_0^2\frac{\partial\rho_l}{\partial t},\frac{\partial\rho_l}{\partial t}=-\rho_0\nabla\cdot u（基本声学量的三个基本方程）$$

所以

$$\frac{\partial E_0}{\partial t}=u\cdot(-\nabla p)+p(-\nabla\cdot u)=-(u\cdot\nabla p+p\nabla\cdot u)=-\nabla\cdot(pu) \tag{3-66}$$

由 $\dfrac{\partial E_0(r,t)}{\partial t}=-\nabla\cdot W$ 和 $\dfrac{\partial E_0}{\partial t}=-\nabla\cdot(pu)$ 得

$$-\nabla\cdot W=-\nabla\cdot pu$$

所以

$$W(r,t)=p(r,t)u(r,t) \tag{3-67}$$

结论3-2 声场的声能流密度为该点声压与质点振速的乘积,方向为沿着质点振动的方向。

注意 计算声能流时一定取声压实部和质点振速实部的乘积。

3.3.3 声波强度

定义3-9(声波强度) 声场中某点的声能流密度的时间均值为声场该点的声波强度,简称声强,记作 I。也可表述为:声场中某点的声强是单位时间内在该点通过与声传播方向垂直的单位面积的声能量的平均值。

声强 I 的量纲为 M^1T^{-3};SI 单位为 $J/(m^2 \cdot s) = W/m^2$。根据定义,得

$$I(\boldsymbol{r}) = \left| \frac{1}{T}\int_0^T \boldsymbol{W}(\boldsymbol{r},t)\mathrm{d}t \right| = \left| \frac{1}{T}\int_0^T p(\boldsymbol{r},t)\boldsymbol{u}(\boldsymbol{r},t)\mathrm{d}t \right| \tag{3-68}$$

也可用"声强级"(L_I)表示声强的大小,即

$$L_I = 10\lg\left(\frac{I}{I_{\mathrm{ref}}}\right) \ \mathrm{dB} \tag{3-69}$$

式中,I_{ref} 为参考声强。

对于声强参考值,ISO 组织推荐:在空气声学中,声强参考值取 $I_{\mathrm{ref}} = 1.0 \times 10^{-12} \ W/m^2$;在水声学中,声强参考值取 $I_{\mathrm{ref}} = 6.67 \times 10^{-19} \ W/m^2$。

"声强"概念的补充如下。

(1)关于矢量声强的定义:

$$\boldsymbol{I}(\boldsymbol{r}) = \frac{1}{T}\int_0^T \boldsymbol{W}(\boldsymbol{r},t)\mathrm{d}t = \frac{1}{T}\int_0^T p(\boldsymbol{r},t)\boldsymbol{u}(\boldsymbol{r},t)\mathrm{d}t \tag{3-70}$$

(2)特定空间方向上的声强定义:(是矢量声强在某特定空间方向上的分量)

$$I_n(\boldsymbol{r}) = \boldsymbol{I}(\boldsymbol{r}) \cdot \boldsymbol{n} = \frac{1}{T}\int_0^T \boldsymbol{W}(\boldsymbol{r},t) \cdot \boldsymbol{n}\mathrm{d}t = \frac{1}{T}\int_0^T W_n(\boldsymbol{r},t)\mathrm{d}t = \frac{1}{T}\int_0^T p(\boldsymbol{r},t)u_n(\boldsymbol{r},t)\mathrm{d}t$$

$$\tag{3-71}$$

(3)特定时间段内的声强:

$$I(\boldsymbol{r},t) = \left| \frac{1}{\Delta T}\int_t^{t+\Delta T} \boldsymbol{W}(\boldsymbol{r},t)\mathrm{d}t \right| = \left| \frac{1}{\Delta T}\int_t^{t+\Delta T} p(\boldsymbol{r},t)\boldsymbol{u}(\boldsymbol{r},t)\mathrm{d}t \right|$$

(4)特定时间段内的矢量声强:

$$\boldsymbol{I}(\boldsymbol{r},t) = \frac{1}{\Delta T}\int_t^{t+\Delta T} \boldsymbol{W}(\boldsymbol{r},t)\mathrm{d}t = \frac{1}{\Delta T}\int_t^{t+\Delta T} p(\boldsymbol{r},t)\boldsymbol{u}(\boldsymbol{r},t)\mathrm{d}t$$

(5)特定时间段内特定空间方向上的声强:(特定时间段内的矢量声强在某特定空间方向上的分量)

$$I_n(\boldsymbol{r},t) = \frac{1}{\Delta T}\int_t^{t+\Delta T} W_n(\boldsymbol{r},t)\mathrm{d}t = \frac{1}{\Delta T}\int_t^{t+\Delta T} p(\boldsymbol{r},t)u_n(\boldsymbol{r},t)\mathrm{d}t$$

3.4 一般平面波的传播特性

3.2 节得到的波动方程是声场中声学量的时间导数和空间导数相互联系的方程,即波动方程是声场中声学量时空变量的偏微分方程。波动方程只是反映了声场中介质质团运动所遵循的物理规律,并没有反映扰动源和声场边界上介质质团的运动状况。从数学上讲,作为偏微分方程,仅由波动方程得不到一个实际声场声学量的时空变化函数;要由波动方程、初始条件和边界条件构成定解问题才能解出一个具体问题的声学量时空变化函数(波场函数)。不同声源辐射声场不同,不同环境下声的传播或空间分布不同,不同物体散射声场不同。这些声学研究涉及的声场千变万化,不是由于波动方程不同,而是由于初始条件和边界条件不同。

波场函数不但要满足波动方程,还要满足初始条件和边界条件。一般求解波场,是用波动方程得到满足方程的形式解(不定解),然后将形式解代入初始条件和边界条件,在形式解中找出的满足初始条件和边界条件的场函数,得到既满足波动方程又满足初始条件和边界条件的波场函数。

定义 3-10(波阵面) 波阵面是指声场中具有相同振动状态各点构成的空间曲面。

定义 3-11(平面波) 平面波是指波阵面为平面的声波。

平面波是波场函数形式最简单的声波;是一种理想的波场;可以想象成,一个无限大刚性平板在均匀介质中做垂直于板面的微振幅振动,它所产生的声场就是平面波场。实际工程中,刚性壁管中的 0 阶模态的简正波声场、活塞式辐射器在瑞利距离附近的辐射声场、辐射器辐射场的远场且只考察较小空间范围的声场均可近似看作平面波场。

对于平面波,直角坐标系是表示声场函数的最佳选择。取直角坐标系 $O\text{-}x\text{-}y\text{-}z$,则在该坐标系下"拉普拉斯算符"表达为

$$\nabla^2 = \frac{\partial^2}{\partial x^2} + \frac{\partial^2}{\partial y^2} + \frac{\partial^2}{\partial z^2}$$

如果取 x 坐标轴垂直于平面波的波阵面,即 x 轴指向波的传播方向,如图 3-6 所示,那么波场函数 $p(\boldsymbol{r},t)$ 就只是空间坐标变量 x 和时间变量 t 的函数。有

$$p(\boldsymbol{r},t) = p(x,t)$$

将其代入波动方程(3-42)中,得

$$\frac{\partial^2 p(x,t)}{\partial x^2} - \frac{1}{c_0^2}\frac{\partial^2 p(x,t)}{\partial t^2} = 0 \qquad (3\text{-}72)$$

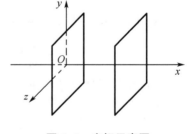

图 3-6 坐标示意图

此方程是达朗贝尔方程,其解为

$$p(x,t) = f_1(x - c_0 t) + f_2(x + c_0 t) \qquad (3\text{-}73)$$

其中,$f_1(\cdot)$ 和 $f_2(\cdot)$ 为二次可微函数。

式(3-73)中的两项有不同的物理意义,先取前一项,分析该函数所表示的声场的传播特性。

声压表达式 $p(x,t)=f_1(x-c_0t)$,时空综量 $\xi(x,t)=x-c_0t$ 描述了波场的振动状态,t 时刻具有相同振动状态的空间函数为 $\xi(x,t)=a$;常数 a 不同,表示振动状态不同,也就是波阵面不同。在传播过程中同一波阵面的常数 a 不变。随着时间 t 的增加,x 增加,才能保持常数 a 不变。这表明,随着时间 t 的增加,波阵面向 x 正方向传播,所以 $p(x,t)=f_1(x-c_0t)$ 表示的是向 x 正向传播的平面行波(平面波)。

同理,可以知道,$p(x,t)=f_2(x+c_0t)$ 表示的是向 x 负向传播的平面行波。

波阵面移动的速度,也即声波的传播速度:

$$v=\frac{\mathrm{d}x}{\mathrm{d}t}\bigg|_{\xi(x,t)=a}=\frac{\mathrm{d}x}{\mathrm{d}t}\bigg|_{x-c_0t=a}=\frac{\mathrm{d}(c_0t+a)}{\mathrm{d}t}=c_0 \qquad (3-74)$$

由式(3-74)可知,平面行波的波阵面传播速度是常数 c_0;无论 a 取何值的波阵面,传播速度均为 c_0。可见,声压函数在传播过程中时间信号不变,信号传播的速度也是常数 c_0。

关于常数 c_0 的讨论:

在 3.1.2 节中,引入介质等熵波速 c_0 的概念,在小振幅波条件下,如果声波引起介质质量微团的热力学过程是等熵过程,则由它建立了声压与介质密度逾量的联系,即

$$p=\frac{\partial P}{\partial \rho}\bigg|_{\rho_0,s}\rho_l=c_0^2\rho_l$$

其中,$c_0=\sqrt{\dfrac{\partial P}{\partial \rho}\bigg|_{\rho_0,s}}$ 称作介质的等熵波速。

现在,又得到 c_0 是介质中平面声波的传播速度,因而可以通过测量实际介质中声波的传播速度,判断声波作用下介质质团的热力学过程是否是等熵过程。

实验测量,空气中声频范围内声波的传播速度近似等于空气的等熵波速 $c_0=\sqrt{\left(\dfrac{\partial f}{\partial \rho}\right)_{\rho_0,s}}=\sqrt{\dfrac{P_0\gamma}{\rho_0}}=\sqrt{\dfrac{1.014\times10^5\times1.41}{1.23}}\approx340$ m/s,所以可以认为空气中声频声波的热力学过程是等熵过程;但同样是空气介质,在极低频时,实验测量,声波的传播速度近似等于空气的等温波速 $c_0=\sqrt{\left(\dfrac{\partial f}{\partial \rho}\right)_{\rho_0,T_0}}=\sqrt{\dfrac{P_0}{\rho_0}}=\sqrt{\dfrac{1.014\times10^5}{1.23}}\approx286$ m/s,所以可以认为空气中极低频声波的热力学过程是等温过程。因而,状态方程中的 c_0 应该是声压作用下介质质团的实际热力学过程所决定的波速,即

$$c_0^2=\frac{\partial P}{\partial \rho}\bigg|_{\rho_0,声波的热力学过程函数}$$

对于一般声学问题涉及的介质和声波的频率,质团的压缩伸张周期相对质团间的热传导时间短很多,因而假设声波的热力学过程是等熵过程是合理的。

c_0 反映了介质受声扰动时的压缩特性。介质的压缩特性影响声波传播速度的快慢。介质的可压缩性小,声扰动传播速度快;介质的可压缩性大,声扰动传播速度慢。需要强调的是,声波的传播速度 v 和介质的波速 c_0(无论是等熵或等温或其他多方过程的波速)是不

同的两个概念；波速反映了介质的可压缩性，它是介质固有的性质；声波的传播速度与具体的声波种类有关。同一种介质中不同类型的声波，传播速度不同。理想流体的平面行波的传播速度和介质的波速在数值上相等。

由运动方程（欧拉方程）$\rho_0 \dfrac{\partial \boldsymbol{u}}{\partial t} = -\nabla p$ 与平面行波声压函数 $p(x,t) = f_1(x - c_0 t)$，可得其质点振速函数为

$$\boldsymbol{u}(x,t) = -\frac{1}{\rho_0} \int \frac{\partial p(x,t)}{\partial x} \boldsymbol{i} \mathrm{d}t = -\frac{1}{\rho_0} \boldsymbol{i} \int \frac{\partial f_1(x - c_0 t)}{\partial x} \mathrm{d}t = \frac{1}{\rho_0 c_0} f_1(x - c_0 t) \boldsymbol{i} = \frac{1}{\rho_0 c_0} p(x,t) \boldsymbol{i}$$

质点振动方向在 x 方向与声波的传播方向相同，可见，流体中的声波是纵波。

定义 3-12（介质的特性阻抗）　介质的特性阻抗为介质的静态密度 ρ_0 与波速 c_0 的乘积，记作 $\rho_0 c_0$。

$\rho_0 c_0$ 的量纲为 $\mathrm{M}^1 \mathrm{T}^{-1} \mathrm{L}^{-2}$；SI 单位为 $\mathrm{kg}/(\mathrm{s} \cdot \mathrm{m}^2)$，称作瑞利。

介质的特性阻抗是介质的固有参数，反映了介质的声学性质。水的特性阻抗为 $\rho_0 c_0 = 1.5 \times 10^6 \ \mathrm{kg}/(\mathrm{s} \cdot \mathrm{m}^2)$；空气的特性阻抗为 $\rho_0 c_0 = 430 \ \mathrm{kg}/(\mathrm{s} \cdot \mathrm{m}^2)$。

小振幅平面行波传播的特点如下。

（1）平面行波在传播过程中，波形保持不变。

（2）平面行波的声压与振速信号波形相同，以同样的速度 c_0 在介质中传播；声压和振速的比值等于介质的特性阻抗 $\rho_0 c_0$。

3.5　简谐平面声场的基本性质

简谐函数也称作谐和函数，是指正（或余）弦函数。如果声场声学量的振动随着时间变化为简谐函数，则称该声场为简谐声场或谐和声场；简谐声场也称作稳态声场。学习及了解简谐波场的基本概念和基本规律是深入学习与研究一般振动形式波场的基础。因为根据傅里叶级数（或变换）理论，任意时间函数可表示成简谐函数的级数（或积分）形式。任意时间函数形式的波场可以用简谐波场的叠加形成。

为简化问题减少变量，不失一般性，又能为研究复杂问题奠定基础。本书主要讨论简谐声场。

3.5.1　简谐声场和亥姆霍兹方程

理想流体中，声场的声压函数波动方程为

$$\nabla^2 p(\boldsymbol{r},t) - \frac{1}{c_0^2} \frac{\partial^2 p(\boldsymbol{r},t)}{\partial t^2} = 0 \tag{3-75}$$

假设空间任意一点的声压随时间变化的函数是简谐函数，则可引入复声压：

$$\tilde{p}(\boldsymbol{r},t) = \tilde{p}(\boldsymbol{r}) \mathrm{e}^{\mathrm{j}\omega t} \tag{3-76}$$

实际声压函数为复声压的实部：

$$p(\boldsymbol{r},t) = \mathrm{Re}\big[\,\widetilde{p}(\boldsymbol{r})\,\mathrm{e}^{\mathrm{j}\omega t}\,\big] \tag{3-77}$$

将复声压 $\widetilde{p}(\boldsymbol{r},t)$ 代入式(3-75),可得

$$\nabla^2\widetilde{p}(\boldsymbol{r}) + \frac{\omega^2}{c_0^2}\widetilde{p}(\boldsymbol{r}) = 0 \tag{3-78}$$

令

$$k = \omega/c_0 \tag{3-79}$$

式(3-78)化为

$$\nabla^2\widetilde{p}(\boldsymbol{r}) + k^2\widetilde{p}(\boldsymbol{r}) = 0 \tag{3-80}$$

式(3-80)表示的方程称作亥姆霍兹(Helmholtz)方程。从亥姆霍兹方程获得的条件和过程可知,亥姆霍兹方程是波动方程中时间函数为简谐函数时,声波的空间分布函数遵循的方程。也可表述为,亥姆霍兹方程是稳态波场的空间分布函数遵循的方程。

所以,对于简谐振动波场,只要根据亥姆霍兹方程和边界条件解出波场的空间分布函数 $\widetilde{p}(\boldsymbol{r})$,再由式(3-76)和式(3-77),就可得到所求的简谐声场。

3.5.2　简谐平面声波的基本性质

简谐平面声波,是指声场中各点振动为简谐函数并且波阵面为平面的声波。

1. 一维简谐平面波的方程和解

同3.4节,取 x 坐标轴垂直于平面波的波阵面,这样波场函数 $\widetilde{p}(\boldsymbol{r})$ 就只是 x 坐标变量的函数,有

$$\widetilde{p}(\boldsymbol{r}) = \widetilde{p}(x,y,z) = \widetilde{p}(x)$$

代入式(3-80)中,得

$$\frac{\mathrm{d}^2\widetilde{p}(x)}{\mathrm{d}x^2} + k^2\widetilde{p}(x) = 0 \quad (略记\ \mathrm{e}^{\mathrm{j}\omega t}\ 因子, k = \omega/c_0\,) \tag{3-81}$$

解出

$$\widetilde{p}(x) = p_-\,\mathrm{e}^{-\mathrm{j}kx} + p_+\,\mathrm{e}^{\mathrm{j}kx}$$

式中, p_-、p_+ 是由边界条件确定的常数。

乘上时间因子 $\mathrm{e}^{\mathrm{j}\omega t}$ 后得一维简谐平面波方程的解为

$$\widetilde{p}(x,t) = p_-\,\mathrm{e}^{\mathrm{j}(\omega t-kx)} + p_+\,\mathrm{e}^{\mathrm{j}(\omega t+kx)} \tag{3-82}$$

式中, $k = \dfrac{\omega}{c_0}$; p_- 和 p_+ 是由边界条件确定的常数。

2. 一维简谐平面波方程解的分析

一维简谐平面波方程的解,即式(3-82)中的两项有不同的物理意义,先取前一项,分析该函数所表示声场的传播特性。

前一项实际波场声压函数为

$$p(x,t) = \mathrm{Re}\big[p_-\,\mathrm{e}^{\mathrm{j}(\omega t-kx)}\big] = p_-\cos(\omega t - kx) \tag{3-83}$$

式中，$k = \dfrac{\omega}{c_0}$。

定义 3-13（等相位面） 简谐波场中，振动相位相同的空间点构成的曲面，称作简谐波场的等相位面。

由式（3-83）表示的简谐平面行波场的相位函数为 $\varphi(x,t) = \omega t - kx$，等相位面方程为

$$\varphi(x,t) = a(某一常数) \Rightarrow \omega t - kx = a \tag{3-84}$$

常数 a 值不同，表示等相位面不同。波场的等相位面为垂直于 x 轴的一系列平面。同一个等相位面在传播过程中，a 值不变；根据式（3-84）可知，时间 t 增加，空间坐标 x 也要增加，才能保持 a 值不变，所以式（3-85）所表示的声场是向 x 正方向传播的简谐平面行波场。

同理，可知式（3-82）第二项 $\tilde{p}(x,t) = p_+ \mathrm{e}^{\mathrm{j}(\omega t + kx)}$ 所表示的是向 x 负方向传播的简谐平面行波。

定义 3-14（相速度） 简谐波场中的某一声学量的等相位面传播速度，称作该声学量的相速度，记 c_p。

式（3-83）所表示的简谐平面行波场的声压相速度为

$$c_\mathrm{p} = \dfrac{\mathrm{d}x}{\mathrm{d}t}\bigg|_{\varphi(x,t)=a} = \dfrac{\mathrm{d}x}{\mathrm{d}t}\bigg|_{\omega t - kx = a} = \dfrac{\mathrm{d}}{\mathrm{d}t}\left(\dfrac{\omega t - a}{k}\right) = \dfrac{\omega}{k} = c_0 \tag{3-85}$$

结论 3-3 简谐平面行波的声压相速度为介质的波速 c_0。

对 x 正方向传播的简谐平面行波的分析：

取声压函数为

$$p(x,t) = \mathrm{Re}\left[p_0 \mathrm{e}^{\mathrm{j}(\omega t - kx)}\right] = p_0 \cos(\omega t - kx) \tag{3-86}$$

定义 3-15（波数） 简谐声波沿着声波的传播方向上传播单位距离，振动落后的相位角，记为 k。

波数 k 的量纲为 $\mathrm{M}^0\mathrm{T}^0\mathrm{L}^{-1}$，SI 单位为 $\mathrm{rad/m}$。

显然，式（3-88）所表示的简谐平面行波，其波数为 $k = \dfrac{\omega}{c_0}$。

从式（3-88）上看，空间上的波数 k 与时间角频率 ω 对应，它们分别是空间变量 x 的系数和时间变量 t 的系数。可以理解为，波数 k 是波场的空间角频率。

定义 3-16（波长） 波长是波在一个周期传播的距离，记为 λ。

波长 λ 的量纲为 $\mathrm{M}^0\mathrm{T}^0\mathrm{L}^1$，SI 单位为 m。

根据定义可知

$$\lambda = c_0 T = \dfrac{c_0}{f} \tag{3-87}$$

波长与波数的关系为

$$k = \dfrac{\omega}{c_0} = \dfrac{2\pi f}{c_0} = \dfrac{2\pi}{\lambda} \tag{3-88}$$

可见，空间域上的 k 与 λ 的关系类似于时间域上的 ω 与时间周期 T 的关系，因而波长 λ 是波场的空间周期（图 3-7）。图 3-7 中，p_0 为简谐波函数的幅值（振幅）。

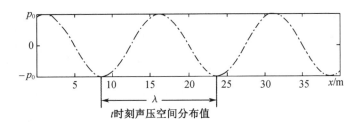

图 3-7　简谐声场波长示意图

式(3-86)所表示的复数形式声压为

$$p(x,t) = p_0 e^{j(\omega t - kx)} \tag{3-89}$$

根据欧拉公式,复质点振速为

$$\widetilde{\boldsymbol{u}}(x,t) = -\frac{1}{\rho_0} \int \frac{\partial p}{\partial x} \mathrm{d}t \boldsymbol{i} = \frac{p_0}{\rho_0 c_0} e^{j(\omega t - kx)} \boldsymbol{i} = u_0 e^{j(\omega t - kx)} \boldsymbol{i} \tag{3-90}$$

式中,$u_0 = \dfrac{p_0}{\rho_0 c_0}$。

由位移与振速的关系 $\widetilde{x}(r,t) = \int \widetilde{u}(r,t) \mathrm{d}t$ 可得位移函数为

$$x(x,t) = \frac{p_1}{j\omega \rho_0 c} e^{j(\omega t - kx)} = A_0 e^{j(\omega t - kx)} \tag{3-91}$$

图 3-8 为简谐平面波场质点振动。

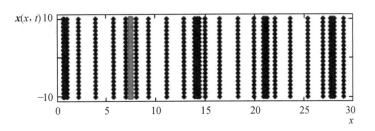

图 3-8　简谐平面波场质点振动

图 3-9(a)和图 3-9(b)分别给出了不同时刻声压和质点振速的空间分布图与不同空间位置声压和质点振速的时间信号波形图。

结论 3-4　简谐平面行波的声压波与振速波振动相位相同,二者以相同的相速度 c_0 传播;声压和振速的比值等于介质的特性阻抗。

3. 简谐平面行波的波阻抗、声能流密度和声波强度

定义 3-17(波阻抗)　简谐声场中空间某点处的复声压与复振速之比,称作该点的波阻抗,记为 $\widetilde{Z}_\mathrm{a}(\omega, r)$(或 $Z_\mathrm{a}(\omega, r)$)。

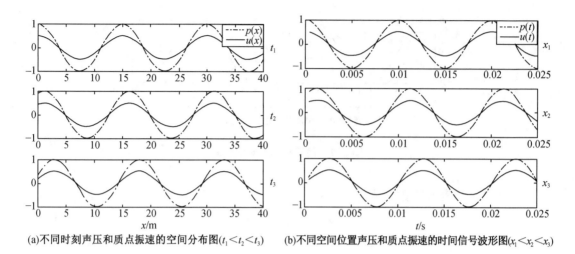

(a)不同时刻声压和质点振速的空间分布图($t_1 < t_2 < t_3$)　　(b)不同空间位置声压和质点振速的时间信号波形图($x_1 < x_2 < x_3$)

图3-9　声压和振速的空间分布图和时间波形图

$$Z_a(\boldsymbol{\omega}, \boldsymbol{r}) \equiv \frac{\widetilde{p}(\boldsymbol{r}, t)}{\widetilde{u}(\boldsymbol{r}, t)} \tag{3-92}$$

$|Z_a|$的量纲为$M^1 T^{-1} L^{-2}$，SI单位为$kg/(s \cdot m^2)$。

正向传播的简谐平面行波的波阻抗为

$$Z_a(\boldsymbol{\omega}, \boldsymbol{r}) = \frac{\widetilde{p}(\boldsymbol{r}, t)}{\widetilde{u}(\boldsymbol{r}, t)} = \frac{p_0 e^{j(\omega t - kx)}}{\dfrac{1}{\rho_0 c_0} p_0 e^{j(\omega t - kx)}} = \rho_0 c_0 \tag{3-93}$$

结论3-5　正向传播的简谐平面行波波阻抗数值上等于介质的特性阻抗。

简谐平面行波的声能流密度为

$$\boldsymbol{W}(x, t) = p\boldsymbol{u} = p_0 \cos(\omega t - kx) \frac{p_0}{\rho_0 c_0} \cos(\omega t - kx)\boldsymbol{i}$$

$$= \frac{p_0^2}{\rho_0 c_0} \cos^2(\omega t - kx)\boldsymbol{i} = \frac{p_0^2}{\rho_0 c_0} \frac{1 + \cos[2(\omega t - kx)]}{2}\boldsymbol{i} \tag{3-94}$$

结论3-6　简谐平面行波的波场中任意点的声能流密度为时间的函数；声能流密度矢量方向为声波传播方向，任何时刻均无反向声能流。

简谐平面行波的声强为

$$I(x) = \frac{1}{T} \int_0^T \text{Re}[\widetilde{p}(x, t)] \text{Re}[\widetilde{u}(x, t)] \mathrm{d}t$$

$$= \frac{1}{T} \int_0^T \frac{p_0^2}{\rho_0 c_0} \cos^2(\omega t - kx) \mathrm{d}t$$

$$= \frac{1}{2} \frac{p_0^2}{\rho_0 c_0} = \frac{1}{2} \rho_0 c_0 u_0^2 \tag{3-95}$$

或

$$I(x) = \rho_0 c_0 u_{\text{eff}}^2 = p_{\text{eff}} u_{\text{eff}} = \frac{p_{\text{eff}}^2}{\rho_0 c_0} = \rho_0 c_0 \omega^2 \xi_{\text{eff}}^2 \tag{3-96}$$

式中,p_{eff}、u_{eff}、ξ_{eff} 分别表示声压、振速和位移的有效值。

结论 3-7 简谐平面行波声场中各点声强相等,为声压幅值的平方除以 2 倍的介质特性阻抗或为振速幅值的平方乘以介质的特性阻抗除 2。

引入有效值的概念后,结论 3-7 可表述为:简谐平面行波声场中各点声强相等,为声压有效值的平方除以介质特性阻抗或为振速有效值的平方乘以介质的特性阻抗。

推论 3-1 同样声强的声波,在不同特性阻抗的介质中传播,则特性阻抗大的介质中声压大,振速小。

图 3-10 给出简谐平面行波在空间某点处的声强、声能流密度、声压和质点振速随时间变化的曲线。

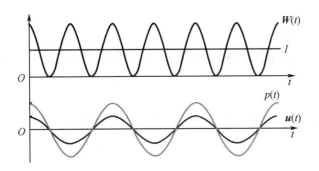

图 3-10 空间某点处的声强、声能流密度、声压和质点振速随时间变化的曲线

图 3-11 给出简谐平面行波某时刻的声强、声能流密度、声压和质点振速在空间各点处的分布曲线。

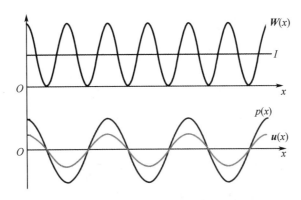

图 3-11 某时刻的声强、声能流密度、声压和质点振速在空间各点处的分布曲线

由式(3-95)看出,简谐平面行波场中声强与声压幅值的平方或振速幅值的平方成正比,因此,振幅愈大,声强也愈大。

不同介质,如果声波的振速幅值相同,特性阻抗大的介质中声强也大。例如,相同振速幅值的平面波,在水中要比空气中的声强大几千倍,因为在水中推动声源振动想达到与空气中相同的振速,要施加更大的力量,声源输出的功率更大。这表明水中的电声换能器和空气中的电声换能器在设计与使用上有很大区别。例如,水声换能器要求承受更大的应力,因而振动面要有更强的劲度。另外,水声换能器输入激励电压不变,其振动面在空气中的振幅要比在水中大得多,因此,正在水中工作的大功率发射换能器不能取出水面,在取出水面之前须将激励电压减小,以保证水声发射换能器的安全。

由式(3-96)可知,位移振幅相等时,高频波的声波强度更大,也即高频声波向介质辐射能量的效果更佳。在低频辐射高强度声波时,要求更大的位移,因而低频辐射比较困难。但不能因此认为使用低频声波不利,为了增大探测目标的距离,现代声呐的工作频率逐渐向低频发展,已从几十千赫降至几千赫。因为低频声波比高频声波在介质中吸收小得多,同样声强的声波,低频声波可以传播得更远。水声设备工作频段的选择取决于使用的对象和要求。

3.6 亥姆霍兹方程在直角坐标系下的通解

3.6.1 亥姆霍兹方程在直角坐标下的形式解

亥姆霍兹方程为

$$\nabla^2 \widetilde{p}(\boldsymbol{r}) + k^2 \widetilde{p}(\boldsymbol{r}) = 0 \quad \left(略记时间因子\ e^{j\omega t}, k = \frac{\omega}{c_0}\right)$$

直角坐标系 $O\text{-}x\text{-}y\text{-}z$ 下,"拉普拉斯算符"表达式为

$$\nabla^2 = \frac{\partial^2}{\partial x^2} + \frac{\partial^2}{\partial y^2} + \frac{\partial^2}{\partial z^2}$$

直角坐标系下亥姆霍兹方程为

$$\frac{\partial^2 \widetilde{p}(x,y,z)}{\partial x^2} + \frac{\partial^2 \widetilde{p}(x,y,z)}{\partial y^2} + \frac{\partial^2 \widetilde{p}(x,y,z)}{\partial z^2} + k^2 \widetilde{p}(x,y,z) = 0$$

利用"分离变数法"可得直角坐标下亥姆霍兹方程形式解为

$$\begin{aligned}
p(x,y,z) = \sum_{k_x}\sum_{k_y} \{ &\widetilde{C}_{k_x,k_y} e^{-j[k_x x + k_y y \pm (\sqrt{k^2 - k_x^2 - k_y^2})z]} + \\
&\widetilde{C}'_{k_x,k_y} e^{j[k_x x + k_y y \pm (\sqrt{k^2 - k_x^2 - k_y^2})z]} + \widetilde{C}''_{k_x,k_y} e^{-j[k_x x + k_y y \pm (\sqrt{k^2 - k_x^2 - k_y^2})z]} + \\
&\widetilde{C}'''_{k_x,k_y} e^{j[k_x x - k_y y \pm (\sqrt{k^2 - k_x^2 - k_y^2})z]} \}
\end{aligned}$$

$$(3\text{-}97)$$

式中,k_x、k_y 是分离变数得到的常数。

这是直角坐标系下亥姆霍兹方程的形式解,是仅满足方程的不定解;需要由边界条件确定其中的待定常数 k_x、k_y、$\widetilde{C}_{kx,ky}$、$\widetilde{C}'_{k_x,k_y}$、$\widetilde{C}''_{k_x,k_y}$、$\widetilde{C}'''_{k_x,k_y}$ 等,才能得定解。

式(3-97)的形式解代入时间因子,合并简记求和表达式,可得

$$p(\boldsymbol{r},t) = \sum_{-k_x,+k_x} \sum_{-k_y,k_y} \widetilde{C}_{k_x,k_y} \mathrm{e}^{\mathrm{j}\{\omega t-[k_x x+k_y y\pm(\sqrt{k^2-k_x^2-k_y^2})z]\}} \qquad (3\text{-}98)$$

3.6.2 对亥姆霍兹方程在直角坐标系下形式解的分析

分析式(3-98):

(1)如果$\sqrt{k^2-(k_x^2+k_y^2)}$是实数,令$k_z=\sqrt{k^2-(k_x^2+k_y^2)}$,取向量

$$\boldsymbol{k}=(k_x,k_y,\ \pm\sqrt{k^2-(k_x^2+k_y^2)})=(k_x,k_y,\ \pm k_z) \qquad \left(|\boldsymbol{k}|=k=\frac{\omega}{c_0}\right)$$

式(3-98)通项$\widetilde{C}_{k_x,k_y}\mathrm{e}^{\mathrm{j}\{\omega t-[k_x x+k_y y\pm(\sqrt{k^2-k_x^2-k_y^2})z]\}}$可表示为

$$\widetilde{C}_{k_x,k_y}\mathrm{e}^{\mathrm{j}\{\omega t-[k_x x+k_y y\pm(\sqrt{k^2-k_x^2-k_y^2})z]\}}=\widetilde{C}_{k_x,k_y}\mathrm{e}^{\mathrm{j}(\omega t-\boldsymbol{k}\cdot\boldsymbol{r})}=A\mathrm{e}^{\mathrm{j}(\omega t-\boldsymbol{k}\cdot\boldsymbol{r}+\varphi)} \qquad (3\text{-}99)$$

式中,$\boldsymbol{r}=(x,y,z)$;$A=|\widetilde{C}_{k_x,k_y}|$;$\varphi=\arg(\widetilde{C}_{k_x,k_y})$。

式(3-99)表示的波场是简谐波场,其等相位面方程为

$$\varphi(\boldsymbol{r},t)=\omega t-\boldsymbol{k}\cdot\boldsymbol{r}+\varphi=a \qquad (3\text{-}100)$$

a值不同,等相位面不同;这些等相位面是彼此平行的平面,垂直于$\boldsymbol{k}$。由于同一等相位面a值不变,因此随着时间t的增加,等相位面沿$\boldsymbol{k}$方向移动。

定义3-18(矢量波数) 如果一空间矢量其方向为简谐波场的传播方向,其模值为简谐波场的波数,则该矢量为该简谐波场的矢量波数,记作$\boldsymbol{k}$。矢量波数也称作波向量。

波数是简谐波沿着传播方向传播单位距离,振动落后的相位角;$|\boldsymbol{k}|=\dfrac{\omega}{c_0}$。

可见,式(3-99)所表示的声场是沿着$\boldsymbol{k}$方向传播的简谐平面波。

(2)如果$k^2-(k_x^2+k_y^2)<0$,即$\sqrt{k^2-(k_x^2+k_y^2)}$是虚数,令$\beta_z=\sqrt{(k_x^2+k_y^2)-k^2}$,式(3-98)通项$\widetilde{C}_{k_x,k_y}\mathrm{e}^{\mathrm{j}\{\omega t-[k_x x+k_y y\pm(\sqrt{k^2-k_x^2-k_y^2})z]\}}$可表示为

$$\widetilde{C}_{k_x,k_y}\mathrm{e}^{\mathrm{j}\{\omega t-[k_x x+k_y y\pm(\sqrt{k^2-k_x^2-k_y^2})z]\}}=A\mathrm{e}^{\mp\beta_z z}\mathrm{e}^{\mathrm{j}(\omega t-k_x x-k_y y+\phi)} \qquad (3\text{-}101)$$

式(3-101)表示的波场也是简谐波场,其等相位面方程为

$$\varphi(\boldsymbol{r},t)=\omega t-k_x x-k_y y+\varphi=a \qquad (3\text{-}102)$$

a值不同,等相位面不同;这些等相位面是垂直于$(k_x,k_y,0)$方向,平行于z坐标轴,彼此平行的平面。由于同一等相位面a值不变,因此随着时间t的增加,等相位面沿$(k_x,k_y,0)$方向移动。

尽管,式(3-101)表示的波场等相位面为平面,但在等相位面上波场幅值不均匀,波场幅值随z坐标位置变化,不是常数。

定义3-19(非均匀平面波) 等相位面为平面,在等相位面上波场幅值不均匀(不是常数而呈指数变化)的简谐平面波场,称作非均匀平面简谐波场,简称非均匀平面波。

对式(3-98)分析的结果表明,亥姆霍兹方程在直角坐标系下的形式解是许多简谐平面波的叠加,包括正常传播的平面波和非均匀平面波。

推论3-2 任意一种空间分布的声波场(遵循亥姆霍兹方程),都可分解为许多平面波

的叠加形式——波场的平面波分解。

在直角坐标系下,沿空间任意方向行进的平面波的表达式为

$$p = p_0 \mathrm{e}^{\mathrm{j}(\omega t - \boldsymbol{k} \cdot \boldsymbol{r})} \tag{3-103}$$

若已知平面波传播方向的方向余弦$(\cos \alpha_1, \cos \alpha_2, \cos \alpha_3)$,则

$$\boldsymbol{k} \cdot \boldsymbol{r} = k\cos \alpha_1 x + k\cos \alpha_2 y + k\cos \alpha_3 z \tag{3-104}$$

任意方向行进的平面波声压表达式可写为

$$p(x,y,z,t) = p_0 \mathrm{e}^{\mathrm{j}(\omega t - kx\cos \alpha_1 - ky\cos \alpha_2 - kz\cos \alpha_3)} \tag{3-105}$$

可用式(3-105)表示空间任意一点(x,y,z)的声压。由声压的表达式,利用欧拉方程可求得空间任意一点的质点振速沿三个坐标方向上的分量。

$$\begin{cases} u_x(x,y,z,t) = -\dfrac{1}{\rho_0} \displaystyle\int \dfrac{\partial p(x,y,z,t)}{\partial x} \mathrm{d}t = \dfrac{\cos \alpha_1}{\rho_0 c} p(x,y,z,t) \\[2mm] u_y(x,y,z,t) = -\dfrac{1}{\rho_0} \displaystyle\int \dfrac{\partial p(x,y,z,t)}{\partial y} \mathrm{d}t = \dfrac{\cos \alpha_2}{\rho_0 c} p(x,y,z,t) \\[2mm] u_z(x,y,z,t) = -\dfrac{1}{\rho_0} \displaystyle\int \dfrac{\partial p(x,y,z,t)}{\partial z} \mathrm{d}t = \dfrac{\cos \alpha_3}{\rho_0 c} p(x,y,z,t) \end{cases} \tag{3-106}$$

习　题

1. 已知声波的声压的波函数为$p(x,t) = 4.0 \times 10^3 \cos[2\pi(1\,500\,t - x)]$ Pa,式中,x 的单位为 m;t 的单位为 s。求该声场的波数 k、波长 λ、角频率 ω、声压幅值 p_0、声压有效值 p_{eff} 和介质中波速 c_0。

2. 续上题。又如果介质的密度为 $1\,000$ kg/m^3,求介质的特性阻抗 $\rho_0 c_0$、振速的波函数 $\boldsymbol{u}(x,t)$、波阻抗 $\widetilde{Z}_{\mathrm{a}}$、声能流密度 $W(x,t)$、声强 $I(x)$ 和声能密度 $E_0(x,t)$。

3. 续上题。再如果 $p_{\mathrm{ref}} = 1$ μPa,求声压有效值的声压级 L_{p};若要声强级 L_{I} 在数值上与前面所得的声压级数值相等,参考声强 I_{ref} 为何值?

4. 特性阻抗为 $\rho_0 c_0$ 的介质中有两列同幅同频相向传播的平面波,其速度势函数为

$$\widetilde{\varPhi}(x,t) = \varPhi_0 \mathrm{e}^{\mathrm{j}(\omega t - kx)} + \varPhi_0 \mathrm{e}^{\mathrm{j}(\omega t + kx)}$$

试求该波场的声压函数 $p(x,t)$、振速函数 $\boldsymbol{u}(x,t)$、波阻抗 $\widetilde{Z}_{\mathrm{a}}(x)$、声能流密度 $W(x,t)$、声强 $I(x)$ 和声能密度 $E_0(x,t)$。

5. 理想介质 $\rho_0 c_0$ 中,已知声波的速度势函数为 $\varPhi(x,t) = A\sin kx \cos \omega t$,试求质点振速函数、声压函数、波阻抗、声能流密度和声强。

6. 波场的波阵面与波场等相位面有何区别和联系?

3.7　简谐平面波在两种介质平面分界面上的反射和折射

声波从一种介质进入另一种介质时,会发生反射和折射的现象。简谐平面声波在两种介质的平面分界面上的反射和折射是典型的基本问题,是处理一般声波在界面上反射和折射问题的基础。

3.7.1　两种流体介质分界面的声学边界条件

声波的反射、折射都是在两种介质的分界面处发生的,因而首先讨论在分界面处两种介质质团的机械运动应遵循的规律,即声学边界条件。

两种介质都延伸到无限远的理想流体,其特性阻抗分别为 $\rho_1 c_1$ 和 $\rho_2 c_2$。图 3-12 所示为互相接触的界面。

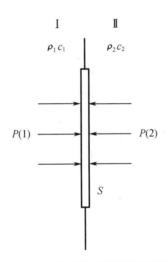

图 3-12　两种介质分界面的示意图

在分界面上割出一块面积为 S、厚度足够薄的质量元,其左右分界面分别位于两种介质里,其质量为 ΔM。如果在分界面处两种介质里的压强分别为 $P(1)$ 和 $P(2)$,根据牛顿第二定律,质量元的运动方程为

$$[P(1) - P(2)]S = \Delta M \frac{\mathrm{d}u}{\mathrm{d}t} \tag{3-107}$$

因为分界面是无限薄的,即这个质量元的厚度以及质量 ΔM 趋近于零,即 $\Delta M \rightarrow 0$,而质量元的加速度不可能无限大,若式(3-107)成立,必有

$$P(1)\big|_s - P(2)\big|_s = 0 \tag{3-108}$$

即在两种介质的分界面处,两介质的压强相等,或表述为"界面处压强连续"。

式(3-108)对有无声波的情况都成立,当无声波存在时,式(3-108)给出两介质中的静

压强在分界面处连续,有

$$P_0(1)\mid_S = P_0(2)\mid_S$$

有声波时,$P(1) = P_0(1) + p_1$,$P(2) = P_0(2) + p_2$,则由式(3-108),有

$$p_1\mid_S = p_2\mid_S \tag{3-109}$$

式(3-109)是两种流体介质分界面上的声学边界条件之一,即声压连续。

如果分界面两边介质由于声扰动的振速为 $\boldsymbol{u}_1$ 和 $\boldsymbol{u}_2$,则它们在垂直于分界面方向上的速度分量(法向振速)分别为 u_{1n} 和 u_{2n},因为两种介质时刻保持接触(介质的连续性条件),所以两种介质在分界面处的法向振速相等,即

$$u_{1n}\mid_S = u_{2n}\mid_S \tag{3-110}$$

式(3-110)是两种流体介质分界面上的声学边界条件之二,即法向振速连续。

3.7.2　简谐平面波垂直入射到流体界面上的反射和折射

设介质 Ⅰ 和介质 Ⅱ 的特性阻抗分别为 $\rho_1 c_1$ 和 $\rho_2 c_2$,它们的分界面为 $x = 0$ 平面(图 3-13);$x < 0$ 为介质 Ⅰ;$x > 0$ 为介质 Ⅱ。入射声波 p_i 由 $x < 0$ 区域沿 x 正向传播,入射到 $x = 0$ 的界面上,产生反射声波 p_r 和折射声波 p_t。

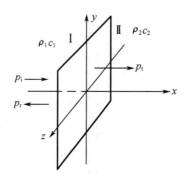

图 3-13　平面分界面的声反射和折射示意图

1. 方程和边界条件

声压函数在两种介质中分别满足各自的波动方程:

$$\frac{\partial^2 p_{\,\mathrm{I}}}{\partial x^2} = \frac{1}{c_1^2}\frac{\partial^2 p_{\,\mathrm{I}}}{\partial t^2} \quad x \leqslant 0 \tag{3-111}$$

$$\frac{\partial^2 p_{\,\mathrm{II}}}{\partial x^2} = \frac{1}{c_2^2}\frac{\partial^2 p_{\,\mathrm{II}}}{\partial t^2} \quad x \geqslant 0 \tag{3-112}$$

边界条件为界面上压力连续和法向质点振速连续:

$$p_{\,\mathrm{I}}\mid_{x=0} = p_{\,\mathrm{I}}\mid_{x=0}$$
$$u_{\,\mathrm{I}n}\mid_{x=0} = u_{\,\mathrm{II}n}\mid_{x=0} \tag{3-113}$$

2. 简谐振动条件下波动方程的形式解

解式(3-111)和式(3-112)得到声压函数的形式解为

$$p_{\mathrm{I}}(x,t) = (A_1 \mathrm{e}^{-jk_1 x} + B_1 \mathrm{e}^{jk_1 x}) \mathrm{e}^{j\omega t} \quad x \leqslant 0 \tag{3-114}$$

$$p_{\mathrm{II}}(x,t) = (A_2 \mathrm{e}^{-jk_2 x} + B_2 \mathrm{e}^{jk_2 x}) \mathrm{e}^{j\omega t} \quad x \geqslant 0 \tag{3-115}$$

式中，$k_1 = \dfrac{\omega}{c_1}$；$k_2 = \dfrac{\omega}{c_2}$。

$A_1 \mathrm{e}^{j(\omega t - k_1 x)}$ 是 I 介质中的正向波，在本问题中为入射波声压，记作 $\widetilde{p}_{\mathrm{i}}(x,t)$。

$B_1 \mathrm{e}^{j(\omega t + k_1 x)}$ 是 I 介质中的反向波，在本问题中为反射波声压，记作 $\widetilde{p}_{\mathrm{r}}(x,t)$。

$A_2 \mathrm{e}^{j(\omega t - k_2 x)}$ 是 II 介质中的正向波，在本问题中为折射波声压，记作 $\widetilde{p}_{\mathrm{t}}(x,t)$。

$B_2 \mathrm{e}^{j(\omega t + k_2 x)}$ 是 II 介质中的反向波，在本问题中不存在。

因为在第二介质中无反向波，所以 $B_2 = 0$；式（3-114）、式（3-115）简化为

$$p_{\mathrm{I}}(x,t) = A_1 \mathrm{e}^{j(\omega t - k_1 x)} + B_1 \mathrm{e}^{j(\omega t + k_1 x)} \quad x \leqslant 0 \tag{3-116}$$

$$p_{\mathrm{II}}(x,t) = A_2 \mathrm{e}^{j(\omega t - k_2 x)} \quad x \geqslant 0 \tag{3-117}$$

根据欧拉方程 $u(x,t) = \displaystyle\int -\frac{1}{\rho_0} \frac{\partial p}{\partial x} \mathrm{d}t$ 和式（3-115），可得两种介质中的质点振速函数为

$$u_{\mathrm{I}}(x,t) = \frac{A_1}{\rho_1 c_1} \mathrm{e}^{j(\omega t - k_1 x)} - \frac{B_1}{\rho_1 c_1} \mathrm{e}^{j(\omega t + k_1 x)} \quad x \leqslant 0 \tag{3-118}$$

$$u_{\mathrm{II}}(x,t) = \frac{A_2}{\rho_2 c_2} \mathrm{e}^{j(\omega t - k_2 x)} \quad x \geqslant 0 \tag{3-119}$$

入射声波振速为

$$\widetilde{u}_{\mathrm{i}}(x,t) = \int -\frac{1}{\rho_1} \frac{\partial \widetilde{p}_{\mathrm{i}}}{\partial x} \mathrm{d}t = \frac{A_1}{\rho_1 c_1} \mathrm{e}^{j(\omega t - k_1 x)}$$

反射声波振速为

$$\widetilde{u}_{\mathrm{r}}(x,t) = \int -\frac{1}{\rho_1} \frac{\partial \widetilde{p}_{\mathrm{r}}}{\partial x} \mathrm{d}t = \frac{-B_1}{\rho_1 c_1} \mathrm{e}^{j(\omega t - k_1 x)}$$

折射声波振速为

$$\widetilde{u}_{\mathrm{r}}(x,t) = \int -\frac{1}{\rho_2} \frac{\partial \widetilde{p}_{\mathrm{t}}}{\partial x} \mathrm{d}t = \frac{A_2}{\rho_2 c_2} \mathrm{e}^{j(\omega t - k_2 x)}$$

A_1、A_2、B_1 由边界条件确定。其中，A_1 是入射波的幅值，由声源处边界条件确定。

3. 界面的声压反射系数和折射系数，以及界面的质点振速反射系数和折射系数

定义 3-20（声压反射系数）　简谐平面波入射到平面分界面上，在分界面处反射波复声压与入射波复声压的比值为界面的声压反射系数，记为 R_p。

$$R_p = \frac{\widetilde{p}_{\mathrm{r}}(x,t)}{\widetilde{p}_{\mathrm{i}}(x,t)} \bigg|_{x = 边界}$$

定义 3-21（声压折射系数）　简谐平面波入射到平面分界面上，在分界面处透折射波复声压与入射波复声压的比值为界面的声压折射系数，记为 D_p。

$$D_p = \frac{\widetilde{p}_t(x,t)}{\widetilde{p}_i(x,t)}\bigg|_{x=边界}$$

定义 3-22（质点振速反射系数） 简谐平面波入射到平面分界面上，在分界面处反射波复质点振速与入射波复质点振速的比值为界面的质点振速反射系数，记为 R_u。

$$R_u = \frac{\widetilde{u}_r(x,t)}{\widetilde{u}_i(x,t)}\bigg|_{x=边界}$$

定义 3-23（质点振速折射系数） 简谐平面波入射到平面分界面上，在分界面处折射波复质点振速与入射波复质点振速的比值为界面的质点振速折射系数，记为 D_u。

$$D_u = \frac{\widetilde{u}_t(x,t)}{\widetilde{u}_i(x,t)}\bigg|_{x=边界}$$

根据式（3-116）至式（3-119）和边界条件[式（3-113）]可得方程组：

$$\begin{cases} A_1 + B_1 = A_2 \\ A_1 - B_1 = \dfrac{\rho_1 c_1}{\rho_2 c_2}A_2 \end{cases} \tag{3-120}$$

由式（3-120）可求得声压反射系数、声压折射系数分别为

$$R_p = \frac{\widetilde{p}_r(x,t)}{\widetilde{p}_i(x,t)}\bigg|_{x=边界} = \frac{B_1}{A_1} = \frac{\rho_2 c_2 - \rho_1 c_1}{\rho_2 c_2 + \rho_1 c_1} \tag{3-121}$$

$$D_p = \frac{\widetilde{p}_t(x,t)}{\widetilde{p}_i(x,t)}\bigg|_{x=0} = \frac{A_2}{A_1} = \frac{2\rho_2 c_2}{\rho_2 c_2 + \rho_1 c_1} \tag{3-122}$$

以及质点振速反射系数和质点振速折射系数分别为

$$R_u = \frac{\widetilde{u}_r(x,t)}{\widetilde{u}_i(x,t)}\bigg|_{x=0} = \frac{-B_1}{A_1} = \frac{\rho_1 c_1 - \rho_2 c_2}{\rho_2 c_2 + \rho_1 c_1} \tag{3-123}$$

$$D_u = \frac{\widetilde{u}_t(x,t)}{\widetilde{u}_i(x,t)}\bigg|_{x=0} = \frac{A_2 \rho_1 c_1}{A_1 \rho_2 c_2} = \frac{2\rho_1 c_1}{\rho_2 c_2 + \rho_1 c_1} \tag{3-124}$$

由此可见，声波垂直入射到分界面上，反射声波、折射声波除了与入射波有关外，仅取决于介质的特性阻抗，这说明介质的特性阻抗对声传播有着重要的影响。

讨论：

（1）$\rho_1 c_1 = \rho_2 c_2$（两种介质的特性阻抗相等）

由式（3-121）至式（3-124）可得 $R_p = R_u = 0$，$D_p = D_u = 1$。

这表明界面上声波没有反射，全部是透射。也就是说，即使存在着两种不同的介质分界面，只要两种介质的特性阻抗相等，那么对于垂直界面入射的声波来讲，分界面就好像不存在一样。

（2）$\rho_1 c_1 < \rho_2 c_2$（声波在特性阻抗小的介质中传播，入射到特性阻抗大的介质中）

由式（3-121）至式（3-124）可得 $R_p > 0$，$R_u < 0$；$D_p > 0$，$D_u > 0$。

波速 c_0 反映了介质在外力作用下的可压缩程度(见状态方程),c_0 大,说明介质可压缩程度小;介质密度 ρ_0 反映了介质在外力作用下速度的可改变程度(见欧拉方程),ρ_0 大,说明介质速度可改变程度小,因而,介质的特性阻抗 $\rho_0 c_0$ 大小,反映了介质在外力作用下运动状态的改变程度。$\rho_0 c_0$ 越大,介质的运动状态越不容易改变;形象地称 $\rho_0 c_0$ 大的介质为硬介质,$\rho_0 c_0$ 小的介质为软介质。例如,水的 $\rho_0 c_0$ 比空气的 $\rho_0 c_0$ 大,因而,水相对空气就是硬介质。

$\rho_1 c_1 < \rho_2 c_2$,介质Ⅱ相对于介质Ⅰ是硬介质;声波从软介质中入射到硬介质中,这种边界称为硬边界。在硬边界条件下:① 波有反射,也有透射;②反射波质点振速和入射波质点振速在界面上振动相位相反(振动相位差 π);③反射波声压和入射波声压在界面上振动相位相同。

(3)$\rho_1 c_1 > \rho_2 c_2$(声波在特性阻抗大的介质中传播,入射到特性阻抗小的介质中)

由式(3-121)至式(3-124)可得 $R_p < 0, R_u > 0; D_p > 0, D_u > 0$。

$\rho_1 c_1 > \rho_2 c_2$,声波从硬介质中入射到软介质中,这种边界称为软边界。在软边界条件下:①声波有反射,也有透射;②反射波质点振速和入射波质点振速在界面上振动相位相同;③反射波声压和入射波声压在界面上振动相位相反(振动相位差 π)。

(4)$\rho_1 c_1 \ll \rho_2 c_2$("绝对硬"边界)

由式(3-121)至式(3-124)可得 $R_p \approx 1, R_u \approx -1; D_p \approx 2, D_u \approx 0$。

因为 $\rho_1 c_1 \ll \rho_2 c_2$,介质Ⅱ相对于介质Ⅰ"非常坚硬";求解介质Ⅰ中声场时,两介质的交界面称为绝对硬边界。声波从空气入射到空气/水分界面上的情况就近似于绝对硬边界。在绝对硬边界条件下:①声波全部反射。②界面处,反射波声压幅度和入射波声压幅度相等、相位相同,总声压是入射波声压的两倍;反射波质点振速和入射波质点振速幅度相等、相位相反,总质点振速为零。③在介质Ⅰ中入射波与反射波叠加形成驻波,界面处是声压场的波腹和振速场的波节。④可以近似认为没有声波能量透入介质Ⅱ中。

(5)$\rho_1 c_1 \gg \rho_2 c_2$("绝对软"边界)

由式(3-121)至式(3-124)可得 $R_p \approx -1, R_u = 1; D_p \approx 0, D_u \approx 2$。

因为 $\rho_1 c_1 \gg \rho_2 c_2$,介质Ⅱ相对于介质Ⅰ"非常柔软";求解介质Ⅰ中声场时,两介质的交界面称为绝对软边界。声波从水中入射到水/空气界面上的情况就近似为绝对软边界。在绝对软边界条件下:① 波全部反射。②界面处,反射波声压幅度和入射波声压幅度相等、相位相反,总声压为零;反射波质点振速和入射波质点振速幅度相等、相位相同,总振速是入射波振速的两倍。③在介质Ⅰ中入射波与反射波叠加也形成了驻波,不过这时界面处是质点振速场的波腹和声压场的波节。④可以近似认为没有声波能量透入介质Ⅱ中。

4. 声波通过分界面时的能量关系

定义 3-24(声强反射系数) 平面声波入射到平面分界面上,在分界面处反射波声强与入射波声强的比值为界面的声强反射系数(反声系数),记为 R_I。

$$R_I = \frac{I_r}{I_i}\bigg|_{界面}$$

定义 3-25(声强透射系数) 平面声波入射到平面分界面上,在分界面处透(折)射波声强与入射波声强的比值为界面的声强透射系数（透声系数），记为 D_I。

$$D_I = \frac{I_t}{I_i}\bigg|_{界面}$$

入射波为平面波，平面界面上的反射波和透射波仍是平面波。由声强反射系数和声强透射系数定义，可得：

声强反射系数为

$$R_I = \frac{I_r}{I_i}\bigg|_{界面} = \frac{|\tilde{p}_r|^2/2\rho_1 c_1}{|\tilde{p}_i|^2/2\rho_1 c_1}\bigg|_{界面} = \frac{\tilde{p}_r \tilde{p}_r^*}{\tilde{p}_i \tilde{p}_i^*}\bigg|_{界面} = R_p R_p^* = |R_p|^2 = \left(\frac{\rho_2 c_2 - \rho_1 c_1}{\rho_2 c_2 + \rho_1 c_1}\right)^2$$

$$(3-125)$$

声强透射系数为

$$D_I = \frac{I_t}{I_i}\bigg|_{界面} = \frac{|\tilde{p}_t|^2/2\rho_2 c_2}{|\tilde{p}_i|^2/2\rho_1 c_1}\bigg|_{界面} = \frac{\rho_1 c_1}{\rho_2 c_2}\frac{\tilde{p}_r \tilde{p}_r^*}{\tilde{p}_i \tilde{p}_i^*}\bigg|_{界面} = \frac{\rho_1 c_1}{\rho_2 c_2}D_p D_p^* = \frac{\rho_1 c_1}{\rho_2 c_2}|D_p|^2$$

$$= \frac{\rho_1 c_1}{\rho_2 c_2}\left(\frac{2\rho_2 c_2}{\rho_2 c_2 + \rho_1 c_1}\right)^2 = \frac{4\rho_1 c_1 \rho_2 c_2}{(\rho_2 c_2 + \rho_1 c_1)^2}$$

$$(3-126)$$

由式（3-125）和式（3-126）可得，声波垂直入射到界面上时，反射波声强和透射波声强之和等于入射波声强，符由能量守恒定律。并且 R_I（或 D_I）的表达式关于 $\rho_1 c_1$ 和 $\rho_2 c_2$ 对称；即声波无论是从介质 Ⅰ 入射到介质 Ⅱ，还是从介质 Ⅱ 入射到介质 Ⅰ，声强反射系数（或声强透射系数）都相等。

对于理想流体，介质无吸收，所以 $\rho_1 c_1$ 和 $\rho_2 c_2$ 都是实数，因而 R_p、R_u、D_p、D_u 都是实数，且完全决定于两介质的特性阻抗。两介质的特性阻抗相差愈大，声强反射系数也愈大，反射波能量大，透入到第二介质中的声能少；反之，两介质的特性阻抗相差愈小，声强反射系数愈小，反射波能量小，入射声波能量大部分透入到第二介质中。

许多情况第二介质（例如，吸声材料、黏滞流体等）的特性阻抗为复数，假设为 $\tilde{\rho}_2 \tilde{c}_2$，可推出，声波在流体 $\rho_1 c_1$ 传播，垂直入射到由 $\rho_1 c_1$ 与 $\tilde{\rho}_2 \tilde{c}_2$ 构成的平面分界面上，各声学量反射系数、透射系数计算公式不变，只要将原式中的 $\rho_2 c_2$ 换成 $\tilde{\rho}_2 \tilde{c}_2$ 即可。这时界面的声压（振速）反射（折射）系数也是复数。如：

$$R_p = \frac{\tilde{\rho}_2 \tilde{c}_2 - \rho_1 c_1}{\tilde{\rho}_2 \tilde{c}_2 + \rho_1 c_1} = A + jB = |R_p|e^{j\varphi}$$

$$(3-127)$$

声压反射系数是复数，其模值 $|R_p|$ 和相角 φ 分别反映了反射波声压幅值、相位与入射波声压幅值、相位在界面上的关系。

在工程上描述透射波声强与入射波声强关系时，有时用"透射损失"这个概念。

定义 3-26（透射损失） 若 I_i 为入射平面波的声强，I_t 为透射平面波的声强，则定义 $TL = 10\lg\dfrac{I_i}{I_t}$ 为界面的透射损失。记为 TL，单位为 dB。

对于两种理想流体界面,透射损失为

$$TL = 10\lg\frac{I_i}{I_t} = -10\lg\left(\frac{\rho_1 c_1}{\rho_2 c_2}D_p^2\right) = -10\lg\frac{4\rho_1 c_1 \rho_2 c_2}{(\rho_1 c_1 + \rho_2 c_2)^2}\text{ dB} \quad (3-128)$$

【例 3-5】 声波由水中垂直入射到水/空气界面,试求声压反射系数、声压透射系数和透射损失。

解 因为

$$\rho_1 c_1 \approx 1.5 \times 10^6 \text{ kg/(m}^2 \cdot \text{s)} = 1.5 \times 10^6(\text{瑞利}),\rho_2 c_2 \approx 420 \text{ kg/(m}^2 \cdot \text{s)} = 420(\text{瑞利})$$

所以

$$R_p = \frac{\rho_2 c_2 - \rho_1 c_1}{\rho_2 c_2 + \rho_1 c_1} = \frac{420 - 1.5 \times 10^6}{420 + 1.5 \times 10^6} \approx -1$$

$$D_p = \frac{2\rho_2 c_2}{\rho_2 c_2 + \rho_1 c_1} = \frac{2 \times 420}{420 + 1.5 \times 10^6} \approx 5.6 \times 10^{-4}$$

$$TL = -10\lg\frac{4\rho_1 c_1 \rho_2 c_2}{(\rho_2 c_2 + \rho_1 c_1)^2} = -10\lg\frac{4 \times 420 \times 1.5 \times 10^6}{(420 + 1.5 \times 10^6)^2} \approx 29 \text{ dB}$$

声波从水中垂直入射到空气/水界面上,进入空气中的能量只有入射波声能的千分之一;对于水中声场,可将水/空气界面看作绝对软边界(或称作自由边界,也称压力释放边界)。

【例 3-6】 讨论绝对软边界条件下第Ⅰ介质中声场的特点。

解 取图 3-13 所示坐标系,$\rho_1 c_1 \gg \rho_2 c_2$(绝对软边界),入射声波在边界面处发生反射,第Ⅰ介质中有沿着 x 轴反向传播的波(反射波),所以第Ⅰ介质中声压场为

$$p_1(x,t) = A_1 e^{j(\omega t - k_1 x)} + B_1 e^{j(\omega t + k_1 x)}$$

绝对软边界条件下,界面的声压反射系数为

$$R_p = \frac{\rho_2 c_2 - \rho_1 c_1}{\rho_2 c_2 + \rho_1 c_1} \approx -1$$

得 $B_1 = -A_1$。

第Ⅰ介质中复数声压为

$$\widetilde{p}_1(r,t) = A(e^{-jk_1 x} - e^{jk_1 x})e^{j\omega t} = -2jA\left(\frac{e^{jk_1 x} - e^{-jk_1 x}}{2j}\right)e^{j\omega t} = -2jA\sin(k_1 x)e^{j\omega t}$$

根据欧拉方程,求得第Ⅰ介质中的复数质点振速为

$$\widetilde{\boldsymbol{u}}_1(r,t) = -\int\frac{\partial}{\partial x}p_1(x,t)\,\mathrm{d}t\boldsymbol{i}$$

$$\widetilde{u}_1(r,t) = -\int\frac{\partial}{\partial x}p_1(x,t)\,\mathrm{d}t = 2\frac{A}{\rho_1 c_1}\cos(kx)e^{j\omega t}$$

对复函数取实部得到声场的实际声压和质点振速函数分别为

$$p_1(x,t) = \text{Re}[\widetilde{p}_1(x,t)] = 2A\sin(k_1 x)\sin(\omega t) \quad (3-129)$$

$$u_1(x,t) = \text{Re}[\widetilde{u}_1(x,t)] = 2\frac{A}{\rho_1 c_1}\cos(k_1 x)\cos(\omega t) = 2\frac{A}{\rho_1 c_1}\cos(k_1 x)\sin\left(\omega t + \frac{\pi}{2}\right)$$

$$(3-130)$$

用前面分析时空变化函数的方法,分析式(3-129)所示声场的特性:在几个时间点观察声压场空间分布的变化[图3-14(a)];固定空间不同位置观察声压信号的差别(图3-14(b))。

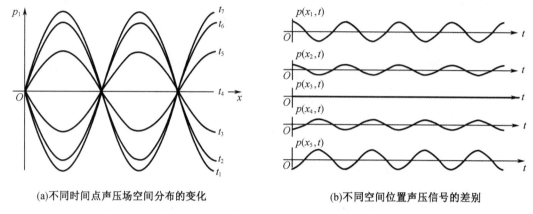

(a)不同时间点声压场空间分布的变化   (b)不同空间位置声压信号的差别

图3-14 分析式(3-129)声场特性用图

由图3-14(a)可知,该声场的声压分布随时间的增加没有移动(传播);空间各点同相(或反相)振动,每隔$\lambda/2$距离,有一点不振动,有一点比其他位置振动的幅值大。由图3-14(b)可知,不同空间位置声压信号均为ω角频率振动的简谐函数,但是没有由于传播引起的相位延迟,只是每隔$\lambda/2$距离振动相位有π的跳变;空间各点振动幅度不相同。分析结论:此波场不传播,停在空间。

定义3-27(驻波场) 两列同频相向传播的平面声波叠加形成的声场称作驻波场;驻波场不同位置的声学量的振动幅值不均匀。

定义3-28(波腹(或波节)) 驻波场中若空间某点的某声学量的振幅值较相邻位置的大(或小),则称该点为该驻波场该声学量的波腹(或波节)。

定义3-29(纯驻波场) 理想介质中两列同频同幅相向传播的平面声波叠加形成的声场称作纯驻波场。

式(3-129)和式(3-130)所表示的是一个纯平面驻波场的声压函数和质点振速函数。由二式比较可知,质点振速的波节处振速振幅为0,质点振速的波节位置是声压场的波腹位置;质点振速的波腹位置是声压场的波节位置,声压场的波节处声压振幅为0。空间同一点的质点振速的振动相位与声压的振动相位差$\pi/2$,因而纯平面驻波场内各点的声能流有时向正向流动有时向负向流动,时间均值为0;也即,纯平面驻波场内声强处处为0;尽管纯平面驻波场内声强为0,但是声能密度不是0。

平面声波垂直入射到绝对软边界条件下,界面上和第Ⅰ介质中的声学性质总结如下:

(1)边界面上声压为零;边界面上质点振速为入射波质点振速的2倍。

(2)第Ⅰ层介质中,反射波和入射波幅值相等、符号相反,相向传播的简谐平面波,叠加后形成纯驻波场;此波场不传播能量,能量"驻留"在声场中,空间各点的声能密度不为0。

3.7.3 平面波斜入射时的反射和折射

前面讨论了简谐平面声波垂直入射到两种流体介质平面界面上的情况,重点分析了两种介质的特性阻抗对声波的反射、透射的影响。现在讨论斜入射的情况,这时一部分声波按照一定的角度反射回原先的介质,另一部分将透射入第二介质,但一般来讲,声波穿过分界面时会偏离原来的入射方向,形成折射,这时反射波、折射波的大小和方向不仅与分界面两边的介质的特性阻抗有关,而且与声波入射的角度有关。

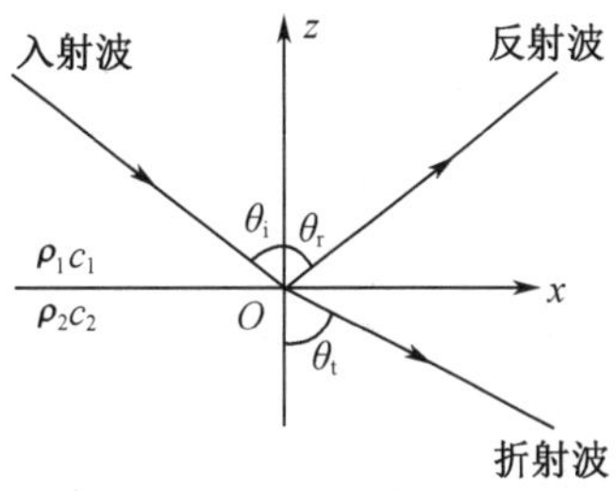

图 3-15 平面波斜入射问题的坐标系示意图

求解平面波倾斜入射问题所取坐标系如图 3-15 所示,直角坐标系 $O-x-y-z$,$z=0$ 平面为介质分界面,$z \geqslant 0$ 为介质Ⅰ;$z \leqslant 0$ 为介质Ⅱ;入射平面波的传播方向(k 向量方向)平行于 $x-O-z$ 平面;这样取坐标系后,问题与坐标变量 y 无关。入射平面波的传播方向和界面法线的夹角为 θ_i,称为入射角,反射波传播方向与界面法向的夹角为 θ_r,称为反射角。折射波传播方向与界面法向的夹角为 θ_t,称为折射角。

1. 方程和边界条件

$$\begin{cases} \dfrac{\partial^2 p_1(x,z,t)}{\partial x^2} + \dfrac{\partial^2 p_1(x,z,t)}{\partial z^2} = \dfrac{1}{c_1^2} \dfrac{\partial^2 p_1(x,z,t)}{\partial t^2} & z \geqslant 0 \\[3mm] \dfrac{\partial^2 p_2(x,z,t)}{\partial x^2} + \dfrac{\partial^2 p_2(x,z,t)}{\partial z^2} = \dfrac{1}{c_2^2} \dfrac{\partial^2 p_2(x,z,t)}{\partial t^2} & z \leqslant 0 \end{cases} \tag{3-131}$$

$$\begin{cases} p_1(x,z,t)\,\big|_{z=0} = p_2(x,z,t)\,\big|_{z=0} \\[2mm] u_{1n}(x,z,t)\,\big|_{z=0} = u_{2n}(x,z,t)\,\big|_{z=0} \end{cases} \tag{3-132}$$

2. 方程的形式解

对式(3-131)中的波动方程求解,直角坐标系中,任意方向的平面波声压可写为

$$p(x,y,z,t) = p_0 \mathrm{e}^{\mathrm{j}(\omega t - kx\cos\alpha_1 - ky\cos\alpha_2 - kz\cos\alpha_3)}$$

式中,α_1、α_2、α_3 分别是平面波的波向量与 x、y、z 坐标轴的夹角。

对于图 3-15 所标记的入射波、反射波和折射波方向有:

入射波

$$\alpha_1 = \frac{\pi}{2} - \theta_i, \quad \alpha_2 = \frac{\pi}{2}, \quad \alpha_3 = \pi - \theta_i$$

反射波

$$\alpha_1 = \frac{\pi}{2} - \theta_r, \quad \alpha_2 = \frac{\pi}{2}, \quad \alpha_3 = \theta_r$$

折射波

$$\alpha_1 = \frac{\pi}{2} - \theta_t, \quad \alpha_2 = \frac{\pi}{2}, \quad \alpha_3 = \pi - \theta_t$$

则入射波、反射波和折射波声压函数为

$$p_i(x,z,t) = A_1 e^{j(\omega t - k_1 \sin\theta_i x + k_1 \cos\theta_i z)} \qquad z \geqslant 0$$

$$p_r(x,z,t) = B_1 e^{j(\omega t - k_1 \sin\theta_r x - k_1 \cos\theta_r z)} \qquad z \geqslant 0$$

$$p_t(x,z,t) = A_2 e^{j(\omega t - k_2 \sin\theta_t x + k_2 \cos\theta_t z)} \qquad z \leqslant 0 \qquad (3-133)$$

第一介质中的声压为

$$p_1(x,z,t) = p_i(x,z,t) + p_r(x,z,t)$$

第二介质中的声压为

$$p_2(x,z,t) = p_t(x,z,t)$$

这是方程(3-131)的简化形式解,其中,入射波幅值和传播方向 A_1、θ_i 已知;要用边界条件[式(3-132)],求出:反射波幅值和传播方向 B_1、θ_r,透射波幅值和传播方向 A_2、θ_t。

垂直于界面方向的质点振速:

$$u_{1n}(x,z,t) = -\frac{1}{\rho_1}\int \frac{\partial p_1(x,z,t)}{\partial z}\mathrm{d}t$$

$$= -\frac{1}{\rho_1 c_1}\left[A_1 e^{j(\omega t - k_1 \sin\theta_i x + k_1 \cos\theta_i z)}\cos\theta_i - B_1 e^{j(\omega t - k_1 \sin\theta_r x - k_1 \cos\theta_r z)}\cos\theta_r \right]$$

$$u_{2n}(x,z,t) = -\frac{1}{\rho_2}\int \frac{\partial p_2(x,z,t)}{\partial z}\mathrm{d}t = -\frac{1}{\rho_2 c_2}A_2 e^{j(\omega t - k_2 \sin\theta_t x + k_2 \cos\theta_t z)} \cdot \cos\theta_t \qquad (3-134)$$

3. 平面波倾斜入射到两种介质平面分界面上的反射定律和折射定律

由边界条件[式(3-132)],可得

$$\begin{cases} A_1 e^{-jk_1 \sin\theta_i x} + B_1 e^{-jk_1 \sin\theta_r x} = A_2 e^{-jk_2 \sin\theta_t x} \\ \dfrac{1}{\rho_1 c_1}(A_1 e^{-jk_1 \sin\theta_i x}\cos\theta_i - B_1 e^{-jk_1 \sin\theta_r x}\cos\theta_r) = A_2 \dfrac{1}{\rho_2 c_2} e^{-jk_2 \sin\theta_t x} \cdot \cos\theta_t \end{cases} \qquad (3-135)$$

若式(3-135)对任何 x 成立,则有

$$k_1 \sin\theta_i = k_1 \sin\theta_r = k_2 \sin\theta_t$$

可得反射定律

$$\theta_i = \theta_r$$

反射定律　平面波倾斜入射到两种介质的平面分界面上,则反射波的反射角等于入射波的入射角。

折射定律　平面波倾斜入射到两种介质的平面分界面上,折射角正弦值与折射波所在介质的波速比等于入射角正弦值与入射波所在介质的波速比,即

$$\frac{\sin\theta_i}{c_1} = \frac{\sin\theta_t}{c_2}$$

4. 平面波倾斜入射到两种介质平面分界面上的声压反射系数和声压折射系数

利用反射定律和折射定律,式(3-135)可简化为

$$\begin{cases} A_1 + B_1 = A_2 \\ (A_1 \cos\theta_i - B_1 \cos\theta_i)\dfrac{1}{\rho_1 c_1} = A_2 \cos\theta_t \dfrac{1}{\rho_2 c_2} \end{cases} \qquad (3-136)$$

由式(3-136)可得,声压反射系数和声压折射系数分别为

$$R_p = \frac{B_1}{A_1} = \frac{Z_{2n} - Z_{1n}}{Z_{2n} + Z_{1n}} \tag{3-137}$$

式中

$$Z_{1n} = \frac{\rho_1 c_1}{\cos \theta_i}, Z_{2n} = \frac{\rho_2 c_2}{\cos \theta_t}$$

$$D_p = \frac{A_2}{A_1} = \frac{2Z_{2n}}{Z_{2n} + Z_{1n}} \tag{3-138}$$

式中

$$Z_{1n} = \frac{\rho_1 c_1}{\cos \theta_i}, Z_{2n} = \frac{\rho_2 c_2}{\cos \theta_t}$$

若令 $n = \dfrac{k_2}{k_1} = \dfrac{c_1}{c_2}$ 称作两种介质的相对折射率,$m = \dfrac{\rho_2}{\rho_1}$。

并利用折射定律 $\dfrac{\sin \theta_i}{c_1} = \dfrac{\sin \theta_t}{c_2}$,式(3-137)和式(3-138)可分别化为

$$R_p(\theta) = \frac{m\cos \theta_i - \sqrt{n^2 - \sin^2\theta_i}}{m\cos \theta_i + \sqrt{n^2 - \sin^2\theta_i}} \tag{3-139}$$

$$D_p(\theta) = \frac{2m\cos \theta_i}{m\cos \theta_i + \sqrt{n^2 - \sin^2\theta_i}} \tag{3-140}$$

5. 平面波倾斜入射到两种介质平面分界面上可能发生的两种物理现象,以及由此引出的有关概念

(1)全透射现象

由式(3-139)可知,当 $m^2 \cos^2\theta_i = n^2 - \sin^2\theta_i$ 时,有 $R = 0$,即反射波幅值为 0。此时,反射波消失,入射波能量全部透入进下层介质中。

定义 3-29(全透射)　平面波入射到介质平面分界面上,若入射波能量全部透入下层介质中,则称发生了全透射。

定义 3-30(全透射角)　发生全透射时的入射角称作全透射角,记为 θ_0。

显然,由前面的分析可得

$$\theta_0 = \arcsin \sqrt{\frac{m^2 - n^2}{m^2 - 1}} \tag{3-141}$$

式(3-141)成立的条件:

$$0 \leqslant \frac{m^2 - n^2}{m^2 - 1} \leqslant 1 \Rightarrow \begin{cases} \rho_2 c_2 > \rho_1 c_1 \\ c_1 > c_2 \end{cases} 或 \begin{cases} \rho_2 c_2 < \rho_1 c_1 \\ c_1 < c_2 \end{cases}$$

发生全透射现象要同时满足介质条件和入射角条件:

① 介质条件

$$\begin{cases} \rho_2 c_2 > \rho_1 c_1 \\ c_1 > c_2 \end{cases} 或 \begin{cases} \rho_2 c_2 < \rho_1 c_1 \\ c_1 < c_2 \end{cases}$$

② 入射角条件

$$\theta_i = \theta_0 = \arcsin \sqrt{\frac{m^2 - n^2}{m^2 - 1}}$$

全透射条件较难满足，但氢气和空气交界面可符合此条件。

（2）全内反射现象

根据 snell 定律：$\dfrac{\sin \theta_i}{\sin \theta_t} = \dfrac{c_1}{c_2}$，分析：

① $c_1 > c_2$ 时，$\theta_i > \theta_t$，θ_i 先于 θ_t 到达 $\dfrac{\pi}{2}$，下层介质中是正常传播的折射波；

② $c_1 < c_2$ 时，$\theta_i < \theta_t$，θ_t 先于 θ_i 到达 $\dfrac{\pi}{2}$。

定义 3-31（临界角） 折射角 $\theta_t = \dfrac{\pi}{2}$ 时的入射角 θ_i 称为临界角，记为 θ_c。

根据折射定律有

$$\frac{\sin \theta_c}{\sin \dfrac{\pi}{2}} = \frac{c_1}{c_2} \Rightarrow \sin \theta_c = n \Rightarrow \theta_c = \arcsin \frac{c_1}{c_2}$$

若 $\theta_i \geq \theta_c$ 且因为 $\sin \theta_c = n$，所以

$$\sin \theta_i \geq \sin \theta_c = n \Rightarrow n^2 - \sin^2 \theta_i \leq 0$$

所以，超临界角入射（$\theta_i \geq \theta_c$）时，有声压反射系数：

$$
\begin{aligned}
R(\theta_i) &= \frac{m\cos \theta_i - \sqrt{n^2 - \sin^2 \theta_i}}{m\cos \theta_i + \sqrt{n^2 - \sin^2 \theta_i}} \\
&= \frac{m\cos \theta_i - \sqrt{-1}\sqrt{\sin^2 \theta_i - n^2}}{m\cos \theta_i + \sqrt{-1}\sqrt{\sin^2 \theta_i - n^2}} \\
&= \frac{m\cos \theta_i - (\pm j)\sqrt{\sin^2 \theta_i - n^2}}{m\cos \theta_i + (\pm j)\sqrt{\sin^2 \theta_i - n^2}} = e^{j2\alpha}
\end{aligned}
\tag{3-142}
$$

式中，$\alpha = \arg(m\cos \theta_i \mp j\sqrt{\sin^2 \theta_i - n^2}) = \arctan \dfrac{\mp \sqrt{\sin^2 \theta_i - n^2}}{m\cos \theta_i}$。

注意 $\sqrt{-1} = \pm j$，如何确定其符号，目前是个"悬案"；在分析超临界角入射（$\theta_i \geq \theta_c$）时的介质Ⅱ中声场时予以解决。

综上可知，当 $\theta_i > \theta_c$ 时，$|R(\theta)| = 1$；反射声压幅值与入射声压幅值相等，所以反射声强与入射声强相等，也即，反射声波能量等于入射声波能量。

定义 3-32（全内反射） 平面波入射到介质分界面上，如果反射声波能量等于入射声波能量，则称发生了全内反射。

全内反射发生的条件：

① 介质条件，$c_1 < c_2$；

② 入射角条件，$\theta_i \geq \theta_c = \arcsin \dfrac{c_1}{c_2}$。

进一步分析全内反射发生时，介质Ⅱ中出现的特殊声场-非均匀平面波：

因为介质Ⅱ中的透（折）射波场函数为［见式（3-133）］

$$p_t(x,z,t) = A_2 e^{j(\omega t - k_2 \sin \theta_t x + k_2 \cos \theta_t z)} = A_1 D_p e^{j(\omega t - k_2 \sin \theta_t x + k_2 \cos \theta_t z)} \qquad z \leqslant 0 \qquad (3-143)$$

需要确定发生全内反射时 D_p、$k_2 \sin \theta_t$、$k_2 \cos \theta_t$ 的值。

根据边界条件［式（3-132）］：$p_1 \big|_{\text{边界}} = p_2 \big|_{\text{边界}} \Rightarrow p_i \big|_{\text{边界}} + p_r \big|_{\text{边界}} = p_t \big|_{\text{边界}}$，所以

$$1 + \frac{p_r}{p_i} \bigg|_{\text{边界}} = \frac{p_t}{p_i} \bigg|_{\text{边界}} \Rightarrow 1 + R_p = D_p ; 因为 R_p = e^{j2\alpha} \Rightarrow D_p = 1 + e^{j2\alpha} = 2\cos \alpha e^{j\alpha}$$

得到 $D_p = 2\cos \alpha e^{j\alpha}$，又根据 snell 定律，得到 $k_2 \sin \theta_t = k_1 \sin \theta_i$。

因为

$$k_2 \cos \theta_t = k_2 \sqrt{1 - \sin^2 \theta_t} = k_1 \sqrt{\left(\frac{k_2}{k_1}\right)^2 - \left(\frac{k_2}{k_1}\right)^2 \sin^2 \theta_t} = k_1 \sqrt{n^2 - \sin^2 \theta_i}$$

得到

$$k_2 \cos \theta_t = (\pm j) k_1 \sqrt{\sin^2 \theta_i - n^2} \qquad (因为 \sqrt{-1} = \pm j)$$

将得到的 D_p、$k_2 \sin \theta_t$、$k_2 \cos \theta_t$ 值代入式（3-143），则介质Ⅱ中波场声压函数为

$$p_t(x,z,t) = 2\cos \alpha e^{j\alpha} A_1 e^{j(\omega t - k_1 \sin \theta_i x \pm j k_1 \sqrt{\sin^2 \theta_i - n^2} z)}$$

得

$$p_t(x,z,t) = 2\cos \alpha A_1 e^{\mp k_1 \sqrt{\sin^2 \theta_i - n^2} z} e^{j(\omega t - k_1 \sin \theta_i x + \alpha)} \qquad z \leqslant 0 \qquad (3-144)$$

又因为 $z \to -\infty$ 声压值有限，所以 $e^{\mp k_1 \sqrt{\sin^2 \theta_i - n^2} z}$ 中指数的"-"号项要略去（上符号略去），得 $\sqrt{-1} = -j$。（至此，前注"悬案"得以解决）

所以，超临界角入射时，声压反射系数和声压折射系数为

$$R(\theta_i) = \frac{m\cos \theta_i + j\sqrt{\sin^2 \theta_i - n^2}}{m\cos \theta_i - j\sqrt{\sin^2 \theta_i - n^2}} = e^{j2\alpha} \qquad (3-145)$$

式中，$\alpha = \arg(m\cos \theta_i + j\sqrt{\sin^2 \theta_i - n^2})$。

$$D_p = 2\cos \alpha e^{j\alpha} \qquad (3-146)$$

最后，全内反射发生时，介质Ⅱ中的折射声场为

$$p_t(x,z,t) = 2\cos \alpha A_1 e^{k_1 \sqrt{\sin^2 \theta_i - n^2} z} e^{j(\omega t - k_1 \sin \theta_i x + \alpha)}$$

这是非均匀简谐平面波场，其等相位面垂直于 x 轴，沿 x 轴方向传播，沿 z 轴方向幅值不均匀（指数变化）。即发生全内反射时，介质Ⅱ中的折射声场是非均匀简谐平面波；沿界面方向传播，垂直于界面方向声波幅值不均匀，以指数形式减小，声波只在界面附近；该声波并不向介质Ⅱ内部传输能量，介质Ⅱ中折射波 z 方向声能流时间平均值为0；折射波声能流沿 x 方向传输，折射波在介质Ⅱ中传播一段后又折回到介质Ⅰ中，仍有能量守恒关系。图 3-16 给出发生全内反射时，分界面附近声场示意图，图中箭头方向为波的等相位面传播方

向,箭头长度表示波的幅值。

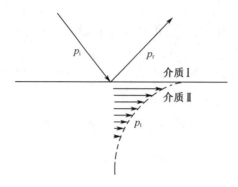

图 3-16　全内反射发生时分界面附近声场示意图

小结　$R(\theta_i)$ 与 θ_i 的关系

$$R(\theta_i) = \frac{m\cos\theta_i - \sqrt{n^2 - \sin^2\theta_i}}{m\cos\theta_i + \sqrt{n^2 - \sin^2\theta_i}} = |R(\theta_i)| e^{j\varphi} \tag{3-147}$$

① $c_2 > c_1$,介质满足全内反射的条件(图 3-17 和图 3-18)。

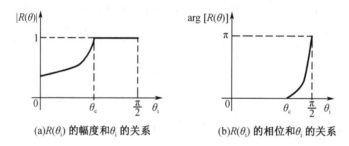

(a)$R(\theta_i)$ 的幅度和θ_i 的关系　　　(b)$R(\theta_i)$ 的相位和θ_i 的关系

图 3-17　$R(\theta_i)$ 与 θ_i 的关系(介质不满足全透射条件)

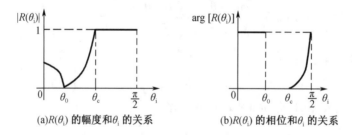

(a)$R(\theta_i)$ 的幅度和θ_i 的关系　　　(b)$R(\theta_i)$ 的相位和θ_i 的关系

图 3-18　$R(\theta_i)$ 与 θ_i 的关系(介质满足全透射条件)

② $c_2 < c_1$ 介质不满足全内反射的条件(图 3-19 和图 3-20)。

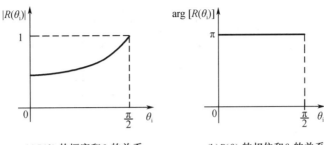

(a)$R(\theta_i)$ 的幅度和θ_i 的关系　　　(b)$R(\theta_i)$ 的相位和θ_i 的关系

图 3-19　$R(\theta_i)$ 与 θ_i 的关系(介质不满足全透射条件)

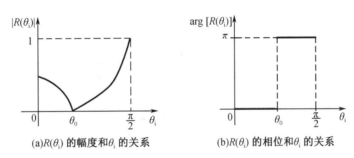

(a)$R(\theta_i)$ 的幅度和θ_i 的关系　　　(b)$R(\theta_i)$ 的相位和θ_i 的关系

图 3-20　$R(\theta_i)$ 与 θ_i 的关系(介质满足全透射条件)

3.7.4　平面波在界面反射和折射时分界面上声波的能量关系

1. 声强反射系数和声强折射系数

根据简谐平面行波声强与声压的关系,若入射波声压为

$$p_i(x,z,t) = A_1 e^{j(\omega t - k_1 \sin\theta_i x + k_1 \cos\theta_i z)}$$

则入射波声强为

$$I_i = \frac{A_1^2}{2\rho_1 c_1}$$

若反射波声压为

$$p_r(x,z,t) = B_1 e^{j(\omega t - k_1 \sin\theta_r x - k_1 \cos\theta_r z)} = A_1 R_p e^{j(\omega t - k_1 \sin\theta_r x - k_1 \cos\theta_r z)}$$

则反射波声强为

$$I_r = \frac{B_1^2}{2\rho_1 c_1} = \frac{|R_p|^2 A_1^2}{2\rho_1 c_1}$$

若折射波声压为

$$p_t(x,z,t) = A_2 e^{j(\omega t - k_2 \sin\theta_t x + k_2 \cos\theta_t z)} = A_1 D_p e^{j(\omega t - k_2 \sin\theta_t x + k_2 \cos\theta_t z)}$$

则折射波声强为

$$I_t = \frac{A_2^2}{2\rho_2 c_2} = \frac{|D_p|^2 A_1^2}{2\rho_2 c_2}$$

其中，界面的声压反射系数 R_p 和折射系数 D_p 分别为

$$R_p(\theta_i) = \frac{m\cos\theta_i - \sqrt{n^2 - \sin^2\theta_i}}{m\cos\theta_i + \sqrt{n^2 - \sin^2\theta_i}}$$

$$D_p(\theta_i) = \frac{2m\cos\theta_i}{m\cos\theta_i + \sqrt{n^2 - \sin^2\theta_i}}$$

（1）声强反射系数：

$$R_I = \frac{I_r}{I_i} = \frac{\dfrac{1}{2\rho_1 c_1}|p_r|^2}{\dfrac{1}{2\rho_1 c_1}|p_i|^2} = \left(\frac{|p_r|}{|p_i|}\right)^2 = |R_p|^2 = \frac{(\rho_2 c_2 \cos\theta_i - \rho_1 c_1 \cos\theta_t)^2}{(\rho_2 c_2 \cos\theta_i + \rho_1 c_1 \cos\theta_t)^2} \quad (3-148)$$

（2）声强折射系数：

$$D_I = \frac{I_t}{I_i} = \frac{\dfrac{1}{2\rho_2 c_2}|p_t|^2}{\dfrac{1}{2\rho_1 c_1}|p_i|^2} = \frac{\rho_1 c_1}{\rho_2 c_2}\left(\frac{|p_t|^2}{|p_i|^2}\right) = \frac{\rho_1 c_1}{\rho_2 c_2}|D_p|^2 = \frac{4\rho_1 c_1 \rho_2 c_2 \cos^2\theta_i}{(\rho_2 c_2 \cos\theta_i + \rho_1 c_1 \cos\theta_t)^2}$$

$$(3-149)$$

讨论：

根据式（3-148）和式（3-149），垂直入射时，显然有 $D_I(\theta_i = 0) + R_I(\theta_i = 0) = 1$，这是能量守恒的必然结果。而斜入射时，$D_I(\theta_i) + R_I(\theta_i) \neq 1$；这难道与能量守恒矛盾？分析：关键是对声强概念的理解，声强是通过单位面积上的声功率，因而用声强表示能量（或平均功率）还有一个面积因素需要考虑。斜入射时，与入射波束 S_i 比较，折射波束 S_t 发生了变化，所以能量守恒的表达应该是

$$I_0 S_i = I_r S_r + I_t S_t \quad (3-150)$$

根据反射定律，反射角等于入射角，所以反射波束宽度与入射波宽度相同；根据折射定律，折射角不等于入射角，所以折射波束宽度与入射波宽度不同；参见图 3-21 中的几何关系：

$$S_i \cos\theta_t = S_t \cos\theta_i \quad (3-151)$$

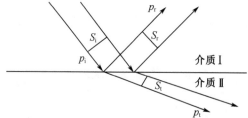

图 3-21　平面波反射、折射时波束宽度的变化示意图

由式（3-148）、式（3-149）和式（3-151）可以证明能量守恒关系式（3-150）成立。

2. 声功率反射系数和声功率折射系数

(1)声功率反射系数为

$$R_W = \frac{W_r}{W_i} = \frac{S_r I_r}{S_i I_i} = \frac{I_r}{I_i} = R_I = |R_p|^2 \tag{3-152}$$

(2)声功率折射系数为

$$T_W = \frac{W_t}{W_i} = \frac{S_t I_t}{S_i I_i} = \frac{\cos \theta_t}{\cos \theta_i} D_I = \frac{4\rho_1 c_1 \rho_2 c_2 \cos \theta_i \cos \theta_t}{(\rho_2 c_2 \cos \theta_i + \rho_1 c_1 \cos \theta_t)^2}$$

也可根据能量守恒关系,得声功率折射系数 T_W。

根据能量守恒

$$W_i = W_r + W_t \Rightarrow T_W + |R_p|^2 = 1$$

又因为,声强反射系数为

$$|R_p|^2 = \frac{(\rho_2 c_2 \cos \theta_i - \rho_1 c_1 \cos \theta_t)^2}{(\rho_2 c_2 \cos \theta_i + \rho_1 c_1 \cos \theta_t)^2}$$

所以,声功率折射系数为

$$T_W = 1 - |R_p|^2 = \frac{4\rho_1 c_1 \rho_2 c_2 \cos \theta_i \cos \theta_t}{(\rho_2 c_2 \cos \theta_i + \rho_1 c_1 \cos \theta_t)^2} \tag{3-153}$$

3.7.5　平面波在流体介质层上的反射和透射

前面仅讨论了声波在两种流体介质平面分界面上的反射与折射,实际上更多需要考虑的是声波通过中间介质层的情况。如声学工程上常用的透声板和隔声板,装于充油外壳或导流罩中的辐射换能器等。求解此类问题很复杂,因为很少是平面波透过流体介质夹层的传播问题;夹层往往是固体介质,固体介质不仅有与流体相似的压缩波,还有切变波;当声波垂直入射到夹层上时才有与流体介质类似的现象。本小节分析平面波透过流体中间层的反射和透射现象,即如图 3-22 的介质空间,声波从介质Ⅰ入射至介质Ⅱ的平面层,透过介质Ⅱ的平面层在介质Ⅲ中继续传播。学习处理此类问题的基本分析方法及平面声波在流体层上反射和透射的基本规律。

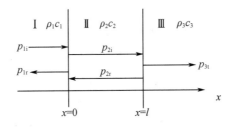

图 3-22　垂直入射中间层的反射和透射示意图

1. 垂直入射

(1)方程和边界条件及方程的形式解

如图 3-22 所示平面波垂直入射到平面中间层,产生反射和透射。第Ⅰ、第Ⅱ和第Ⅲ介质中都满足波动方程。

$$\begin{cases} \nabla^2 p_1 - \dfrac{1}{c_1^2}\dfrac{\partial^2 p_1}{\partial t^2} = 0 & x \leqslant 0 \\[3mm] \nabla^2 p_2 - \dfrac{1}{c_2^2}\dfrac{\partial^2 p_2}{\partial t^2} = 0 & 0 \leqslant x \leqslant l \\[3mm] \nabla^2 p_3 - \dfrac{1}{c_3^2}\dfrac{\partial^2 p_3}{\partial t^2} = 0 & l \leqslant x \end{cases} \tag{3-154}$$

边界条件:在两个界面处分别满足声压连续和法向振速连续

$$\begin{cases} p_1(x)\big|_{x=0} = p_2(x)\big|_{x=0} \\ u_{1n}\big|_{x=0} = u_{2n}\big|_{x=0} \end{cases} \tag{3-155}$$

$$\begin{cases} p_2(x)\big|_{x=l} = p_3(x)\big|_{x=l} \\ u_{2n}\big|_{x=l} = u_{3n}\big|_{x=l} \end{cases} \tag{3-156}$$

对于垂直入射,声场只是空间坐标 x 和时间 t 的函数,所以由简谐波条件再加方程 (3-154),可得声压函数在三种介质中的形式解:

$$p_1 = p_{1i} + p_{1r} = A_1 \mathrm{e}^{\mathrm{j}(\omega t - k_1 x)} + B_1 \mathrm{e}^{\mathrm{j}(\omega t + k_1 x)} \tag{3-157}$$

$$p_2 = p_{2i} + p_{2r} = A_2 \mathrm{e}^{\mathrm{j}(\omega t - k_2 x)} + B_2 \mathrm{e}^{\mathrm{j}(\omega t + k_2 x)} \tag{3-158}$$

$$p_3 = p_{3t} = A \mathrm{e}^{\mathrm{j}[\omega t - k_3(x - l)]} \tag{3-159}$$

注意,介质Ⅲ中只有向 x 正向传播的透射声波,没有反向传播的波。这是利用 $x \to +\infty$ 声场的无穷远条件,得到的结果。

形式解中, $p_{1i} = A_1 \mathrm{e}^{\mathrm{j}(\omega t - k_1 x)}$,是入射声波,为已知函数;

$\qquad p_{1r} = B_1 \mathrm{e}^{\mathrm{j}(\omega t + k_1 x)}$,是反射声波;

$\qquad p_{3t} = A_3 \mathrm{e}^{\mathrm{j}[\omega t - k_3(x - l)]}$,是透射声波。

形式解中的 A_2、A_3、B_1、B_2 为由边界条件确定的常数。

为了利用边界条件,需要三种介质中的质点振速函数在界面上的法向分量 $u_n(x, z, t)\big|_{界面}$,由欧拉公式,得

$$u_n(x, z, t) = -\frac{1}{\rho_0} \int \frac{\partial p(x, t)}{\partial x} \mathrm{d}t$$

所以

$$u_{1n} = \frac{1}{Z_1}\left[A_1 \mathrm{e}^{\mathrm{j}(\omega t - k_1 x)} - B_1 \mathrm{e}^{\mathrm{j}(\omega t + k_1 x)} \right] \quad Z_1 = \rho_1 c_1 \tag{3-160}$$

$$u_{2n} = \frac{1}{Z_2}\left[A_2 \mathrm{e}^{\mathrm{j}(\omega t - k_2 x)} - B_2 \mathrm{e}^{\mathrm{j}(\omega t + k_2 x)} \right] \quad Z_2 = \rho_2 c_2 \tag{3-161}$$

$$u_{3n} = \frac{1}{Z_3} A_3 \mathrm{e}^{\mathrm{j}[\omega t - k_3(x - l)]} \quad Z_3 = \rho_3 c_3 \tag{3-162}$$

式(3-157)至式(3-162)代入式(3-155)和式(3-156),得关于 A_2、A_3、B_1、B_2 的方程组,即

$$\begin{cases} A_1 + B_1 = A_2 + B_2 \\ \dfrac{1}{Z_1}(A_1 - B_1) = \dfrac{1}{Z_2}(A_2 - B_2) \\ A_2 e^{-jk_2 l} + B_2 e^{jk_2 l} = A_3 \\ \dfrac{1}{Z_2}(A_2 e^{-jk_2 l} - B_2 e^{jk_2 l}) = \dfrac{1}{Z_3} A_3 \end{cases} \tag{3-163}$$

（2）层的输入阻抗和声压反射系数

定义 3-33（层的输入阻抗）　若 $\tilde{p}_2$ 和 $\tilde{u}_{2n}$ 是 II 层介质中的复声压和复质点振速，则定义

$Z_{21} \equiv \dfrac{\tilde{p}_2}{\tilde{u}_{2n}}\bigg|_{x=0}$ 为层的输入阻抗，记作 Z_{21}。

对于本问题，根据式（3-158）和式（3-161），可得

$$Z_{21} = \dfrac{A_2 e^{j(\omega t - k_2 x)} + B_2 e^{j(\omega t + k_2 x)}}{\dfrac{1}{Z_2}(A_2 e^{j(\omega t - k_2 x)} - B_2 e^{j(\omega t + k_2 x)})}\Bigg|_{x=0} = \dfrac{A_2 + B_2}{\dfrac{1}{Z_2}(A_2 - B_2)} = Z_2 \dfrac{1 + \dfrac{B_2}{A_2}}{1 - \dfrac{B_2}{A_2}} \tag{3-164}$$

由式（3-163）中的第 3 个等式和第 4 个等式，得

$$\dfrac{B_2}{A_2} = \dfrac{Z_3 - Z_2}{Z_3 + Z_2}\left(\dfrac{e^{-jk_2 l}}{e^{jk_2 l}}\right) = \dfrac{Z_3 - Z_2}{Z_3 + Z_2} e^{-2jk_2 l} \tag{3-165}$$

将式（3-165）代入式（3-164），得

$$Z_{21} = Z_2 \dfrac{Z_3 \cos(k_2 l) + j Z_2 \sin(k_2 l)}{Z_2 \cos(k_2 l) + j Z_3 \sin(k_2 l)} \tag{3-166}$$

又因为，声压反射系数为

$$R_p = \dfrac{\tilde{p}_{1r}}{\tilde{p}_{1i}}\bigg|_{x=0} = \dfrac{B_1 e^{j(\omega t + k_1 x)}}{A_1 e^{j(\omega t - k_1 x)}}\bigg|_{x=0} = \dfrac{B_1}{A_1}$$

再由式（3-163）中的第 1 个式子和第 2 个式子得

$$\dfrac{1 + R_p}{1 - R_p} = \dfrac{A_2 + B_2}{\dfrac{Z_1}{Z_2}(A_2 - B_2)} = \dfrac{Z_{21}}{Z_1} \Rightarrow R_p = \dfrac{Z_{21} - Z_1}{Z_{21} + Z_1}$$

将式（3-166）代入可得

$$R_p = \dfrac{Z_2(Z_3 - Z_1) \cdot \cos(k_2 l) + j(Z_2^2 - Z_1 Z_3)\sin(k_2 l)}{Z_2(Z_3 + Z_1) \cdot \cos(k_2 l) + j(Z_2^2 + Z_1 Z_3)\sin(k_2 l)} \tag{3-167}$$

结论：

① 垂直入射时，层的声压反射系数是一个复数，所以反射波声压与入射波声压之间不但有幅度变化，也有相位变化。

② 层的声压反射系数与声波频率以及层厚有关（波数厚度积 $k_2 l$），所以对于厚度一定的层，反射波信号发生畸变。

③ 声波频率一定,调节层厚可改变反射系数和透射系数。

④ 层的声压反射系数与三种介质的特性阻抗有关。

(3)声压透射系数和透声系数

声压透射系数为

$$D_p \equiv \frac{\tilde{p}_{3t}\big|_{x=l}}{\tilde{p}_{1i}\big|_{x=0}} = \frac{A_3}{A_1}$$

由式(3-163),可解出

$$D_p = \frac{A_3}{A_1} = \frac{2Z_2 Z_3}{Z_2(Z_3 + Z_1)\cos(k_2 l) + j(Z_2^2 + Z_1 Z_3)\sin(k_2 l)} \tag{3-168}$$

透声系数(声强透射系数)为

$$T_I = \frac{I_{3t}\big|_{x=l}}{I_{1i}\big|_{x=0}} = \frac{|A_3^2|/2|Z_3|}{|A_1^2|/2|Z_1|} = \left|\frac{A_3}{A_1}\right|^2 \frac{|Z_1|}{|Z_3|} = |D_p|^2 \left(\frac{Z_1}{Z_3}\right) \tag{3-169}$$

由 D_p 表达式(3-168)可得

$$T_I = \frac{4Z_1 Z_3}{(Z_1 + Z_3)^2 \cos^2(k_2 l) + (Z_2 + Z_1 Z_3/Z_2)^2 \sin^2(k_2 l)} \tag{3-170}$$

显然,若 $Z_1 = Z_3$,即同样介质中有夹层,则 $T_I = |D_p|^2$,有

$$T_p = \frac{1}{\cos^2(k_2 l) + \dfrac{1}{4}\left(\dfrac{Z_2}{Z_1} + \dfrac{Z_1}{Z_2}\right)^2 \sin^2(k_2 l)} \tag{3-171}$$

讨论:

① $Z_1 = Z_3$ 时,存在半波长全透射现象。根据式(3-171),$k_2 l = n\pi \Rightarrow l = n\left(\dfrac{\lambda}{2}\right)$ 时,$T_I = 1$,$|D_p| = 1$。即层厚为 1/2 层中波长整数倍时,则垂直入射时声波全透射。

② $Z_1 \neq Z_3$,但中间夹层 $Z_2 = \sqrt{Z_1 Z_3}$,则

$$T_I = \frac{1}{\left(\dfrac{Z_1 + Z_3}{2\sqrt{Z_1 Z_3}}\right)^2 \cos^2(k_2 l) + \sin^2(k_2 l)} \tag{3-172}$$

可得,当 $l = (2n+1)\dfrac{\lambda}{4}$ 时,$T_I = 1$($D_p \neq 1$,但 $|D_p| = 1$),即当夹层特性阻抗是输入层和输出层特性阻抗的几何平均值,且层厚为 1/4 层中波长奇数倍时,则垂直入射时声波全透射。

2. 倾斜入射

平面波倾斜入射介质层上反射和透射问题选取直角坐标系如图3-23所示。

$z \leq 0$ 区域充满介质 I,$0 \leq z \leq l$ 区域充满介质 II,$z \geq l$ 区域充满介质 III;简谐平面入射波从介质 I 向 $z = 0$ 分界面入射;选择 x、y 轴方向,使波场与 y 坐标变量无关。

(1)方程的形式解和边界条件

① 方程的形式解(略记时间因子 $e^{j\omega t}$)

由反射定律取 $\theta_r = \theta_i$,则介质 I 中的声压和界面法向振速函数为

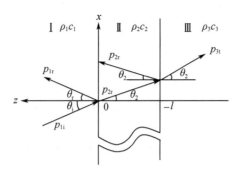

图3-23 倾斜入射中间层的反射和透射示意图

$$\begin{cases} p_1(x,z) = p_{1i} + p_{1r} = \mathrm{e}^{-\mathrm{j}k_1 x\sin\theta_i}(A_1\mathrm{e}^{\mathrm{j}k_1 z\cos\theta_i} + B_1\mathrm{e}^{-\mathrm{j}k_1 z\cos\theta_i}) \\ u_{1n}(x,z) = \dfrac{1}{Z_{1n}}\mathrm{e}^{-\mathrm{j}k_1 x\sin\theta_i}(A_1\mathrm{e}^{\mathrm{j}k_1 z\cos\theta_i} - B_1\mathrm{e}^{-\mathrm{j}k_1 z\cos\theta_i}) \end{cases} \tag{3-173}$$

式中，$Z_{1n} = \dfrac{\rho_1 c_1}{\cos\theta_i}$。

介质Ⅱ中的声压和界面法向振速函数为

$$\begin{cases} p_2(x,z) = p_{2i} + p_{2r} = \mathrm{e}^{-\mathrm{j}k_2 x\sin\theta_2}(A_2\mathrm{e}^{\mathrm{j}k_2 z\cos\theta_2} + B_2\mathrm{e}^{-\mathrm{j}k_2 z\cos\theta_2}) \\ u_{2n}(x,z) = \dfrac{1}{Z_{2n}}\mathrm{e}^{-\mathrm{j}k_2 x\sin\theta_2}(A_2\mathrm{e}^{\mathrm{j}k_2 z\cos\theta_2} - B_2\mathrm{e}^{-\mathrm{j}k_2 z\cos\theta_2}) \end{cases} \tag{3-174}$$

式中，$Z_{2n} = \dfrac{\rho_2 c_2}{\theta_2}$。

利用$z\to-\infty$声场的无穷远条件可得，在介质Ⅲ中只有向z坐标轴负向传播的透射声波，没有反向传播的波，所以介质Ⅲ中的声压和界面法向振速函数为

$$\begin{cases} p_3(x,z) = p_{3t} = A_3\mathrm{e}^{-\mathrm{j}k_3[x\sin\theta_3 - (z+l)\cos\theta_3]} \\ u_{3n}(x,z) = \dfrac{1}{Z_{3n}}A_3\mathrm{e}^{-\mathrm{j}k_3[x\sin\theta_3 - (z+l)\cos\theta_3]} \end{cases} \tag{3-175}$$

式中，$Z_{3n} = \dfrac{\rho_3 c_3}{\cos\theta_3}$。

② 边界条件

$$\begin{cases} p_1\big|_{z=0} = p_2\big|_{z=0} \\ u_{1n}\big|_{z=0} = u_{2n}\big|_{z=0} \end{cases} \tag{3-176}$$

$$\begin{cases} p_2\big|_{z=-l} = p_3\big|_{z=-l} \\ u_{2n}\big|_{z=-l} = u_{3n}\big|_{z=-l} \end{cases} \tag{3-177}$$

将形式解代入边界条件得方程组：

$$\begin{cases} \mathrm{e}^{-jk_1 x\sin\theta_i}(A_1 + B_1) = (A_2 + B_2)\mathrm{e}^{-jk_2 x\sin\theta_2} \\ \dfrac{1}{Z_{1n}}\mathrm{e}^{-jk_1 x\sin\theta_i}(A_1 - B_1) = \dfrac{1}{Z_{2n}}(A_2 - B_2)\mathrm{e}^{-jk_2 x\sin\theta_2} \\ \mathrm{e}^{-jk_2 x\sin\theta_2}(A_2\mathrm{e}^{-jk_2 l\cos\theta_2} + B_2\mathrm{e}^{jk_2 l\cos\theta_2}) = A_3\mathrm{e}^{-jk_3 x\sin\theta_3} \\ \dfrac{1}{Z_{2n}}\mathrm{e}^{-jk_2 x\sin\theta_2}(A_2\mathrm{e}^{-jk_2 l\cos\theta_2} - B_2\mathrm{e}^{jk_2 l\cos\theta_2}) = \dfrac{1}{Z_{3n}}A_3\mathrm{e}^{-jk_3 x\sin\theta_3} \end{cases} \quad (3-178)$$

则有 $k_1\sin\theta_i = k_2\sin\theta_2 = k_3\sin\theta_3$（折射定律），确定了折射波的传播方向。据此，式（3-178）可化简为

$$\begin{cases} A_1 + B_1 = A_2 + B_2 \\ \dfrac{1}{Z_{1n}}(A_1 - B_1) = \dfrac{1}{Z_{2n}}(A_2 - B_2) \\ A_2\mathrm{e}^{-jk_2 l\cos\theta_2} + B_2\mathrm{e}^{jk_2 l\cos\theta_2} = A_3 \\ \dfrac{1}{Z_{2n}}(A_2\mathrm{e}^{-jk_2 l\cos\theta_2} - B_2\mathrm{e}^{jk_2 l\cos\theta_2}) = \dfrac{1}{Z_{3n}}A_3 \end{cases} \quad (3-179)$$

与垂直入射时得到的方程组（3-163）比较可知，只要分别用 Z_{1n}、Z_{2n}、Z_{3n} 代替 Z_1、Z_2、Z_3，用 $k_2\cos\theta_2$ 代替 k_2 就可得到倾斜入射的声压反射系数 R_p、声压透射系数 D_p，以及声强透射系数 T_I。

参考式（3-167），倾斜入射时的声压反射系数为

$$R_p = \frac{Z_{2n}(Z_{3n} - Z_{1n})\cdot\cos(k_2\cos\theta_i l) + j(Z_{2n}^2 - Z_{1n}Z_{3n})\sin(k_2\cos\theta_i l)}{Z_{2n}(Z_{3n} + Z_{1n})\cdot\cos(k_2\cos\theta_i l) + j(Z_{2n}^2 + Z_{1n}Z_{3n})\sin(k_2\cos\theta_i l)} \quad (3-180)$$

参考式（3-168），倾斜入射时的声压透射系数为

$$D_p = \frac{2Z_{2n}Z_{3n}}{Z_{2n}(Z_{3n} + Z_{1n})\cos(k_2\cos\theta_i l) + j(Z_{2n}^2 + Z_{1n}Z_{3n})\sin(k_2\cos\theta_i l)} \quad (3-181)$$

式（3-180）和式（3-181）中，$Z_{in} = \dfrac{\rho_i c_i}{\cos\theta_i}$，$\theta_2$、$\theta_3$ 由折射定律确定：

$$k_1\sin\theta_1 = k_2\sin\theta_2 = k_3\sin\theta_3, k_i = \frac{\omega}{c_i}, i = 1, 2, 3 \quad (3-182)$$

同理，参考式（3-170）可得倾斜入射时的透声系数（声强透射系数）为

$$T_I = \frac{4Z_{1n}Z_{3n}}{(Z_{1n} + Z_{3n})^2\cos^2(k_2\cos\theta_i l) + (Z_{2n} + Z_{1n}Z_{3n}/Z_{2n})^2\sin^2(k_2\cos\theta_i l)} \quad (3-183)$$

对上述结果进行分析：

需要注意的是，发生全内反射的条件：

a. $c_1 < c_3$ 是发生"全内反射"的介质条件；Ⅰ、Ⅲ介质间的临界角 $\theta_c = \arcsin\left(\dfrac{c_1}{c_3}\right)$，则 $\theta_i \geqslant \theta_c$ 是发生"全内反射"的入射角条件。只要 $\theta_i \geqslant \theta_c$，就能发生"全内反射"，无论夹层中的波场如何。

b. 即使有 $c_1 < c_2$，且 $\theta_i \geqslant \arcsin \dfrac{c_1}{c_2}$（$\theta_{c12} = \arcsin \dfrac{c_1}{c_2}$ 是 I 和 II 介质间的临界角），但只要前述的 a 条件不满足，就不会发生"全内反射"，只是此时层中的波场是非均匀平面波场。这个非均匀波场是两个非均匀平面波的叠加，一个幅值按正指数规律变化，另一个幅值按负指数规律变化，二者均沿 x 轴正向传播；参见图 3-24(b)。

（2）几种介质条件和入射波条件下的典型波场示意图（图 3-24 和图 3-25）

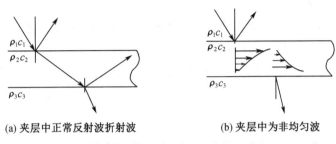

(a) 夹层中正常反射波折射波 　　　　(b) 夹层中为非均匀波

图 3-24　正常反射波透射波场示意图

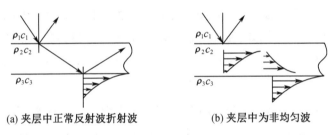

(a) 夹层中正常反射波折射波 　　　　(b) 夹层中为非均匀波

图 3-25　全内反射发生时的波场示意图（透射波为非均匀波）

习　　题

1. 有效声压 50 Pa、频率 1 000 Hz 的平面波由水中垂直入射到水与空气的平面界面上。试求：透射到空气中平面波的有效声压是多少？水中入射波和空气中的透射波声强各是多少？又，如果该平面波由水入射到水/冰界面上，求出上述两问；并求，冰层的声功率反射系数是多少？（冰的特性阻抗为 2.94×10^6 瑞利）。

2. 平面声波垂直入射到海底，如果反射波比入射波低 20 dB，问液态海底物质的特性阻抗可能取什么数值？

3. 平面声波从空气垂直入射到某流体平面分界面上。若已知有一半声能被反射，求该流体的特性阻抗；如果有 1/4 的能量被反射，该流体的特性阻抗又是多少？

4. 试以一维平面波为例，导出理想流体介质中存在反射波时声场某点处的波阻抗表示式。

5. 已知，海底临界角为 58°，海底介质密度为 $2.7\times10^3\ kg/m^3$。若平面波以 30° 角入射到海底平面上，求反射波强度与入射波强度之比？

6. 频率为 20 000 Hz 的平面波从水中垂直入射无反射地进入钢中，试求中间所夹塑料层（其密度为 1 500 kg/m^3）的厚度波速比为何值。

7. 水中钢板，厚度为 1.5 cm，现有 2 000 Hz 的平面声波垂直入射其上。试求：

(1) 声波通过钢板的透射损失；

(2) 钢板的声功率反射系数；

(3) 如用 1.5 cm 厚的海绵橡胶板（密度为 500 kg/m^3）代替钢板，重复计算（1）（2）中的各量。（海绵橡胶板纵波声速为 1 000 m/s）

8. 1 kHz 的平面波垂直入射到水中厚度为 4 cm 的钢板上，求入射波和反射波在水/钢界面上的相位差。

3.8　简谐平面波在阻抗表面上的反射

定义 3-34（局部作用表面）　在表面上任意一点的法向振动不影响相邻点的振动，这类表面称为局部作用表面。例如，流体/流体表面、流体/消声材料表面均可视为局部作用表面。局部作用表面的声学性质可以用法向声阻抗率表示，局部作用表面也称作阻抗表面。

定义 3-35（法向声阻抗率）　若作用在局部作用表面上某点的复声压为 $\tilde{p}(s)$，该点的法向复振速为 $\tilde{u}_n(s)$，则 $\tilde{p}(s)$ 与 $\tilde{u}_n(s)$ 的比为局部作用表面在该点的法向声阻抗率，记作 $\tilde{Z}_n(s)$。

$$\tilde{Z}_n(s) = \frac{\tilde{p}(s)}{\tilde{u}_n(s)}\bigg|_{\text{表面}} \tag{3-184}$$

法向声阻抗率与波阻抗有相同的量纲和单位；SI 单位为瑞利。

如图 3-26 所示，$x\leqslant0$ 空间充满特性阻抗为 ρ_0c_0 的理想介质；$x=0$ 平面为法向声阻抗率为 $\tilde{Z}_n$ 的阻抗表面；简谐平面入射声波 $p_i(x,t)$ 沿 x 方向传播，垂直入射到阻抗表面上；产生沿 x 负方向传播的反射声波 $p_r(x,t)$。

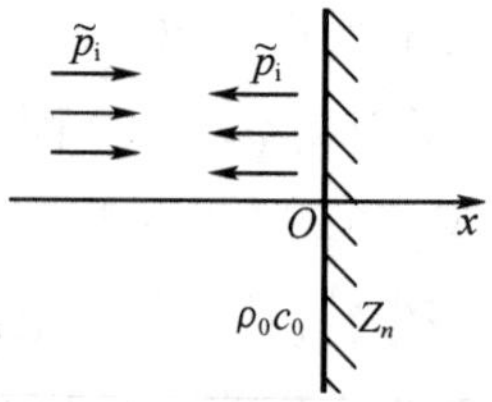

图 3-26　简谐平面波垂直入射到局部作用表面示意图

1. 波动方程和边界条件

波动方程：

$$\frac{\partial^2 p(x,t)}{\partial x^2} - \frac{1}{c_0^2}\frac{\partial^2 p(x,t)}{\partial t^2} = 0 \quad x\leqslant0 \tag{3-185}$$

边界条件：

$$\widetilde{Z}_n = \frac{\widetilde{p}(x,t)}{\widetilde{u}_n(x,t)}\Bigg|_{x=0} \tag{3-186}$$

2. 方程的简谐波形式解

作为简谐振动,取时间因子 $e^{j\omega t}$,则方程式(3-185)的复数形式解为

复声压:

$$\widetilde{p}_1 = \widetilde{p}_i + \widetilde{p}_r = (Ae^{-jkx} + Be^{jkx})e^{j\omega t} \quad k = \frac{\omega}{c} \tag{3-187}$$

复振速:

$$\widetilde{u}_1 = \frac{1}{\rho_0 c_0}(Ae^{-jkx} - Be^{jkx})e^{j\omega t} \tag{3-188}$$

3. 局部作用表面的垂直声压反射系数

声压和振速的形式解[式(3-187)和式(3-188)]代入边条件[式(3-186)],得

$$\widetilde{Z}_n = \frac{\widetilde{p}(x,t)}{\widetilde{u}_n(x,t)}\Bigg|_{x=0} = \frac{(Ae^{-jkx} + Be^{jkx})e^{j\omega t}}{\frac{1}{\rho_0 c_0}(Ae^{-jkx} - Be^{jkx})e^{j\omega t}}\Bigg|_{x=0} = \rho_0 c_0 \frac{A+B}{A-B}$$

因为

$$R_p = \frac{\widetilde{p}_r(x,t)}{\widetilde{p}_i(x,t)}\Bigg|_{x=0} = \frac{B}{A} \Rightarrow \frac{1+R_p}{1-R_p} = \frac{\widetilde{Z}_n}{\rho_0 c_0} \tag{3-189}$$

得声压反射系数为

$$R_p = \frac{\widetilde{Z}_n - \rho_0 c_0}{\widetilde{Z}_n + \rho_0 c_0} \tag{3-190}$$

4. 介质中的声压和质点振速场以及波场的波阻抗

声压:

$$\widetilde{p}_1(x,t) = A\left[e^{j(\omega t - kx)} + R_p e^{j(\omega t + kx)}\right] \tag{3-191}$$

振速:

$$\widetilde{u}_1(x,t) = \frac{A}{\rho c}\left[e^{j(\omega t - kx)} - R_p e^{j(\omega t + kx)}\right] \tag{3-192}$$

波阻抗:

$$\widetilde{Z}(x,\omega) = \frac{\widetilde{p}_1(x,t)}{\widetilde{u}_1(x,t)} = \rho_0 c_0 \left(\frac{e^{-jkx} + R_p e^{jkx}}{e^{-jkx} - R_p e^{jkx}}\right) \tag{3-193}$$

此平面波场的波阻抗是一个复数,且与空间位置和声波频率有关,与平面行波场的波阻抗 $\rho_0 c_0$ 不同。

5. 对介质中的声压场的进一步分析

令 $R_p = |R_p|e^{j\varphi}$,则介质中的声压函数可写为

$$\tilde{p}(x,t) = A[e^{j(\omega t - kx)} + R_p e^{j(\omega t + kx)}] = A[e^{j(\omega t - kx)} + |R_p|e^{j\varphi}e^{j(\omega t + kx)}]$$

$$= A[|R_p|e^{-j\left(kx + \frac{\varphi}{2}\right)} + |R_p|e^{j\left(kx + \frac{\varphi}{2}\right)} + (1 - |R_p|)e^{-j\left(kx + \frac{\varphi}{2}\right)}]e^{j\left(\omega t + \frac{\varphi}{2}\right)}$$

$$\Rightarrow \tilde{p}(x,t) = 2A|R_p|\cos\left(kx + \frac{\varphi}{2}\right)e^{j\left(\omega t + \frac{\varphi}{2}\right)} + A(1 - |R_p|)e^{j(\omega t - kx)}$$

$$(3-194)$$

实际声压函数是上式复数声压的实部，有

$$p(x,t) = 2|R_p|A\cos\left(kx + \frac{\varphi}{2}\right)\cos\left(\omega t + \frac{\varphi}{2}\right) + (1 - |R_p|)A\cos(\omega t - kx) \quad (3-195)$$

式（3-195）的前一项 $2|R_p|A\cos\left(kx+\frac{\varphi}{2}\right)\cos\left(\omega t+\frac{\varphi}{2}\right)$ 为纯驻波场。

式（3-195）的后一项 $(1-|R|)A\cos(\omega t-kx)$ 为沿 x 方向传播的行波场。

所以实际声压函数式(3-195)所表示的声场是驻波场和行波场叠加后的声场。

图 3-27 是该声场声压函数不同时间的空间分布图，图中时间 $t_1 < t_2 < \cdots < t_{13}$。

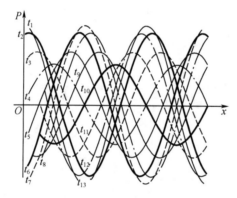

图 3-27　驻波场和行波场叠加后的声场在不同时间声压的空间分布图

图 3-28 是该声场声压函数不同空间位置的时间信号图，图中空间坐标 $x_1 < x_2 < \cdots < x_5$。

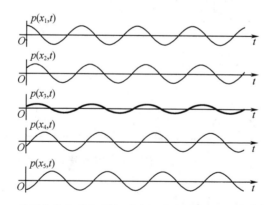

图 3-28　驻波场和行波场叠加后声场在不同位置声压的时间函数图

图 3-27 和图 3-28 反映了该波场具有行波的特征：随时间的增加，声压分布函数在空

间上"移动";空间位置改变,声压信号的振动相位有延迟。但又与行波不完全相同:随时间的增加,声压分布函数在空间上"移动"的同时,声压分布函数的幅值也变化;空间位置改变,声压信号的振动相位有延迟的同时,声压信号的振幅值也变化。这些是驻波场的特征。式(3-195)所表示的声场是一般平面驻波场,它是由相向传播的同频简谐平面波叠加形成的。

为了描述平面驻波场中声场空间各点振动幅值的不均匀程度,下面引入驻波比的概念。

定义 3-36(驻波比)　平面驻波场中,某一声学量的振幅最大值与振幅最小值之比,称作该驻波场的驻波比,记作 G。

$$G \equiv \frac{|\tilde{p}|_{\max}}{|\tilde{p}|_{\min}} = \frac{|\tilde{p}|_{波腹}}{|\tilde{p}|_{波节}} \tag{3-196}$$

式(3-196)的后一个等式是利用了 3.7 节中定义的驻波场中"波腹"和"波节"的概念:驻波场中空间某点处,如果某一声学量的振动幅值比相邻位置的大(或小),则称该位置为该声学量的波腹(或波节)。

6. 驻波比 G 与声压反射系数 R_p 的关系

由式(3-195):

$$p(x,t) = \mathrm{Re}[\tilde{p}(x,t)] = 2|R_p|A\cos\left(kx + \frac{\varphi}{2}\right)\cos\left(\omega t + \frac{\varphi}{2}\right) + (1 - |R_p|)A\cos(\omega t - kx)$$

可得

$$|p(x,t)|_{\max} = |p(x,t)|_{kx = -\frac{\varphi}{2} + n\pi} = 2|R_p|A + (1 - |R_p|)A = (1 + |R_p|)A$$

$$|p(x,t)|_{\min} = |p(x,t)|_{kx = -\frac{\varphi}{2} + \frac{\pi}{2} + n\pi} = (1 - |R_p|)A$$

所以,声压函数的波腹位置:

$$kx = -\frac{\varphi}{2} + n\pi \tag{3-197}$$

声压函数的波节位置:

$$kx = -\frac{\varphi}{2} + \frac{\pi}{2} + n\pi \tag{3-198}$$

可得驻波比 G 与声压反射系数 R_p 的关系:

$$G = \frac{|p(x,t)|_{\max}}{|p(x,t)|_{\min}} = \frac{1 + |R_p|}{1 - |R_p|} \Rightarrow |R_p| = \frac{G - 1}{G + 1} \tag{3-199}$$

由式(3-197)可推知,波腹间距:

$$\Delta = \frac{-\frac{\varphi}{2} + n\pi - \left[-\frac{\varphi}{2} + (n-1)\pi\right]}{k} = \frac{\pi}{k} = \frac{\lambda}{2}$$

由式(3-198)可推知,波节间距:

$$\Delta' = \frac{\left(-\frac{\varphi}{2} + \frac{\pi}{2} + n\pi\right) - \left[-\frac{\varphi}{2} + \frac{\pi}{2} + (n-1)\pi\right]}{k} = \frac{\lambda}{2}$$

相邻波节波腹间距：

$$\Delta'' = \frac{\left(-\dfrac{\varphi}{2} + \dfrac{\pi}{2} + n\pi\right) - \left(-\dfrac{\varphi}{2} + n\pi\right)}{k} = \frac{\lambda}{4}$$

因此，可通过测量声场的声压振幅的最大值和最小值得到驻波比，用式（3-199）得到声压反射系数的模值 $|R_p|$；再用声场中声压幅值的最小值（或最大值）位置，根据式（3-198）或式（3-197）得到声压反射系数的相角 φ 值。综上，可得材料的声压反射系数 R_p。这就是驻波管法测量材料声压反射系数 R_p 的基本原理。

驻波管法测量材料声学参数的测量系统如图 3-29 所示。

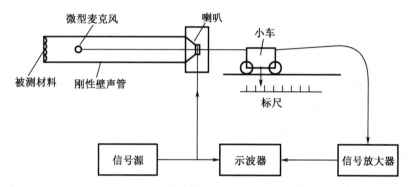

图 3-29　驻波管法测量材料声学参数的测量系统示意图

习　　题

1. 简谐平面声波从特性阻抗为 $\rho_0 c_0$ 的流体介质中以 θ_i 入射角斜入射到法向声阻抗率为 Z_n 的局部作用表面上，求声压反射系数 R_p 和声功率反射系数 R_W。

2. 空气中，简谐平面声波垂直入射到法向声阻抗率为 860 瑞利的阻抗表面上，求声压反射系数和空气中声场的驻波比。（空气中波速取 340 m/s，密度取 1.2 kg/m³）

3. 空气中，利用驻波管法测量材料声学参数。声波频率 1 000 Hz，测得驻波比为 3，第一个波节距被测材料表面 4 cm，求被测材料的声压反射系数 R_p。

4. 空气中简谐平面波垂直入射到特性阻抗 785 瑞利的平面分界面上，求空气中声场的驻波比。

3.9 各向均匀的球面波

定义 3-37（球面波） 球面波声场是波阵面为一系列同心球面的声场，简称球面波。这是广义球面波概念。

在无限大介质中的球形发射器表面各点沿径向做相同振动时，在介质中产生球面波声场。

3.9.1 球坐标系下的波动方程及球面扩张波的传播特性

1. 球坐标系下的波动方程及球面波的解函数

用速度势函数 $\Psi(\boldsymbol{r},t)$ 描述声场。$\Psi(\boldsymbol{r},t)$ 定义为

$$\boldsymbol{u}(\boldsymbol{r},t) = -\nabla\Psi(\boldsymbol{r},t) \text{（见 3.2 节）}$$

速度势函数满足波动方程：

$$\nabla^2\Psi(\boldsymbol{r},t) - \frac{1}{c_0^2}\frac{\partial^2\Psi(\boldsymbol{r},t)}{\partial t^2} = 0 \tag{3-200}$$

分析球面波的性质和规律时，空间坐标系采用球面坐标系，会使问题描述更容易，物理图像更清晰。取图 3-30 所示球坐标系 $O\text{-}r\text{-}\theta\text{-}\varphi$。

球坐标系下拉普拉斯算符为

$$\nabla^2 = \frac{1}{r^2}\frac{\partial}{\partial r}\left(r^2\frac{\partial}{\partial r}\right) + \frac{1}{r^2\sin\theta}\frac{\partial}{\partial\theta}\left(\sin\theta\frac{\partial}{\partial\theta}\right) + \frac{1}{r^2}\frac{1}{\sin^2\theta}\frac{\partial^2}{\partial\varphi^2} \tag{3-201}$$

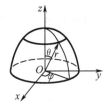

图 3-30 球坐标系示意图

波动方程在球坐标系下的表示为

$$\frac{1}{r^2}\frac{\partial}{\partial r}\left[r^2\frac{\partial\Psi(\boldsymbol{r},t)}{\partial r}\right] + \frac{1}{r^2\sin\theta}\frac{\partial}{\partial\theta}\left[\sin\theta\frac{\partial\Psi(\boldsymbol{r},t)}{\partial\theta}\right] + \frac{1}{r^2}\frac{1}{\sin^2\theta}\frac{\partial^2\Psi(\boldsymbol{r},t)}{\partial\varphi^2} - \frac{1}{c_0^2}\frac{\partial^2\Psi(\boldsymbol{r},t)}{\partial t^2} = 0 \tag{3-202}$$

若波场为球面波，取球坐标 $O\text{-}r\text{-}\theta\text{-}\varphi$，并使坐标原点与球面波球心重合，则波场函数与坐标变量 θ、φ 无关，即

$$\Psi(\boldsymbol{r},t) = \Psi(r,\theta,\varphi,t) = \Psi(r,t)$$

有

$$\frac{\partial\Psi}{\partial\theta} = 0, \frac{\partial\Psi}{\partial\varphi} = 0$$

所以，波动方程化为

$$\frac{1}{r^2}\frac{\partial}{\partial r}\left[r^2\frac{\partial\Psi(\boldsymbol{r},t)}{\partial r}\right] - \frac{1}{c_0^2}\frac{\partial^2\Psi}{\partial t^2} = 0 \tag{3-203}$$

若 $r\neq0$，有

$$\frac{\partial^2}{\partial r^2}\left[r\Psi(r,t)\right] - \frac{1}{c_0^2}\frac{\partial^2}{\partial t^2}\left[r\Psi(r,t)\right] = 0 \tag{3-204}$$

方程式(3-204)是关于函数 $r\Psi(r,t)$ 的达朗贝尔方程。其解为

$$r\Psi(r,t) = f_1(r - c_0 t) + f_2(r + c_0 t) \qquad (3-205)$$

$$\Rightarrow \Psi(r,t) = \frac{1}{r} f_1(r - c_0 t) + \frac{1}{r} f_2(r + c_0 t) \qquad (3-206)$$

参照 3.4 节中对平面波场式(3-73)的分析方法,仅考虑式(3-206)的前一项,其时空综量为 $\xi(r,t) = r - c_0 t$；t 时刻具有相同振动状态的空间函数为 $\xi(r,t) = r - c_0 t = a$；这是一个半径为 $r = a + c_0 t$,球心在坐标原点的球面,是该波场的一个波阵面;常数 r 不同,表示振动状态不同,也就是不同的波阵面;显然,t 时刻,不同常数 r,形成一系列不同半径的同心球面。在传播过程中同一波阵面的常数 r 不变,因而,时间 t 增加,r 增加,表明波阵面向 r 正向传播。对于球坐标系变量,r 增加,球面变大,也就是 r 正向传播的球面波,在传播过程中,波阵面不断扩张。所以式(3-206)的前一项为向 r 正向传播的波,称为扩张波;后一项为向 r 负向传播的波,称为收敛波。

2. 扩张球面波的传播特性

若只讨论扩张球面波,有

$$\Psi(r,t) = \frac{1}{r} f_1(r - c_0 t) \qquad (3-207)$$

根据速度势函数定义式和欧拉公式,可得

$$p(r,t) = \rho_0 \frac{\partial}{\partial t} \Psi(r,t) = \frac{1}{r} \rho_0 \frac{\partial}{\partial t} f_1(r - c_0 t) = -\frac{\rho_0 c_0}{r} f_1'(r - c_0 t) \qquad (3-208)$$

$$\boldsymbol{u}(r,t) = -\nabla \Psi(r,t) = -\frac{\partial}{\partial r} \Psi(r,t) \boldsymbol{e}_r = \left[-\frac{1}{r} f_1'(r - c_0 t) + \frac{1}{r^2} f_1(r - c_0 t) \right] \boldsymbol{e}_r$$

$$(3-209)$$

式中,$\boldsymbol{e}_r$ 为球坐标矢径方向的单位向量。

扩张球面波的传播特性表现为:声压的幅值随传播距离增加而减小;质点振速与声压的信号波形不同;只有当 r 足够大后,质点振速表达式(3-209)中的后一项相对前一项小得多,而可略去时,才可以近似认为质点振速与声压的波形相同。

3.9.2　简谐均匀扩张球面波的传播特性

简谐均匀扩张球面波是指等相位面为球面,并且在等相位面上振幅均匀,传播过程中波阵面不断扩大的简谐波场。

取球坐标 $O - r - \theta - \varphi$,并使坐标原点与等相位面球心重合(图3-30);声压函数的波动方程可写为

$$\frac{\partial}{\partial r^2} [rp(r,t)] - \frac{1}{c_0^2} \frac{\partial^2}{\partial t^2} [rp(r,t)] = 0 \qquad (3-210)$$

将 $\tilde{p}(r,t) = p(r) e^{j\omega t}$ 代入式(3-210),得

$$\frac{\mathrm{d}^2 [rp(r)]}{\mathrm{d}r^2} + k^2 [rp(r)] = 0, k = \frac{\omega}{c_0} \qquad (3-211)$$

其解为

$$rp(r) = Ae^{-jkr} + Be^{jkr} \qquad (3-212)$$

所以简谐振动的均匀球面波声压函数为

$$p(r,t) = \frac{A}{r}e^{j(\omega t - kr)} + \frac{B}{r}e^{j(\omega t + kr)} \qquad (3-213)$$

式(3-213)的前一项是沿 r 正方向传播的波,传播过程中等相位面不断扩张,是扩张波;后一项向 r 负方向传播的波,传播过程中等相位面不断缩小,是收敛波。

1. 简谐均匀扩张球面波的声压函数和质点振速函数

狭义球面波就是指简谐均匀扩张球面波,是式(3-213)中前一项表示的声场,所以简谐均匀扩张球面波声压函数为

$$p(r,t) = \frac{A}{r}e^{j(\omega t - kr)} \qquad (3-214)$$

由欧拉公式 $\boldsymbol{u}(r,t) = -\dfrac{1}{\rho_0}\displaystyle\int \dfrac{\partial p(r,t)}{\partial r}\boldsymbol{e}_r\mathrm{d}t$,可得振速函数:(略记球坐标径向单位向量 $\boldsymbol{e}_r$)

$$u(r,t) = -\frac{1}{\rho_0}\int \frac{\partial p(r,t)}{\partial r}\mathrm{d}t = -\frac{1}{\rho_0}\int \frac{\partial}{\partial r}\left(\frac{A}{r}e^{j(\omega t - kr)}\right)\mathrm{d}t = \frac{A}{\rho_0}\int\left(\frac{1}{r^2} + \frac{jk}{r}\right)e^{j(\omega t - kr)}\mathrm{d}t$$

$$\Rightarrow u(r,t) = \frac{A}{j\omega\rho_0}\left(\frac{1}{r^2} + \frac{jk}{r}\right)e^{j(\omega t - kr)} = \frac{1}{\rho_0 c_0}\left(1 + \frac{1}{jkr}\right)\frac{A}{r}e^{j(\omega t - kr)} \qquad (3-215)$$

由位移与振速的关系 $\tilde{x}(r,t) = \displaystyle\int \tilde{u}(r,t)\mathrm{d}t$,可得位移函数为

$$\tilde{x}(r,t) = \frac{1}{j\omega\rho_0 c_0}\left(1 + \frac{1}{jkr}\right)\frac{A}{r}e^{j(\omega t - kr)}$$

通过声源某一切面上某一时刻空间质点的位置情况如图 3-31 所示。

图 3-31　简谐均匀球面波场质点振动

2. 均匀扩张球面波的波阻抗

$$Z_{\mathrm{a}}(r,\omega) \equiv \frac{\tilde{p}(r,t)}{\tilde{u}(r,t)} = \frac{\dfrac{A}{r}\mathrm{e}^{\mathrm{j}(\omega t-kr)}}{\dfrac{1}{\rho_0 c_0}\left(1+\dfrac{1}{\mathrm{j}kr}\right)\dfrac{A}{r}\mathrm{e}^{\mathrm{j}(\omega t-kr)}} = \rho_0 c_0\left(\frac{\mathrm{j}kr}{1+\mathrm{j}kr}\right)$$

$$\Rightarrow Z_{\mathrm{a}}(r,\omega) = \rho_0 c_0 \frac{(kr)^2+\mathrm{j}kr}{1+(kr)^2} = \rho_0 c_0 \frac{(kr)^2}{1+(kr)^2} + \mathrm{j}\rho_0 c_0 \frac{kr}{1+(kr)^2} \qquad (3-216)$$

$$\Rightarrow \text{波阻 } R_{\mathrm{a}} = \rho_0 c_0 \frac{(kr)^2}{1+(kr)^2},\text{波抗 } X_{\mathrm{a}} = \rho_0 c_0 \frac{kr}{1+(kr)^2} \qquad (3-217)$$

图 3-32 给出了由式(3-217)计算的均匀扩张球面波的波阻 R_{a} 和波抗 X_{a} 随 kr 的变化曲线。

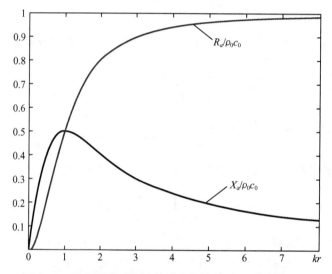

图 3-32　均匀扩张球面波的波阻和波抗随 kr 的变化规律

可见,当 $kr \gg 1$ 时,波抗 X_{a} 趋于 0,波阻 R_{a} 趋于介质的特性阻抗,即 $kr \gg 1$ 时,均匀扩张球面波的波阻抗趋于平面行波的波阻抗,为介质的特性阻抗 $\rho_0 c_0$。

式(3-216)表示的均匀扩张球面波波阻抗,其相角和模值为

$$\text{相角}:\varphi = \arg(kr+\mathrm{j}) = \arctan\left(\frac{1}{kr}\right);\text{模值}:|Z_{\mathrm{a}}| = \rho_0 c_0 \frac{kr}{\sqrt{1+(kr)^2}} = \rho_0 c_0 \cos\varphi \qquad (3-218)$$

图 3-33 给出了由式(3-218)计算的均匀扩张球面波波阻抗相角和模值随 kr 的变化曲线。

结论 3-8　与平面行波的波阻抗不同,均匀扩张球面波的波阻抗与空间位置和声波频率以及介质的特性阻抗有关,不是常数。但当 kr 值很大时,均匀扩张球面波波阻抗和平面波波阻抗近似相等,为介质的特性阻抗 $\rho_0 c_0$。

3. 均匀扩张球面波的声压和质点振速的相速度

谐和均匀扩张球面波的声压函数为 $p(r,t) = \dfrac{A}{r}\mathrm{e}^{\mathrm{j}(\omega t-kr)}$,所以声压的等相位面函数为

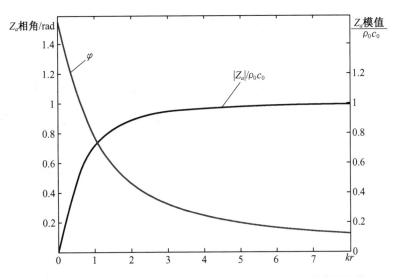

图 3-33 均匀扩张球面波的波阻抗的模值和相角随 *kr* 的变化规律

$$\varphi_p = \omega t - kr = 常数$$

声压的等相位面移动速度(相速度)为

$$c_p = \frac{\mathrm{d}r}{\mathrm{d}t}\bigg|_{\varphi_p = 常数} = \frac{\mathrm{d}r}{\mathrm{d}t}\bigg|_{\omega t - kr = 常数} = \frac{\mathrm{d}(\omega t - 常数)/k}{\mathrm{d}t} = \frac{\omega}{k} = c_0 \tag{3-219}$$

谐和均匀扩张球面波的振速函数:

$$u(r,t) = \frac{p(r,t)}{Z_a} = \frac{A}{r|Z_a|}\mathrm{e}^{\mathrm{j}(\omega t - kr - \varphi)} \tag{3-220}$$

式中, $|Z_a| = \rho_0 c_0 \dfrac{kr}{1+(kr)^2}\sqrt{1+(kr)^2}$; $\varphi = \arctan\left(\dfrac{1}{kr}\right)$ 。

所以,振速的等相位面函数为

$$\varphi_u = \omega t - kr - \varphi = 常数$$

振速的等相位面也是球面。

振速的等相位面移动速度(相速度)为

$$c_u = \frac{\mathrm{d}r}{\mathrm{d}t}\bigg|_{\varphi_u = 常数} = c_0\left[1 + \frac{1}{(kr)^2}\right] \tag{3-221}$$

注 式(3-221)的推导过程:

$$\varphi_u = \omega t - kr - \varphi = 常数 \Rightarrow \omega\mathrm{d}t - k\mathrm{d}r - \mathrm{d}\varphi = 0$$

$$\mathrm{d}\varphi = \mathrm{d}\left[\arctan\left(\frac{1}{kr}\right)\right] = \frac{1}{1+\left(\frac{1}{kr}\right)^2}(-1)\frac{1}{(kr)^2}k\mathrm{d}r = -\frac{k\mathrm{d}r}{1+(kr)^2}$$

所以

$$\omega\mathrm{d}t - k\mathrm{d}r - \left[-\frac{k\mathrm{d}r}{1+(kr)^2}\right] = 0 \Rightarrow \omega\mathrm{d}t = k\mathrm{d}r - \frac{k\mathrm{d}r}{1+(kr)^2} = k\frac{(kr)^2}{1+(kr)^2}\mathrm{d}r$$

$$\Rightarrow c_u = \frac{\mathrm{d}r}{\mathrm{d}t}\bigg|_{\varphi_u=\text{常数}} = \frac{\omega}{k\left[\dfrac{(kr)^2}{1+(kr)^2}\right]}$$

$$= c_0 \frac{1+(kr)^2}{(kr)^2} = c_0\left[1+\frac{1}{(kr)^2}\right] \quad [\text{式}(3-221)\text{推导完毕}]$$

用式（3-219）和式（3-221）得到的声压相速度和振速相速度随 kr 的变化规律如图 3-34 所示。

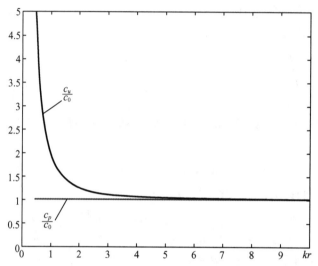

图 3-34　声压的相速度和振速的相速度随 kr 的变化规律

结论 3-9　简谐均匀扩张球面波的声压相速度等于介质的波速 c_0。振速的相速度在近场区比声压的相速度快，而在远场（$kr \gg 1$），振速的相速度与声压的相速度趋于一致，为 c_0。

4. 均匀扩张球面波的声能流密度和声强

声能流密度：

$$\boldsymbol{W}(\boldsymbol{r},t) = p(\boldsymbol{r},t)\boldsymbol{u}(\boldsymbol{r},t) = \mathrm{Re}[\tilde{p}(\boldsymbol{r},t)]\mathrm{Re}[\tilde{u}(\boldsymbol{r},t)]\boldsymbol{e}_r = \mathrm{Re}\left[\frac{A}{r}\mathrm{e}^{\mathrm{j}(\omega t-kr)}\right]\mathrm{Re}\left[\frac{A}{rZ_a}\mathrm{e}^{\mathrm{j}(\omega t-kr)}\right]\boldsymbol{e}_r$$

$$= \frac{A}{r}\cos(\omega t-kr)\frac{A}{r|Z_a|}\cos(\omega t-kr-\varphi)\boldsymbol{e}_r = \frac{A^2}{r^2\rho_0 c_0\cos\varphi}\cos(\omega t-kr)\cos(\omega t-kr-\varphi)\boldsymbol{e}_r$$

$$= \frac{A^2}{r^2\rho_0 c_0\cos\varphi}\frac{1}{2}\{\cos[2(\omega t-kr)-\varphi]+\cos\varphi\}\boldsymbol{e}_r$$

所以

$$\boldsymbol{W}(\boldsymbol{r},t) = \left\{\frac{1}{2\rho_0 c_0}\frac{A^2}{r^2\cos\varphi}\cos[2(\omega t-kr)-\varphi] + \frac{1}{2\rho_0 c_0}\frac{A^2}{r^2}\right\}\boldsymbol{e}_r \qquad (3-222)$$

图 3-35 为不同空间位置声压、质点振速和声能流的时间变化函数图。

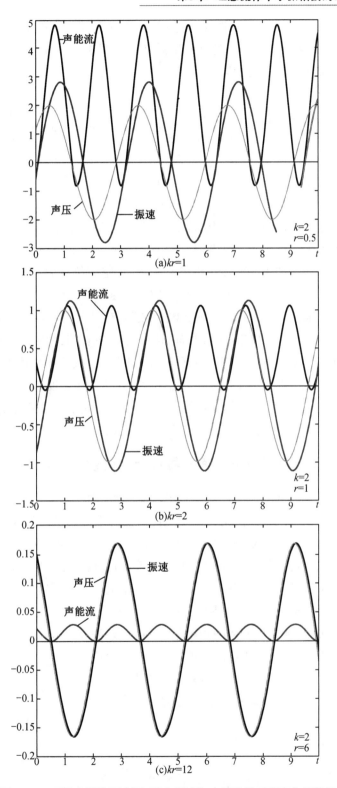

图 3-35 不同空间位置声压、质点振速和声能流的时间变化函数图

比较图 3-35（a）、图 3-35（b）、图 3-35（c）可知，kr 小［图 3-35（a）］，即近场声压与振速相位差大，声能流在有些时段沿 r 的反向传播；kr 大［图 3-35（c）］，即远场声压与振速相位趋于一致，声能流总是沿 r 正向传播。

声强：

$$I(r) = \overline{|W(r,t)|} = \frac{1}{T}\int_0^T \left\{ \frac{1}{2\rho_0 c_0}\frac{A^2}{r^2\cos\varphi}\cos[2(\omega t - kr) - \varphi] + \frac{1}{2\rho_0 c_0}\frac{A^2}{r^2} \right\} \mathrm{d}t$$

所以

$$I(r) = \frac{1}{2\rho_0 c_0}\frac{A^2}{r^2} \tag{3-223}$$

结论 3-10 均匀扩张球面波的声强随着距离的平方衰减。

总结，均匀扩张球面波的传播特性：

（1）声压和质点振速的幅值随传播距离衰减；同一空间位置的声压与质点振速振动相位不同，但在 r 足够大后，可以近似认为声压与质点振速振动同相位。

（2）均匀扩张球面波的波阻抗与平面行波的波阻抗不同，不是常数；当 kr 值很大时，可以近似认为均匀扩张球面波的波阻抗和平面行波的波阻抗相等，为介质的特性阻抗 $\rho_0 c_0$。

（3）均匀扩张球面波的声压相速度等于介质的波速 c_0；振速的相速度在近场区比声压的相速度快，当 kr 值很大时（远场），振速的相速度与声压的相速度趋于一致，为 c_0。

（4）近场，声能流有时沿 r 的反向传播；远场，声能流总是沿 r 的正向传播。

（5）均匀扩张球面波的声强与传播距离平方的倒数成比例。

3.9.3 球面波在两种介质平面分界面上的反射和折射

球面波在两种介质平面分界面上的反射和折射问题可用波动声学严格求解，利用波场的平面波（或柱面波）展开求解；要用到数学上的广义傅里叶积分变换及其反变换，较为复杂。在一定条件下，球面波在两种介质分界面上的反射和折射问题可用射线声学（几何声学）的"虚源法"求解。此条件是：声源和接收点（考查的场点）距反射面的距离比波长大许多。本节用"虚源法"求解球面波在两种介质分界面上的反射和折射问题。

如图 3-36 所示，$z = 0$ 为介质分界面，球面波由点声源 S 产生，位于 z 轴上，距界面 z_0 距离；则球面波的界面反射波在 M 点的场值，如同虚声源 S' 在 M 点的场值；虚源声位 S' 位于以界面为镜面，声源 S 的"镜像"位置，即 z 轴上，坐标为 $-z_0$。

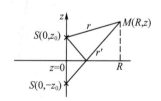

图 3-36 点声源 S 在镜面上的反射

显然，声场关于 z 轴对称；取柱坐标系 $O\text{-}R\text{-}\varphi\text{-}z$；声场分布与 φ 坐标变量无关。

则 M 点声场为

$$p(R,z,t) = \frac{A}{r}e^{j(\omega t - kr)} + \frac{B}{r'}e^{j(\omega t - kr')} \tag{3-224}$$

式中，$r = \sqrt{R^2 + (z - z_0)^2}$；$r' = \sqrt{R^2 + (z + z_0)^2}$；$A$ 为距声源 S 距离为 1 m 处入射波的声压幅值，是已知量；B 的值由界面上的边界条件确定。

1. 绝对软界面

所谓绝对软界面是指界面不能承受压力,也称作"压力释放界面"。例如,流体/真空界面。一般来说,水/空气界面在研究水中波场时近似为绝对软界面。

边界条件为

$$p(z,R,t)\big|_{z=0} = 0 \tag{3-225}$$

将式(3-225)代入式(3-224),得

$$p(R,z,t) = A\left[\frac{1}{r}e^{j(\omega t - kr)} - \frac{1}{r'}e^{j(\omega t - kr')}\right]$$

因此 M 点声场为

$$p(R,z,t) = A\left[\frac{1}{r}e^{j(\omega t - kr)} - \frac{1}{r'}e^{j(\omega t - kr')}\right] \tag{3-226}$$

在声辐射章节中,可知,此为"偶极子"辐射声场。(也是水中水面附近声源在水中的声场)

2. 绝对硬界面

所谓绝对硬界面是指界面不能运动,界面上质点的法向振速为 0,也称作"刚性界面"。例如,一般来说,空气/水界面在研究空气中波场时近似为绝对硬界面。

边界条件为

$$u_{1n}\big|_{z=0} = 0 \tag{3-227}$$

根据欧拉公式,得

$$u_{1n}\big|_{z=0} = 0 \Rightarrow \frac{\partial}{\partial z}p(r,z,t)\bigg|_{z=0} = 0 \Rightarrow \left(A\frac{\partial}{\partial z}\frac{e^{-jkr}}{r} + B\frac{\partial}{\partial z}\frac{e^{-jkr'}}{r'}\right)\bigg|_{z=0} = 0$$

式中,$r = \sqrt{R^2 + (z-z_0)^2}$;$r' = \sqrt{R^2 + (z+z_0)^2}$。

利用

$$\frac{\partial}{\partial z}\frac{e^{-jkr}}{r}\bigg|_{z=0} = \frac{\partial}{\partial r}\frac{e^{-jkr}}{r}\frac{\partial r}{\partial z}\bigg|_{z=0}, \qquad \frac{\partial}{\partial z}\frac{e^{-jkr'}}{r'}\bigg|_{z=0} = \frac{\partial}{\partial r}\frac{e^{-jkr'}}{r'}\frac{\partial r'}{\partial z}\bigg|_{z=0}$$

可得 $A - B = 0$,所以 $A = B$。

因此 M 点声场为

$$p(R,z,t) = A\left[\frac{1}{r}e^{j(\omega t - kr)} + \frac{1}{r'}e^{j(\omega t - kr')}\right] \tag{3-228}$$

此为"同性极子"辐射声场。(空气中水面附近声源在空气中的声场)

习　　题

1. 理想介质中有简谐均匀扩张球面波声场,测得 A 点的声压函数和质点振速函数为
$p_A(t) = 4 \times 10^3 \cos(200\pi \times t)$ Pa,$u_A(t) = 3.77 \times 10^{-3}\cos(200\pi \times t - 0.445)$ m/s
试问:A 点的波阻抗为何? A 点的声能流密度函数为何? A 点的声强为何? 介质的特性

阻抗为何？（t 的单位：s）

2. 续上题，如沿声传播方向距 A 点 2.5 m 处的 B 点测得声压函数为

$$p_B(t) = 2 \times 10^3 \cos\left(200\pi \times t - \frac{1}{3}\pi\right) \text{ Pa}$$

试问：介质的波速为何？密度为何？声波的频率、波数为何？

3. 续上题，又问：该球面波的球心距 A 点的距离为何？以距该球心的距离 r 为空间变量给出该声场的声压时空函数。

4. 已知简谐均匀扩张球面波声场中，沿声传播方向顺序且等间距排列三点 A、B、C，相邻两点间距 4 m，如果在 A 点测得声压幅值为 5.0×10^4 Pa，B 点测得声压幅值为 1.0×10^4 Pa，问 C 点的声压幅值为何？又若参考声压为 10^{-6} Pa，C 点的声压级为何？

5. 思考题：上题，如果在 A 点和 B 点测得质点振速幅值，能否得到 C 点的质点振速幅值，为什么？

3.10　简谐均匀扩张柱面波和亥姆霍兹方程在柱坐标系下的通解

定义 3-38（柱面波）　波阵面为一系列同轴圆柱面。这是广义的柱面波概念。

在无限大介质中的无限长圆柱表面各点沿径向做相同振动时，则在介质中产生柱面波声场。

3.10.1　简谐均匀扩张柱面波

简谐均匀扩张柱面波，是指等相位面为一系列同轴圆柱面，在等相位面上振幅均匀并且在传播过程中波阵面不断扩大的简谐声波，是狭义的柱面波。

1. 简谐均匀扩张柱面波的波函数

对于幅值均匀的柱面波，取图 3-37 所示柱坐标系 $O-r-\varphi-z$，并使其 z 轴与柱面波轴心重合，则波场速度势函数

$$\psi(r,\varphi,z,t) = \psi(r,t)$$

理想流体中速度势函数的波动方程：

$$\nabla^2 \boldsymbol{\Phi}(r,t) - \frac{1}{c_0^2} \frac{\partial^2 \boldsymbol{\Phi}(r,t)}{\partial t^2} = 0 \qquad (3\text{-}229)$$

柱坐标系下拉普拉斯算符表达式为

$$\nabla^2 = \frac{1}{r} \frac{\partial}{\partial r}\left(r \frac{\partial}{\partial r}\right) + \frac{1}{r^2} \frac{\partial^2}{\partial \varphi^2} + \frac{\partial^2}{\partial z^2} \qquad (3\text{-}230)$$

波动方程在柱坐标系中表示为

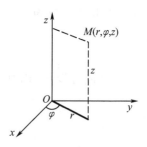

图 3-37　柱坐标系示意图

$$\frac{1}{r}\frac{\partial}{\partial r}\left[r\frac{\partial \Psi(\boldsymbol{r},t)}{\partial r}\right] + \frac{1}{r^2}\frac{\partial^2 \Psi(\boldsymbol{r},t)}{\partial \varphi^2} + \frac{\partial^2 \Psi(\boldsymbol{r},t)}{\partial z^2} - \frac{1}{c_0^2}\frac{\partial^2 \Psi(\boldsymbol{r},t)}{\partial t^2} = 0 \qquad (3-231)$$

如果 $\psi(r,\varphi,z,t) = \psi(r,t)$，则波动方程化为

$$\frac{1}{r}\frac{\partial}{\partial r}\left[r\frac{\partial \psi(r,t)}{\partial r}\right] - \frac{1}{c_0^2}\frac{\partial^2 \psi(r,t)}{\partial t^2} = 0 \qquad (3-232)$$

对于简谐波，令 $\psi(r,t) = \psi(r)\,\mathrm{e}^{j\omega t}$，则

$$\frac{1}{r}\frac{\mathrm{d}}{\mathrm{d}r}\left[r\frac{\mathrm{d}\psi(r)}{\mathrm{d}r}\right] + k^2\psi(r) = 0 \qquad k = \frac{\omega}{c_0^2} \qquad (3-233)$$

$$\frac{\mathrm{d}^2\psi(r)}{\mathrm{d}r^2} + \frac{1}{r}\frac{\mathrm{d}\psi(r)}{\mathrm{d}r} + k^2\psi(r) = 0 \qquad (3-234)$$

这不是常系数的二阶常微分方程。此方程称作"零阶贝塞尔方程"。其解为"零阶柱函数"。

$$\psi(r) = A'\mathrm{J}_0(kr) + B'\mathrm{N}_0(kr) \qquad (3-235)$$

式中，$\mathrm{J}_0(\cdot)$ 为零阶贝塞尔函数；$\mathrm{N}_0(\cdot)$ 为零阶诺依曼函数。它们是零阶贝塞尔方程的两个线性无关的实函数解，是特殊函数。它们的函数曲线如图 3-38 所示，同时图中给出了幅度变化的正余弦函数曲线以便比较。

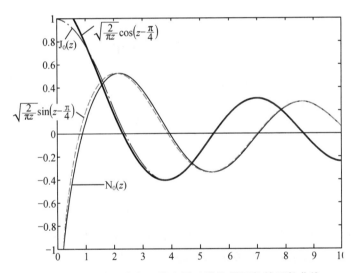

图 3-38　零阶贝赛尔函数和零阶诺依曼函数的函数曲线

用零阶贝塞尔函数和零阶诺依曼函数可以构成两个复函数，分别是：

$\mathrm{H}_0^{(1)}(z) \equiv \mathrm{J}_0(z) + \mathrm{j}\mathrm{N}_0(z)$ 为零阶第一类汉开尔函数；

$\mathrm{H}_0^{(2)}(z) \equiv \mathrm{J}_0(z) - \mathrm{j}\mathrm{N}_0(z)$ 为零阶第二类汉开尔函数。

$\mathrm{H}_0^{(1)}(z)$ 和 $\mathrm{H}_0^{(2)}(z)$ 是零阶贝塞尔方程的两个线性无关的复函数解。

声场函数为 $\psi(r,t) = \psi(r)\,\mathrm{e}^{j\omega t}$，可以用与平面波函数比较的办法，分析 $\psi(r)$ 分别是 $\mathrm{J}_0(kr)$、$\mathrm{N}_0(kr)$ 和 $\mathrm{H}_0^{(1)}(kr)$、$\mathrm{H}_0^{(2)}(kr)$ 时波场的性质：

$$\cos(kx) \overset{\text{对应}}{\leftrightarrow} J_0(kr), \sin(kx) \overset{\text{对应}}{\leftrightarrow} N_0(kr)$$

$$e^{jkx} \overset{\text{对应}}{\leftrightarrow} H_0^{(1)}(kr), e^{-jkx} \overset{\text{对应}}{\leftrightarrow} H_0^{(2)}(kr)$$

可知 $J_0(kr)$、$N_0(kr)$ 分别为柱面驻波场。$H_0^{(1)}(kr)$、$H_0^{(2)}(kr)$ 分别为柱面行波场。其中，$H_0^{(1)}(kr)$ 为向 r 负方向传播的波，为收敛波；$H_0^{(2)}(kr)$ 为向 r 正方向传播的波，为扩张波。

综上，均匀柱面驻波场形式解为

$$\psi(r,t) = [A'J_0(kr) + B'N_0(kr)]e^{j\omega t} \tag{3-236}$$

均匀柱面行波场形式解为

$$\psi(r,t) = [A''H_0^{(2)}(kr) + B''H_0^{(1)}(kr)]e^{j\omega t} \tag{3-237}$$

式(3-236)或式(3-237)均满足"简谐均匀柱面波"条件；对于本小节的"简谐均匀扩张柱面波"就只有式(3-237)中的第一项了，相当于行波场形式解式(3-237)中 $B'' = 0$。亦，简谐均匀扩张柱面波速度势函数为

$$\psi(r,t) = A_0 H_0^{(2)}(kr)e^{j\omega t} \tag{3-238}$$

2. 简谐均匀扩张柱面波的传播特性

(1)简谐均匀扩张柱面波的声压函数

根据欧拉公式和速度势函数定义式，可得

声压函数：

$$p(r,t) = \rho_0 \frac{\partial \psi(r,t)}{\partial t} = jk\rho_0 c_0 A_0 H_0^{(2)}(kr)e^{j\omega t} \tag{3-239}$$

(2)简谐均匀扩张柱面波的质点振速

$$\boldsymbol{u}(r,t) = -\nabla\psi = -\frac{\partial \psi(r,t)}{\partial r}\boldsymbol{e}_r = -A_0\frac{dH_0^{(2)}(kr)}{dr}e^{j\omega t}\boldsymbol{e}_r = A_0 k H_1^{(2)}(kr)e^{j\omega t}\boldsymbol{e}_r \tag{3-240}$$

式中，$H_1^{(2)}(x)$ 为 1 阶第二类汉开尔函数；$\boldsymbol{e}_r$ 为柱坐标系中径向坐标的单位矢量。式(3-240)推导中用到函数运算关系：$\frac{d}{dx}H_0^2(x) = -H_1^{(2)}(x)$；根据式(3-239)和式(3-240)计算，得到在不同位置($kr = 0.4, kr = 2, kr = 10$)声压和振速的时间信号波形图，如图 3-39 所示。

比较图 3-39 中 $kr = 0.4$、$kr = 2$ 和 $kr = 10$ 的波形可知，随传播距离的增加，声压与振速的振动相位均有延迟，这是明显的波传播特征；声压与质点振速的振幅值随传播距离增加而减小；声压和振速信号波形比较可知，声压与质点振速的振动相位不同；在 $kr \to 0$ 处质点振速的振动相位落后声压的振动相位 $\frac{\pi}{2}$，但随传播距离的增加，声压与质点振速的振动相位差越来越小，$kr \gg 1$ 时，声压与质点振速的振动相位趋于相同。这表明柱面波与球面波类似，在近场(kr 较小)，质点振速波的相速度大于声压波相速度，在远场($kr \gg 1$)，质点振速波的相速度与声压波相速度相同。

由位移与振速的关系 $\tilde{x}(r,t) = \int \tilde{u}(r,t)dt$，可得柱面扩张波的位移函数为

$$\tilde{x}(r,t) = \frac{A_0 k}{j\omega}H_1^{(2)}(kr)e^{j\omega t}\boldsymbol{e}_r \tag{3-241}$$

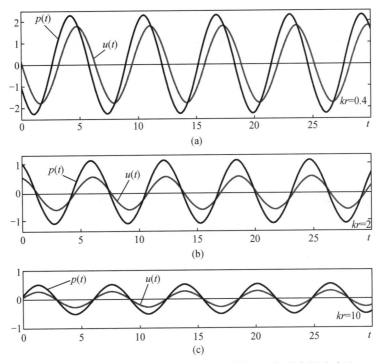

图 3-39 均匀扩张柱面波场中不同位置的声压与质点振速波形

图 3-40 是 $z=0$ 平面上某一时刻空间质点的位置情况。

图 3-40 简谐均匀柱面波场质点振动

（3）均匀柱面扩张波的波阻抗

$$Z_a(r,k) = \frac{\widetilde{p}(r,t)}{\widetilde{u}(r,t)} = \frac{j\rho_0 c_0 H_0^{(2)}(kr)}{H_1^{(2)}(kr)} = j\rho_0 c_0 \frac{J_0(kr) - jN_0(kr)}{J_1(kr) - jN_1(kr)} = \rho_0 c_0 (R_a + jX_a)$$

$$(3-242)$$

其中

$$R_a = \frac{J_1(kr)N_0(kr) - J_0(kr)N_1(kr)}{J_1^2(kr) + N_1^2(kr)} = \frac{\left(\dfrac{2}{\pi kr}\right)}{J_1^2(kr) + N_1^2(kr)} \tag{3-243}$$

$$X_a = \frac{J_0(kr)J_1(kr) + N_0(kr)N_1(kr)}{J_1^2(kr) + N_1^2(kr)} \tag{3-244}$$

注意 利用函数关系

$$J_1(kr)N_0(kr) - J_0(kr)N_1(kr) = \frac{2}{\pi kr} \tag{3-245}$$

用式（3-243）和式（3-244）计算均匀扩张柱面波的波阻和波抗如图 3-41 所示；均匀扩张柱面波的波阻抗的模值和相角如图 3-42 所示。

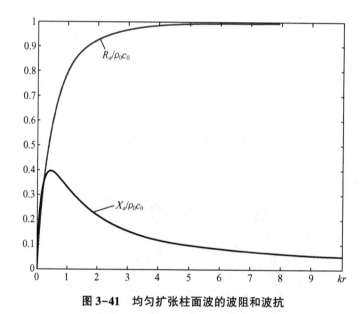

图 3-41 均匀扩张柱面波的波阻和波抗

利用渐近式可得相对波长距轴心足够远$\left(\dfrac{r}{\lambda} \gg 1 \Rightarrow kr \gg 1\right)$处的波阻抗：

渐近关系式为

$$H_\gamma^{(2)}(x)\big|_{x \to +\infty} = \sqrt{\frac{2}{\pi x}} e^{-j\left(x - \frac{\gamma\pi}{2} - \frac{\pi}{4}\right)} + o\left(x^{-\frac{3}{2}}\right)$$

$$Z_a(r,k)\big|_{kr \gg 1} = \frac{j\rho_0 c_0 H_0^{(2)}(kr)}{H_1^{(2)}(kr)} = \frac{j\rho_0 c_0 \sqrt{\dfrac{2}{\pi x}} e^{-j\left(kr - \frac{\pi}{4}\right)}}{\sqrt{\dfrac{2}{\pi x}} e^{-j\left(kr - \frac{\pi}{2} - \frac{\pi}{4}\right)}} = \rho_0 c_0 \tag{3-246}$$

可知，尽管简谐均匀扩张柱面波的波阻抗不是常数，但是当 $kr \gg 1$ 时，均匀扩张柱面波波阻抗和简谐平面波波阻抗近似相等，为介质的特性阻抗 $\rho_0 c_0$。

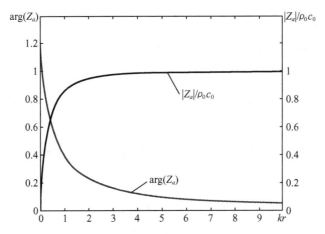

图 3-42　均匀扩张柱面波波阻抗的模值和相角

(4)均匀柱面扩张波的声能流密度与声波强度

声能流密度：

$$\boldsymbol{W}(r,t) = p(r,t)\boldsymbol{u}(r,t) = \mathrm{Re}\big[\mathrm{j}k\rho cA_0\mathrm{H}_0^{(2)}(kr)\mathrm{e}^{\mathrm{j}\omega t}\big]\mathrm{Re}\big[kA_0\mathrm{H}_1^{(2)}(kr)\mathrm{e}^{\mathrm{j}\omega t}\big]\boldsymbol{e}_r$$

$$(3\text{-}247)$$

将 $\mathrm{H}_0^{(2)}(kr)$、$\mathrm{H}_1^{(2)}(kr)$、$\mathrm{e}^{\mathrm{j}\omega t}$ 展开；并设 A_0 为实数；略记 $\boldsymbol{e}_r$；经运算可得

$$\boldsymbol{W}(r,t) = \rho cA_0^2k^2\big\{\big[\mathrm{J}_1(kr)\mathrm{N}_0(kr)\cos^2\omega t - \mathrm{J}_0(kr)\mathrm{N}_1(kr)\sin^2(\omega t)\big] +$$
$$\big[\mathrm{N}_0(kr)\mathrm{N}_1(kr) - \mathrm{J}_0(kr)\mathrm{J}_1(kr)\big]\sin(\omega t)\cos(\omega t)\big\}$$

$$(3\text{-}248)$$

声波强度：

$$I(r) = \frac{1}{T}\int_0^T\boldsymbol{W}(r,t)\,\mathrm{d}t$$

$$= \frac{1}{T}\rho cA_0^2k^2\int_0^T\big\{\big[\mathrm{J}_1(kr)\mathrm{N}_0(kr)\cos^2(\omega t) - \mathrm{J}_0(kr)\mathrm{N}_1(kr)\sin^2(\omega t)\big] +$$
$$\big[\mathrm{N}_0(kr)\mathrm{N}_1(kr) - \mathrm{J}_0(kr)\mathrm{J}_1(kr)\big]\sin(\omega t)\cos(\omega t)\big\}\,\mathrm{d}t$$

利用 $\dfrac{1}{T}\displaystyle\int_0^T\cos^2(\omega t)\,\mathrm{d}t = \dfrac{1}{T}\displaystyle\int_0^T\sin^2(\omega t)\,\mathrm{d}t = \dfrac{1}{2}$，$\dfrac{1}{T}\displaystyle\int_0^T\sin(\omega t)\cos(\omega t)\,\mathrm{d}t = 0$ 和式(3-245)，

得

$$I(r) = \frac{1}{2}\rho_0c_0A_0^2k^2\big[\mathrm{J}_1(kr)\mathrm{N}_0(kr) - \mathrm{J}_0(kr)\mathrm{N}_1(kr)\big]$$

$$= \frac{\rho_0c_0A_0^2k}{\pi}\frac{1}{r} \propto \frac{1}{r}$$

$$(3\text{-}249)$$

可知，简谐均匀扩张柱面波的声强与传播距离的倒数成比例。

总结，均匀扩张柱面波的传播特性：

① 均匀柱面扩张波的声压和质点振速的幅值随传播距离减小；同一空间位置的声压与质点振速振动相位不同；当 kr 值很大时，可以近似认为声压与质点振速振动相位相同。

② 均匀扩张柱面波的波阻抗与平面行波的波阻抗不同，不是常数；当 kr 值很大时，可

以近似认为均匀扩张柱面波的波阻抗和平面行波的波阻抗相等，为介质的特性阻抗 $\rho_0 c_0$。

③ 均匀扩张柱面波质点振速的相速度在近场区（kr 值较小）比声压的相速度快；在远场区（kr 值很大）振速的相速度与声压的相速度趋于一致，为 c_0。

④ 均匀扩张柱面波，在近场区（kr 值较小），尽管平均声能流沿 r 的正向传播；但也有时段声能流沿 r 的反向传播；在远场区（kr 值很大）声能流总是沿 r 的正向传播。

⑤ 无论在近场区还是远场区，均匀扩张柱面波的声强与传播距离的倒数成比例。

3.10.2 亥姆霍兹方程在柱坐标系的通解与柱函数的一般性质

理想流体中速度势函数的波动方程：

$$\nabla^2 \Phi(\boldsymbol{r},t) - \frac{1}{c_0^2} \frac{\partial^2 \Phi(\boldsymbol{r},t)}{\partial t^2} = 0 \tag{3-250}$$

若为时间简谐振动的声场，令 $\Phi(\boldsymbol{r},t) = \psi(\boldsymbol{r}) \mathrm{e}^{\mathrm{j}\omega t}$，则波动方程化为

$$\nabla^2 \psi(\boldsymbol{r}) + k^2 \psi(\boldsymbol{r}) = 0 \quad k = \frac{\omega}{c} \tag{3-251}$$

式（3-251）为亥姆霍兹方程，亥姆霍兹方程是波动方程中时间函数为谐和函数时，声波的空间分布函数遵循的方程。

如图 3-37 所示柱坐标系 $O\text{-}r\text{-}\varphi\text{-}z$。柱坐标系下拉普拉斯算符表达式为

$$\nabla^2 = \frac{1}{r} \frac{\partial}{\partial r} \left(r \frac{\partial}{\partial r} \right) + \frac{1}{r^2} \frac{\partial^2}{\partial \varphi^2} + \frac{\partial^2}{\partial z^2} \tag{3-252}$$

所以，亥姆霍兹方程在柱坐标系中表示为

$$\frac{1}{r} \frac{\partial}{\partial r} \left[r \frac{\partial \psi(r,\varphi,z)}{\partial r} \right] + \frac{1}{r^2} \frac{\partial^2 \psi(r,\varphi,z)}{\partial \varphi^2} + \frac{\partial^2 \psi(r,\varphi,z)}{\partial z^2} + k^2 \psi(r,\varphi,z) = 0$$

$$\tag{3-253}$$

1. 亥姆霍兹方程在柱坐标系的通解

用"分离变数法"解式（3-253）所示偏微分方程，令 $\psi(\boldsymbol{r}) = R(r)\phi(\varphi)Z(z)$，则

$$\frac{1}{R(r)} \frac{\mathrm{d}^2 R(r)}{\mathrm{d}r^2} + \frac{1}{r} \frac{1}{R(r)} \frac{\mathrm{d}R(r)}{\mathrm{d}r} + \frac{1}{r^2} \frac{1}{\phi(\varphi)} \frac{\mathrm{d}^2 \phi(\varphi)}{\mathrm{d}\varphi^2} + k^2 = -\frac{1}{Z(z)} \frac{\mathrm{d}^2 Z(z)}{\mathrm{d}z^2}$$

$$\tag{3-254}$$

令 $\dfrac{1}{Z(z)} \dfrac{\mathrm{d}^2 Z(z)}{\mathrm{d}z^2} = -k_z^2$，其中 k_z^2 是与变量取值无关的常数。

得

$$\frac{\mathrm{d}^2 Z(z)}{\mathrm{d}z^2} + k_z^2 Z(z) = 0 \tag{3-255}$$

解得

$$Z(z) = A\mathrm{e}^{-\mathrm{j}k_z z} + B\mathrm{e}^{\mathrm{j}k_z z} = a\cos(k_z z) + b\sin(k_z z) \tag{3-256}$$

则式（3-254）化为

$$\frac{1}{R(r)}\frac{d^2R(r)}{dr^2} + \frac{1}{rR(r)}\frac{dR(r)}{dr} + \frac{1}{r^2\phi(\varphi)}\frac{d^2\phi(\varphi)}{d\varphi^2} + (k^2 - k_z^2) = 0 \qquad (3-257)$$

$$\Rightarrow \frac{r^2}{R(r)}\frac{d^2R(r)}{dr^2} + r\frac{1}{R(r)}\frac{dR(r)}{dr} + (k^2 - k_z^2)r^2 = -\frac{1}{\phi(\varphi)}\frac{d^2\phi(\varphi)}{d\varphi^2} \qquad (3-258)$$

令

$$-\frac{1}{\phi(\varphi)}\frac{d^2\phi(\varphi)}{d\varphi^2} = n^2$$

得

$$\frac{d^2\phi(\varphi)}{d\varphi^2} + n^2\phi(\varphi) = 0 \qquad (3-259)$$

解得

$$\phi(\varphi) = Ae^{jn\varphi} + Be^{-jn\varphi} = a'\cos(n\varphi) + b'\sin(n\phi) \qquad (3-260)$$

因为声场关于柱坐标系 φ 变量应该具有 2π 周期性,所以 n 为整数,即

$$\phi(\varphi) = a'\cos(n\varphi) + b'\sin(n\varphi) = a_n\cos(n\varphi + \varphi_n) \quad n = 0,1,2\cdots \qquad (3-261)$$

则式(3-258)化为

$$\frac{r^2}{R(r)}\frac{d^2R(r)}{dr^2} + r\frac{1}{R(r)}\frac{dR(r)}{dr} + (k^2 - k_z^2)r^2 = n^2 \qquad (3-262)$$

整理得

$$\frac{d^2R(r)}{dr^2} + \frac{1}{r}\frac{dR(r)}{dr} + \left(k_r^2 - \frac{n^2}{r^2}\right)R(r) = 0 \quad k_r^2 = (k^2 - k_z^2) \qquad (3-263)$$

这是 n 阶贝塞尔方程,其解为 n 阶柱函数。

$J_n(\cdot)$ 和 $N_n(\cdot)$ 分别为 n 阶贝赛尔函数和 n 阶诺依曼函数,它们是 n 阶贝塞尔方程的两个线性无关的实函数形式解,是特殊函数。

$H_n^{(1)}(\cdot) = J_n(\cdot) + jN_n(\cdot)$,$H_n^{(2)}(\cdot) = J_n(\cdot) - jN_n(\cdot)$ 分别为 n 阶第一类汉开尔函数和 n 阶第二类汉开尔函数 n 阶诺依曼函数。它们是 n 阶贝塞尔方程的两个线性无关的复函数形式解,也是特殊函数。[比较思考 e^{jkx}、e^{-jkx} 函数与 $\cos(kx)$、$\sin(kx)$ 函数的关系]

n 阶贝赛尔函数、n 阶诺依曼函数、n 阶第一类汉开尔函数、n 阶第二类汉开尔函数统称为 n 阶柱函数。

尽管可以用 $J_n(\cdot)$、$N_n(\cdot)$ 表示 n 阶贝塞尔方程的解,也可以用 $H_n^{(1)}(\cdot)$、$H_n^{(2)}(\cdot)$ 表示 n 阶贝塞尔方程的解,但它们所表示的物理意义不同。

对于简谐波场,取时间因子 $e^{j\omega t}$,则形式解为

$$R(r) = A_nJ_n(k_r r) + B_nN_n(k_r r) \quad A_n、B_n \text{ 为常数} \qquad (3-264)$$

式(3-264)中的每一项是柱面驻波形式解。(比较思考简谐平面波场,取时间因子 $e^{j\omega t}$、空间函数 $A\cos(kx)$、$B\sin(kx)$ 的物理意义)

对于简谐波场,取时间因子 $e^{j\omega t}$,则形式解

$$R(r) = A_nH_n^{(2)}(k_r r) + B_nH_n^{(1)}(k_r r) \quad A_n、B_n \text{ 为常数} \qquad (3-265)$$

的每一项是柱面行波形式解。(比较思考简谐平面波场,取时间因子 $e^{j\omega t}$、空间函数 Ae^{jkx}、

Be^{-jkx} 的物理意义）并且，可以通过分析复函数 $H_n^{(1)}(k_r r)$、$H_n^{(2)}(k_r r)$ 的相位角随 kr 的变化（见"柱函数性质"）来理解这两个函数所表示波场的传播方向。对于由函数 $H_n^{(1)}(k_r r)e^{j\omega t}$ 所表示的声场，其等相位面为：$\arg[H_n^{(1)}(k_r r)]+\omega t =$ 常数，常数不同表示不同的等相位面。复函数 $H_n^{(1)}(k_r r)$ 的相位 $\arg[H_n^{(1)}(k_r r)]$ 随 r 的增加而增加，因而，时间 t 增加，r 减少才能使常数不变；所以，声场 $H_n^{(1)}(k_r r)e^{j\omega t}$ 的等相位面向 r 反方向传播，是收敛波。而 $H_n^{(2)}(k_r r)e^{j\omega t}$ 的等相位面向 r 正方向传播，是扩张波。收敛波和扩张波是用波在传播过程中波阵面的变化来确定，收敛波是传播过程中波阵面不断缩小的声波；扩张波是传播过程中波阵面不断扩大的声波。

综上，由式(3-257)、式(3-261)、式(3-264)（或式(3-265)），得柱坐标系下亥姆霍兹方程的形式解（一般柱面波形式解）：

（1）驻波场形式解

$$\psi(\boldsymbol{r}) = \psi(r,\varphi,z) = R(r)\phi(\varphi)Z(z)$$
$$= \sum_{k_r}\sum_n [A_n J_n(k_r r)+B_n N_n(k_r r)][a\cos(k_z z)+b\sin(k_z z)]\cos(n\varphi+\varphi_n) \quad (k_r^2+k_z^2=k^2)$$

$$(3-266)$$

（2）行波场形式解

$$\psi(\boldsymbol{r}) = \psi(r,\varphi,z) = R(r)\phi(\varphi)Z(z)$$
$$= \sum_{k_r}\sum_n [A_n'' H_n^{(2)}(k_r r)+B_n'' H_n^{(1)}(k_r r)](a''e^{-jk_z z}+b''e^{jk_z z})\cos(n\varphi+\varphi_n) \quad (k_r^2+k_z^2=k^2)$$

$$(3-267)$$

对于形式解：

① k_r（或 k_z），n 以及各个函数的系数由边界条件确定；

② 不同的具体问题，选择不同的形式解会使求解过程简单；

③ 根据具体问题，先要对形式解做简化，以利于求解。

【例 3-7】 求简谐均匀柱面波的速度势函数。

解 简谐均匀柱面波是等相位面为一系列同轴柱面，并且在等相位面上振幅均匀的简谐波场。如图 3-37 所示，建立柱坐标系 $O-r-\varphi-z$，z 轴为柱面波等相位面的对称轴。则波场函数与 z 变量和 φ 变量无关，所以在式(3-266)或式(3-267)中只有 $n=0,k_z=0$ 项，而其他项为 0。有

$$\psi(\boldsymbol{r}) = \sum_{k_r}\sum_n [A_n J_n(k_r r)+B_n N_n(k_r r)][a\cos(k_z z)+b\sin(k_z z)]\cos(n\phi+\phi_n)$$

因为 $n=0$，又因为 $k_z=0$，且因为 $k_r^2+k_z^2=k^2\Rightarrow k_r=k$，所以

$$\psi(\boldsymbol{r}) = A_0' J_0(kr)+B_0' N_0(kr)$$

或

$$\psi(\boldsymbol{r}) = \psi(r,\varphi,z) = R(r)\varphi(\phi)Z(z)$$
$$= \sum_{k_r}\sum_n \{A_n'' H_n^{(2)}(k_r r)+B_n'' H_n^{(1)}(k_r r)\}\{a''e^{-jk_z z}+b''e^{jk_z z}\}\cos(n\phi+\phi_n)$$

因为 $n=0$，又因为 $k_z=0$ 且因为 $k_r^2+k_z^2=k^2\Rightarrow k_r=k$，所以

$$\psi(\boldsymbol{r}) = A_0'''H_0^{(2)}(kr) + B_0'''H_0^{(1)}(kr)$$

所以,得简谐均匀柱面波的速度势函数:

$$\psi(\boldsymbol{r},t) = \psi(\boldsymbol{r})e^{j\omega t} = e^{j\omega t}[A_0'J_0(kr) + B_0'N_0(kr)] \tag{3-268}$$

或

$$\psi(\boldsymbol{r},t) = \psi(\boldsymbol{r})e^{j\omega t} = e^{j\omega t}[A_0H_0^{(2)}(kr) + B_0H_0^{(1)}(kr)] \tag{3-269}$$

这仅仅是满足"简谐均匀柱面波"条件下的波场速度势函数。常数 A_0'、B_0' 或 A_0、B_0 还需根据具体问题确定。式(3-268)是驻波场形式的波场函数,式(3-269)是行波场形式的波场函数。

对于"简谐均匀扩张柱面波",则取行波场形式解式(3-269),并令式中 $B_0 = 0$,得 $\psi(r,t) = A_0H_0^{(2)}(kr)e^{j\omega t}$。

2. 柱函数一般性质

(1) n 阶贝赛尔函数 $J_n(x)$

① 幂级数表示:

$$J_\gamma(x) = \sum_{k=0}^{\infty} (-1)^k \frac{1}{k!} \frac{1}{\Gamma(\gamma+k+1)} \left(\frac{x}{2}\right)^{2k+\gamma}$$

② 奇偶性:

$$J_n(-x) = (-1)^n J_n(x)$$

③ 振荡特性 $J_n(x)$ 有无数个实数 0 点;

④ 自变量 $x \to 0$,$J_n(x)$ 函数的奇异性:

$$J_0(x)\big|_{x=0} = 1, J_n(x)\big|_{x=0} = 0$$

⑤ 自变量 $x \to +\infty$,$J_\gamma(x)$ 函数的渐近式:

$$J_\gamma(x)\big|_{x \to +\infty} = \sqrt{\frac{2}{\pi x}} \cos\left(x - \frac{\gamma\pi}{2} - \frac{\pi}{4}\right) + o(x^{-\frac{3}{2}})$$

前 4 阶贝赛尔函数曲线如图 3-43 所示。

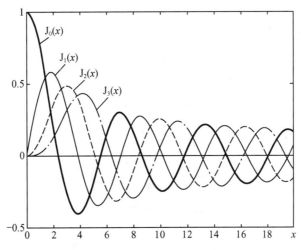

图 3-43 0,1,2,3 阶贝赛尔函数

（2）n 阶诺依曼函数 $N_n(x)$

① $N_n(x) = \dfrac{\cos(\gamma\pi) \cdot J_\gamma(x) - J_{-\gamma}(x)}{\sin(\gamma\pi)}$；

② 奇偶性 $N_n(-x) = (-1)^n N_n(x)$；

③ 振荡特性 $N_n(x)$ 有无数个实数 0 点；

④ 自变量 $x \to 0, N_n(x)$ 函数的奇异性

$$N_0(x)\big|_{x=0} \to \frac{2}{\pi}\ln\frac{x}{2}, N_n(x)\big|_{x=0} \to \frac{(n-1)!}{\pi}\left(\frac{x}{2}\right)^{-n} (n \geqslant 1)$$

⑤ 自变量 $x \to +\infty, N_\gamma(x)$ 函数的渐近式

$$N_\gamma(x)\big|_{x \to +\infty} = \sqrt{\frac{2}{\pi x}}\sin\left(x - \frac{\gamma\pi}{2} - \frac{\pi}{4}\right) + o\left(x^{-\frac{3}{2}}\right)$$

前 4 阶诺依曼函数的曲线如图 3-44 所示。

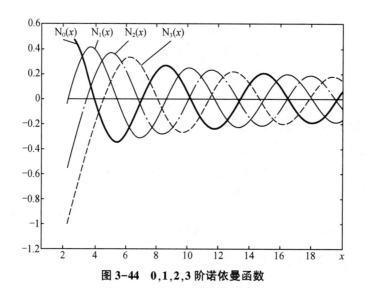

图 3-44　0,1,2,3 阶诺依曼函数

（3）汉开尔函数 $H_\gamma^{(1)}(x)$、$H_\gamma^{(2)}(x)$

$$H_\gamma^{(1)}(x) \equiv J_\gamma(x) + jN_\gamma(x)$$

$$H_\gamma^{(2)}(x) \equiv J_\gamma(x) - jN_\gamma(x)$$

① 自变量 $x \to 0, H_n^{(1)}(x)$、$H_n^{(2)}(x)$ 函数的奇异性

$$H_0^{(1)}(x)\big|_{x=0} = -j\frac{2}{\pi}\ln\frac{x}{2}, H_0^{(2)}(x)\big|_{x=0} = j\frac{2}{\pi}\ln\frac{x}{2}$$

$$H_n^{(1)}(x)\big|_{x=0} = -j\frac{(n-1)!}{\pi}\left(\frac{x}{2}\right)^{-n} \quad n \geqslant 1$$

② 自变量 $x \to +\infty, H_\gamma^{(1)}(x)$、$H_\gamma^{(2)}(x)$ 函数的渐近式

$$H_\gamma^{(1)}(x)\big|_{x \to +\infty} = \sqrt{\frac{2}{\pi x}}e^{j\left(x - \frac{\gamma\pi}{2} - \frac{\pi}{4}\right)} + o\left(x^{-\frac{3}{2}}\right)$$

$$H_\gamma^{(2)}(x)\big|_{x\to+\infty} = \sqrt{\frac{2}{\pi x}}\,e^{-j\left(x-\frac{\gamma\pi}{2}-\frac{\pi}{4}\right)} + o\left(x^{-\frac{3}{2}}\right)$$

第一类汉开尔函数和第二类汉开尔函数互为共轭,它们的模值相等;前4阶第一类汉开尔函数的模值(或第二类汉开尔函数的模值)如图3-45所示。前4阶第一类和第二类汉开尔函数的相角分别如图3-46和图3-47所示。

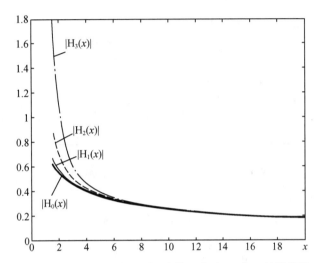

图3-45 0,1,2,3阶第一类(或第二类)汉开尔函数的模值

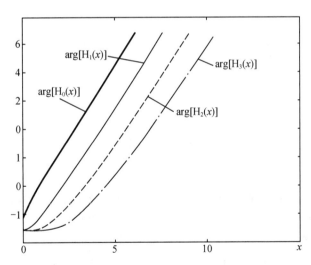

图3-46 前4阶第一类汉开尔函数的相角

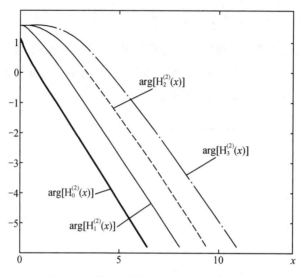

图 3-47 前 4 阶第二类汉开尔函数的相角

(4)柱函数的递推关系 [$Z_\gamma(x)$ 代表任意一种柱函数]

$$\begin{cases} \dfrac{\mathrm{d}}{\mathrm{d}x}\big[\,x^\gamma Z_\gamma(x)\,\big] = x^\gamma Z_{\gamma-1}(x) \\[3mm] \dfrac{\mathrm{d}}{\mathrm{d}x}\big[\,x^{-\gamma} Z_\gamma(x)\,\big] = - x^{-\gamma} Z_{\gamma+1}(x) \end{cases}$$

或

$$\begin{cases} Z_{\gamma-1}(x) + Z_{\gamma+1}(x) = \dfrac{2\gamma}{x} Z_\gamma(x) \\[3mm] Z_{\gamma-1}(x) - Z_{\gamma+1}(x) = 2Z'_\gamma(x) \end{cases}$$

习　题

1. 已知简谐均匀柱面扩张声场中,沿声传播方向顺序且等间距排列三点 A、B、C,相邻两点间距 4 m。如果在 A 点测得声强为 0.5 W/m^2,B 点测得声强为 0.1 W/m^2,问 C 点的声强值为何？又若参考声强为 10^{-12} W/m^2,C 点的声强级为何？

2. 思考,上题,如果在 A 点和 B 点测得声压幅值,能否得到 C 点的声压幅值,为什么？

3.11 声波在波导中的传播

本节介绍声波在波导中的传播问题。所谓波导,是指至少在一维方向上是无限制的有限介质空间;声波在波导中的传播就是指声波在有界介质空间中的传播。需要强调的是,本节求解和分析波导声传播的方法,要求波导截面"形状规则"。波导截面是指波导在与声波传播垂直方向上的截面;截面"形状规则",是指在截面上可用分离变量法求解亥姆霍兹方程。

3.11.1 声波在流体平面层波导中的传播

1. 平行平面层中声场的一般形式解

波导声场计算模型:声波在 $x \in [0,h]$, $z \in [0,+\infty)$, $y \in (-\infty,+\infty)$ 区域传播,声波为简谐波;并设声场的声学量与 y 坐标无关。坐标 O-x-y-z 如图 3-48 所示。

则波动方程为

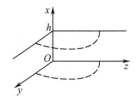

图 3-48 谐和声波在平行平面层介质中传播的空间坐标示意图

$$\frac{\partial^2 p(x,z,t)}{\partial x^2} + \frac{\partial^2 p(x,z,t)}{\partial z^2} - \frac{1}{c_0^2}\frac{\partial^2 p(x,z,t)}{\partial t^2} = 0$$

因为时间是简谐的,令 $p(x,z,t) = p(x,z)e^{j\omega t}$,则

$$\frac{\partial^2 p(x,z)}{\partial x^2} + \frac{\partial^2 p(x,z)}{\partial z^2} + k^2 p(x,z) = 0 \qquad (3-270)$$

式中, $x \in [0,h]$, $z \in [0,\infty)$, $k = \dfrac{\omega}{c_0}$。

此方程的形式解为

$$p(x,z) = \sum_{kx}(Ae^{-jk_x x} + Be^{jk_x x})(Ce^{-jk_z z} + De^{jk_z z}) \quad (k_x^2 + k_z^2 = k^2) \qquad (3-271)$$

简化形式解:

(1)因为波场沿 z 轴只有正方向传播的行波,所以 $D=0$(此结果的物理本质是 $z \to \infty$ 时声波无反射的边界条件)。

(2)因为波场沿 x 轴是驻波(两个相反方向的行波的叠加),所以

$$p(x,z) = \sum_{kx}[A'\cos(k_x)x + B'\sin(k_x)x]e^{-jk_z z}$$

这是平行平面层波导中声传播的形式解。其中, k_x、A'、B' 是由边界条件确定的常数。

2. 绝对硬边界条件平行平面波导中的声场

绝对硬边界条件:

$$u_x(x,z)\big|_{x=0} = 0, \ u_x(x,z)\big|_{x=h} = 0$$

由欧拉公式,得

$$\frac{\partial p(x,z)}{\partial x}\bigg|_{x=0} = 0, \ \frac{\partial p(x,z)}{\partial x}\bigg|_{x=h} = 0$$

代入形式解中：

$$\frac{\partial}{\partial x}p(x,z) = -\sum_{kx}\left[Ak_x\sin(k_xx) - Bk_x\cos(k_xx)\right]e^{-jk_zz}$$

（1）$\dfrac{\partial}{\partial x}p(x,z)\bigg|_{x=0} = 0 \Rightarrow B = 0$；

（2）$\dfrac{\partial}{\partial x}p(x,z)\bigg|_{x=h} = 0 \Rightarrow \sin(k_xh) = 0 \Rightarrow k_xh = n\pi \Rightarrow k_x = \dfrac{n\pi}{h}$（本征值）。

所以形式解为

$$p(x,z) = \sum_{k_x}\left[A\cos(k_xx) + B\sin(k_xx)\right]e^{-jk_zz}$$

式中，$B = 0$；$k_x = \dfrac{n\pi}{h}$，考虑时间因子，得到解：

$$p(x,z,t) = e^{j\omega t}\sum_{n=0}^{\infty}A_n\cos\frac{n\pi}{h}xe^{-j\sqrt{k^2-\left(\frac{n\pi}{h}\right)^2}z} \tag{3-272}$$

式中，A_n 由 $z = 0$ 处的边条件确定；对于本问题，$z = 0$ 处的边条件是声源边界条件。

【例3-8】 若声源边界条件为$u(x,z,t)\big|_{z=0} = v(x)e^{j\omega t}$，求 A_n。

因为

$$p(x,z,t) = e^{j\omega t}\sum_{n=0}^{\infty}A_n\cos\frac{n\pi}{h}xe^{-j\sqrt{k^2-\left(\frac{n\pi}{h}\right)^2}z}$$

则由欧拉公式，得

$$u_z(x,z,t) = \frac{-1}{j\omega\rho_0}\frac{\partial}{\partial z}\widetilde{p}(x,z,t)$$

$$\Rightarrow u_z(x,z,t) = \frac{1}{\omega\rho_0}e^{j\omega t}\sum_{n=0}^{\infty}\sqrt{k^2-\left(\frac{n\pi}{h}\right)^2}A_n\cos\frac{n\pi}{h}xe^{-j\sqrt{k^2-\left(\frac{n\pi}{h}\right)^2}z}$$

代入声源边界条件，所以

$$u_z(x,z,t)\big|_{z=0} = e^{j\omega t}\sum_{n=0}^{\infty}\frac{1}{\omega\rho_0}\sqrt{k^2-\left(\frac{n\pi}{h}\right)^2}A_n\cos\frac{n\pi}{h}x = v(x)e^{j\omega t}$$

$$\Rightarrow \sum_{n=0}^{\infty}\frac{1}{\omega\rho_0}\sqrt{k^2-\left(\frac{n\pi}{h}\right)^2}A_n\cos\frac{n\pi}{h}x = v(x) \tag{3-273}$$

式（3-273）两侧乘以 $\cos\dfrac{m\pi}{h}x$，再在 $[0,h]$ 间对 x 积分，利用函数族 $\left\{\cos\dfrac{m\pi}{h}x\right\}$ 在 $[0,h]$ 间的正交性，得

$$\Rightarrow \int_0^h\sum_{n=0}^{\infty}\frac{1}{\omega\rho_0}\sqrt{k^2-\left(\frac{n\pi}{h}\right)^2}A_n\cos\frac{n\pi}{h}x\cos\frac{m\pi}{h}x\mathrm{d}x = \int_0^h v(x)\cos\frac{m\pi}{h}x\mathrm{d}x$$

$$\Rightarrow \frac{A_m}{\omega\rho_0}\sqrt{k^2-\left(\frac{m\pi}{h}\right)^2}\frac{h\varepsilon_m}{2} = \int_0^h v(x)\cos\frac{m\pi}{h}x\mathrm{d}x = a_m$$

式中，$\varepsilon_m = \begin{cases} 2 & m = 0 \\ 1 & m \neq 0 \end{cases}$；$a_m = \int_0^h v(x)\cos\dfrac{m\pi}{h}x\mathrm{d}x$。

$$\Rightarrow A_m = \frac{2a_m\omega\rho_0}{h\varepsilon_m\sqrt{k^2 - \left(\dfrac{m\pi}{h}\right)^2}} \quad m = 0,1,2,\cdots$$

所以，波导中声压函数为

$$p(x,z,t) = \mathrm{e}^{\mathrm{j}\omega t}\sum_{m=0}^{\infty} A_m\cos\frac{m\pi}{h}x\mathrm{e}^{-\mathrm{j}\sqrt{k^2 - \left(\frac{m\pi}{h}\right)^2}z} \tag{3-274}$$

式中，$A_m = \dfrac{2a_m\omega\rho_0}{h\varepsilon_m\sqrt{k^2 - \left(\dfrac{m\pi}{h}\right)^2}}$ $\left(m = 0,1,2,3\cdots;\varepsilon_m = \begin{cases} 2 & m = 0 \\ 1 & m \neq 0 \end{cases};a_m = \int_0^h v(x)\cos\dfrac{m\pi}{h}x\mathrm{d}x\right)$。

特例，若为等振速声源条件：$u(x,z,t)\big|_{z=0} = v_0\mathrm{e}^{\mathrm{j}\omega t}$，则

$$a_m = \int_0^h v(x)\cos\frac{m\pi}{h}x\mathrm{d}x = \int_0^h u_0\cos\frac{m\pi}{h}x\mathrm{d}x = \begin{cases} v_0 h & m = 0 \\ 0 & m \neq 0 \end{cases}$$

$$\Rightarrow A_0 = \frac{2u_0 h\omega\rho_0}{h \times 2 \times \sqrt{k^2 - \left(\dfrac{0 \times \pi}{h}\right)^2}} = \frac{v_0\omega\rho_0}{k} = v_0\rho_0 c_0$$

$$A_m = 0, m = 1,2,3\cdots$$

所以

$$p(x,z,t) = \mathrm{e}^{\mathrm{j}\omega t}\sum_{m=0}^{\infty} A_m\cos\frac{m\pi}{h}x\mathrm{e}^{-\mathrm{j}\sqrt{k^2 - \left(\frac{m\pi}{h}\right)^2}z} = v_0\rho_0 c_0\mathrm{e}^{\mathrm{j}(\omega t - kz)}$$

这是，沿 z 正方向传播的平面声波。

3. 简正波的概念

下面对解 $p(x,z,t) = \mathrm{e}^{\mathrm{j}\omega t}\sum\limits_{n=0}^{\infty} A_n\cos\dfrac{n\pi}{h}x\mathrm{e}^{-\mathrm{j}\sqrt{k^2 - \left(\frac{n\pi}{h}\right)^2}z}$ 进行分析，取级数中的一项：

$$p_n(x,z,t) = A_n\cos\frac{n\pi}{h}x\mathrm{e}^{\mathrm{j}\left[\omega t - \sqrt{k^2 - \left(\frac{n\pi}{h}\right)^2}z\right]}$$

此函数所表示的波场特点是，x 方向为驻波，z 方向为行波。

定义 3-39（简正波） 声波在波导中传播，由于边界的限制，在边界的限制方向取某些特定的驻波形式而在无边界限制方向为传播的行波形式，称此为给定波导中的简正波。

从数学上讲，函数 $A_n\cos\dfrac{n\pi}{h}x\mathrm{e}^{\mathrm{j}\left[\omega t - z\sqrt{\left(\frac{\omega}{c_0}\right)^2 - \left(\frac{n\pi}{h}\right)^2}\right]}$ 是亥姆霍兹方程在给定波导截面形状和波导界面边条件下的"本征函数"。通常以本征值的序号定义简正波的阶数。例如，上式为绝对硬边界平行平面层波导中的第 n 阶简正波。

需要注意的是，并不是所有本征函数一定都是简正波，因为简正波是根据物理现象定义的，它的要点之一是沿波导无边界限制方向为传播的行波。例如，对于本征函数 $A_n\cos\dfrac{n\pi}{h}$

$$xe^{j\left[\omega t-z\sqrt{\left(\frac{\omega}{c_0}\right)^2-\left(\frac{n\pi}{h}\right)^2}\right]}$$，当$\frac{\omega}{c_0}-\frac{n\pi}{h}<0$时，是沿波导无边界限制方向（$z$方向）不传播的非均匀波。

因此，简正波仅仅是波导声场的本征函数中的一部分。那么如何确定哪些本征函数是简正波呢？

定义 3-40（截止频率） 声波在波导中传播，随声波频率的降低，如果波导中某阶简正波由正常传播的简正波开始蜕化为非均匀波，则称此时的声波频率为该阶简正波的截止频率，记为f_n。

因此，只有声波的频率高于某阶简正波的截止频率，该阶简正波才能正常传播；满足这一条件的本征函数才是简正波。

【例 3-9】 求绝对硬边界，平行平面层波导中的第n阶简正波的截止频率f_n。

解 第n阶本征函数为

$$A_n\cos\frac{n\pi}{h}xe^{j\left[\omega t-z\sqrt{\left(\frac{\omega}{c_0}\right)^2-\left(\frac{n\pi}{h}\right)^2}\right]}$$

当$\frac{\omega}{c_0}>\frac{n\pi}{h}$时，该本征函数为正常传播的第$n$阶简正波；而当$\frac{\omega}{c_0}\leqslant\frac{n\pi}{h}$时，该本征函数蜕化为非均匀波，所以用不等式$\frac{\omega}{c_0}\leqslant\frac{n\pi}{h}$可求出截止频率$f_n$。

$\frac{\omega}{c_0}\leqslant\frac{n\pi}{h}\Rightarrow\omega\leqslant\frac{n\pi}{h}c_0$，取等号，得第$n$阶简正波截止频率：

$$f_n=\frac{\omega}{2\pi}=\frac{\frac{n\pi}{h}c_0}{2\pi}=\frac{nc_0}{2h}\quad(n=0,1,2,\cdots)$$

当声波频率$f>f_n$时，第n阶简正波能正常传播。而当声波频率$f\leqslant f_n$时，第n阶简正波蜕化为不能正常传播的非均匀波。

因此波导中出现第n阶简正波的条件为：

（1）$f>f_n$；

（2）$A_n\neq0$（决定于声源的振幅分布）。

4. 波导中简正波的传播特性

下面以绝对硬边界，平行平面层波导中的第n阶简正波为例，讨论简正波的传播特性

第n阶简正波函数为

$$p_n(x,z,t)=A_n\cos\frac{n\pi}{h}xe^{j\left[\omega t-\sqrt{\left(\frac{\omega}{c_0}\right)^2-\left(\frac{n\pi}{h}\right)^2}z\right]}=A_n\cos\frac{n\pi}{h}xe^{j(\omega t-k_{zn}z)}$$

式中，$k_{zn}=\sqrt{\left(\frac{\omega}{c_0}\right)^2-\left(\frac{n\pi}{h}\right)^2}$是第$n$阶简正波的$z$方向波数。

（1）第n阶简正波的截止频率

由

$$k_{zn}\big|_{\omega=\omega_n}=\sqrt{\left(\frac{\omega}{c_0}\right)^2-\left(\frac{n\pi}{h}\right)^2}\bigg|_{\omega=\omega_n}=0$$

解出截止角频率 $\omega_n = \dfrac{n\pi}{h}c_0$，可得截止频率 $f_n = \dfrac{nc_0}{2h}$。

（2）第 n 阶简正波沿波导截面的振幅值分布

由

$$|p_n(x,z,t)| = \left| A_n \cos\frac{n\pi}{h}x e^{j\left[\omega t - z\sqrt{(\frac{\omega}{c_0})^2 - (\frac{n\pi}{h})^2}\right]} \right|$$

$$= \left| A_n \cos\frac{n\pi}{h}x \right| \quad n = 0, 1, 2, \cdots$$

画出前 4 阶简正波沿波导截面的振幅值分布幅值示意图，如图 3-49 所示。

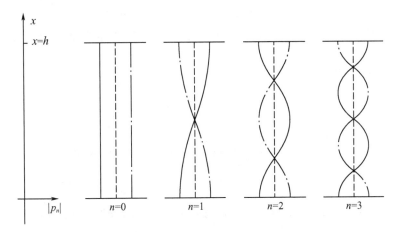

图 3-49　前 4 阶简正波沿波导截面的振幅值分布幅值示意图

由图 3-49 看出，$n(n \geqslant 1)$ 阶简正波的幅值沿 x 方向有波节和波腹，不均匀。阶数越大越不均匀；同阶简正波沿 x 坐标波节两侧的波场函数振动相位差为 π。

只有 0 阶简正波的幅值沿 x 方向均匀，并且等相位面沿 z 方向以波速 c_0 传播，与平面波相同。

（3）第 n 阶简正波分解为两个行波的叠加

$$p_n(x,z,t) = A_n \cos\frac{n\pi}{h}x e^{j\left[\omega t - z\sqrt{(\frac{\omega}{c_0})^2 - (\frac{n\pi}{h})^2}\right]} = \frac{A_n}{2}(e^{j\frac{n\pi}{h}x} + e^{-j\frac{n\pi}{h}x})e^{j\left[\omega t - z\sqrt{(\frac{\omega}{c_0})^2 - (\frac{n\pi}{h})^2}\right]}$$

$$\Rightarrow p_n(x,z,t) = \frac{A_n}{2}\left\{ e^{j\left[\omega t + \frac{n\pi}{h}x - z\sqrt{(\frac{\omega}{c_0})^2 - (\frac{n\pi}{h})^2}\right]} + e^{j\left[\omega t - \frac{n\pi}{h}x - z\sqrt{(\frac{\omega}{c_0})^2 - (\frac{n\pi}{h})^2}\right]} \right\} \qquad (3\text{-}275)$$

第 n 简正波分解的行波，其传播方向与 z 轴的夹角为 $\sin\theta_n = \dfrac{n\pi}{hk}$。

简正波行波分解如图 3-50 所示。

（4）第 n 阶简正波传播的相速度和群速度

① 相速度：某一声学量的等相位面传播的速度。

下面求第 n 阶简正波声压函数的相速度，第 n 阶简正波声压函数为

$$p_n(x,z,t) = A_n \cos \frac{n\pi}{h} x \mathrm{e}^{\mathrm{j}\left[\omega t - z\sqrt{(\frac{\omega}{c_0})^2 - (\frac{n\pi}{h})^2}\right]}$$

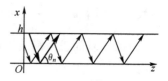

等相位面：

$$\omega t - k_{zn}z = 常数$$

式中，$k_{zn} = \sqrt{\left(\frac{\omega}{c_0}\right)^2 - \left(\frac{n\pi}{h}\right)^2}$。

图 3-50 简正波行波分解示意图

所以，波导中第 n 阶简正波声压函数沿 z 方向传播的相速度：

$$c_{pn} = \frac{\mathrm{d}z}{\mathrm{d}t}\bigg|_{(\omega t - k_{zn}z) = 常数} = \frac{\omega}{k_{zn}} = \frac{\omega}{\sqrt{k^2 - \left(\frac{n\pi}{h}\right)^2}} = \frac{c_0}{\sqrt{1 - \left(\frac{n\pi}{hk}\right)^2}} = \frac{c_0}{\sqrt{1 - \frac{f_n}{f}}} > c_0 \quad (3\text{-}276)$$

图 3-51 中给出了绝对硬边界平行平面层波导中的前 5 阶简正波的声压相速度曲线。

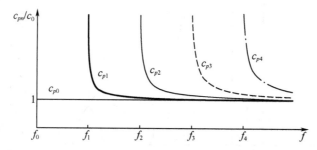

图 3-51 绝对硬边界平行平面层波导中的前 5 阶简正波的声压相速度

从图 3-51 可以看出：相同频率，不同阶简正波的相速度不同，阶次高的简正波相速度大。除 0 阶简正波外，任一阶简正波随声波频率的增加，相速度减小，并逐渐趋于介质的波速；在接近该阶简正波的截止频率时，相速度趋于无穷大。只有零阶简正波相速度等于介质中波速 c_0。

定义 3-41（频散介质） 若波在介质中的传播速度与波的频率有关，则称该介质为频散介质。

声波在频散介质中传播时声信号会发生畸变。波导是一般简正波的频散介质，因而，一般情况下，波导中传播的声信号会发生畸变。

② 群速度：$c_g \equiv \dfrac{\mathrm{d}\omega}{\mathrm{d}k}$。

首先对群速度的物理意义进行分析：如果介质中有两个相近频率的同方向传播的平面波：

$$p_1(x,t) = p_0 \mathrm{e}^{\mathrm{j}(\omega_1 t - k_1 x)}, p_2(x,t) = p_0 \mathrm{e}^{\mathrm{j}(\omega_2 t - k_2 x)}$$

则总声场为二者的叠加：

$$p(x,t) = p_1 + p_2 = p_0\left[\mathrm{e}^{\mathrm{j}(\omega_1 t - k_1 x)} + \mathrm{e}^{\mathrm{j}(\omega_2 t - k_2 x)}\right]$$

实际波场为

$$p(x,t) = \mathrm{Re}\left\{p_0\left[\mathrm{e}^{\mathrm{j}(\omega_1 t - k_1 x)} + \mathrm{e}^{\mathrm{j}(\omega_2 t - k_2 x)}\right]\right\}$$

$$= A\left[\cos(\omega_1 t - k_1 x) + \cos(\omega_2 t - k_2 x)\right]$$

$$= 2A\cos\left[\frac{(\omega_2 - \omega_1)t}{2} - \frac{(k_2 - k_1)x}{2}\right]\cos\left[\frac{(\omega_2 + \omega_1)t}{2} - \frac{(k_2 + k_1)x}{2}\right]$$

上式计算的不同时刻声场声压空间分布如图 3-52 所示。可以看出，随时间的增加，"波包"和等相位面均向 x 正向移动。波场中振动幅值的不均匀形成"波包"；起伏大的振动幅值，形象地称为"波包"。因为波的能量与振动幅值的平方成比例，因而"波包"的移动体现了波场中能量的传播。

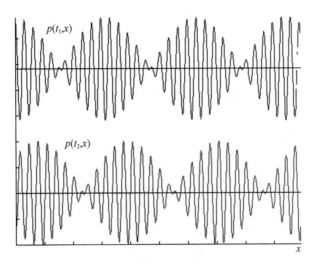

图 3-52 不同时刻两个同方向传播的平面波声场声压空间分布示意图

上式中表示波场振动幅值的时空函数是 $\cos\left[\dfrac{(\omega_2-\omega_1)t}{2} - \dfrac{(k_2-k_1)x}{2}\right]$，因而决定波场幅值大小的时空综量是 $\zeta = \dfrac{(\omega_2-\omega_1)t}{2} - \dfrac{(k_2-k_1)x}{2}$，所以振动幅值（波包）传播的速度为 $\zeta = $ 常数条件下的空间变量对时间变量的导数：

$$v_{波包} = \frac{\mathrm{d}x}{\mathrm{d}t}\bigg|_{\frac{(\omega_2-\omega_1)t}{2} - \frac{(k_2-k_1)x}{2} = 常数} = \frac{\omega_2 - \omega_1}{k_2 - k_1} = \frac{\Delta\omega}{\Delta k} = \frac{\mathrm{d}\omega}{\mathrm{d}k}$$

所以，群速度，是波包传播的速度，是信号传播的速度，是能量传播的速度。

绝对硬边界，平行平面层波导中的第 n 阶简正波声压函数：

$$p_n(x,z,t) = A_n\cos\frac{n\pi}{h}x\,\mathrm{e}^{\mathrm{j}\left[\omega t - z\sqrt{\left(\frac{\omega}{c_0}\right)^2 - \left(\frac{n\pi}{h}\right)^2}\right]}$$

第 n 阶简正波沿波导无限制的 z 方向的群速度为

$$c_{gn} = \frac{\mathrm{d}\omega}{\mathrm{d}k_{zn}} = \frac{1}{\dfrac{\mathrm{d}k_{zn}}{\mathrm{d}\omega}} = \frac{\sqrt{k^2 - \left(\dfrac{n\pi}{h}\right)^2}}{\dfrac{k}{c_0}} = c_0\sqrt{1 - \left(\frac{n\pi}{kh}\right)^2} = c_0\sqrt{1 - \left(\frac{f_n}{f}\right)^2} < c_0 \quad (3\text{-}277)$$

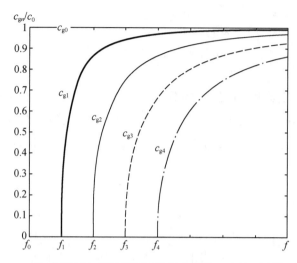

图 3-53　绝对硬边界，平行平面层波导中的前 5 阶简正波的群速度

波导中声传播的简正波理论要点：

a. 声波在有限空间传播时可看作许多简正波传播的叠加。

b. 简正波的函数形式与波导截面形状和波导界面边条件有关。

c. 各阶简正波的幅值沿波导截面的分布与截面形状及界面边条件有关。

d. 各阶简正波的截止频率与截面形状和尺寸以及界面边条件有关。

e. 各阶简正波以不同的相速度和群速度沿波导无限制方向传播。

f. 各阶简正波的相速度和群速度与声波频率有关，所以声波在波导中传播有频散现象，传播过程中声信号畸变。

g. 声源频率为 f 时，波导中只有截止频率 $f_n < f$ 的各阶简正波传播；而 $f_n \geq f$ 的简正波蜕化为非均匀波；蜕化简正波不传播，只存留在声源附近。

h. 各阶简正波的幅值由声源条件决定。

习　题

1. 在两个无限大平行平面之间充满理想介质，上界面为绝对软边界，下界面为绝对硬边界，间距为 h；并且波场为简谐波场，沿一维无限制方向传播，另外一维无限制方向波场均匀。求：

（1）建立合适的坐标系，写出波导中声压场的方程和边界条件。

（2）求出该波导中的简正波的函数形式。

（3）求出第 n 阶简正波的截止频率、相速度、群速度。

（4）画出前 3 阶简正波沿波导截面的幅值分布图。

（5）该波导中能否传播平面波？

2.上题,如果上界面为绝对软边界,下界面也为绝对软边界,其他已知条件相同,再解上题各问。

3.中间充满理想介质的平行平面层波导,上、下界面均为绝对硬。如果声源是垂直于界面半径为 a 的圆柱面,圆柱面上各点沿径向做同频同相但振幅不同的简谐振动,各点的振幅值是且仅是该点到下界面距离的函数。

(1)建立合适的坐标系,写出波导中声压场的方程和边界条件。

(2)求出该波导中简正波的函数形式。

(3)求出第 n 阶简正波的截止频率。

(4)画出前3阶简正波沿波导截面的幅值分布图;这里的最低阶简正波是平面波吗?

3.11.2 声波在圆管波导中的传播

半径为 a 的圆管中充满理想流体,管的一端($z=0$ 面)放置声发射器,另一端为无限延长,如图3-54所示。

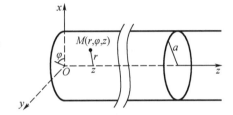

图3-54 圆管波导示意图

建立柱坐标系 O-r-φ-z,如图3-54所示,则波导中声场的空间变量变化范围:$0 \leqslant r \leqslant a$,$0 \leqslant \varphi \leqslant 2\pi$,$0 \leqslant z < +\infty$。

1.圆管波导中简谐声场的一般形式解

如果波场为时间简谐振动,令波导中的声压函数为 $p(r,\varphi,z)\mathrm{e}^{\mathrm{j}\omega t}$。

由柱坐标系下亥姆霍兹方程的形式解[式(3-266)],并将其中的 $\cos(k_z z)$ 和 $\sin(k_z z)$ 函数用 z 的行波函数 $\mathrm{e}^{\mathrm{j}k_z z}$ 和 $\mathrm{e}^{-\mathrm{j}k_z z}$ 表示,可得

$$p(r,\varphi,z) = \mathrm{e}^{\mathrm{j}\omega t} \sum_{k_r} \sum_n \left[A_n \mathrm{J}_n(k_r r) + B_n \mathrm{N}_n(k_r r) \right] (a\mathrm{e}^{\mathrm{j}k_z z} + b\mathrm{e}^{-\mathrm{j}k_z z}) \cos(n\varphi + \varphi_n)$$

$$(3\text{-}278)$$

式中,$k_r^2 + k_z^2 = k^2$。

简化形式解:

(1)因为波场在 $r=0$ 时有限值,所以无诺依曼函数项,$B_n=0$。

(2)因为声源在 $z=0$ 面上,所以波场只有向 z 的正向传播的声波,即 $a=0$。

所以,圆管波导中声场的形式解:

$$p(r,z,t) = \mathrm{e}^{\mathrm{j}\omega t} \sum_{k_r} \sum_n A_n \mathrm{J}_n(k_r r) \mathrm{e}^{-\mathrm{j}k_z z} \cos(n\varphi + \varphi_n) \quad k_r^2 + k_z^2 = k^2 \quad (3\text{-}279)$$

式中,k_r、A_n、φ_n 由边界条件确定,即界(壁)面和声源条件。

2.绝对硬边界条件圆管波导中的声场

如果,圆管壁为刚性(绝对硬)界(壁)面,则边界条件为

$$\left. \frac{\partial p(r,\varphi,z)}{\partial r} \right|_{r=a} = 0 \tag{3-280}$$

将式(3-279)代入式(3-280)得

$$\frac{\partial}{\partial r}e^{j\omega t}\sum_{n}\sum_{k_r}A_n J_n(k_r r)e^{-jk_z z}\cos(n\varphi+\varphi_n)\bigg|_{r=a}=0$$

$$\Rightarrow e^{j\omega t}\sum_{n}\sum_{k_r}A_n\frac{d}{dr}J_n(k_r r)e^{-jk_z z}\cos(n\varphi+\varphi_n)\bigg|_{r=a}=0$$

$$\Rightarrow\frac{dJ_n(k_r r)}{dr}\bigg|_{r=a}=0 \tag{3-281}$$

如果记 β_{nm} 为方程 $\dfrac{dJ_n(x)}{dx}=0$ 的第 m 个根，显然，$k_r a=\beta_{nm}$ 是方程式（3-281）的解，得

$k_{nm}=\dfrac{\beta_{nm}}{a}$，称 k_{nm} 为此问题的第 m 个特征值。

所以

$$p(r,\varphi,z,t)=e^{j\omega t}\sum_{n}\sum_{m}A_{nm}J_{nn}\left(\frac{\beta_{nm}}{a}r\right)\cos(n\varphi+\varphi_n)e^{-j\sqrt{k^2-\left(\frac{\beta_{nm}}{a}\right)^2}z}$$

$$=e^{j\omega t}\sum_{n}\sum_{m}A_{nm}J_n(k_{nm}r)\cos(n\varphi+\varphi_n)e^{-j\sqrt{k^2-k_{nm}^2}z} \tag{3-282}$$

式中，A_{nm}、φ_n 由声源条件（$z=0$ 处的边界条件）确定。

（1）轴对称声源激励下刚性壁面圆管波导中的声场

如果声场是由轴对称声源激励产生的，则式（3-282）形式解还可以简化。所谓"轴对称声源"是指声源的振速分布与变量 φ 无关，因而 $z=0$ 处的边界条件与变量 φ 无关，所以其声场与变量 φ 无关，可推知式（3-282）中，只有 $n=0$ 的各项，而 $n\neq0$ 各项的系数 $A_{nm}=0$，即

$$p(r,\varphi,z,t)=e^{j\omega t}\sum_{n}\sum_{m}A_{nm}J_n(k_{nm}r)\cos(n\varphi+\varphi_n)e^{-j\sqrt{k^2-k_{nm}^2}z}\bigg|_{n=0}$$

$$=e^{j\omega t}\sum_{m}A'_{0m}J_0(k_{0m}r)e^{-j\sqrt{k^2-k_{nm}^2}z} \tag{3-283}$$

式中，$k_{0m}=\dfrac{\beta_{0m}}{a}$，其中 β_{0m} 是方程 $\dfrac{dJ_0(x)}{dx}=0$ 的第 m 个根。

由柱函数的递推关系可得，方程 $\dfrac{dJ_0(x)}{dx}=0$ 与 $J_1(x)=0$ 方程同根。查表 3-1 可得 β_{0m} 值：

表 3-1　$\dfrac{dJ_0(x)}{dx}=0$（亦 $J_1(x)=0$）的第 m 个根 β_{0m} 的数值表

β_{00}	β_{01}	β_{02}	β_{03}	β_{04}	β_{0m}
0	3.83	7.02	10.17	13.32	$(m+1/4)\pi$[①]

注：①根据柱函数的渐近式 $J_1(x)|_{x\rightarrow+\infty}=\sqrt{\dfrac{2}{\pi x}}\cos\left(x-\dfrac{\pi}{2}-\dfrac{\pi}{4}\right)+o(x^{\frac{3}{2}})$ 得在 $m>4$ 时 β_{0m} 的近似式。

分析　轴对称声源，刚性壁面，圆管中简正波的传播特性：

轴对称声源,刚性壁面,圆管中$(0,m)$阶简正波声压函数为

$$p_{0m}(r,z,t) = A'_{0m}J_0\left(\frac{\beta_{0m}}{a}r\right)e^{j\left[\omega t - \sqrt{k^2 - \left(\frac{\beta_{0m}}{a}\right)^2}z\right]} \tag{3-284}$$

① 波导截面上,$(0,m)$阶简正波的声压幅值分布函数为

$$|p_{0m}(r,z,t)| = \left| A'_{0m}J_0\left(\frac{\beta_{0m}}{a}r\right) \right|$$

$(0,m)$简正波的幅值分布与节线如图 3-55 所示。

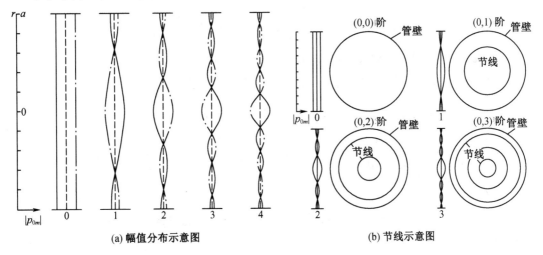

(a) 幅值分布示意图   (b) 节线示意图

图 3-55   刚性壁面圆柱波导截面上$(0,m)$阶简正波幅值分布与节线示意图$(m\le 5)$

② $(0,m)$阶简正波的截止频率。
由式(3-284)得

$$k_{z(0m)}\Big|_{\omega=\omega_{0m}} = \sqrt{k^2 - \left(\frac{\beta_{0m}}{a}\right)^2}\,\Bigg|_{\omega=\omega_{0m}} = 0 \Rightarrow \left(\frac{\omega}{c_0}\right)^2 - \left(\frac{\beta_{0m}}{a}\right)^2\Bigg|_{\omega=\omega_{0m}} = 0$$

得截止角频率为

$$\omega_{0m} = \frac{\beta_{0m}}{a}c_0$$

截止频率为

$$f_{0m} = \frac{\omega_{0m}}{2\pi} = \frac{\beta_{0m}c_0}{2\pi a} \tag{3-285}$$

即$f>f_{0m}$ 时,$(0,m)$阶简正波正常传播,$f\le f_{0m}$ 时,$(0,m)$阶简正波蜕化为非均匀波,不能传播,只存在于声源附近。

③ $(0,m)$阶简正波的声压相速度和群速度。
由式(3-284)得其相位函数为

$$\varphi_p = \omega t - \sqrt{k^2 - \left(\frac{\beta_{0m}}{a}\right)^2}\,z$$

$(0,m)$阶简正波的声压相速度:

$$c_{p(0m)} = \frac{dz}{dt}\bigg|_{\varphi_p = 常数} = \frac{\omega}{\sqrt{k^2 - \left(\frac{\beta_{0m}}{a}\right)^2}} = \frac{c}{\sqrt{1 - \left(\frac{\beta_{0m}}{ka}\right)^2}} = \frac{c}{\sqrt{1 - \left(\frac{f_{0m}}{f}\right)^2}} \quad (3-286)$$

$(0, m)$ 阶简正波的群速度：

$$c_{g(0m)} = \frac{d\omega}{dk_{z(0m)}} = \frac{d\omega}{d\left[\sqrt{k^2 - \left(\frac{\beta_{0m}}{a}\right)^2}\right]} = \frac{d\omega}{d\left[\sqrt{\left(\frac{\omega}{c_0}\right)^2 - \left(\frac{\beta_{0m}}{a}\right)^2}\right]}$$

$$\Rightarrow c_{g(0m)} = c_0 \sqrt{1 - \left(\frac{\beta_{0m}}{ka}\right)^2} = c_0 \sqrt{1 - \left(\frac{f_{0m}}{f}\right)^2} \quad (3-287)$$

（2）非轴对称声源激励下刚性壁面圆管波导中的声场

声场由非轴对称声源激励产生（声源处边界条件与变量有关），由

$$p(r, \varphi, z, t) = e^{j\omega t} \sum_n \sum_m A_{nm} J_n(k_{nm}r) \cos(n\varphi + \varphi_n) e^{-j\sqrt{k^2 - k_{nm}^2}z}$$

式中，$k_{nm} = \frac{\beta_{nm}}{a}$，$\beta_{nm}$ 是方程 $\frac{dJ_n(x)}{dx} = 0$ 的第 m 个根；表3-2给出了 $n \leq 4, m \leq 4$ 的 β_{nm} 值。

表3-2　方程 $\dfrac{dJ_n(x)}{dx} = 0$ 的第 m 个根 β_{nm} 的值

n	m			
	0	1	2	3
0	0	3.83	7.02	10.17
1	1.84	5.33	8.54	11.71
2	3.05	6.71	9.97	13.17
3	4.20	8.02	11.35	14.59

根据柱函数的渐近公式，对于序号较大的根近似有 $\beta_{nm} \approx \left(\frac{n}{2} + m + \frac{1}{4}\right)\pi \, (m > n, m > 3)$。

分析　刚性壁面圆管波导中第 (n, m) 阶简正波的传播特性：

① 波导截面上 (n, m) 阶简正波的幅值分布

第 (n, m) 简正波函数为

$$p_{nm}(r, \varphi, z) = A'_{nm} J_n\left(\frac{\beta_{nm}}{a}r\right) e^{j\left[\omega t - \sqrt{k^2 - \left(\frac{\beta_{nm}}{a}\right)^2}z\right]} \cos(n\varphi + \varphi_n) \quad (3-288)$$

所以，幅值分布函数为

$$|p_{nm}(r, \varphi, z)| = \left| A'_{nm} J_n\left(\frac{\beta_{nm}}{a}r\right) \cos(n\varphi + \varphi_n) \right|$$

波导截面上 (n, m) 阶简正波幅值分布节线如图3-56所示。

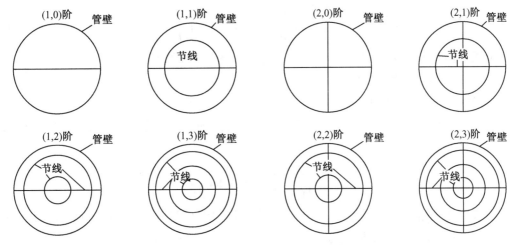

图 3-56 波导截面上 (n,m) 简正波幅值分布节线

② (n,m) 阶简正波的截止频率

由式(3-287)得

$$k_{z(nm)}\Big|_{\omega=\omega_{nm}} = \sqrt{k^2 - \left(\frac{\beta_{nm}}{a}\right)^2}\Bigg|_{\omega=\omega_{nm}} = 0 \Rightarrow \left(\frac{\omega}{c_0}\right)^2 - \left(\frac{\beta_{nm}}{a}\right)^2\Bigg|_{\omega=\omega_{nm}} = 0$$

得到截止角频率为

$$\omega_{nm} = \frac{\beta_{nm}}{a}c_0$$

截止频率为

$$f_{nm} = \frac{\omega_{nm}}{2\pi} = \frac{\beta_{nm}c_0}{2\pi a}$$

即 $f > f_{nm}$ 时,(n,m) 阶简正波正常传播,$f \leqslant f_{nm}$ 时,(n,m) 阶简正波蜕化为非均匀波,不能传播,只存在于声源附近。

③ (n,m) 阶简正波的声压相速度和群速度

由式(3-288)得第 (n,m) 阶简正波的声压相位函数为

$$\varphi_{\mathrm{p}} = \omega t - \sqrt{k^2 - \left(\frac{\beta_{nm}}{a}\right)^2}\, z$$

得到声压相速度:

$$c_{\mathrm{p}(nm)} = \frac{\mathrm{d}z}{\mathrm{d}t}\Bigg|_{\varphi_{\mathrm{p}}=\text{常数}} = \frac{\omega}{\sqrt{k^2 - \left(\frac{\beta_{nm}}{a}\right)^2}} = \frac{c_0}{\sqrt{1 - \left(\frac{\beta_{nm}}{ka}\right)^2}} = \frac{c_0}{\sqrt{1 - \left(\frac{f_{nm}}{f}\right)^2}} \qquad (3-289)$$

群速度:

$$c_{\mathrm{g}(nm)} = \frac{\mathrm{d}\omega}{\mathrm{d}k_{z(nm)}} = \frac{\mathrm{d}\omega}{\mathrm{d}\left[\sqrt{k^2 - \left(\frac{\beta_{nm}}{a}\right)^2}\right]} = \frac{\mathrm{d}\omega}{\mathrm{d}\left[\sqrt{\left(\frac{\omega}{c_0}\right)^2 - \left(\frac{\beta_{nm}}{a}\right)^2}\right]}$$

$$\Rightarrow c_{g(nm)} = c_0 \sqrt{1 - \left(\frac{\beta_{nm}}{ka}\right)^2} = c_0 \sqrt{1 - \left(\frac{f_{nm}}{f}\right)^2} \qquad (3-290)$$

分析　声学测量时通常需用平面波，在管中获得平面波的方法：

① 管壁面必须是刚性（绝对硬）的。

② 要利用管中的(0,0)阶简正波。

③ 通常，测量频率上限低于(1,0)阶简正波的截止频率 f_{10}，使管中只有正常传播的(0,0)阶简正波。

$$f_{10} = \frac{\omega_{10}}{2\pi} = \frac{\beta_{10} c_0}{2\pi a} = 1.84 \frac{c_0}{2\pi a}$$

④ 如果利用轴对称声源激励，可提高测量频率上限；测量频率低于(0,1)阶简正波的截止频率 f_{01}，使管中只有正常传播的(0,0)阶简正波。

$$f_{01} = \frac{\omega_{01}}{2\pi} = \frac{\beta_{01} c_0}{2\pi a} = 3.83 \frac{c_0}{2\pi a}$$

习　　题

1. 半径为 a 的圆管波导，管的一个端放置声发射器，另一端为无限延长；管壁界面为绝对软；波场为简谐波场；声源为轴对称激励。求：

(1) 建立合适的坐标系，写出波导中声压场的方程和边界条件。

(2) 求出该波导中的简正波的函数形式。

(3) 求出第 n 阶简正波的截止频率、相速度、群速度。

(4) 画出前2阶简正波沿波导截面的幅值分布图。

(5) 该波导中能否传播平面波？

2. 半径分别为 a 和 b 的同轴圆管中间充满理想流体；管的 $z=0$ 端面放置声发射器，另一端为无限延长（图 3-57, $a>b$）；管壁界面为绝对硬边界；波场为简谐波场；声源为轴对称激励。求：

(1) 建立合适的坐标系，写出波导中声压场的方程和边界条件。

(2) 求出该波导中声场的形式解和本征值方程，以及简正波的函数形式。

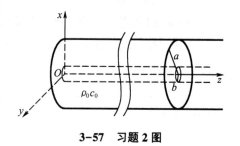

3-57　习题2图

第4章 声波的辐射

4.1 声波的辐射过程和辐射阻抗

4.1.1 声波的辐射阻抗

声源的振动在周围的介质中激发声波,称为声辐射。声源辐射器振动表面推动周围介质振动,由于介质的惯性和弹性,使得振动状态向远处传播,从而形成声波场。第 3 章主要讨论这些已经激发起来的声波在传播过程中的特性,至于声波场和声源之间的关系,即声源辐射声波问题,将在本章讨论。本章从以下三个方面来讨论。

1. 介质对辐射器振动表面的作用

研究声源在介质中振动并辐射声波的问题,它涉及介质与声源的相互作用,即声源作为一个振动系统在介质中受到介质的反作用力,由此可以求出介质对辐射器振动表面的作用和辐射阻抗。

2. 声源辐射声场的空间分布问题

声源辐射声场的空间分布包括轴向分布和周向分布,轴向分布涉及声场的远近场概念,声场的周向特性主要用远场指向性刻画。

3. 辐射声场的数学处理方法

辐射声场的处理根据不同的问题采用的处理方法不同,如果辐射面规则,可采用分离变数法求解;如果辐射面不规则,可采用亥姆霍兹方程的积分方法求解。

在实际中,声源的形式是各种各样的,要想从数学上对形状不规则的声源进行严格求解是十分困难的,因此在很多情况下,在一定的限制条件下将声源近似看作平面、球面等理想化的声源,这样既避免了烦琐的数学推导,又可以由所得结果揭示基本规律。

4.1.2 辐射阻抗

声源辐射器在声场中振动时,介质发生稀疏交替的形变,从而辐射了声波;另一方面,声源本身也处于它自己辐射形成的声场之中,因此它也受到声场对它的反作用。

辐射器的机械振动系统的等效集总参数系统如图 4-1 所示。

系统在无介质环境下的运动方程为

$$\left[R_{\mathrm{m}} + \mathrm{j}\left(\omega M - \frac{1}{\omega C_{\mathrm{m}}}\right) \right] \widetilde{U}_0 = \widetilde{F} \tag{4-1}$$

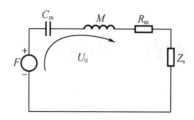

图 4-1 辐射器的机械振动系统的等效集总参数系统

式中，$\widetilde{U}_0$ 是等效系统参考点处的振速；（取辐射器表面某点振速）；$\widetilde{F}$ 是电—机转换元件的等效施加力。

系统在介质中的运动方程为

$$\left[R_{\mathrm{m}} + \mathrm{j}\left(\omega M - \frac{1}{\omega C_{\mathrm{m}}} \right) \right] \widetilde{U}_0 = \widetilde{F} + \widetilde{F}_{\mathrm{r}} \tag{4-2}$$

式中，$\widetilde{U}_0$ 是等效系统参考点处的振速；$\widetilde{F}$ 是电机转换元件的等效施加力；$\widetilde{F}_{\mathrm{r}}$ 是介质对辐射器振动系统的阻力。

又因为 $\widetilde{F}_{\mathrm{r}}$ 是声压作用在辐射器振动表面的压力，所以有

$$\widetilde{F}_{\mathrm{r}} = - \iint\limits_{S_0} \widetilde{p}(\boldsymbol{r}) \,\mathrm{d}s = - \iint\limits_{S_0} \widetilde{Z}_a(\boldsymbol{r}) \widetilde{u}(\boldsymbol{r}) \,\mathrm{d}s \tag{4-3}$$

式中，$\widetilde{Z}_a(\boldsymbol{r})$ 是辐射器表面处的波阻抗；$\widetilde{u}(\boldsymbol{r})$ 是声场在辐射器振动表面处的振速。又因为

$$\widetilde{u}(\boldsymbol{r})\,\big|_{S_0} = \widetilde{v}(s) \quad (\widetilde{v}(s) \text{ 是辐射器振动表面的振速分布函数}) \tag{4-4}$$

所以有

$$\widetilde{F}_{\mathrm{r}} = - \iint\limits_{S_0} \widetilde{p}(\boldsymbol{r}) \,\mathrm{d}s = - \iint\limits_{S_0} \widetilde{Z}_a(\boldsymbol{r}) \widetilde{u}(\boldsymbol{r}) \,\mathrm{d}s = - \iint\limits_{S_0} \widetilde{Z}_a(\boldsymbol{r}) \widetilde{v}(s) \,\mathrm{d}s \tag{4-5}$$

式（4-5）代入到运动方程中，得系统在介质中的运动方程为

$$\left[R_{\mathrm{m}} + \mathrm{j}\left(\omega M - \frac{1}{\omega C_{\mathrm{m}}} \right) \right] \widetilde{U}_0 = \widetilde{F} + \widetilde{F}_{\mathrm{r}} = \widetilde{F} - \iint\limits_{S_0} \widetilde{Z}_a(\boldsymbol{r}) \widetilde{v}(s) \,\mathrm{d}s \tag{4-6}$$

进一步推导

$$\left[R_{\mathrm{m}} + \mathrm{j}\left(\omega M - \frac{1}{\omega C_{\mathrm{m}}} \right) \right] \widetilde{U}_0 + \iint\limits_{S_0} \widetilde{Z}_a(\boldsymbol{r}) \widetilde{v}(s) \,\mathrm{d}s = \widetilde{F} \tag{4-7}$$

整理得

$$\left[R_{\mathrm{m}} + \mathrm{j}\left(\omega M - \frac{1}{\omega C_{\mathrm{m}}} \right) + \iint\limits_{S_0} \frac{\widetilde{Z}_a(\boldsymbol{r}) \widetilde{v}(s)}{\widetilde{U}_0} \,\mathrm{d}s \right] \widetilde{U}_0 = \widetilde{F} \tag{4-8}$$

从式（4-8）发现，由于考虑到声场对声源的反作用，对声源振动系统来讲，相当于在原来的力学振动系统上附加了一个力阻抗，这种由于声辐射引起的附加于力学系统的力阻抗就称为辐射力阻抗，简称为辐射阻抗。

定义 4-1（辐射阻抗） 介质对辐射器振动表面的阻力作用,相当于在辐射器的机械振动系统中增加了一个机械阻抗,此机械阻抗称为辐射器的辐射阻抗。记 Z_s,单位为机械欧姆。

$$Z_s = \iint_{s_0} \frac{\widetilde{Z}_a(\boldsymbol{r})\widetilde{v}(s)}{\widetilde{U}_0}\mathrm{d}s = R_s + \mathrm{j}X_s \tag{4-9}$$

式中,R_s 是辐射阻;X_s 是辐射抗。辐射器的辐射阻抗与辐射器的振动表面及其振速分布、介质的特性阻抗以及等效系统的参考点选择有关。

式(4-8)可写为

$$\widetilde{U}_0 = \frac{\widetilde{F}}{Z_m + Z_s} \tag{4-10}$$

其中

$$Z_m + Z_s = (R_m + R_s) + \mathrm{j}\left(\omega M + X_s - \frac{1}{C_m\omega}\right) \tag{4-11}$$

由式(4-11)可见,声场对声源的反作用表现在两个方面:一方面是增加了系统的阻尼作用,除原来的力阻 R_m 外还增加了辐射阻 R_s,辐射阻 R_s 像摩擦力阻 R_m 一样,也反映了力学系统存在着能量的损耗,但摩擦力阻损耗的能量转化为热能,而辐射阻损耗的能量转化为声能,以声波的形式传播出去;另一方面是在系统中增加了辐射抗。所以,在辐射阻抗中,辐射阻 R_s 是"耗能"元件,将机械振动系统中的机械振动能转化为声场中的声能,辐射阻的消耗功率就是辐射器的辐射声功率;辐射抗 X_s 是"储能"元件,不断进行机械振动系统中的机械振动能与声场中的声能的相互转化。

因为 X_s 是正的,所以辐射抗表现为惯性抗,式(4-11)可改写成

$$Z_m + Z_r = (R_m + R_s) + \mathrm{j}\left[\omega\left(M + \frac{X_s}{\omega}\right) - \frac{1}{C_m\omega}\right] \tag{4-12}$$

由式(4-12)可清楚看出辐射抗对力学系统的影响相当于在声源本身的质量 M 上附加了一个辐射质量 $M_s = \dfrac{X_s}{\omega}$,由于这部分附加质量的存在,好像声源加重了,似乎有质量为 M_s 的介质层黏附在辐射器面上,随辐射器一起振动,因此这部分附加的辐射质量也称为伴振质量,或同振质量。$M+M_s$ 称为有效质量。

定义 4-2（辐射声功率） 机械系统对介质做功的功率,也即机械能中转换为相应声能的功率,称之为辐射声功率,又简称辐射功率,用 W_a 表示。

$$W_a = \frac{1}{2}R_s|\widetilde{U}_0|^2 \tag{4-13}$$

式中,$\widetilde{U}_0$ 为辐射面的振动速度(峰值)。应用辐射阻抗的概念可以方便地研究声源的辐射特性。

辐射器机械系统的内损耗功率为

$$W_{ma} = \frac{1}{2} R_m |\widetilde{U}_0|^2 \tag{4-14}$$

机械振动系统总消耗功率为

$$W_{em} = W_{ma} + W_s = \frac{1}{2}(R_m + R_s)|\widetilde{U}_0|^2 \tag{4-15}$$

所以,机-声转换效率为

$$\eta_{a/m} = \frac{W_{ma}}{W_{em}} \times 100\% = \frac{R_s}{R_m + R_s} \times 100\% \tag{4-16}$$

常参数的振荡系统的功率是频率的函数,所以效率也是频率的函数,显然,当系统以机械谐振频率辐射时,辐射功率最大,且效率也接近最高。在工程应用中,经常把换能器的谐振频率设计在所需要的工作频率上。

换能器工作时,在换能器上施加电信号推动换能器振动,这一步实现电能到机械振动能的转换,由电能转换为机械振动的效率用电-机效率 $\eta_{m/e}$ 表示;换能器振动推动周围介质振动形成声波场,实现机械振动能到声能的转换,由机械振动能到声能的转换效率用机-声转换效率 $\eta_{a/m}$ 表示;则由电能转化为声能的效率用电-声转换效率 $\eta_{a/e}$ 表示。

电学中定义电-机效率 $\eta_{m/e}$ 为

$$\eta_{m/e} = \frac{W_{em}}{W_e} \times 100\% = \frac{g_d}{g_e + g_d} \times 100\% \tag{4-17}$$

则电-声转换效率 $\eta_{a/e}$ 为

$$\eta_{a/e} = \frac{W_{ma}}{W_e} = \frac{W_{ma}}{W_{em}} \cdot \frac{W_{em}}{W_e} = \eta_{a/m} \cdot \eta_{m/e} \tag{4-18}$$

在设计大功率发射换能器时,提高换能器的电声效率具有重要意义。因为加大发射功率就要求增大电源功率,如果电声效率低,则电源功率的利用率低,大部分能量消耗在电路和机械系统内部。消耗在系统内的能量转变为热能,使得换能器元件及环境温度升高,有可能导致元件参数向恶化方向发展,换能器的性能将不稳定。

为了提高换能器的效率,应从三个方面努力:一个方面可以改善换能器元件的材料性能,提高压电系数,机电耦合系数,降低强场损耗和提高电声参数的温度稳定性。另一方面从对换能器的振动系统的结构和工艺方面考虑,减少系统的等效内损耗。例如,改善换能器的黏滞性,增加反声后衬,增加去耦材料和结构,抑制不必要的振动模式的耦合等。再一方面是考虑辐射声阻的提高,通过合理选择材料和设计结构,可以提高辐射声阻,声辐射现象直接反映到电声系统中是辐射阻抗,这涉及换能器材料以及振子和基阵的声学结构。

4.2 亥姆霍兹方程在球坐标系下的形式解

在第 3 章中给出了直角坐标系下亥姆霍兹方程的形式解。在这里讨论亥姆霍兹方程在球坐标系下的形式解。

球坐标系下拉普拉斯算符的运算式为

$$\nabla^2 = \frac{1}{r^2}\frac{\partial}{\partial r}\left(r^2\frac{\partial}{\partial r}\right) + \frac{1}{r^2\sin\theta}\frac{\partial}{\partial\theta}\left(\sin\theta\frac{\partial}{\partial\theta}\right) + \frac{1}{r^2}\frac{1}{\sin^2\theta}\frac{\partial^2}{\partial\varphi^2} \tag{4-19}$$

所以,球坐标系下亥姆霍兹方程为

$$\frac{1}{r^2}\frac{\partial}{\partial r}\left[r^2\frac{\partial\psi(r,\theta,\varphi)}{\partial r}\right] + \frac{1}{r^2\sin\theta}\frac{\partial}{\partial\theta}\left[\sin\theta\frac{\partial\psi(r,\theta,\varphi)}{\partial\theta}\right] +$$

$$\frac{1}{r^2}\frac{1}{\sin^2\theta}\frac{\partial^2\psi(r,\theta,\varphi)}{\partial\varphi^2} + k^2\psi(r,\theta,\varphi) = 0 \tag{4-20}$$

式中,$k = \dfrac{\omega}{c_0}$。

用“分离变数法”求解,令 $\psi(r,\theta,\varphi) = R(r)Y(\theta,\varphi)$,可得

$$Y(\theta,\varphi) = \sum_{l=0}^{\infty}\left[a_{l0}P_l(\cos\theta) + \sum_{n=1}^{l}a_{ln}\cos(n\varphi + \varphi_n)P_l^{(n)}(\cos\theta)\right] \tag{4-21}$$

式中,$P_l(\cdot)$ 是 l 阶勒让德函数;$P_l^n(\cdot)$ 是 l 阶 n 次连带勒让德函数。

$$R(r) = A_l'\,j_l(kr) + B_l'\,n_l(kr) = A_l h_l^{(1)}(kr) + B_l h_l^{(2)}(kr) \tag{4-22}$$

式中,$j_l(\cdot)$ 和 $n_l(\cdot)$ 分别为 l 阶球贝赛尔函数和 l 阶球诺依曼函数,它们是 l 阶球贝塞尔方程的两个线性无关的实函数形式解,是特殊函数。$h_l^{(1)}(kr)$ 是 l 阶第一类球汉开尔函数,$h_l^{(2)}(kr)$ 是 l 阶第二类球汉开尔函数,它们是 l 阶球贝塞尔方程的两个线性无关的复函数形式解,也是特殊函数。

所以,球坐标系下亥姆霍兹方程的形式解为

$$\psi(r,\theta,\varphi) = R(r)Y(\theta,\varphi)$$

$$= \sum_{l=0}^{\infty}\left[a_{l0}P_l(\cos\theta) + \sum_{n=1}^{l}a_{ln}\cos(n\varphi + \varphi_n)P_l^{(n)}(\cos\theta)\right]\left[A_l j_l(kr) + B_l n_l(kr)\right]$$

驻波形式解

$$= \sum_{l=0}^{\infty}\left[a_{l0}P_l(\cos\theta) + \sum_{n=1}^{l}a_{ln}\cos(n\varphi + \varphi_n)P_l^{(n)}(\cos\theta)\right]\left[A_l' h_l^{(1)}(kr) + B_l' h_l^{(2)}(kr)\right]$$

行波形式解

$$\tag{4-23}$$

下面给出利用“分离变数法”求解球坐标系下亥姆霍兹方程的具体步骤,球坐标系下亥姆霍兹方程如式(4-20)所示。令 $\psi(r,\theta,\varphi) = R(r)Y(\theta,\varphi)$,可得

$$\frac{Y(\theta,\varphi)}{r^2}\frac{\mathrm{d}}{\mathrm{d}r}\left[r^2\frac{\mathrm{d}R(r)}{\mathrm{d}r}\right]+\frac{R(r)}{r^2\sin\theta}\frac{\partial}{\partial\theta}\left[\sin\theta\frac{\partial Y(\theta,\varphi)}{\partial\theta}\right]+$$

$$\frac{1}{r^2}\frac{R(r)}{\sin^2\theta}\frac{\partial^2 Y(\theta,\varphi)}{\partial\varphi^2}+k^2R(r)Y(\theta,\varphi)=0 \tag{4-24}$$

式(4-24)两端同乘以$\dfrac{r^2}{R(r)Y(\theta,\varphi)}$得到

$$\frac{\dfrac{\mathrm{d}}{\mathrm{d}r}\left[r^2\dfrac{\mathrm{d}R(r)}{\mathrm{d}r}\right]+k^2r^2R(r)}{R(r)}=-\frac{\dfrac{1}{\sin\theta}\dfrac{\partial}{\partial\theta}\left[\sin\theta\dfrac{\partial Y(\theta,\varphi)}{\partial\theta}\right]+\dfrac{1}{\sin^2\theta}\dfrac{\partial^2 Y(\theta,\varphi)}{\partial\varphi^2}}{Y(\theta,\varphi)}=\lambda$$

式中，λ 为某一常数。

1. 径向函数

$$\frac{\mathrm{d}}{\mathrm{d}r}\left[r^2\frac{\mathrm{d}R(r)}{\mathrm{d}r}\right]+k^2r^2R(r)-\lambda R(r)=0 \tag{4-25}$$

进一步推导得

$$\frac{\mathrm{d}^2R(r)}{\mathrm{d}r^2}+\frac{2}{r}\frac{\mathrm{d}R(r)}{\mathrm{d}r}+\left(k^2-\frac{\lambda}{r^2}\right)R(r)=0 \tag{4-26}$$

2. 球面函数

$$\frac{1}{\sin\theta}\frac{\partial}{\partial\theta}\left[\sin\theta\frac{\partial Y(\theta,\varphi)}{\partial\theta}\right]+\frac{1}{\sin^2\theta}\frac{\partial^2 Y(\theta,\varphi)}{\partial\varphi^2}+\lambda Y(\theta,\varphi)=0 \tag{4-27}$$

令$Y(\theta,\varphi)=\Theta(\theta)\phi(\varphi)$得

$$\frac{1}{\sin\theta}\phi(\varphi)\frac{\mathrm{d}}{\mathrm{d}\theta}\left[\sin\theta\frac{\mathrm{d}\Theta(\theta)}{\mathrm{d}\theta}\right]+\frac{1}{\sin^2\theta}\Theta(\theta)\frac{\mathrm{d}^2\phi(\varphi)}{\mathrm{d}\varphi^2}+\lambda\Theta(\theta)\phi(\varphi)=0 \tag{4-28}$$

式(4-28)两端同乘以$\dfrac{\sin^2\theta}{\Theta(\theta)\phi(\varphi)}$得到

$$\frac{\sin\theta\dfrac{\mathrm{d}}{\mathrm{d}\theta}\left[\sin\theta\dfrac{\mathrm{d}\Theta(\theta)}{\mathrm{d}\theta}\right]}{\Theta(\theta)}+\lambda\sin^2\theta=-\frac{\dfrac{\mathrm{d}^2\phi(\varphi)}{\mathrm{d}\varphi^2}}{\phi(\varphi)}=n^2 \tag{4-29}$$

式中，n 为某一常数。

关于 φ 方程为

$$\frac{\mathrm{d}^2\phi(\varphi)}{\mathrm{d}\varphi^2}+n^2\phi(\varphi)=0 \tag{4-30}$$

又因为$\phi(\varphi)$应为2π的周期函数，所以 $n=0,1,2,\cdots$（为系列整数），所以得

$$\phi(\varphi)=a\cos(n\varphi)+b\sin(n\varphi)=a_n\cos(n\varphi+\varphi_n)\quad n=0,1,2,\cdots \tag{4-31}$$

关于 θ 方程为

$$\frac{\sin\theta\dfrac{\mathrm{d}}{\mathrm{d}\theta}\left[\sin\theta\dfrac{\mathrm{d}\Theta(\theta)}{\mathrm{d}\theta}\right]}{\Theta(\theta)}+\lambda\sin^2\theta-n^2=0 \tag{4-32}$$

进一步推导得

$$\frac{1}{\sin\theta}\frac{\mathrm{d}}{\mathrm{d}\theta}\left[\sin\theta\frac{\mathrm{d}\Theta(\theta)}{\mathrm{d}\theta}\right]+\left(\lambda-\frac{n^2}{\sin^2\theta}\right)\Theta(\theta)=0 \qquad (4-33)$$

令 $\mu=\cos\theta$，推得 $\mathrm{d}\mu=-\sin\theta\mathrm{d}\theta,\sin\theta=\sqrt{1-\mu^2}$。

变量代换 $\Theta(\theta)=y(\mu)$，因为 $\dfrac{\mathrm{d}\Theta(\theta)}{\mathrm{d}\theta}=\dfrac{\mathrm{d}y(\mu)}{\mathrm{d}\mu}\dfrac{\mathrm{d}\mu}{\mathrm{d}\theta}=y'(\mu)(-\sin\theta)$。可推得

$$\begin{aligned}\frac{1}{\sin\theta}\frac{\mathrm{d}}{\mathrm{d}\theta}\left[\sin\theta\frac{\mathrm{d}\Theta(\theta)}{\mathrm{d}\theta}\right]&=\frac{1}{\sin\theta}\frac{\mathrm{d}}{\mathrm{d}\theta}\left[-\sin^2\theta y'(\mu)\right]\\&=\frac{1}{\sin\theta}\left[-2\sin\theta\cos\theta y'(\mu)-\sin^2\theta\frac{\mathrm{d}y'(\mu)}{\mathrm{d}\mu}\frac{\mathrm{d}\mu}{\mathrm{d}\theta}\right]\\&=\frac{1}{\sin\theta}\left[-2\sin\theta\cos\theta y'(\mu)-\sin^2\theta\frac{\mathrm{d}y'(\mu)}{\mathrm{d}\mu}(-\sin\theta)\right]\\&=-2\cos\theta y'(\mu)+\sin^2\theta y''(\mu)\\&=-2\mu y'(\mu)+(1-\mu^2)y''(\mu)\end{aligned}$$

所以方程 $\dfrac{1}{\sin\theta}\dfrac{\mathrm{d}}{\mathrm{d}\theta}\left[\sin\theta\dfrac{\mathrm{d}\Theta(\theta)}{\mathrm{d}\theta}\right]+\left(\lambda-\dfrac{n^2}{\sin^2\theta}\right)\Theta(\theta)=0$ 可化为

$$(1-\mu^2)y''(\mu)-2\mu y'(\mu)+\left(\lambda-\frac{n^2}{1-\mu^2}\right)y(\mu)=0 \qquad (4-34)$$

具体分析式(4-34)：

(1)如果 $n=0$，则方程变为

$$(1-\mu^2)y''(\mu)-2\mu y'(\mu)+\lambda y(\mu)=0 \qquad (4-35)$$

此方程在 $\mu\in[-1,+1]$ 时，$y(\mu)$ 有解的条件是

$$\lambda=l(l+1)\quad l=0,1,2,\cdots$$

方程为

$$(1-\mu^2)y''(\mu)-2\mu y'(\mu)+l(l+1)y(\mu)=0 \qquad (4-36)$$

称作"l 阶勒让德方程"，其解为"l 阶勒让德函数"。

$$y(\mu)=A_l\mathrm{P}_l(\mu) \qquad (4-37)$$

式中，A_l 为常数。$\mathrm{P}_l(\mu)=\dfrac{1}{2^l l!}\dfrac{\mathrm{d}^l[(\mu^2-1)^l]}{\mathrm{d}\mu^l}$ 为 l 阶勒让德函数(勒让德多项式)。

所以，$n=0$ 时，(波场与球坐标系中的 φ 变量无关)

$$\Theta(\theta)=A_l\mathrm{P}_l(\cos\theta)\quad l=0,1,2,\cdots \qquad (4-38)$$

式中，$\mathrm{P}_l(\cdot)$ 是"l 阶勒让德函数"，A_l 为常数，勒让德函数(也称勒让德多项式)为

$$\mathrm{P}_l(\mu)=\frac{1}{2^l l!}\frac{\mathrm{d}^l[(\mu^2-1)^l]}{\mathrm{d}\mu^l} \qquad (4-39)$$

前5阶勒让德函数 $\mathrm{P}_0(x)\sim\mathrm{P}_5(x)$ 的多项式表示为

$$\mathrm{P}_0(x)=1$$

$$\mathrm{P}_1(x)=x$$

$$\mathrm{P}_2(x)=\frac{1}{2}(3x^2-1)$$

$$P_3(x) = \frac{1}{2}(5x^3 - 3x)$$

$$P_4(x) = \frac{1}{8}(35x^4 - 30x^2 + 3)$$

$$P_5(x) = \frac{1}{8}(63x^5 - 70x^3 + 15x)$$

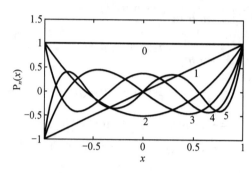

图 4-2　勒让德多项式

（2）当 $n \neq 0$，式（4-34）仍为

$$(1 - \mu^2)y''(\mu) - 2\mu y'(\mu) + \left[l(l+1) - \frac{n^2}{1 - \mu^2} \right] y(\mu) = 0 \qquad (4-40)$$

称作"l 阶 n 次连带（缔合）勒让德方程"，其解为"l 阶 n 次连带（缔合）勒让德函数"，记为

$$y(\mu) = A_{ln} P_l^n(\mu) \quad n \leqslant l \qquad (4-41)$$

式中，A_{ln} 为常数；$P_l^n(\cdot)$ 为 l 阶 n 次连带（缔合勒让德函数）

$$P_l^n(x) \equiv (1 - x^2)^{\frac{n}{2}} \frac{d^n}{dx^n} P_l(x) \quad (0 \leqslant n \leqslant l) \qquad (4-42)$$

所以 $n \neq 0$ 时，波场与球坐标系中的 θ 变量有关。

$$\Theta(\theta) = A_{ln} P_l^n(\cos\theta) \quad l = 0,1,2,\cdots; n = 0,1,2,\cdots,l \qquad (4-43)$$

式中，$P_l^n(\cdot)$ 为 n 阶 l 次连带（缔合勒让德函数）；A_{ln} 为常数。

综合式（4-31）、式（4-38）和式（4-43），可得球面函数 $Y(\theta,\varphi)$，即

$$Y(\theta,\varphi) = \sum_{l=0}^{\infty} \sum_{n=0}^{l} a_{ln} \cos(n\varphi + \varphi_n) P_l^n(\cos\theta) \qquad (4-44)$$

这里记 $P_l^0(\cos\theta) = P_l(\cos\theta)$。

下面解径向函数方程。

由 $\lambda = l(l+1)$，可得径向函数方程为

$$\frac{d^2 R(r)}{dr^2} + \frac{2}{r} \frac{dR(r)}{dr} + \left[k^2 - \frac{l(l+1)}{r^2} \right] R(r) = 0 \qquad (4-45)$$

作变量替换，令 $R(r) = \dfrac{V(r)}{\sqrt{r}}$。

因为

$$\frac{\mathrm{d}R(r)}{\mathrm{d}r} = \frac{\mathrm{d}\left[\dfrac{V(r)}{\sqrt{r}}\right]}{\mathrm{d}r} = -\frac{1}{2}\frac{V(r)}{r\sqrt{r}} + \frac{V'(r)}{\sqrt{r}}$$

又因为

$$\frac{\mathrm{d}^2R(r)}{\mathrm{d}r^2} = \frac{\mathrm{d}}{\mathrm{d}r}\left[-\frac{1}{2}\frac{V(r)}{r\sqrt{r}} + \frac{V'(r)}{\sqrt{r}}\right]$$

$$= \frac{3}{2\times2}\frac{V(r)}{r^2\sqrt{r}} - \frac{1}{2}\frac{V'(r)}{r\sqrt{r}} - \frac{1}{2}\frac{V'(r)}{r\sqrt{r}} + \frac{V''(r)}{\sqrt{r}}$$

$$= \frac{V''(r)}{\sqrt{r}} - \frac{V'(r)}{r\sqrt{r}} + \frac{3}{4}\frac{V(r)}{r^2\sqrt{r}}$$

所以

$$\frac{\mathrm{d}^2R(r)}{\mathrm{d}r^2} + \frac{2}{r}\frac{\mathrm{d}R(r)}{\mathrm{d}r} + \left[k^2 - \frac{l(l+1)}{r^2}\right]R(r)$$

$$= \left[\frac{V''(r)}{\sqrt{r}} - \frac{V'(r)}{r\sqrt{r}} + \frac{3}{4}\frac{V(r)}{r^2\sqrt{r}}\right] + \frac{2}{r}\left[\frac{V'(r)}{\sqrt{r}} - \frac{1}{2}\frac{V(r)}{r\sqrt{r}}\right] + \left[k^2 - \frac{l(l+1)}{r^2}\right]\frac{V(r)}{\sqrt{r}}$$

$$= \frac{V''(r)}{\sqrt{r}} + \frac{V'(r)}{r\sqrt{r}} - \frac{1}{4}\frac{V(r)}{r^2\sqrt{r}} + \left(k^2 - \frac{l^2+l}{r^2}\right)\frac{V(r)}{\sqrt{r}}$$

$$= \frac{1}{\sqrt{r}}\left\{V''(r) + \frac{V'(r)}{r} + \left[k^2 - \frac{l^2+l+\left(\frac{1}{2}\right)^2}{r^2}\right]V(r)\right\} = 0$$

得到

$$V''(r) + \frac{1}{r}V'(r) + \left[k^2 - \frac{\left(l+\frac{1}{2}\right)^2}{r^2}\right]V(r) = 0$$

可见，关于 $V(r)$ 的微分方程为 $\left(l+\frac{1}{2}\right)$ 阶贝塞尔方程

$$\frac{\mathrm{d}^2V(r)}{\mathrm{d}r^2} + \frac{1}{r}\frac{\mathrm{d}V(r)}{\mathrm{d}r} + \left[k^2 - \frac{\left(l+\frac{1}{2}\right)^2}{r^2}\right]V(r) = 0 \qquad (4-46)$$

因为 $\left(l+\frac{1}{2}\right) = \left(\frac{2l+1}{2}\right)$，$l = 0,1,2,\cdots$，方程(4-46)也称之为半奇阶贝塞尔方程。

所以，$V(r)$ 的解为 $\left(l+\frac{1}{2}\right)$ 阶柱函数：

$$V(r) = A_1\mathrm{J}_{\left(l+\frac{1}{2}\right)}(kr) + B_1\mathrm{N}_{\left(l+\frac{1}{2}\right)}(kr)$$

$$= A''\mathrm{H}^{(1)}_{\left(l+\frac{1}{2}\right)}(kr) + B''\mathrm{H}^{(2)}_{\left(l+\frac{1}{2}\right)}(kr)$$

定义

$$\mathrm{j}_l(z) = \sqrt{\frac{\pi}{2z}}\mathrm{J}_{\left(l+\frac{1}{2}\right)}(z)$$

$$n_l(z) = \sqrt{\frac{\pi}{2z}} N_{\left(l+\frac{1}{2}\right)}(z)$$

$$h_l^{(1)}(z) = \sqrt{\frac{\pi}{2z}} H_{\left(l+\frac{1}{2}\right)}^{(1)}(z)$$

$$h_l^{(2)}(z) = \sqrt{\frac{\pi}{2z}} H_{\left(l+\frac{1}{2}\right)}^{(2)}(z)$$

分别称作 l 阶球贝塞尔函数、l 阶球诺依曼函数、l 阶第一类球汉克尔函数、l 阶第二类球汉克尔函数。所以径向函数为

$$R(r) = A_l j_l(kr) + B_l n_l(kr) \quad \text{驻波形式解}$$
$$= A_l'' h_l^{(1)}(kr) + B_l'' h_l^{(2)}(kr) \quad \text{行波形式解}$$

综上，球坐标系下，亥姆霍兹方程的解为

$$\psi(r,\theta,\varphi) = \sum_{l=0}^{\infty} \sum_{n=0}^{l} \cos(n\varphi + \varphi_n) P_l^n(\cos\theta) [A_{ln} j_l(kr) + B_{ln} n_l(kr)]$$

$$\text{驻波形式解}$$

$$= \sum_{l=0}^{\infty} \sum_{n=0}^{l} \cos(n\varphi + \varphi_n) P_l^n(\cos\theta) [A_{ln}'' h_l^{(1)}(kr) + B_{ln}'' h_l^{(2)}(kr)]$$

$$\text{行波形式解}$$

$$(4-47)$$

这里记 $P_l^0(\cos\theta) = P_l(\cos\theta)$、$A_{ln}$、$B_{ln}$ 和 A_{ln}''、B_{ln}'' 以及 φ_n 是常数，由声场的边界条件确定。根据具体问题，选择不同的形式解会使求解过程简化，也可根据具体问题，直接简化形式解。

【例 4-1】 对于均匀球面波，波场与 θ 量和 φ 变量无关，所以有

$$\begin{cases} A_{ln} = 0, A_{00} \neq 0 \\ B_{ln} = 0, B_{00} \neq 0 \end{cases} \quad \text{或} \quad \begin{cases} A_{ln}'' = 0, A_{00}'' \neq 0 \\ B_{ln}'' = 0, B_{00}'' \neq 0 \end{cases}$$

故有

$$\psi(r,\theta,\varphi) = \sum_{l=0}^{\infty} \sum_{n=0}^{l} \cos(n\varphi + \varphi_n) P_l^n(\cos\theta) [A_{ln} j_l(kr) + B_{ln} n_l(kr)]$$

$$= \sum_{l=0}^{\infty} \sum_{n=0}^{l} \cos(n\varphi + \varphi_n) P_l^n(\cos\theta) [A_{ln}'' h_l^{(1)}(kr) + B_{ln}'' h_l^{(2)}(kr)]$$

$$= A_{00} j_l(kr) + B_{00} n_l(kr)$$

$$= A_{00}'' h_0^{(1)}(kr) + B_{00}'' h_0^{(2)}(kr) \qquad (4-48)$$

加上时间因子 $e^{j\omega t}$，式（4-48）变为

$$\psi(r,t) = A_{00}'' h_0^{(1)}(kr) + B_{00}'' h_0^{(2)}(kr) \qquad (4-49)$$

第 3 章中（3.9 节）中已得到均匀球面波的波场函数为

$$p(r,t) = \left(\frac{A}{r} e^{-jkr} + \frac{B}{r} e^{jkr}\right) e^{j\omega t} \qquad (4-50)$$

对比式（4-49）和式（4-50），二者同为表示均匀球面波的波场函数，可见 $j_0(kr)$、$n_0(kr)$

或 $h_0^{(1)}(kr)$、$h_0^{(2)}(kr)$ 球函数与函数 $\dfrac{1}{r}e^{-jkr}$、$\dfrac{1}{r}e^{jkr}$ 有关。

下面讨论球函数的性质：

（1）$j_0(kr)$、$n_0(kr)$ 或 $h_0^{(1)}(kr)$、$h_0^{(2)}(kr)$ 等球函数的初等函数表示：

$$j_0(x)=\frac{\sin x}{x}、n_0(x)=-\frac{\cos x}{x}$$

$$j_1(x)=\frac{\sin x}{x^2}-\frac{\cos x}{x}、n_1(x)=-\frac{\sin x}{x}-\frac{\cos x}{x^2}$$

$$j_l(x)=x^l\left(-\frac{d}{xdx}\right)^l\left(\frac{\sin x}{x}\right)、n_l(x)=(-)^{l+1}j_{-l-1}(x)$$

$$h_0^{(1)}(x)=\frac{e^{j\left(x-\frac{\pi}{2}\right)}}{x}、h_0^{(2)}(x)=\frac{e^{-j\left(x-\frac{\pi}{2}\right)}}{x}$$

（2）奇异性和渐进展开：

$$j_l(x\to0)=\frac{x^l}{1\cdot3\cdot5\cdot\cdots\cdot(2l+1)}、j_l(x\to\infty)=\frac{\cos\left(x-\frac{l+1}{2}\pi\right)}{x}$$

$$n_l(x\to0)=-\frac{1\cdot3\cdot5\cdot\cdots\cdot(2l-1)}{x^{l+1}}、n_l(x\to\infty)=\frac{\sin\left(x-\frac{l+1}{2}\pi\right)}{x}$$

$$h_l^{(1)}(x\to0)=-j\frac{1\cdot3\cdot5\cdot\cdots\cdot(2l-1)}{x^{l+1}}、h_l^{(1)}(x\to\infty)=\frac{e^{j\left(x-\frac{l+1}{2}\pi\right)}}{x}$$

$$h_l^{(2)}(x\to0)=j\frac{1\cdot3\cdot5\cdot\cdots\cdot(2l-1)}{x^{l+1}}、h_l^{(2)}(x\to\infty)=\frac{e^{-j\left(x-\frac{l+1}{2}\pi\right)}}{x}$$

（3）$j_l(kr)$、$n_l(kr)$ 或 $h_l^{(1)}(kr)$、$h_l^{(2)}(kr)$ 等球函数的递推关系：

$$q_{l-1}(x)+q_{l+1}(x)=\frac{2l+1}{x}q_l(x)$$

$$lq_{l-1}(x)-(l+1)q_{l+1}(x)=(2l+1)\frac{dq_l(x)}{dx}$$

（4）平面波的球函数展开公式（图4-3）：

$$e^{-jkx}=e^{-jkr\cos\theta}$$
$$=\sum_{m=0}^{\infty}(-j)^m(2m+1)j_m(kr)P_m(\cos\theta)\qquad(4-51)$$

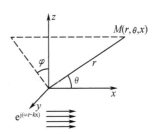

图4-3 平面波在球坐标系下的展开

4.3 均匀脉动球面的声辐射

脉动球源是进行着均匀涨缩振动的球面声源，也就是在球源表面上各点沿着径向做同振幅、同相位的振动。在声介质中，球型声源的辐射面做各向均匀的脉动，产生均匀球面波，这是最简单的声辐射形式，而且绝大多数低频发射器当其尺寸与介质中声波波长之比很小时，可等效于一个脉动球面辐射器，辐射的声波近似为均匀球面波。理想的均匀球面波辐射情况在实际生活中很少遇到，但对它的分析具有一定的启发意义，特别是在实际中，往往应用点源（小的脉动球源）的组合来处理任何复杂的面声源，所以均匀脉动球面声源可以说是最基本的声源了。

4.3.1 方程和边界条件及方程解

脉动球声源如图 4-4 所示。

均匀脉动球面的声辐射定解问题可写为如下形式：

$$\begin{cases} \nabla^2 p(\boldsymbol{r}) + k^2 p(\boldsymbol{r}) = 0 \quad (\text{其中}, k = \omega/c_0 ; \mathrm{e}^{\mathrm{j}\omega t} \text{略}) \\ u_n(\boldsymbol{r})\big|_{r=a} = v_0 \\ p(\boldsymbol{r})\big|_{r\to\infty} \text{满足无穷远辐射条件} \end{cases} \tag{4-52}$$

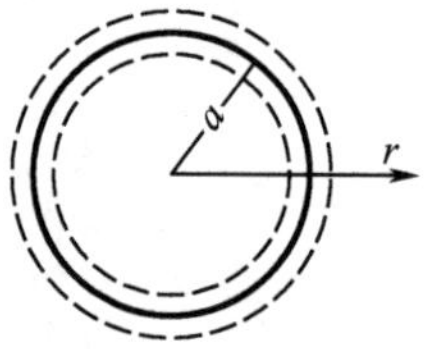

球坐标系下，边界条件与 θ、φ 无关，介质是均匀的，所以声场与 θ、φ 无关。

图 4-4 脉动球声源

$$p(\boldsymbol{r}) = p(r,\theta,\varphi) = p(r)$$

亥姆霍兹方程为

$$\frac{1}{r^2}\frac{\partial}{\partial r}\left[r^2\frac{\partial p(r)}{\partial r}\right] + k^2 p(r) = 0 \tag{4-53}$$

得到

$$\frac{\partial^2[rp(r)]}{\partial r^2} + k^2[rp(r)] = 0 \tag{4-54}$$

式（4-54）的解可表示为

$$rp(r) = A\mathrm{e}^{\mathrm{j}kr} + B\mathrm{e}^{-\mathrm{j}kr}$$

于是得

$$p(r,t) = \left(\frac{A}{r}\mathrm{e}^{-\mathrm{j}kr} + \frac{B}{r}\mathrm{e}^{\mathrm{j}kr}\right)\mathrm{e}^{\mathrm{j}\omega t}$$

又由无穷远边界条件，得 $B=0$，则声压函数：

$$p(r,t) = \frac{A}{r}\mathrm{e}^{\mathrm{j}(\omega t - kr)} \tag{4-55}$$

由欧拉方程求出质点振速函数为

$$u(r,t) = \int -\frac{1}{\rho_0}\frac{\partial p(r,t)}{\partial r}\mathrm{d}t = \frac{1+\mathrm{j}kr}{\mathrm{j}kr\rho_0 c_0}\frac{A}{r}\mathrm{e}^{\mathrm{j}(\omega t - kr)} \tag{4-56}$$

代入球面处的边界条件,有

$$u(r=a,t) = \frac{A}{a\rho_0 c_0} \frac{1+jkr}{jkr} e^{j(\omega t-kr)} \bigg|_{r=a} = v_0 e^{j\omega t} \tag{4-57}$$

则推得

$$A = \frac{\rho_0 c_0 a v_0 (ka)}{\sqrt{1+(ka)^2}} e^{j(ka+\varphi_0)}, \tan\varphi_0 = \frac{1}{ka}$$

所以,均匀脉动球源的辐射声压场和振速场分别为

$$p(r,t) = A\frac{1}{r}e^{j(\omega t-kr)} = \frac{\rho_0 c_0 a v_0(ka)}{\sqrt{1+(ka)^2}} e^{j(ka+\varphi_0)} \frac{1}{r}e^{j(\omega t-kr)} \tag{4-58}$$

$$u(r,t) = A\frac{1+jkr}{jkr\rho c}\frac{1}{r}e^{j(\omega t-kr)} = \frac{\rho_0 c_0 a v_0(ka)}{\sqrt{1+(ka)^2}} e^{j(ka+\varphi_0)} \frac{1+jkr}{jkr\rho_0 c_0}\frac{1}{r}e^{j(\omega t-kr)} \tag{4-59}$$

下面分析辐射声场幅值和球源大小及辐射声波频率的关系,由式(4-58)可见,在离脉动球源距离为 r 的地方,声压幅值的大小就决定于 $|A|$,$|A|$ 的值不仅与球源的振速幅值 v_0 有关,而且还与辐射声波的频率(或波长)、球源的半径等有关,当球源半径比较小或辐射声波频率比较低,即满足 $ka\ll1$,$|A|_L \approx \rho_0 c_0 ka^2 v_0$;而当球源半径比较大或辐射声波频率比较高,即 $ka\gg1$,$|A|_H \approx \rho_0 c_0 a v_0$,显然 $|A|_L \ll |A|_H$,这说明球源以同样大小的速度 v_0 振动时,如果球源比较小或者辐射频率比较低,则辐射声压较小;如果球源比较大或者辐射频率比较高时,则辐射声压较大。因此,当球源大小一定时,辐射频率愈高则辐射声压愈大,辐射频率愈低则辐射声压愈小。对于辐射一定频率的声波,球源的半径愈大则辐射声压愈大,球源的半径愈小则辐射声压愈小。这种辐射声场与球源大小及声波频率的关系具有普遍意义,一般来说,如果振动速度一定,声源振动面愈大,则辐射声压愈大,声源振动面愈小,则辐射声压也愈小。

4.3.2 声源强度和点声源

定义 4-3(声源强度) 谐和律振动声源,排开介质的体积速度的幅值为声源强度,记为 Q。

均匀脉动球源的球面振速 $v_0 e^{j\omega t}$,振动面面积 $4\pi a^2$,则均匀脉动球源的声源强度为

$$Q = 4\pi a^2 v_0 \tag{4-60}$$

利用声源强度 Q,均匀脉动球源的辐射声压场可表示为

$$p(r,t) = \frac{\rho_0 c_0 k Q}{4\pi\sqrt{1+(ka)^2}} e^{j(ka+\varphi_0)} \frac{1}{r}e^{j(\omega t-kr)} \tag{4-61}$$

式(4-61)中当 $ka\ll1$ 时,有

$$p(r,t) = j\rho_0 c_0 k \frac{Q}{4\pi r} e^{j(\omega t-kr)} \tag{4-62}$$

定义 4-4(点声源) 所谓点声源是指半径 a 比声波波长小很多,即满足 $ka\ll1$ 条件的脉动球源。点声源满足的两个条件:①声源尺度远小于介质中波长;②辐射的声场各向均匀。

式(4-62)是点声源辐射声压场，由点声源声压场，可得点声源速度势场

$$\Phi(r,t) = \frac{1}{\rho_0}\int p(r,t)\,\mathrm{d}t = \frac{Q}{4\pi r}\mathrm{e}^{\mathrm{j}(\omega t - kr)} \qquad (4-63)$$

其中，Q 称为点源强度。

4.3.3 均匀脉动球面声源的辐射阻抗

球面波声场中的波阻抗为

$$Z(r,\omega) = \frac{\widetilde{p}(r,t)}{\widetilde{u}(r,t)} = \frac{\mathrm{j}kr}{1+\mathrm{j}kr}\rho_0 c_0$$

则在球面上（球的半径为 a）的波阻抗为

$$Z_a(r,\omega) = \frac{\mathrm{j}kr}{1+\mathrm{j}kr}\rho_0 c_0 \bigg|_{r=a} \qquad (4-64)$$

将式(4-64)带入辐射阻抗的定义式子中，可求得均匀脉动球源的辐射阻抗为

$$
\begin{aligned}
Z_s(\omega) &= \iint\limits_{S_0} Z_a(\boldsymbol{r},t)\big|_s \frac{v(s)}{U_0}\mathrm{d}s = \iint\limits_{S_0} \frac{\mathrm{j}kr}{1+\mathrm{j}kr}\rho_0 c_0\bigg|_{r=a} \frac{v_0}{v_0}\mathrm{d}s \\
&= 4\pi a^2 \rho_0 c_0 \frac{\mathrm{j}ka}{1+\mathrm{j}ka} \\
&= 4\pi a^2 \frac{\rho_0 c_0 (ka)^2}{1+(ka)^2} + \mathrm{j}4\pi a^2 \frac{\rho_0 c_0 (ka)}{1+(ka)^2}
\end{aligned} \qquad (4-65)
$$

式(4-65)实部为均匀脉动球辐射阻

$$R_s = 4\pi a^2 \frac{\rho_0 c_0 (ka)^2}{1+(ka)^2} = S\frac{\rho_0 c_0 (ka)^2}{1+(ka)^2} \qquad (4-66)$$

虚部为均匀脉动球辐射抗

$$X_s = 4\pi a^2 \frac{\rho_0 c_0 (ka)}{1+(ka)^2} = S\frac{\rho_0 c_0 (ka)}{1+(ka)^2} \qquad (4-67)$$

式中，$S = 4\pi a^2$ 为辐射球的表面积。

从式(4-66)和式(4-67)看出，均匀脉动球源的辐射阻和辐射抗与 ka 值有关，它们随 ka 的变化关系曲线如图4-5所示，图中给出的是无因次量 $R_s/\rho_0 c_0 S$ 和 $X_s/\rho_0 c_0 S$ 随 $ka = 2\pi\dfrac{a}{\lambda}$ 变化曲线图。

由图4-5和式(4-66)、式(4-67)可以看出，脉动球源的辐射阻抗在高频和低频辐射时，呈现不同特性。

对均匀脉动球高频辐射和低频辐射两种极限情况讨论。

（1）$a \gg \lambda$，大球辐射时（$ka \gg 1$）（高频辐射）

辐射阻

$$R_s = S\frac{\rho_0 c_0 (ka)^2}{1+(ka)^2}\bigg|_{ka \gg 1} \to S\frac{\rho_0 c_0 (ka)^2}{(ka)^2}\bigg|_{ka \gg 1} \to S\rho_0 c_0$$

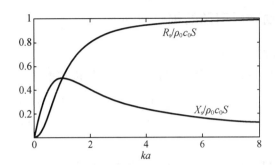

图 4-5 均匀脉动球面声源的辐射阻和辐射抗随 ka 的变化曲线

辐射抗

$$X_s = S\frac{\rho_0 c_0 (ka)}{1 + (ka)^2}\bigg|_{ka \gg 1} \to S\frac{\rho_0 c_0}{ka}\bigg|_{ka \gg 1} \to 0$$

说明当脉动球源半径较大或频率较高时（$ka \gg 1$），辐射阻达到最大值 $S\rho_0 c_0$，而辐射抗 $S\dfrac{\rho_0 c_0}{ka}$ 趋近于零，即伴振质量趋近于零，这时球面附近呈现平面波传播特性。

（2）$a \ll \lambda$，小球辐射时（$ka \ll 1$）（低频辐射）

辐射阻

$$R_s = S\frac{\rho_0 c_0 (ka)^2}{1 + (ka)^2}\bigg|_{ka \ll 1} \to \frac{\pi \rho_0 c_0 S^2}{\lambda^2} = \rho_0 c_0 (ka)^2 S$$

辐射抗

$$X_s = 4\pi a^2 \frac{\rho_0 c_0 (ka)}{1 + (ka)^2}\bigg|_{ka \ll 1} \to 3\left(\frac{4}{3}\pi a^3 \rho_0\right)\omega = 3M_0 \omega$$

如前所述，辐射器的辐射抗所对应质量元件的质量称作伴振质量。脉动小球的伴振质量为 M_s，即

$$M_s = \frac{X_s}{\omega} = 3M_0$$

式中，$M_0 = \dfrac{4}{3}\pi a^3 \rho_0$ 为球所排开同体积介质球的质量。脉动小球的伴振质量相当于同体积介质球的质量的 3 倍，所以为了使球源振动，尚需克服这一部分附加惯性力而做功，但这部分能量不是向外辐射的声能，而是储藏在系统中。

当脉动球源半径较小或频率较低时（$ka \ll 1$），辐射阻是很小的，远小于 $\rho_0 c_0 S$，小球的低频辐射效率是比较低的，但在较低的频率范围内，辐射阻与频率的平方成正比，即随着频率的增高，辐射阻有较迅速的提高。

小球在低频辐射时，声场的惯性作用很明显，抗的部分比阻的部分更大，也即单球低频辐射时，球面的声压和振速相位差接近 90°，随着频率增高，相位差逐渐减少，到高频时，辐射阻逐渐超过辐射抗，相位差趋近于零。

4.3.4 均匀脉动球面声源的辐射声功率

1. 用辐射阻抗求辐射声功率

因为辐射阻的"消耗"功率全部转化为声场功率，所以辐射声功率

$$W_a = \frac{1}{2}R_s |\widetilde{U}_0|^2 = \frac{1}{2}4\pi a^2 \frac{\rho_0 c_0 (ka)^2}{1 + (ka)^2}v_0^2 = \frac{1}{2}S \frac{\rho_0 c_0 (ka)^2}{1 + (ka)^2}v_0^2 \tag{4-68}$$

讨论：

（1）$a \gg \lambda$，大球辐射时（$ka \gg 1$）（高频），辐射声功率为

$$W_a = \frac{1}{2}R_s |\widetilde{U}_0|^2 = \frac{1}{2}\rho_0 c_0 S v_0^2 \tag{4-69}$$

（2）$a \ll \lambda$，小球辐射时（$ka \ll 1$）（低频），辐射声功率为

$$W_a = \frac{1}{2}R_s |\widetilde{U}_0|^2 = \frac{1}{2}\frac{\pi\rho_0 S^2}{\lambda^2}v_0^2 \propto f^2 \tag{4-70}$$

2. 用声场求辐射声功率

声功率还可以通过声场的声波强度对包围声源的封闭面的积分求得，所以，辐射声功率为

$$W_a = \oiint_{S_0} \boldsymbol{I}(\boldsymbol{r}) \cdot \mathrm{d}\boldsymbol{s} \tag{4-71}$$

声场中的声波强度为

$$I(\boldsymbol{r}) = \frac{1}{T}\int_0^T \mathrm{Re}[p(r,t)] \cdot \mathrm{Re}[u(r,t)]\mathrm{d}t$$

$$= \frac{1}{2}\mathrm{Re}[p(r,t)u^*(r,t)] \tag{4-72}$$

式中，$u^*(r,t)$ 是 $u(r,t)$ 的共轭复数。将式（4-55）带入式（4-72）中可得

$$I(\boldsymbol{r}) = \frac{1}{2}\mathrm{Re}\left[\frac{AA^*}{\rho_0 c_0 r^2}\left(1 - \frac{1}{\mathrm{j}kr}\right)\right] = \frac{1}{2}\frac{A^2}{\rho_0 c_0 r^2} = \frac{1}{2\rho_0 c_0}|p(r,t)|^2 \tag{4-73}$$

对于均匀扩张谐和球面波，有 $|\tilde{p}(r,t)| = \dfrac{|A|}{r}$；闭曲面 S_0 取与声源同心半径为 $r>a$ 的球面，有

$$\boldsymbol{I}(\boldsymbol{r}) = \frac{1}{2\rho_0 c_0}\left(\frac{|A|}{r}\right)^2 \boldsymbol{e}_r，而 \mathrm{d}\boldsymbol{s} = \mathrm{d}s\boldsymbol{e}_r = r^2\sin\theta\mathrm{d}\theta\mathrm{d}\varphi\boldsymbol{e}_r \tag{4-74}$$

因为在以声源为球心的球面上声波强度相等。因此通过整个以 r 为半径的球面的功率为

$$W_脉 = \oiint_{S_0} \boldsymbol{I}(\boldsymbol{r}) \cdot \mathrm{d}\boldsymbol{s} = \int_0^{2\pi}\int_0^\pi \frac{1}{2\rho_0 c_0}\left(\frac{|A|}{r}\right)^2 r^2\sin\theta\mathrm{d}\theta\mathrm{d}\varphi = 4\pi\frac{|A|^2}{2\rho_0 c_0} \tag{4-75}$$

因为

$$A = \frac{\rho_0 c_0 a v_0(ka)}{\sqrt{1 + (ka)^2}}\mathrm{e}^{\mathrm{j}(ka+\varphi_0)}，\tan\varphi_0 = \frac{1}{ka}$$

所以

$$W_{\text{脉}} = \frac{4\pi}{2\rho c} \left| \frac{\rho_0 c_0 a v_0 (ka)}{\sqrt{1 + (ka)^2}} e^{j(ka + \varphi_0)} \right|^2 = \frac{1}{2} 4\pi a^2 \frac{\rho_0 c_0 (ka)^2}{1 + (ka)^2} v_0^2 = \frac{1}{2} S \frac{\rho_0 c_0 (ka)^2}{1 + (ka)^2} v_0^2$$

$$(4-76)$$

式(4-68)和式(4-76)形式是完全一样的。因此证明了按整个球面积分的声辐射功率等于加到辐射声阻上的机械功率。这表明由声源提供给声场的有功功率等于通过整个波阵面上的单位时间的有功能流,这是无损耗介质中机械能守恒定律的必然结果。并且球面声源所辐射的声波,在任何距离上辐射声功率是与距离无关的常数,这显然是符合能量守恒定律的。

高频辐射时,辐射声功率为

$$W_a \approx \frac{1}{2} S \rho_0 c_0 v_0^2 \tag{4-77}$$

低频辐射时,辐射声功率为

$$W_a \approx \frac{1}{2} S \rho_0 c_0 (ka)^2 v_0^2 \tag{4-78}$$

高频辐射时,辐射声功率和频率无关;低频辐射时,辐射声功率近似和频率的平方成正比,并且低频辐射时,因为 $ka \ll 1$,所以低频辐射声功率远小于高频辐射声功率,这也是低频大功率辐射器难以制作的原因。

习　　题

1. 一个半径为 a 脉动球源在特性阻抗为 $\rho_0 c_0$ 的介质中辐射声波,脉动球表面振速幅值为 v_0,其振动频率满足 $ka \gg 1$。求脉动球源的声源强度、声压幅值、质点振速幅值及辐射声功率。

2. 半径为 0.1 m 的脉动球在空气中辐射球面波,在距球心 1 m 处的声强为 50 mW/m²。

(1)试求脉动球辐射的声功率;

(2)如果声源辐射声波的频率为 100 Hz,试计算球面处的声强、声压幅值和质点振速幅值;

(3)计算距离球心 0.5 m 处的声强、声压及质点振速幅值。

3. 空气中一脉动球源辐射 400 Hz 的球面波,其声功率为 10 mW。试求:

(1)距声源 0.5 m 处的声强;

(2)该处的声压幅值;

(3)该处的质点振速幅值;

(4)该处的质点位移振幅;

(5)该处的压缩比;

(6)该处的声能流密度;

(7)该处的声压级(参考值为 2.0×10⁻⁵ Pa)。

4.4　声偶极子和摆动球的声辐射

定义 4-4(声偶极子)　声偶极子源是指两个相距很近(相对波长而言)、振源强度相等、振动相位相反的点声源构成的声辐射系统。

水下点声源靠近水面辐射时，按照镜像法，可近似认为水面以上还有一个反相振动的虚源，水中总声场看作是水下点声源和水面以上虚源产生声场的叠加，因此它的辐射声场具有偶极子声场的特征。另外，刚硬球摆动时的辐射声场、没有安装在障板上的纸盆扬声器及圆盘振动，在低频辐射时声场都可以近似看作声偶极子源。因此通过偶极子声场的讨论，有助于了解这一类声辐射系统的工作特点。

4.4.1　偶极子的声辐射

谐和振动的点声源 1 和 2，分别置于 x 轴上 $x = \pm d/2$ 处，如图 4-6 所示。

因为，点声源速度势函数：

$$\Phi(r,t) = \frac{Q}{4\pi r}e^{j(\omega t - kr)} \qquad (4-79)$$

式中，r 为空间点 M 到声源的距离。则图 4-6 中两个点声源的速度势函数分别为

$$\Phi_+(r,t) = \frac{Q}{4\pi r_+}e^{j(\omega t - kr_+)} \qquad (4-80)$$

$$\Phi_-(r,t) = \frac{-Q}{4\pi r_-}e^{j(\omega t - kr_-)} \qquad (4-81)$$

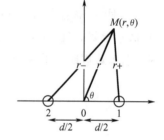

图 4-6　声偶极子图

式中，r_+ 和 r_- 分别为空间点 M 到点声源 1 和点声源 2 的距离。

求偶极子声源的声场，根据叠加原理，点声源 1 和点声源 2 在 M 点的速度势为

$$\begin{aligned}
\Phi(r,\theta,t) &= \Phi_+(r,\theta,t) + \Phi_-(r,\theta,t) \\
&= \left(\frac{Q}{4\pi r_+}e^{-jkr_+} - \frac{Q}{4\pi r_-}e^{-jkr_-}\right)e^{j\omega t} \\
&= \frac{\partial}{\partial r}\left(\frac{Q}{4\pi r}e^{-jkr}\right)(r_+ - r_-)e^{j\omega t} \\
&\xlongequal{r\gg d} -\frac{Q}{4\pi}\frac{\partial}{\partial r}\left(\frac{e^{-jkr}}{r}\right)d\cos\theta\, e^{j\omega t} \\
&= -\frac{Q_1}{4\pi}\frac{\partial}{\partial r}\left(\frac{e^{-jkr}}{r}\right)\cos\theta\, e^{j\omega t} \qquad (4-82)
\end{aligned}$$

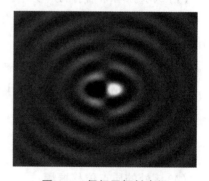

图 4-7　偶极子辐射声场

式中，$Q_1 \equiv Qd$，为偶极子矩。图 4-7 中是按照 $\Phi(r,\theta,t) = \Phi_+(r,\theta,t) + \Phi_-(r,\theta,t)$ 未作远场近似的偶极子声场图。

4.4.2 声偶极子辐射声场的特点

声偶极子声压函数为

$$p(r,\theta,t) = \rho_0 \frac{\partial}{\partial t}\Phi(r,\theta,t) = \mathrm{j}\omega\rho_0\Phi(r,\theta,t) \tag{4-83}$$

进一步推导得

$$
\begin{aligned}
p(r,\theta,t) &= -\mathrm{j}\omega\rho_0 \frac{Q_1}{4\pi} \frac{\partial}{\partial r}\left(\frac{\mathrm{e}^{-\mathrm{j}kr}}{r}\right)\cos\theta \mathrm{e}^{\mathrm{j}\omega t}\\
&= \mathrm{j}k\rho_0 c_0 \frac{Q_1 \mathrm{e}^{-\mathrm{j}kr}}{4\pi r^2}(1+\mathrm{j}kr)\cos\theta \mathrm{e}^{\mathrm{j}\omega t}\\
&= \frac{\mathrm{j}k\rho_0 c_0 Q_1}{4\pi r^2}\sqrt{1+(kr)^2}\cos\theta \mathrm{e}^{j(\omega t-kr+\varphi)} \tag{4-84}
\end{aligned}
$$

这里，$\tan\varphi = kr$。式(4-84)表明，偶极子辐射声场的声压幅值不但和距离 r 有关，还和空间方位 θ 有关，即在相同距离处，由于空间方位的变化，声场的幅值发生改变。

结论 4-1 声偶极子的辐射声场在与声传播方向的垂直方向上声压幅值分布不均匀。

定义 4-5（声源的指向性） 在声源辐射声场的远场，声源各方向距声源等距离处声场幅值的不均匀性称作声源的指向性。

定义 4-6（指向性函数） 在声源辐射声场的远场，以声源为球心的球面上，在各方向上声场幅值的归一化函数称作声源的指向性函数。

$$D(\theta,\varphi) = \frac{|\widetilde{p}(\theta,\varphi)|}{|\widetilde{p}(\theta,\varphi)|_{\max}} = \frac{|\widetilde{p}(\theta,\varphi)|}{|\widetilde{p}(\theta_0,\varphi_0)|}$$

式中，θ_0、φ_0 为声场幅值最大值对应的角度。

声偶极子声源的指向性函数：

$$D(\theta,\varphi) = \frac{|\widetilde{p}(\theta,\varphi)|}{|\widetilde{p}(\theta_0,\varphi_0)|} = |\cos\theta| \tag{4-85}$$

由于声偶极子的势函数是 (r,θ) 的函数，故场中质点振速向量不在半径方向上，也即它不仅有 r 方向的分量 $u_r(r,\theta,t)$，同时有 θ 方向的分量 $u_\theta(r,\theta,t)$。

下面求声偶极子的质点振速，因为 $\boldsymbol{u}(r,\theta,t) = -\nabla\Phi(r,\theta,t)$，所以径向质点振速为

$$
\begin{aligned}
u_r(r,\theta,t) &= -\frac{\partial}{\partial r}\Phi(r,\theta,t)\\
&= \frac{Q_1}{4\pi}\frac{\partial^2}{\partial r^2}\left(\frac{\mathrm{e}^{-\mathrm{j}kr}}{r}\right)\cos\theta \mathrm{e}^{\mathrm{j}\omega t}\\
&= \frac{-Q_1\cos\theta}{4\pi}\cdot\frac{\partial}{\partial r}\left[\frac{\mathrm{e}^{-\mathrm{j}kr}}{r^2}(1+\mathrm{j}kr)\right]\mathrm{e}^{\mathrm{j}\omega t}\\
&= \frac{-Q_1\cos\theta}{4\pi}\cdot\frac{\mathrm{e}^{-\mathrm{j}kr}}{r^3}\left[\mathrm{j}kr-(2+\mathrm{j}kr)(1+\mathrm{j}kr)\right]\mathrm{e}^{\mathrm{j}\omega t}
\end{aligned}
$$

$$= \frac{Q_1}{4\pi} \cdot \frac{\mathrm{e}^{-\mathrm{j}kr}}{r^3} \big[(2-k^2r^2) + \mathrm{j}2kr \big] \cos\theta \mathrm{e}^{\mathrm{j}\omega t}$$

$$= \frac{Q_1}{4\pi} \cdot \frac{\sqrt{4+(kr)^4}}{r^3} \cos\theta \mathrm{e}^{\mathrm{j}(\omega t - kr + \varphi')} \tag{4-86}$$

这里 $\tan\varphi' = 2kr/(2-k^2r^2)$。

垂直径向质点振速为

$$u_\theta(r,\theta,t) = -\frac{\partial\Phi}{\partial(r\theta)} = -\frac{\partial\Phi}{r\partial(\theta)} = -\frac{Q_1}{4\pi r} \cdot \frac{\partial}{\partial r}\left(\frac{\mathrm{e}^{-\mathrm{j}kr}}{r}\right) \cdot \sin\theta \mathrm{e}^{\mathrm{j}\omega t}$$

$$= \frac{Q_1\mathrm{e}^{-\mathrm{j}kr}}{4\pi r^3} \cdot (1+\mathrm{j}kr)\sin\theta \mathrm{e}^{\mathrm{j}\omega t}$$

$$= \frac{Q_1\mathrm{e}^{\mathrm{j}(\omega t - kr + \varphi)}}{4\pi r^3} \cdot \sqrt{1+(kr)^2}\sin\theta \tag{4-87}$$

结论 4-2 声偶极子的辐射声场的质点振速有 e_r 和 e_θ 分量。

上面推出的声压和质点振速表达式已经作了远场假设 $(r \gg d)$，为了方便求取声能流密度和声强，进一步简化远场声压和质点振速的表达式，由式（4-85）、式（4-86）和式（4-87），满足远场条件 $kr \gg 1$，得到远场声压、远场径向振速和远场垂直径向振速。

远场声压为 $\left(kr \gg 1 \Rightarrow \sqrt{1+(kr)^2} \to kr, \varphi = \mathrm{acrtan}(kr) \to \dfrac{\pi}{2}\right)$

$$p(r,\theta,t) = \frac{\mathrm{j}k\rho_0 c_0 Q_1}{4\pi r^2}\mathrm{e}^{\mathrm{j}(\omega t - kr + \varphi)}\sqrt{1+(kr)^2} \cdot \cos\theta$$

$$\approx \frac{\mathrm{j}k^2\rho_0 c_0 Q_1}{4\pi r}\mathrm{e}^{\mathrm{j}(\omega t - kr + \frac{\pi}{2})} \cdot \cos\theta$$

$$= -\frac{Q_1}{4\pi r}k^2\rho_0 c_0 \cos\theta \mathrm{e}^{\mathrm{j}(\omega t - kr)} \tag{4-88}$$

远场径向质点振速为 $\left(kr \gg 1 \Rightarrow \sqrt{1+(kr)^4} \to (kr)^2; \phi' = \mathrm{acrtan}\left(\dfrac{2kr}{2-k^2r^2}\right) \to \pi\right)$

$$u_r(r,\theta,t) = \frac{Q_1}{4\pi} \cdot \frac{\mathrm{e}^{\mathrm{j}(\omega t - kr + \varphi')}}{r^3}\sqrt{4+(kr)^4}\cos\theta$$

$$\approx -\frac{Q_1}{4\pi r}k^2\cos\theta \mathrm{e}^{\mathrm{j}(\omega t - kr)}$$

$$= \frac{p(r,\theta,t)}{\rho_0 c_0} \tag{4-89}$$

远场垂直质点振速为 $\left(kr \gg 1 \Rightarrow \sqrt{1+(kr)^2} \to kr; \varphi = \mathrm{acrtan}(kr) \to \dfrac{\pi}{2}\right)$

$$u_\theta(r,\theta,t) = \frac{Q_1\mathrm{e}^{\mathrm{j}(\omega t - kr + \varphi)}}{4\pi r^3} \cdot \sqrt{1+(kr)^2}\sin\theta$$

$$= \frac{Q_1}{4\pi r^2}k\sin\theta \mathrm{e}^{\mathrm{j}(\omega t - kr + \frac{\pi}{2})} \tag{4-90}$$

求远场声能流密度矢量：因为 $\boldsymbol{\omega}(r,\theta,t) = \mathrm{Re}[p(r,\theta,t)]\mathrm{Re}[\boldsymbol{u}(r,\theta,t)]$，所以

$$
\begin{aligned}
\boldsymbol{\omega}_r(r,\theta,t) &= \mathrm{Re}\left[-\frac{Q_1}{4\pi r}k^2\rho_0 c_0\cos\theta\,\mathrm{e}^{\mathrm{j}(\omega t - kr)}\right]\cdot\mathrm{Re}\left[-\frac{Q_1}{4\pi r}k^2\cos\theta\,\mathrm{e}^{\mathrm{j}(\omega t - kr)}\right] \\
&= \left(\frac{Q_1}{4\pi r}k^2\cos\theta\right)^2\rho_0 c_0\cos^2(\omega t - kr) \quad\quad (4\text{-}91)
\end{aligned}
$$

$$
\begin{aligned}
\boldsymbol{\omega}_\theta(r,\theta,t) &= \mathrm{Re}\left[-\frac{Q_1}{4\pi r}k^2\rho_0 c_0\cos\theta\,\mathrm{e}^{\mathrm{j}(\omega t - kr)}\right]\cdot\mathrm{Re}\left[\frac{Q_1}{4\pi r^2}k\sin\theta\,\mathrm{e}^{\mathrm{j}(\omega t - kr + \frac{\pi}{2})}\right] \\
&= -\left(\frac{Q_1}{4\pi r}\right)^2 k^3\cos\theta\sin\theta\rho_0 c_0\cos(\omega t - kr)\cos\left(\omega t - kr + \frac{\pi}{2}\right) \quad (4\text{-}92)
\end{aligned}
$$

求远场声强：因为 $I(r,\theta) = \dfrac{1}{T}\displaystyle\int_0^T\boldsymbol{\omega}(r,\theta,t)\,\mathrm{d}t$，所以，远场径向声强为

$$
\begin{aligned}
I_r(r,\theta) &= \frac{1}{T}\int_0^T\boldsymbol{\omega}_r(r,\theta,t)\,\mathrm{d}t \\
&= \left(\frac{Q_1}{4\pi r}k^2\cos\theta\right)^2\rho_0 c_0\frac{1}{T}\int_0^T\cos^2(\omega t - kr)\,\mathrm{d}t \\
&= \frac{1}{2\rho_0 c_0}\left(\frac{Q_1}{4\pi r}k^2\cos\theta\cdot\rho_0 c_0\right)^2 \\
&= \frac{1}{2}\frac{|p(r,\theta,t)|^2}{\rho_0 c_0} \quad\quad (4\text{-}93)
\end{aligned}
$$

远场垂直径向声强

$$
I_\theta(r,\theta) = \frac{1}{T}\int_0^T\boldsymbol{\omega}_\theta(r,\theta,t)\,\mathrm{d}t = 0 \quad\quad (4\text{-}94)
$$

所以总声强为

$$
I(r,\theta) = I_r(r,\theta) = \frac{1}{2}\frac{|p(r,\theta,t)|^2}{\rho_0 c_0} = \frac{\rho_0 c_0}{2}\left(\frac{Q_1}{4\pi}k^2\right)^2\frac{1}{r^2}\cos^2\theta \quad\quad (4\text{-}95)
$$

结论 4-3 声偶极子辐射场的声强只有 $\boldsymbol{e}_r$ 分量，即偶极子场中的声能流传播的时间均值是沿半径方向的。

求偶极子源的辐射声功率

$$
\begin{aligned}
W_{\text{偶}} &= \iint_S I\,\mathrm{d}S = \iint_S Ir^2\sin\theta\,\mathrm{d}\theta\mathrm{d}\varphi \\
&= \int_0^{2\pi}\mathrm{d}\varphi\int_{-\frac{\pi}{2}}^{\frac{\pi}{2}}\frac{\rho_0 c_0}{2}\left(\frac{Q_1}{4\pi}k^2\right)^2\frac{1}{r^2}\cos^2\theta r^2\sin\theta\,\mathrm{d}\theta \\
&= 2\pi\frac{\rho_0 c_0}{2}\left(\frac{Q_1}{4\pi}k^2\right)^2\int_{-\frac{\pi}{2}}^{\frac{\pi}{2}}\cos^2\theta\sin\theta\,\mathrm{d}\theta \\
&= 2\pi\frac{\rho_0 c_0}{2}\left(\frac{Q_1}{4\pi}k^2\right)^2\cdot\frac{2}{3} \quad\quad (4\text{-}96)
\end{aligned}
$$

式中，偶极子矩 $Q_1 = Qd = 4\pi a^2 v_0^2 d$，代入式（4-96）得

$$W_{偶} = 2\pi \frac{\rho_0 c_0}{2} \left(\frac{4\pi a^2 v_0 d}{4\pi} k^2 \right)^2 \cdot \frac{2}{3}$$

$$= \frac{2}{3} \pi \rho_0 c_0 k^4 a^4 d^2 v_0^2 \tag{4-97}$$

式中，v_0 是单个脉动球源的振速幅值。从式(4-97)看出，偶极子辐射声功率与距离 r 无关，这满足能量守恒要求，因为偶极子源声场的声功率是由偶极子源提供的，虽然其声场的幅值随距离 r 和角度 θ 是变化的，但其经过某一个半径 r 的球面上的总能量是不变的。

比较单个脉动球源和偶极子源的辐射声功率，由式(4-24)中取 $ka \ll 1$ 近似单个脉动小球的辐射声功率为

$$W_{脉} = \frac{1}{2} 4\pi a^2 \rho_0 c_0 (ka)^2 v_0^2 \tag{4-98}$$

将式(4-98)和式(4-97)比较得

$$\frac{W_{偶}}{W_{脉}} = \frac{(kd)^2}{3} \tag{4-99}$$

由式(4-99)可知，当 $kd \ll 1$，$W_{偶} \ll W_{脉}$，即由两个脉动小球源构成的偶极子源，与单独的脉动球源相比，其辐射效率会大大降低，而且频率愈低，偶极子源的辐射效率愈低。低频偶极子声源辐射效率低的原因是附近介质的环流引起的。近场质点的流动可以用流线表示，流线的切线由场中质点振速的方向确定，偶极子声场中的流线是过声源的闭合曲线组，每条线都是从偶极子源的一极到另一极。当声源振动时，一极向外膨胀，使介质压缩，而另一极向内收缩，使介质稀疏，于是介质质点将沿线从这一极向另一极方向运动。反之，流线改变方向。当频率很低时，周期很长，于是在声源工作时，质点就有可能从这一极沿流线到另一极去，这样压缩部分的质点将向稀疏部分的填充，从而使介质的压缩减弱，因而介质对声源的有效阻力减小。纸盒扬声器、无幕单面辐射器、摆动球和摆动圆盘，辐射低频声波时，都有相似的质点包绕现象，这是这类辐射器辐射效率低的原因。可以通过在垂直其轴的平面安置一刚性屏幕来提高这类辐射器低频的辐射效率。

对偶极子声场的特点进行总结如下：

(1)在远场($kr \gg 1$)，$p(r,\theta)$ 和 $u_r(r,\theta)$ 都按 $1/r$ 规律衰减，和球面波远场衰减规律相同；在近场($kr \ll 1$)，偶极子声场中声振幅随距离的衰减比均匀球面波衰减快，近场声压随 $1/r^2$ 衰减，而 $u_r(r,\theta)$ 和 $u_\theta(r,\theta)$ 则随 $1/r^3$ 衰减。

(2)偶极子声场具有指向性。尽管在远场的衰减规律和点声源声场相同，但是在同一个球面上声振幅的分布却不相等，即偶极子声源具有指向性。按照前述指向性函数的定义得偶极子声场的指向性函数为

$$D(\theta) = \frac{|p(r,\theta)|}{|p(r,0)|} = |\cos\theta| \tag{4-100}$$

在图4-8中同时给出了均匀脉动球声场和偶极子声场的指向性。图中虚线为脉动球指向性图，实线为偶极子声源指向性图，从图中可直观看出，均匀脉动球声场无指向性，即其声场圆周是均匀的。而偶极子声场具有指向性，偶极子声场的指向性具有余弦函数形

式,在偶极子轴的方向具有最大值,但前后方向反相位。在垂直于偶极子轴的方向声压恒为零。

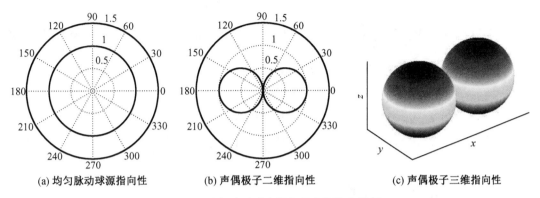

(a) 均匀脉动球源指向性　　(b) 声偶极子二维指向性　　(c) 声偶极子三维指向性

图 4-8　均匀脉动球和偶极子声源指向性图

(3)声压波和振速波传播时的相位变化是 kr 较复杂的函数关系。由式(4-84)、式(4-86)和式(4-87)中,相位因子中的相位差随 kr 的关系,可以导出声压波和振速波的传播速度是随 kr 而变化的。在远场($kr \gg 1, r \gg \lambda$),$\varphi \to \dfrac{\pi}{2}$,$\varphi' \to \pi$,因此声场中同一地区声压的振动相位比径向振速的振动相位接近于超前 $\dfrac{\pi}{2}$。就是说,抗的部分比阻的部分大得多,而且表现为惯性性质,也表明径向能流密度的无功成分也较大。还值得注意的是,u_θ 和 p 始终是相差 $\dfrac{\pi}{2}$,而且也是呈现惯性作用。这意味着任何距离上垂直半径方向的能流无定向流,平均值为零,即实际上声能总是沿半径方向传播。

(4)偶极子声源的发射效率低,特别是在低频段,偶极辐射效率远远低于相同振动强度的脉动球声源。

前面推导出来的偶极子声场的表达式是用一般函数表示的,事实上,偶极子声场函数也可用特殊函数表示。

特殊函数的性质:

(1)$h_0^{(2)}(kr)$ 的初等函数表示:

$$h_0^{(2)}(x) = \frac{e^{-j\left(x - \frac{\pi}{2}\right)}}{x}$$

(2)$j_l(kr)$、$n_l(kr)$ 或 $h_l^{(1)}(kr)$、$h_l^{(2)}(kr)$ 等球函数的递推关系:

$$l q_{l-1}(x) - (l+1) q_{l+1}(x) = (2l+1) \frac{dq_l(x)}{dx}$$

取 $l = 0$,得到

$$-h_l^{(2)}(x) = \frac{dh_0^{(2)}(x)}{dx}$$

（3）前3阶勒让德函数 $\mathrm{P}_0(x) \sim \mathrm{P}_2(x)$ 的多项式表示：

$$\mathrm{P}_0(x) = 1, \mathrm{P}_1(x) = x, \mathrm{P}_2(x) = \frac{1}{2}(3x^2 - 1)$$

由特殊函数性质，可得 $\dfrac{\partial}{\partial r}\left(\dfrac{\mathrm{e}^{-jkr}}{r}\right)\cos\theta = jk^2\mathrm{h}_1^{(2)}(kr)\mathrm{P}_1(\cos\theta)$，因此偶极子矩为 Q_1 的偶极子声源辐射声场速度势函数可用特殊函数表示为

$$\Phi(r,\theta) = \frac{-Q_1}{4\pi}\frac{\partial}{\partial r}\left(\frac{\mathrm{e}^{-jkr}}{r}\right)\cos\theta$$

$$= \frac{-Q_1}{4\pi}jk^2\mathrm{h}_1^{(2)}(kr)\mathrm{P}_1(\cos\theta) \tag{4-101}$$

4.4.3 摆动球的声辐射

1. 方程和边界条件及方程解

设刚硬球在原点沿 x 轴作微幅振动，振速为 $v_0\cos(\omega t)$，复数振速为 $v_0\mathrm{e}^{j\omega t}$，这时球面上每点在 x 方向的振速皆为 v_0，而在振动表面半径方向的振速分量为 $v_0\cos\theta$，如图4-9所示。因此摆动球的定解问题为

$$\begin{cases} \nabla^2\Phi(\boldsymbol{r}) + k^2\Phi(\boldsymbol{r}) = 0;\text{其中，} k = \omega/c,\mathrm{e}^{j\omega t} \text{略} \\[2mm] -\dfrac{\partial\Phi(\boldsymbol{r})}{\partial r}\bigg|_{r=a} = v_0\cos\theta \\[2mm] \Phi(\boldsymbol{r})\big|_{r\to\infty} \text{满足无穷远辐射条件} \end{cases} \tag{4-102}$$

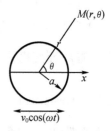

图4-9　摆动球辐射源

球坐标系下，亥姆霍兹方程的解为

$$\Phi(r,\theta,\varphi) = \sum_{l=0}^{\infty}\sum_{n=0}^{l}\cos(n\varphi + \varphi_n)\mathrm{P}_l^n(\cos\theta)\left[A_{ln}\mathrm{h}_l^{(1)}(kr) + B_{ln}\mathrm{h}_l^{(2)}(kr)\right] \tag{4-103}$$

因为，轴对称声场与 φ 无关，取 $n=0$，所以

$$\Phi(r,\theta) = \sum_{l=0}^{\infty}\mathrm{P}_l(\cos\theta)\left[A_l\mathrm{h}_l^{(1)}(kr) + B_l\mathrm{h}_l^{(2)}(kr)\right]$$

这里，记 $\mathrm{P}_l^0(\cos\theta) = \mathrm{P}_l(\cos\theta)$。

由无穷远边界条件得 $A_l = 0$，所以

$$\Phi(r,\theta) = \sum_{l=0}^{\infty}B_l\mathrm{h}_l^{(2)}(kr)\mathrm{P}_l(\cos\theta)$$

利用边界条件求 B_l。代入边界条件得

$$-\frac{\partial\Phi(r,\theta)}{\partial r}\bigg|_{r=a} = -\sum_{l=0}^{\infty}B_l\frac{\partial\mathrm{h}_l^{(2)}(kr)}{\partial r}\bigg|_{r=a}\mathrm{P}_l(\cos\theta) = v_0\cos\theta = v_0\mathrm{P}_1(\cos\theta)$$

所以

$$B_1\frac{\partial\mathrm{h}_1^{(2)}(kr)}{\partial r}\bigg|_{r=a} = -v_0$$

推得

$$B_1 = \frac{-v_0}{\left.\dfrac{\partial h_1^{(2)}(kr)}{\partial r}\right|_{r=a}} \quad B_l = 0(l \neq 1)$$

所以,摆动球的辐射声场速度势函数为

$$\Phi(r,\theta) = B_1 h_1^{(2)}(kr)\cos\theta$$

$$= \frac{-v_0}{\left.\dfrac{\partial h_1^{(2)}(kr)}{\partial r}\right|_{r=a}} h_1^{(2)}(kr)\cos\theta \qquad (4-104)$$

偶极子矩为 Q_1 的偶极子声源辐射场的速度势为

$$\Phi(r,\theta) = \frac{-Q_1}{4\pi} j k^2 h_1^{(2)}(kr) P_1(\cos\theta) \qquad (4-105)$$

对比式(4-104)和式(4-105)可以看出,摆动球辐射声场和偶极子辐射声场的性质类似,摆动球的辐射声场具有偶极子指向性,且沿半径方向的变化规律和偶极子场变化规律相同。可以求出摆动球的偶极子矩 Q_1 为

$$Q_1 = \frac{4\pi v_0}{\left.j\dfrac{\partial h_1^{(2)}(kr)}{\partial r}\right|_{r=a} k^2} = \frac{4\pi a^3 v_0 e^{jka}}{\left[2-(ka)^2\right] + j2ka} \qquad (4-106)$$

式(4-106)的推导用到以下知识,因为

$$-h_1^{(2)}(x) = \frac{dh_0^{(2)}(x)}{dx}$$

所以

$$h_1^{(2)}(x) = -\frac{dh_0^{(2)}(x)}{dx}$$

又因为,$h_0^{(2)}(kr)$ 的初等函数表示式为

$$h_0^{(2)}(x) = \frac{e^{-j(x-\frac{\pi}{2})}}{x} = j\frac{e^{-jx}}{x}$$

$$h_1^{(2)}(x) = -\frac{d}{dx}\left(j\frac{e^{-jx}}{x}\right) = -\frac{e^{-jx}}{x}\left(1-\frac{j}{x}\right)$$

$$\frac{d}{dx}h_1^{(2)}(x) = \frac{d}{dx}\left[-\frac{e^{-jx}}{x}\left(1-\frac{j}{x}\right)\right]$$

$$= j\frac{e^{-jx}}{x}\left(1-\frac{j}{x}\right) + \frac{e^{-jx}}{x^2}\left(1-\frac{j2}{x}\right)$$

$$= \left[2\frac{1}{x^2} + j\left(\frac{1}{x} - \frac{2}{x^3}\right)\right]e^{-jx}$$

$$j \left. \frac{\partial h_1^{(2)}(kr)}{\partial r} \right|_{r=a} k^2 = j \left. \frac{\partial h_1^{(2)}(kr)}{\partial kr} \right|_{r=a} k^3$$

$$= j \left[2 \frac{1}{x^2} + j \left(\frac{1}{x} - \frac{2}{x^3} \right) \right] e^{-jx} \big|_{x=ka} k^3$$

$$= \{ j2ka + jj[(ka)^2 - 2] \} e^{-jka} (ka)^{-3} k^3$$

$$= \{ [2 - (ka)^2] + j2ka \} a^{-3} e^{-jka}$$

所以摆动球辐射场的速度势为

$$\Phi(r, \theta) = \frac{-Q_1}{4\pi} jk^2 h_1^{(2)}(kr) P_1(\cos\theta)$$

$$= \frac{-1}{4\pi} \frac{4\pi a^3 v_0 e^{jka}}{[2-(ka)^2] + j2ka} jk^2 h_1^{(2)}(kr) P_1(\cos\theta)$$

$$= \frac{-a^3 v_0 e^{jka} jk^2}{[2-(ka)^2] + j2ka} h_1^{(2)}(kr) P_1(\cos\theta) \qquad (4-107)$$

摆动球辐射场的声压为

$$p(r, \theta) = jk\rho_0 c_0 \Phi(r, \theta)$$

$$= jk\rho_0 c_0 \frac{-Q_1}{4\pi} jk^2 h_1^{(2)}(kr) P_1(\cos\theta)$$

$$= \frac{Q_1 k^3 \rho_0 c_0}{4\pi} h_1^{(2)}(kr) P_1(\cos\theta)$$

$$= \frac{a^3 v_0 e^{jka} k^3 \rho_0 c_0}{[2-(ka)^2] + j2ka} h_1^{(2)}(kr) P_1(\cos\theta) \qquad (4-108)$$

取式(4-108)中 $h_1^{(2)}(kr)$ 初等函数表示式可得

$$p(r, \theta) = jk\rho c \Phi(r, \theta)$$

$$= \frac{v_0 e^{jka} (ka)^3 \rho_0 c_0}{[2-(ka)^2] + j2ka} \left[-\frac{e^{-jkr}}{kr} \left(1 - \frac{j}{kr} \right) \right] P_1(\cos\theta) \qquad (4-109)$$

2. 摆动球的辐射阻抗

因为摆动球辐射声场和偶极子声场具有类似的性质,可以通过求取摆动球的辐射阻抗来讨论偶极子辐射声场的性能。令式(4-109)中 $r=a$,得摆动球表面的声压为

$$p(a, \theta) = \frac{\rho_0 c_0 v_0 jka(1 + jka)}{[2-(ka)^2] + j2ka} \cos\theta$$

面元 $\mathrm{d}s x$ 方向的受力为

$$\mathrm{d}F_x = -p(a, \theta) \mathrm{d}s \cos\theta$$

$$= -p(a, \theta) \cos\theta 2\pi a \sin\theta a \mathrm{d}\theta$$

$$= 2\pi a^2 p(a, \theta) \cos\theta \mathrm{d}\cos\theta \qquad (4-110)$$

其中 $\mathrm{d}s$ 为球面上的圆环,如图4-10所示。摆动球 x 方向振动时的介质阻力为

$$
\begin{aligned}
F_{\mathrm{r}} &= \int \mathrm{d}F_x \\
&= 2\pi a^2 \int_0^\pi p(a,\theta)\cos\theta\,\mathrm{d}\cos\theta \\
&= 2\pi a^2 \int_0^\pi \frac{\rho_0 c_0 v_0 jka(1+jka)}{[2-(ka)^2]+j2ka}\cos\theta\cos\theta\,\mathrm{d}\cos\theta \\
&= \frac{2\pi a^2 \rho_0 c_0 v_0 jka(1+jka)}{[2-(ka)^2]+j2ka}\int_0^\pi \cos^2\theta\,\mathrm{d}\cos\theta \\
&= -\frac{\rho_0 c_0 4\pi a^2}{3}\frac{v_0 jka(1+jka)}{[2-(ka)^2]+j2ka}
\end{aligned}
\tag{4-111}
$$

（因为 $\int_0^\pi \cos^2\theta\,\mathrm{d}\cos\theta = \frac{1}{3}\cos^3\theta\Big|_{\theta=0}^{\theta=\pi} = -\frac{2}{3}$）

根据辐射阻抗的定义得摆动球的辐射阻抗

$$
\begin{aligned}
Z_{\mathrm{s}} &= \frac{-F_{\mathrm{r}}}{U_0} = \frac{-F_{\mathrm{r}}}{v_0} = \frac{\rho_0 c_0 S}{3}\frac{jka(1+jka)}{[2-(ka)^2]+j2ka} \\
&= R_{\mathrm{s}} + jX_{\mathrm{s}}
\end{aligned}
\tag{4-112}
$$

式中，$S = 4\pi a^2$，为摆动球表面积。由式(4-112)得
辐射阻：

$$
R_{\mathrm{s}} = \frac{\rho_0 c_0 S}{3}\frac{(ka)^4}{4+(ka)^4}
\tag{4-113}
$$

辐射抗：

$$
X_{\mathrm{s}} = \frac{\rho_0 c_0 S}{3}\left[\frac{2+(ka)^2}{4+(ka)^4}\right]ka
\tag{4-114}
$$

伴振质量：

$$
M_{\mathrm{s}} = M_0\left[\frac{2+(ka)^2}{4+(ka)^4}\right]
\tag{4-115}
$$

式中，$M_0 = \frac{4}{3}\pi a^3\rho_0$，为球所排开同体积介质的质量。

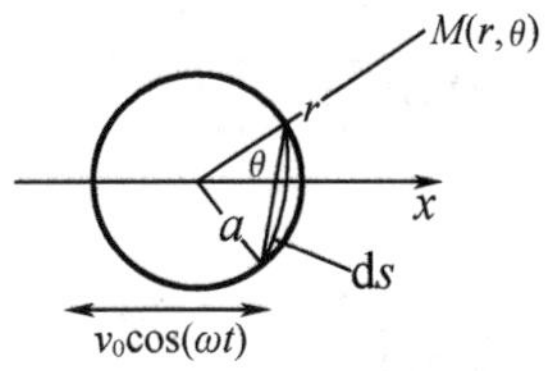

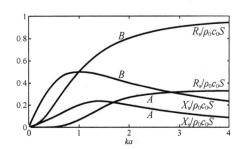

图4-10 摆动球辐射源
面积分示意图

在图4-11中给出了摆动球辐射阻和辐射抗的归一化函数(对 $\rho_0 c_0 S$ 进行归一化)随 ka 变化的曲线(用 A 标识)。为了进行对比，同一图上还给出了均匀球面波的辐射阻和辐射抗的归一化函数随 ka 的变化曲线(用 B 标识)，显然，偶极子类型的辐射声阻和辐射声抗都比均匀脉动球的低，这又一次说明了偶极子声源的辐射效率比脉动球的辐射效率低的原因。

图4-11 辐射阻抗随 ka 变化的曲线

对摆动球辐射阻抗在高频辐射和低频辐射两种极限情况下讨论。

（1）$a \gg \lambda$，大球（$ka \gg 1$）（高频辐射）

辐射阻：

$$R_s = \frac{\rho_0 c_0 S}{3} \left. \frac{(ka)^4}{4 + (ka)^4} \right|_{ka \gg 1} \rightarrow \frac{\rho_0 c_0 S}{3}$$

辐射抗：

$$X_s = \frac{\rho_0 c_0 S}{3} \left. \left[\frac{2 + (ka)^2}{4 + (ka)^4} \right] ka \right|_{ka \gg 1} \rightarrow 0$$

伴振质量：

$$M_s = M_0 \left. \left[\frac{2 + (ka)^2}{4 + (ka)^4} \right] \right|_{ka \gg 1} \rightarrow 0$$

高频辐射时，摆动球辐射阻只有同样半径脉动球高频辐射阻极限值的 1/3。这是因为球摆动，只取 x 方向阻力，等效面积减小的缘故。高频时摆动球辐射抗趋近于零，同振质量也趋近于零。

（2）$a \ll \lambda$，小球（$ka \ll 1$）（低频辐射）

辐射阻：

$$R_s = \frac{\rho_0 c_0 S}{3} \left. \frac{(ka)^4}{4 + (ka)^4} \right|_{ka \ll 1} \rightarrow \frac{\rho_0 c_0 S}{3} \frac{(ka)^4}{4}$$

辐射抗：

$$X_s = \frac{\rho_0 c_0 S}{3} \left. \left[\frac{2 + (ka)^2}{4 + (ka)^4} \right] ka \right|_{ka \ll 1} \rightarrow \frac{ka}{6} \rho_0 c_0 S$$

伴振质量：

$$M_s = M_0 \left. \left[\frac{2 + (ka)^2}{4 + (ka)^4} \right] \right|_{ka \ll 1} \rightarrow \frac{1}{2} M_0$$

低频辐射时，摆动球辐射阻与频率的四次方成正比，这远比脉动球小得多（$R_{s脉动小球} \rightarrow \rho_0 c_0 S \frac{(ka)^2}{2}$，$ka \ll 1$）。因此低频时，摆动球比脉动球的辐射效率低得多。低频时摆动球辐射抗和频率的一次方成比例，同振质量为球排开同体积介质质量的一半。

3. 摆动球的声波强度和辐射声功率

如前所述，θ 方向的能流平均值 $I_\theta = \frac{1}{2} \text{Re}(p \cdot u_\theta^*) = 0$，所以声波强度就等于径向能流平均值 $I = I_r = \frac{1}{2} \text{Re}(p \cdot u_r^*)$，利用式（4-104）可得

$$\begin{aligned} p(r,\theta,t) &= jk\rho_0 c_0 \Phi(r,\theta) e^{j\omega t} \\ &= jk\rho_0 c_0 B_1 h_1^{(2)}(kr) P_1(\cos\theta) e^{j\omega t} \end{aligned} \tag{4-116}$$

$$u_r(r,\theta,t) = -B_1 k \frac{dh_1^2(kr)}{d(kr)} P_1(\cos\theta) e^{j\omega t} \tag{4-117}$$

$$p \cdot u_r^* = -jk^2 \rho_0 c_0 B_1 B_1^* h_1^2(kr) \cdot \frac{dh_1^2(kr)}{d(kr)} P_1^2(\cos\theta) \tag{4-118}$$

式中，$B_1 = \dfrac{-Q_1}{4\pi} jk^2$；$\mathrm{P}_1(\cos\theta) = \cos\theta$。

因为

$$\mathrm{h}_l^2(Z)\frac{\mathrm{dh}_l^2(Z)}{\mathrm{d}Z} = [\mathrm{j}_l(Z)\mathrm{j}_l^2(Z) + \mathrm{n}_l(Z)\mathrm{n}_l^2(Z)] + \mathrm{j}[\mathrm{j}_l(Z)\mathrm{n}_l'(Z) - \mathrm{n}_l(Z)\mathrm{j}_l^2(Z)]$$

由球贝塞尔函数的特性

$$\mathrm{j}_l(Z)\mathrm{n}_l'(Z) - \mathrm{n}_l(Z)\mathrm{j}_l'(Z) = \frac{1}{Z^2}$$

所以有

$$\begin{aligned}
I &= \frac{1}{2}\mathrm{Re}(p\cdot u_r^*)\\
&= \frac{1}{2}\mathrm{Re}\left[\rho_0 c_0 k^2 B_1 B_1^* \cos^2\theta \frac{1}{(kr)^2}\right]\\
&= \frac{\rho_0 c_0}{2}\cos^2\theta \cdot \frac{1}{r^2}\cdot \mathrm{Re}(B_1 B_1^*)\\
&= \frac{\rho_0 c_0}{2}\frac{k^4}{(4\pi)^2}\cdot \cos^2\theta \cdot \frac{1}{r^2}\mathrm{Re}(Q_1 Q_1^*)
\end{aligned}$$

将式(4-106)中的 $Q_1 = \dfrac{4\pi a^3 v_0 \mathrm{e}^{\mathrm{j}ka}}{[2-(ka)^2] + \mathrm{j}2ka}$ 代入上式，得

$$\begin{aligned}
I &= \frac{\rho_0 c_0}{2}\frac{k^4}{(4\pi)^2}\cdot \cos^2\theta \cdot \frac{1}{r^2}\mathrm{Re}(Q_1 Q_1^*)\\
&= \frac{\rho_0 c_0 v_0^2}{2}\cdot \frac{k^4 a^6}{(4+k^4 a^4)}\cdot \cos^2\theta \cdot \frac{1}{r^2}
\end{aligned} \qquad (4\text{-}119)$$

可见，摆动球和偶极子相类似，声波强度随距离声源的距离 r 做反平方规律衰减，这和均匀球面波的声强衰减规律一样；摆动球的声波强度分布有一定的指向性，在球形波面上按极轴对称按 $D^2(\theta) = \cos^2\theta$ 变化。

下面求摆动球的辐射声功率，利用式(4-119)对整个球面积分，即得摆动球辐射声功率

$$\begin{aligned}
W_a &= \int_0^\pi I(r)\cdot 2\pi r^2 \cdot \sin\theta\mathrm{d}\theta = \int_0^\pi I(r)\cdot 2\pi r^2 \cdot \mathrm{d}(\cos\theta)\\
&= \frac{\rho_0 c_0 S}{6}\cdot \frac{k^4 a^4}{4+(ka)^4}v_0^2
\end{aligned} \qquad (4\text{-}120)$$

这里，$S=4\pi a^2$，为摆动球的表面积。

摆动球的辐射声功率也可以通过摆动球的辐射阻来求

$$\begin{aligned}
W_a &= \frac{1}{2}R_s \cdot v_0^2\\
&= \frac{\rho_0 c_0 S}{6}\frac{(ka)^4}{4+(ka)^4}\cdot v_0^2
\end{aligned} \qquad (4\text{-}121)$$

式(4-120)和式(4-121)完全相同，这里再一次证明辐射声功率等于辐射阻 R_s 吸收声

源的功率。

在高频辐射情况$(a \gg \lambda)$，由式(4-121)得

$$W_a \approx \frac{\rho_0 c_0 S}{6} \cdot v_0^2 \tag{4-122}$$

在低频辐射情况$(a \ll \lambda)$，由式(4-121)得

$$W_a \approx \frac{\rho_0 c_0 S}{24} k^4 a^4 \cdot v_0^2 \propto f^4 \tag{4-123}$$

结论 4-4 摆动小球的辐射声功率和频率的4次方成正比。

可见，偶极子、摆动球之类的声源，其辐射效率比球均匀脉动辐射时的效率更低。同样声振幅的条件下，前者比后者辐射声功率小得多。

习　　题

1. 半径为 5 mm 的脉动球源向空中辐射 100 Hz 的声波，球源表面振速幅度为 0.008 m/s，求辐射功率。如果有这样相同的两个球，振动相位相反，求辐射的总功率。

4.5　同相点声源组合声辐射

上一节讨论了声偶极子辐射声场，声偶极子是由两个相距很近、振动强度相等、振动相位相反的点声源构成的声辐射系统。这一节讨论两个同相点声源构成的声辐射系统，也是声基阵辐射的最基本形式。

空气中的点声源靠近水面辐射时，空气-水界面近似视为绝对硬边界，按照镜像法，可以认为水面以下还有一个同相振动的虚源，空气中总的声场被看作空气中点声源和水面以下虚源产生声场的叠加，此时的声场为同相点声源辐射声场。

4.5.1　同相点声源辐射声场

谐和振动的点声源 1 和点声源 2，它们振动的频率、振源强度及相位均相同，分别置于 x 轴上 $x = \pm d/2$ 处，$M(r, \theta)$ 为观测点，如图 4-12 所示。

设 Q 为点声源的声源强度，r 为空间观测点到点声源的距离，点声源的速度势函数为

$$\Phi(r, t) = \frac{Q}{4\pi r} e^{j(\omega t - kr)} \tag{4-124}$$

如图 4-12 所示为同相点声源图，这种情况中设 r 为空间观测点 $M(r, \theta)$ 到两个点声源连线中点的距离，r_1 和 r_2 分别为空间观测点 $M(r, \theta)$ 到点声源 1 和点声源 2 的距离，则两个点声源的速度势函数分别为

$$\Phi_1(r, t) = \frac{Q}{4\pi r_1} e^{j(\omega t - kr_1)} \tag{4-125}$$

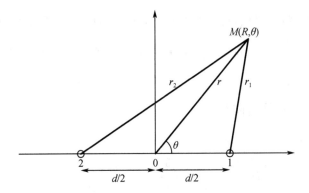

图 4-12　两个同相点声源图

$$\Phi_2(r,t) = \frac{Q}{4\pi r_2}e^{j(\omega t - kr_2)} \tag{4-126}$$

当 $r \gg d$ 时,有

$$r_1 \approx r - \Delta \tag{4-127}$$

$$r_2 \approx r + \Delta \tag{4-128}$$

式中,$\Delta = \dfrac{d}{2}\cos\theta$。

　　根据叠加原理求同相点声源的声场,同相点声源辐射声场的速度势 $\Phi(r,t)$ 为点声源 1 和点声源 2 的速度势之和

$$\Phi(r,t) = \frac{Q}{4\pi r_1}e^{j(\omega t - kr_1)} + \frac{Q}{4\pi r_2}e^{j(\omega t - kr_2)} \tag{4-129}$$

　　为了推导方便,忽略点声源 1 和点声源 2 到观测点 $M(r,\theta)$ 时幅度的差别,只保留两个声源到观测点 $M(r,\theta)$ 时相位的差别,则

$$\Phi(r,t) = \frac{Q}{4\pi r}e^{j(\omega t - kr_1)} + \frac{Q}{4\pi r}e^{j(\omega t - kr_2)} \tag{4-130}$$

将式(4-127)和式(4-128)代入式(4-130)

$$\Phi(r,t) = \frac{Q}{4\pi r}e^{j(\omega t - kr)}(e^{jk\Delta} + e^{-jk\Delta})$$

$$= \frac{Q}{4\pi r}e^{j(\omega t - kr)} \cdot 2\cos(k\Delta) \tag{4-131}$$

　　根据速度势函数 Φ 和声压函数 p 的关系,求出同相点声源声压函数为为

$$p(r,t) = \rho_0\frac{\partial}{\partial t}\Phi(r,t) = j\omega\rho_0\Phi(r,\theta,t) = \frac{j\omega\rho_0 Q}{4\pi r}e^{j(\omega t - kr)} \cdot 2\cos(k\Delta) \tag{4-132}$$

令 $A = \dfrac{j\omega\rho_0 Q}{4\pi}$,则式(4-132)可写为

$$p = \frac{A}{r}e^{j(\omega t - kr)}2\cos(k\Delta) = \frac{A}{r}e^{j(\omega t - kr)} \cdot 2\cos\left(\frac{kd}{2}\cos\theta\right) \tag{4-133}$$

由式(4-133)知,两个同相点声源组合辐射时,在远场,声压幅度随距离按 $\dfrac{1}{r}$ 规律衰减,但在相同的距离 r 处、不同的 θ 方向上声压幅值不同,即两个同相点声源辐射声场呈现出指向性。

4.5.2 同相点声源指向性

根据指向性函数的定义

$$D(\theta) = \frac{|P(r,\theta)|}{|P(r,\theta)|_{\max}} = \frac{|P(r,\theta)|}{|P(r,90°)|} \tag{4-134}$$

因为 $|P(r,90°)| = \dfrac{2A}{r}$,则

$$D(\theta) = \frac{|P(r,\theta)|}{|P(r,90°)|} = |\cos(k\Delta)| = \left|\cos\left(\frac{kd}{2}\cos\theta\right)\right| = \left|\cos\left(\pi\frac{d\cos\theta}{\lambda}\right)\right| \tag{4-135}$$

可见,同相点声源辐射声场的指向性同观测点到两个点声源的声程差 $d\cos\theta$ 与波长 λ 的比值有关,下面对同相点声源辐射声场指向性进行分析,分析指向性的极大值角度、零辐射的角度等。

1. 当 $k\Delta = m\pi$

即 $d\cos\theta = m\lambda(m=0,1,2,\cdots)$ 时,也就是 $\cos\theta = \dfrac{m\lambda}{d}(m=0,1,2,\cdots)$ 时,由式(4-135)得

$$D(\theta) = 1 \tag{4-136}$$

也就是在某些方向上,从两个同相点声源传来的声波,其声程差恰为波长的整数倍,因此在这些位置上振动为同相,合成声压的幅值为极大值。

可解得辐射出现极大值的方向为

$$\theta = \arccos\frac{m\lambda}{d} \quad m = 0,1,2,\cdots \tag{4-137}$$

其中 $\theta = 90°$ 方向的极大值称为主极大值,其余的称为副极大值。分析式(4-136)可知,当 $\dfrac{d}{\lambda}$ 不等于整数时,在 $0°\sim90°$ 出现的副极大值的个数恰好等于比值 $\dfrac{d}{\lambda}$ 的整数部分,例如,当 $\dfrac{d}{\lambda}=1.5$ 时,在 $0°\sim90°$ 出现一个副极大值;当 $\dfrac{d}{\lambda}=2.5$ 时,在 $0°\sim90°$ 出现两个副极大值。而当 $\dfrac{d}{\lambda}$ 等于整数倍时,则在 $\theta=0°$ 和 $\theta=180°$ 方向也会出现两声源同相叠加,即合成声场也为极大值。当 $\dfrac{d}{\lambda}>1$,出现副极大值等于主极大值的情况,由于副极大方向和主极大方向的声能量是相等的,这种能量的分散往往不希望出现,如果要使副极大值不出现,那就必须使 $\dfrac{d}{\lambda}<1$,即两个点声源间的距离要小于声波波长。

2. $k\Delta = \dfrac{m'\pi}{2}$

当 $d\cos\theta = m'\dfrac{\lambda}{2}(m'=1,3,5,\cdots)$ 时，也就是 $\cos\theta = m'\dfrac{\lambda}{2d}(m'=1,3,5,\cdots)$ 时，式(4-135)为零，因而

$$D(\theta) = 0 \qquad\qquad (4-138)$$

也就是在某些方向上，从两个点声源传来的声波，其声程差恰为半波长的奇数倍，因此在这些位置上两点声源辐射声场声压的相位相反，互相抵消，结果合成声压为零。

解得零辐射的方向为

$$\theta = \arccos\frac{m'\lambda}{2d} \quad m' = 1,3,5,\cdots \qquad\qquad (4-139)$$

把第一次出现零辐射的角度($m'=1$ 对应的角度)定义为主声束角度宽度的一半，所以主声束的角宽度为

$$\bar\theta = 2\arccos\frac{\lambda}{2d} \qquad\qquad (4-140)$$

对一定的频率，d 愈大，$\bar\theta$ 愈小，主声束愈窄；反之 d 愈小，$\bar\theta$ 愈大。特别是当 $d<\dfrac{\lambda}{2}$ 时，θ 无解，这时不出现辐射为零值的方向。

3. 当 $kd\ll1$ 时，即当两个点源相距很近或辐射声波频率很低时

因为 $k\Delta = k\dfrac{d}{2}\cos\theta$，所以必然有

$$k\Delta \ll 1 \qquad\qquad (4-141)$$

因此由式(4-135)得

$$D(\theta) = 1 \qquad\qquad (4-142)$$

这表明当两个点声源靠得很近时，辐射无指向性。

事实上，在 $kd\ll1$，由式(4-133)知合成声压为

$$p \approx \frac{2A}{r}\mathrm{e}^{\mathrm{j}(\omega t-kr)} \qquad\qquad (4-143)$$

也就当两个同相点声源靠得很近时，组合声源相当于一个幅值加倍的点声源声辐射，所以辐射声场就是无指向性的。

通过以上讨论可见，抑制副极大与减小主声束角宽度是互相矛盾的，如 $d<\lambda$，固然可以不出现副极大，但主声束比较宽；反之 d 愈大，主声束可以变窄，但可能出现副极大。

两个同强度、同相位点声源相距 $d=\dfrac{\lambda}{10},\dfrac{\lambda}{4},\dfrac{\lambda}{2},\lambda,\dfrac{3}{2}\lambda,2\lambda,\dfrac{5}{2}\lambda,3\lambda$ 时的指向性如图 4-13 所示，两同相点声源的距离不同，呈现出的空间指向性也不同。

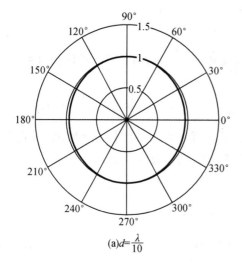

$(a)d=\dfrac{\lambda}{10}$

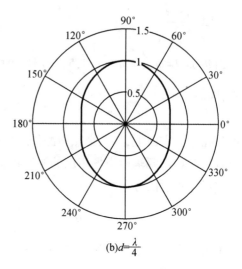

$(b)d=\dfrac{\lambda}{4}$

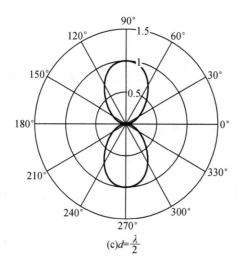

$(c)d=\dfrac{\lambda}{2}$

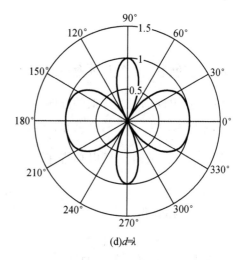

$(d)d=\lambda$

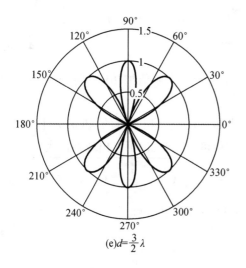

$(e)d=\dfrac{3}{2}\lambda$

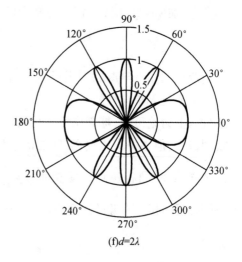

$(f)d=2\lambda$

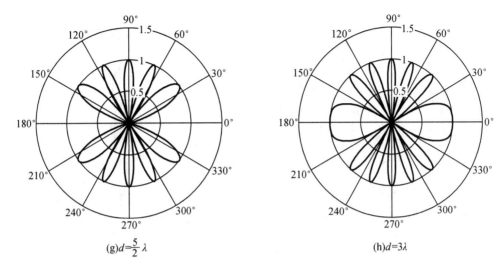

$$(g)d=\frac{5}{2}\lambda \qquad\qquad (h)d=3\lambda$$

图 4-13 同相点声源组合声源指向性图

两个同相点声源组合声源的指向性函数也可写为

$$D(\theta)=\left|\cos(k\Delta)\right|=\left|\frac{\sin(2k\Delta)}{2\sin(k\Delta)}\right|=\left|\frac{\sin\left(\dfrac{2kd}{2}\cos\theta\right)}{2\sin\left(\dfrac{kd}{2}\cos\theta\right)}\right|$$

也可将多个点声源组成阵列声源发射声波,由位于一条直线上的 N 个等间距 d 的同相点声源可组成线列阵声源,当满足观测点距离足够远,推导过程与两个同相点声源类似,可得到线列阵声源的远场指向性函数为

$$D(\theta)=\left|\frac{\sin(Nk\Delta)}{N\sin(k\Delta)}\right|=\left|\frac{\sin\left(\dfrac{Nkd}{2}\cos\theta\right)}{N\sin\left(\dfrac{kd}{2}\cos\theta\right)}\right|$$

式中,N 为阵元数;d 为阵元间距。可以看出线列阵声源也具有指向性,图 4-14 给出当点声源间距为 $d=\dfrac{\lambda}{2}$,点声源个数 $N=3,6,8,10$ 时的指向性图,可以看出,由于满足 $d<\lambda$,副极大值小于主极大值,并且随着组成基阵的点声源个数的增多,主声束的宽度变小,所以在实际中可采用阵列发射的形式获取所需要的发射指向性。事实上,也可用接收换能器组成接收阵列,利用接收阵列指向性可对环境噪声进行抑制以及对目标进行方位估计。

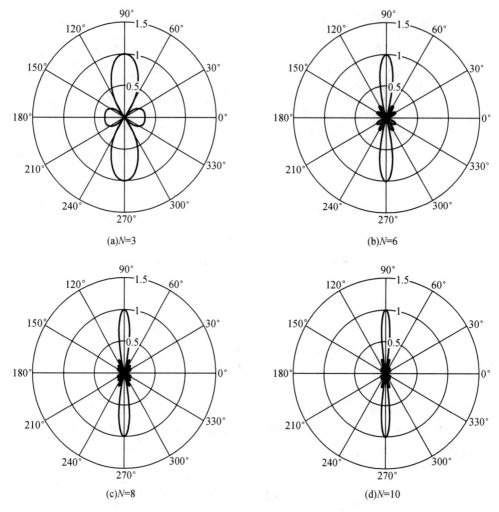

(a)N=3   (b)N=6

(c)N=8   (d)N=10

图 4-14　N 个等间距同相点声源线列阵指向性图 $\left(d=\dfrac{\lambda}{2}\right)$

4.6　均匀脉动柱面的声辐射

均匀脉动柱面辐射器是一半径为 a 的圆柱，其柱面以均匀分布的径向振速 $u_a = v_0 \mathrm{e}^{\mathrm{j}\omega t}$ 做脉动。为使所讨论的问题简化，设柱为无限长，且在均匀无限介质中振动，则它的辐射场为均匀柱面波。若取柱坐标系的轴与柱轴重合，如图 4-15 所示，则均匀脉动柱面辐射声场分布与 φ、z 无关。

4.6.1　方程和边界条件及方程解

均匀脉动柱面的声辐射定解问题可写为如下形式：

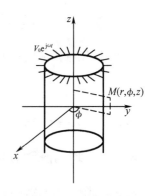

$$\begin{cases} \nabla^2 p(\boldsymbol{r}) + k^2 p(\boldsymbol{r}) = 0 ; \text{其中}, k = \omega/c ; \mathrm{e}^{\mathrm{j}\omega t} \text{ 略} \\ u_n(\boldsymbol{r}) \big|_{r=a} = v_0 \\ p(\boldsymbol{r}) \big|_{r \to \infty} \text{满足无穷远辐射条件} \end{cases}$$

$$(4\text{-}144)$$

柱坐标系下,边界条件与 φ、z 无关,所以,声场与 φ、z 无关。则声压场为

$$p(\boldsymbol{r}) = p(r, \varphi, z) = p(r)$$

相应的亥姆霍兹方程简化为

$$\frac{1}{r} \frac{\mathrm{d}}{\mathrm{d}r} \left[r \frac{\mathrm{d}p(r)}{\mathrm{d}r} \right] + k^2 p(r) = 0$$

图 4-15 均匀柱面辐射器和
柱坐标系

整理得

$$\frac{\mathrm{d}^2 p(r)}{\mathrm{d}r^2} + \frac{1}{r} \frac{\mathrm{d}p(r)}{\mathrm{d}r} + k^2 p(r) = 0 \qquad (4\text{-}145)$$

式(4-145)为"0 阶贝塞尔方程",其行波场形式解为

$$p(r, t) = \left[A \mathrm{H}_0^{(2)}(kr) + B \mathrm{H}_0^{(1)}(kr) \right] \mathrm{e}^{\mathrm{j}\omega t} \qquad (4\text{-}146)$$

由无穷远边界条件,得 $B = 0$,所以

$$p(r) = A \mathrm{H}_0^{(2)}(kr) \mathrm{e}^{\mathrm{j}\omega t} \qquad (4\text{-}147)$$

利用声源边界条件确定 A,代入柱面处的边界条件。因为

$$\partial u_r(r, t) = -\frac{1}{\rho_0} \int \frac{\partial p(r, t)}{\partial r} \mathrm{d}t \quad \text{(欧拉公式)}$$

所以

$$u_r(r, t) \big|_{r=a} = -\frac{A}{\mathrm{j}\omega\rho_0} \frac{\partial}{\partial r} \mathrm{H}_0^{(2)}(kr) \mathrm{e}^{\mathrm{j}\omega t} \big|_{r=a} = v_0 \mathrm{e}^{\mathrm{j}\omega t}$$

得

$$A = -\mathrm{j}\omega\rho_0 \frac{v_0}{k \dfrac{\mathrm{d}\mathrm{H}_0^{(2)}(x)}{\mathrm{d}x} \bigg|_{x=ka}} = \mathrm{j}\rho_0 c_0 \frac{v_0}{\mathrm{H}_1^{(2)}(ka)}$$

注解 利用了 $k = \dfrac{\omega}{c_0}$,以及汉克尔函数的递推关系:

$$\frac{\mathrm{d}}{\mathrm{d}x} x^{-\gamma} \mathrm{H}_\gamma^{(2)}(x) = -x^{-\gamma} \mathrm{H}_{\gamma+1}^{(2)}(ka)$$

取 $\gamma = 0$ 得

$$\mathrm{H}_1^{(2)}(x) = -\frac{\mathrm{d}\mathrm{H}_0^{(2)}(x)}{\mathrm{d}x}$$

所以

$$-\frac{A}{\mathrm{j}\omega\rho_0} \frac{\partial}{\partial r} \mathrm{H}_0^{(2)}(kr) \mathrm{e}^{\mathrm{j}\omega t} \big|_{r=a} = \frac{A}{\mathrm{j}\omega\rho_0} k \mathrm{H}_1^{(2)}(kr) \mathrm{e}^{\mathrm{j}\omega t} \big|_{r=a} = v_0 \mathrm{e}^{\mathrm{j}\omega t}$$

推得

$$A = \frac{j\omega\rho_0 v_0}{k H_1^{(2)}(ka)} = \frac{j\rho c v_0}{H_1^{(2)}(ka)} \quad \left(k = \frac{\omega}{c_0}\right) \text{［注解毕］}$$

所以，均匀脉动柱声源的辐射声压场为

$$p(r,t) = j\rho_0 c_0 \frac{v_0}{H_1^{(2)}(ka)} H_0^{(2)}(kr) e^{j\omega t} \tag{4-148}$$

可见，均匀脉动柱面声源的辐射场为均匀扩张柱面波场。

4.6.2　均匀脉动柱面辐射声场的性质

均匀扩张柱面波的性质在第 3 章 3.10 节有详细讨论，这里不再赘述。该声场的声压、振速、声强、波阻抗分别为

$$p(r,t) = j\rho_0 c_0 \frac{v_0}{H_1^{(2)}(ka)} H_0^{(2)}(kr) e^{j\omega t} \tag{4-149}$$

$$u(r,t) = \frac{v_0}{H_1^{(2)}(ka)} H_1^{(2)}(kr) e^{j\omega t} \tag{4-150}$$

$$I(r) = \frac{\rho_0 c_0 v_0^2}{|H_1^{(2)}(ka)|^2} \frac{1}{\pi k r} \tag{4-151}$$

$$Z_a(r,\omega) = \rho_0 c_0 \left\{ \frac{2}{\pi k r[J_1(kr)^2 + N_1(kr)^2]} + j \frac{J_0(kr)J_1(kr) + N_0(kr)N_1(kr)}{[J_1(kr)^2 + N_1(kr)^2]} \right\} \tag{4-152}$$

4.6.3　均匀脉动柱面声源的单位长度辐射阻抗

因为均匀脉动柱面声源为无限长，所以，其辐射面的面积无限大，故无法求整个声源的辐射阻抗，下面求出单位长度柱面的辐射阻抗.

均匀脉动柱面声源，单位长度的辐射阻抗为

$$Z_s(\omega) = \iint\limits_{S_0} Z_a(\boldsymbol{r},\omega) \Big|_s \frac{v(s)}{U_0} ds = \iint\limits_{S_0} Z_a(\boldsymbol{r},\omega) \Big|_{r=a} \frac{v_0}{v_0} ds = Z_a(\boldsymbol{r},\omega) \Big|_{r=a} 2\pi a \times 1 \tag{4-153}$$

式中

$$Z_a(\boldsymbol{r},\omega) \Big|_{r=a} = \rho_0 c_0 \left\{ \frac{2}{\pi k r[J_1(ka)^2 + N_1(ka)^2]} + \frac{J_0(ka)J_1(ka) + N_0(ka)N_1(ka)}{[J_1(ka)^2 + N_1(ka)^2]} \right\} \tag{4-154}$$

求得，均匀脉动柱面单位长度辐射阻为

$$R_s = 2\pi a \rho_0 c_0 \frac{2}{\pi k r[J_1(ka)^2 + N_1(ka)^2]}$$

$$= S_1 \rho_0 c_0 \frac{2}{\pi k r[J_1(ka)^2 + N_1(ka)^2]} \tag{4-155}$$

辐射抗为

$$X_s = 2\pi a \rho_0 c_0 \frac{J_0(ka)J_1(ka) + N_0(ka)N_1(ka)}{[J_1(ka)^2 + N_1(ka)^2]}$$

$$= S_1 \rho_0 c_0 \frac{J_0(ka)J_1(ka) + N_0(ka)N_1(ka)}{[J_1(ka)^2 + N_1(ka)^2]} \tag{4-156}$$

伴振质量为

$$M_s = \frac{X_s}{\omega} = 2\pi a \rho_0 c_0 \frac{J_0(ka)J_1(ka) + N_0(ka)N_1(ka)}{\omega[J_1(ka)^2 + N_1(ka)^2]}$$

$$= S_1 \rho_0 c_0 \frac{J_0(ka)J_1(ka) + N_0(ka)N_1(ka)}{\omega[J_1(ka)^2 + N_1(ka)^2]} \tag{4-157}$$

式中,$S_1 = 2\pi a$ 为脉动柱面单位长度的表面积。

单位长度均匀脉动柱面的等效机电类比电路如图 4-16 所示。

从式(4-155)和式(4-156)看出,均匀脉动柱面辐射器的辐射阻和辐射抗与 ka 值有关,它们随 ka 的变化关系曲线如图 4-17 所示,图中给出的是无因次量 $R_s/\rho_0 c_0 S_1$ 和 $X_s/\rho_0 c_0 S_1$ 随 $ka = 2\pi \dfrac{a}{\lambda}$ 变化曲线图。

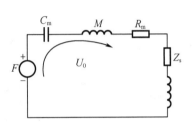

图 4-16 单位长度均匀脉动柱面的等效机电类比电路

从图 4-17 和式(4-155)、式(4-156)可以看出,均匀脉动柱面辐射器的辐射阻抗在高频和低频辐射时,呈现不同特性。

对均匀脉动柱面辐射源高频辐射和低频辐射两种极限情况讨论。

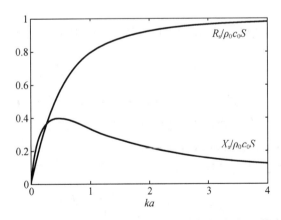

图 4-17 单位长度均匀脉动柱面的辐射阻和辐射抗随 ka 的变化曲线

1. 低频辐射情况,$a \ll \lambda$,细柱辐射时($ka \ll 1$)

利用贝塞尔函数的奇异性展开(变量 $z \to 0$ 的函数近似式)得

$$J_0(z)\mid_{z\to 0} \approx 1, J_1(z)\mid_{z\to 0} \approx \frac{z}{2}$$

$$N_0(z)\big|_{z\to 0} \approx \frac{2}{\pi}\ln z, N_1(z)\big|_{z\to 0} \approx -\frac{2}{\pi z}$$

将上面的近似式代入辐射阻抗表达式中，可得脉动柱单位长度辐射阻为

$$R_s \approx \rho_0 c_0 S_1 \frac{\dfrac{2}{\pi ka}}{\dfrac{4}{\pi^2(ka)^2}} = \rho_0 c_0 S_1 \frac{\pi ka}{2} = \frac{\pi \rho_0 S_1^2 f}{2} \tag{4-158}$$

辐射抗为

$$X_s \approx \rho_0 c_0 S_1 \frac{-\dfrac{4\ln(ka)}{\pi^2 ka}}{\dfrac{4}{\pi^2(ka)^2}} = \rho_0 c_0 S_1 ka\ln\left(\frac{1}{ka}\right) \tag{4-159}$$

共振质量为

$$M_s = \frac{X_s}{\omega} \approx \frac{\rho_0 c_0 s_1 \dfrac{\omega}{c} a\ln\left(\dfrac{1}{ka}\right)}{\omega} = \rho_0 a s_1 \ln\left(\frac{1}{ka}\right)$$

$$= \left[2\ln\left(\frac{1}{ka}\right)\right] M_{01} = M_{01}\left\{\ln\left[\frac{1}{(ka)^2}\right]\right\} \tag{4-160}$$

式中，$\ln\left[\dfrac{1}{(ka)^2}\right]$ 是大于零的无因次量。$M_{01}=\rho_0\pi a^2$ 单位长度柱所排开介质的体积。

由以上计算结果可知，在低频辐射时，辐射声阻数值很小（$ka\ll 1$），并且 R_s 和单位长度柱面面积成正比，和频率的一次方成正比；共振质量在低频段不是常数，它随 ka 增大而减小，频率越低其值越大。

由脉动柱单位长度辐射阻可计算脉动柱单位长度辐射声功率为

$$W_a = \frac{v_0^2}{2}R_s = \frac{\pi\rho_0 s_1^2 f}{4}v_0^2 = \rho_0\pi^3 a^2 f v_0^2 \tag{4-161}$$

利用声场中柱面上声波强度对整个柱面积分也可得到式（4-161）同样的结果，从式（4-161）可知，脉动柱单位长度辐射声功率和频率的一次方成正比。

2. 高频辐射情况 $a\gg\lambda$，粗柱辐射时（$ka\gg 1$）

利用贝塞尔函数的奇异性展开（变量 $z\to\infty$ 的函数近似式）得

$$J_0(z)\big|_{z\to\infty} \approx \sqrt{\frac{2}{\pi z}}\cos\left(z-\frac{\pi}{4}\right)$$

$$J_1(z)\big|_{z\to\infty} \approx \sqrt{\frac{2}{\pi z}}\cos\left(z-\frac{3\pi}{4}\right)$$

$$N_0(z)\big|_{z\to\infty} \approx \sqrt{\frac{2}{\pi z}}\sin\left(z-\frac{\pi}{4}\right)$$

$$N_1(z)\big|_{z\to\infty} \approx \sqrt{\frac{2}{\pi z}}\sin\left(z-\frac{3\pi}{4}\right)$$

将上面的近似式代入辐射阻抗表达式中,可得

辐射阻为

$$R_s \approx \rho_0 c_0 S_1 \qquad (4-162)$$

辐射抗为

$$X_s \approx 0 \qquad (4-163)$$

共振质量为

$$M_s \approx 0 \qquad (4-164)$$

从以上计算结果可以看出,高频辐射时,柱面辐射与平面波辐射性质类似。这时辐射器受到介质反作用纯属有功阻力,这个结论和前面脉动球面高频辐射情况的结论相同。事实上,任何振速均匀分布的曲面发射器,高频发射时的辐射声阻皆接近于平面波声阻和发射面积的相乘积,究其原因是任何曲面作高频振动时,声波波长比曲面的曲率半径小很多,而其周期很短,以致由它推动的邻近介质的质点来不及扩散,于是发射面附近介质的压缩和伸张与平面压缩伸张情况类似。所以介质反作用力接近纯有功阻力。

高频发射时,均匀脉动柱面声源,单位长度的辐射声功率为

$$W_a = \frac{v_0^2}{2} R_s = \frac{v_0^2}{2} \rho_0 c_0 S_1 \qquad (4-165)$$

高频时,均匀脉动柱面声源单位长度的辐射声功率是一个常数,和柱面表面积成正比,而和频率无关。

4.7　亥姆霍兹积分公式

前面求解脉动球、摆动球和脉动柱辐射声场采用的是分离变数法解波动方程的方法,分离变数法要求辐射面规则。如果辐射面不规则,可采用亥姆霍兹积分公式方法求解,亥姆霍兹积分公式是采用积分公式计算声场。已知空间某一封闭曲面上速度势 Φ_s 和它的法向导数 $\left(\frac{\partial \Phi}{\partial n}\right)_s$ 的函数值,则空间任一点的速度势 Φ_M 就可以根据已知函数 Φ_s 和 $\left(\frac{\partial \Phi}{\partial n}\right)_s$ 的面积分求出,因此亥姆霍兹积分公式是用声场边值表示声场的积分形式解,此公式限于稳态单频波动情况,而柯西霍夫公式则推广应用于非稳定的波动问题。亥姆霍兹积分公式在声学中应用很广。

下面分两种情况推导亥姆霍兹积分公式。

(1)令 S 是声场中的闭曲面,假设声源都位于闭曲面 S 以外,如图 4-18 所示,则可求解 S 闭曲面内部的声场。由第 3 章中知道,在无源区,即 S 的内部 V 中,理想流体介质中的小振幅波的速度势函数 $\Phi(r,t)$ 满足波动方程

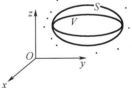

图 4-18　推导亥姆霍兹
积分公式用图
(声源在闭曲面 S 以外)

$$\nabla^2 \Phi(r,t) - \frac{1}{c^2} \frac{\partial^2 \Phi(r,t)}{\partial t^2} = 0; r \in V \qquad (4-166)$$

对于稳态谐和波场，速度势函数可表示为 $\Phi(r,t)=\Phi(r)e^{j\omega t}$，代入式（4-166）中得速度势函数的亥姆霍兹积分方程

$$\nabla^2\Phi(r) + k^2\Phi(r) = 0; r \in V,\text{其中}, k = \omega/c$$

$$(4-167)$$

式中，$\Phi(r)$ 为速度势函数的空间分布函数，它在 S 的内部满足 H-方程。

取辅助函数 $\Psi(r)$，令其也满足 H-方程

$$\nabla^2\Psi(r) + k^2\Psi(r) = 0; r \in V,\text{其中}, k = \omega/c \qquad (4-168)$$

设在闭曲面 S 所包围的空间区域 V 中，函数 Φ 和 Ψ 在 V 中和 S 上都有一阶和二阶连续有界偏导数。则有

$$\Phi(r) \nabla^2\Psi(r) - \Psi(r) \nabla^2\Phi(r) = 0$$

得

$$\nabla \cdot [\Phi(r) \nabla\Psi(r) - \Psi(r) \nabla\Phi(r)] = 0$$

上式在 V 内处处成立，做体积分，得

$$\iiint_V \nabla \cdot [\Phi(r) \nabla\Psi(r) - \Psi(r) \nabla\Phi(r)]\mathrm{d}v = 0$$

根据奥-高公式：$\iiint_V \nabla \cdot A\mathrm{d}v = \oiint_S A \cdot \mathrm{d}s$ 得

$$\oiint_S [\Phi(r) \nabla\Psi(r) - \Psi(r) \nabla\Phi(r)] \cdot \mathrm{d}s = 0$$

又因为

$$\nabla\Phi(r) \cdot \mathrm{d}s = \nabla\Phi(r) \cdot n\mathrm{d}s = \frac{\partial\Phi(r)}{\partial n}\mathrm{d}s$$

$$\nabla\Psi(r) \cdot \mathrm{d}s = \nabla\Psi(r) \cdot n\mathrm{d}s = \frac{\partial\Psi(r)}{\partial n}\mathrm{d}s$$

所以

$$\oiint_S \left[\Phi(r) \frac{\partial\Psi(r)}{\partial n} - \Psi(r) \frac{\partial\Phi(r)}{\partial n}\right]\mathrm{d}s = 0 \qquad (4-169)$$

这里 $\frac{\partial}{\partial n}$ 是表示沿 S 面外法线方向的偏导数（所谓外法线是指法线引向函数 Φ 和 Ψ 有定义的体积的外部）。

如取辅助函数 $\Psi=e^{-jkr}/r$，这里 r 是空间一定点 o 算起的距离。o 点实际上是观察点。辅助函数之所以这样取，是考虑到界面单位长度的波源对 o 点产生的影响为 $\Psi e^{j\omega t} = e^{j(\omega t-kr)}/r$，沿面积分是指界面上元波的扰动在 o 点影响的叠加。

显然，这时 $\Psi=e^{-jkr}/r$ 函数除 $r=0$ 点有奇点外，其他地方皆满足假设条件和波动方程。因此当 o 点在 S 之外，而 Φ 的奇异点也皆在 S 之外。

辅助函数 $\Psi(r)$ 为空间点 M 处的点声源辐射场，有

$$\Psi(r) = \frac{e^{-jk|r-r_M|}}{|r - r_M|} = \frac{e^{-jkr_{rM}}}{r_{rM}}$$

其中，$r_{rM} = |\boldsymbol{r} - \boldsymbol{r}_M|$，如图 4-19 所示。显然，此函数在 $\boldsymbol{r} \neq \boldsymbol{r}_M$ 处满足 H-方程。

若在以 S 为边界的 V 内 $\boldsymbol{\varPhi}(\boldsymbol{r})$，$\boldsymbol{\varPsi}(\boldsymbol{r})$ 满足 H-方程，则由式(4-169)得

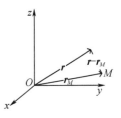

图 4-19 坐标关系

$$\oiint_S \left[\boldsymbol{\varPhi}(\boldsymbol{r}) \frac{\partial \boldsymbol{\varPsi}(\boldsymbol{r})}{\partial n} - \boldsymbol{\varPsi}(\boldsymbol{r}) \frac{\partial \boldsymbol{\varPhi}(\boldsymbol{r})}{\partial n} \right] \mathrm{d}s = 0$$

所以，当 $\boldsymbol{r}_M \notin V$（$M$ 点在 V 外），有

$$\oiint_S \left[\boldsymbol{\varPhi}(\boldsymbol{r}_s) \frac{\partial}{\partial n}\left(\frac{\mathrm{e}^{-jkr_{sM}}}{r_{sM}} \right) - \frac{\mathrm{e}^{-jkr_{sM}}}{r_{sM}} \frac{\partial}{\partial n} \boldsymbol{\varPhi}(\boldsymbol{r}_s) \right] \mathrm{d}s = 0 \quad \boldsymbol{r}_M \notin V \qquad (4\text{-}170)$$

式中，$r_{sM} = |\boldsymbol{r}_s - \boldsymbol{r}_M|$，如图 4-20 所示。

下面进一步分析，$\boldsymbol{r}_M \in V$ 时（M 点在 V 内）式(4-170)的积分：$\boldsymbol{r}_M \in V$ 时（M 点在 V 内）函数。

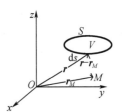

图 4-20 坐标关系

$$\boldsymbol{\varPsi}(\boldsymbol{r}) = \frac{\mathrm{e}^{-jk|\boldsymbol{r} - \boldsymbol{r}_M|}}{|\boldsymbol{r} - \boldsymbol{r}_M|} = \frac{\mathrm{e}^{-jkr_{rM}}}{r_{rM}} \qquad (4\text{-}171)$$

在 V 内的 M 点出现奇点（图 4-21），不满足 H-方程；如何做积分？在 V 内取以 M 点为球心半径为 δ 的小球面 ε_δ，则在 S 与 ε_δ 之间的区域 V' 内 $\dfrac{\mathrm{e}^{-jkr_{rM}}}{r_{rM}}$ 与 $\boldsymbol{\varPhi}(\boldsymbol{r})$ 满足 H-方程。

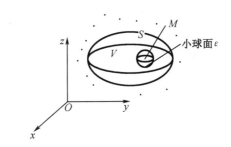

图 4-21 源包含在 S 面外的亥姆霍兹积分面的取法

（M 点在 V 内）所以，根据式(4-170)，有

$$\oiint_{S'} \left[\boldsymbol{\varPhi}(\boldsymbol{r}_s) \frac{\partial}{\partial n}\left(\frac{\mathrm{e}^{-jkr_{sM}}}{r_{sM}} \right) - \frac{\mathrm{e}^{-jkr_{sM}}}{r_{sM}} \frac{\partial}{\partial n} \boldsymbol{\varPhi}(\boldsymbol{r}_s) \right] \mathrm{d}s = 0 \quad \boldsymbol{r}_M \notin V' \qquad (4\text{-}172)$$

式中，$r_{sM} = |\boldsymbol{r}_s - \boldsymbol{r}_M|$；$S' = S + $ 小球面 ε_δ；n 为 S' 的外法线，得

$$\oiint_{S'} = \oiint_S + \oiint_{\varepsilon_\delta} = 0 \quad \Rightarrow \oiint_S = -\oiint_{\varepsilon_\delta}$$

又因为，小球面 ε_δ 是以 M 点为球心半径为 δ 的球面，所以

$$\oiint_{\varepsilon_\delta} \left[\boldsymbol{\varPhi}(\boldsymbol{r}_s) \frac{\partial}{\partial n}\left(\frac{\mathrm{e}^{-jkr_{sM}}}{r_{sM}} \right) - \frac{\mathrm{e}^{-jkr_{sM}}}{r_{sM}} \frac{\partial}{\partial n} \boldsymbol{\varPhi}(\boldsymbol{r}_s) \right] \mathrm{d}s$$

$$= -\int_0^{2\pi} \int_0^\pi \left[\boldsymbol{\varPhi}(\boldsymbol{r}_s) \frac{\partial}{\partial r}\left(\frac{\mathrm{e}^{-jkr}}{r} \right) - \frac{\mathrm{e}^{-jkr}}{r} \frac{\partial}{\partial r} \boldsymbol{\varPhi}(\boldsymbol{r}_s) \right] r^2 \Big|_{r=\delta} \sin\theta \mathrm{d}\theta \mathrm{d}\varphi$$

式中，$r = |\boldsymbol{r}| = |\boldsymbol{r}_s - \boldsymbol{r}_M|$；$\boldsymbol{r}_s = \boldsymbol{r} + \boldsymbol{r}_M$；$\dfrac{\partial}{\partial n} = -\dfrac{\partial}{\partial r}$（图4-22）。

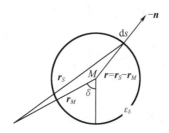

图4-22　挖去观测点的示意图

得

$$\oiint_{\varepsilon_\delta} = -\int_0^{2\pi}\int_0^\pi \left[\Phi(\boldsymbol{r}_s)\frac{\partial}{\partial r}\left(\frac{\mathrm{e}^{-jkr}}{r}\right) - \frac{\mathrm{e}^{-jkr}}{r}\frac{\partial}{\partial r}\Phi(\boldsymbol{r}_s) \right]r^2 \bigg|_{r=\delta} \sin\theta\,\mathrm{d}\theta\,\mathrm{d}\varphi$$

$$= -\int_0^{2\pi}\int_0^\pi \left[\Phi(\boldsymbol{r}_s)\frac{\mathrm{e}^{-jkr}}{r}\left(-jk-\frac{1}{r}\right) - \frac{\mathrm{e}^{-jkr}}{r}\frac{\partial}{\partial r}\Phi(\boldsymbol{r}_s) \right]r^2 \bigg|_{r=\delta} \sin\theta\,\mathrm{d}\theta\,\mathrm{d}\varphi$$

$$= -\int_0^{2\pi}\int_0^\pi \left[-\Phi(\boldsymbol{r}_s)\mathrm{e}^{-jkr} - r\left(\frac{\partial}{\partial r}\Phi(\boldsymbol{r}_s)+jk\Phi(\boldsymbol{r}_s)\right)\mathrm{e}^{-jkr} \right]\bigg|_{r=\delta} \sin\theta\,\mathrm{d}\theta\,\mathrm{d}\varphi$$

又，令 $\delta \to 0$，有 $\boldsymbol{r}_s \to \boldsymbol{r}_M$，则

$$\lim_{\delta\to 0}\oiint_{\varepsilon_\delta} = \lim_{\delta\to 0}(-)\int_0^{2\pi}\int_0^\pi \left\{ -\Phi(\boldsymbol{r}_s)\mathrm{e}^{-jkr} - r\left[\frac{\partial}{\partial r}\Phi(\boldsymbol{r}_s)+jk\Phi(\boldsymbol{r}_s)\right]\mathrm{e}^{-jkr} \right\}\bigg|_{r=\delta} \sin\theta\,\mathrm{d}\theta\,\mathrm{d}\varphi$$

$$= \lim_{\delta\to 0} -\int_0^{2\pi}\int_0^\pi \left\{ -\Phi(\boldsymbol{r}_M)\mathrm{e}^{-jk\delta} - \delta\left[\frac{\partial}{\partial r}\Phi(\boldsymbol{r}_M)+jk\Phi(\boldsymbol{r}_M)\right]\mathrm{e}^{-jk\delta} \right\} \sin\theta\,\mathrm{d}\theta\,\mathrm{d}\varphi$$

$$= 4\pi\Phi(\boldsymbol{r}_M)$$

所以

$$\oiint_{S} = -\oiint_{\varepsilon_\delta} = -\lim_{\delta\to 0}\oiint_{\varepsilon_\delta} = -4\pi\Phi(\boldsymbol{r}_M)$$

亦当 $\boldsymbol{r}_M \in V$ 时（M 点在 V 内），有下式成立：

$$\oiint_S \left[\Phi(\boldsymbol{r}_s)\frac{\partial}{\partial n}\left(\frac{\mathrm{e}^{-jkr_{sM}}}{r_{sM}}\right) - \frac{\mathrm{e}^{-jkr_{sM}}}{r_{sM}}\frac{\partial}{\partial n}\Phi(\boldsymbol{r}_s) \right]\mathrm{d}s = -4\pi\Phi(\boldsymbol{r}_M)\,;\boldsymbol{r}_M \in V \qquad (4\text{-}173)$$

式中，$r_{sM} = |\boldsymbol{r}_s - \boldsymbol{r}_M|$；如图4-23所示。

综上，得结论1：

如果 S 是声场中的闭曲面，所围区域为 S，在 V 中速度势函数 $\Phi(\boldsymbol{r})$ 满足 H-方程：

$$\nabla^2\Phi(\boldsymbol{r}) + k^2\Phi(\boldsymbol{r}) = 0\,;\quad \boldsymbol{r} \in V，其中，k = \omega/c；$$

则有 H-积分公式：

$$\oiint_S \left[\Phi(\boldsymbol{r}_s)\frac{\partial}{\partial n}\left(\frac{\mathrm{e}^{-jkr_{sM}}}{r_{sM}}\right) - \frac{\mathrm{e}^{-jkr_{sM}}}{r_{sM}}\frac{\partial}{\partial n}\Phi(\boldsymbol{r}_s) \right]\mathrm{d}s$$

$$= \begin{cases} -4\pi\Phi(\boldsymbol{r}_M)\,; & \boldsymbol{r}_M \in V \\ 0\,; & \boldsymbol{r}_M \notin V \end{cases} \qquad (4\text{-}174)$$

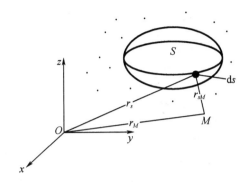

图4-23 源包含在 S 面外的亥姆霍兹积分面的取法

式中，n 为 V 边界面 S 的外法线。

(2) 令 S 是声场中的闭曲面，假设声源都位于闭曲面 S 以内，求 S 的外部声场，如图4-24和图4-25所示；S 外的速度势函数 $\Phi(\boldsymbol{r})$ 满足 H-方程和无穷远条件：

$$\begin{cases} \nabla^2\Phi(\boldsymbol{r}) + k^2\Phi(\boldsymbol{r}) = 0; \boldsymbol{r} \notin V,\text{其中}, k = \omega/c \\ \Phi(\boldsymbol{r})\big|_{r\to\infty} \text{满足无穷远辐射条件} \end{cases}$$

如何获得此条件下的 H-积分公式？取球心为 M 点，半径为 R 的大球面 Σ_R，包围 V；在 S 与大球面 Σ_R 之间的区域 V'，利用结论1；得

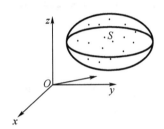

图4-24 源包含在 S 面内的示意图

$S+\Sigma_R$ 是声场中的闭曲面，所围区域为 V'，在 V' 中速度势函数 $\Phi(\boldsymbol{r})$ 满足 H-方程；由 H-积分公式(4-174)有

$$\oiint_{S+\Sigma_R}\left[\Phi(\boldsymbol{r}_s)\frac{\partial}{\partial n'}\left(\frac{\mathrm{e}^{-jkr_{sM}}}{r_{sM}}\right) - \frac{\mathrm{e}^{-jkr_{sM}}}{r_{sM}}\frac{\partial}{\partial n'}\Phi(\boldsymbol{r}_s)\right]\mathrm{d}s$$

$$= \begin{cases} -4\pi\Phi(\boldsymbol{r}_M); & \boldsymbol{r}_M \in V' \\ 0; & \boldsymbol{r}_M \notin V' \end{cases} \tag{4-175}$$

式中，n' 为 V' 边界面的外法线。

因为 $\oiint\limits_{S+\Sigma_R} = \oiint\limits_{S} + \oiint\limits_{\Sigma_R}$，问题 $\oiint\limits_{\Sigma_R} = ?$ 下面计算 $\oiint\limits_{\Sigma_R}$：

因为，大球面 Σ_R 是以 M 点为球心半径为 R 的球面(图4-25)，所以有

$$\oiint_{\Sigma_R}\left[\Phi(\boldsymbol{r}_s)\frac{\partial}{\partial n'}\left(\frac{\mathrm{e}^{-jkr_{sM}}}{r_{sM}}\right) - \frac{\mathrm{e}^{-jkr_{sM}}}{r_{sM}}\frac{\partial}{\partial n'}\Phi(\boldsymbol{r}_s)\right]\mathrm{d}s$$

$$= \int_0^{2\pi}\int_0^{\pi}\left[\Phi(\boldsymbol{r}_s)\frac{\partial}{\partial r}\left(\frac{\mathrm{e}^{-jkr}}{r}\right) - \frac{\mathrm{e}^{-jkr}}{r}\frac{\partial}{\partial r}\Phi(\boldsymbol{r}_s)\right]r^2\bigg|_{r=R}\sin\theta\mathrm{d}\theta\mathrm{d}\varphi$$

式中，$r = |\boldsymbol{r}| = |\boldsymbol{r}_s - \boldsymbol{r}_M|$；$\boldsymbol{r}_s = \boldsymbol{r} + \boldsymbol{r}_M$。

$\dfrac{\partial}{\partial n} = \dfrac{\partial}{\partial r}$（图4-26）。

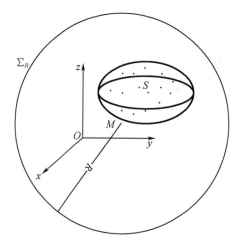

图 4-25　源包含在 S 面外时无穷远积分面的选取

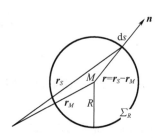

图 4-26　无穷远大圆面积分
示意图

得

$$\oiint_{\Sigma_R} = \int_0^{2\pi}\int_0^{\pi}\left[\varPhi(\boldsymbol{r}_s)\frac{\partial}{\partial r}\left(\frac{\mathrm{e}^{-\mathrm{j}kr}}{r}\right) - \frac{\mathrm{e}^{-\mathrm{j}kr}}{r}\frac{\partial}{\partial r}\varPhi(\boldsymbol{r}_s)\right]r^2\bigg|_{r=R}\sin\theta\mathrm{d}\theta\mathrm{d}\varphi$$

$$= \int_0^{2\pi}\int_0^{\pi}\left[\varPhi(\boldsymbol{r}_s)\frac{\mathrm{e}^{-\mathrm{j}kr}}{r}\left(-\mathrm{j}k-\frac{1}{r}\right) - \frac{\mathrm{e}^{-\mathrm{j}kr}}{r}\frac{\partial}{\partial r}\varPhi(\boldsymbol{r}_s)\right]r^2\bigg|_{r=R}\sin\theta\mathrm{d}\theta\mathrm{d}\varphi$$

$$= \int_0^{2\pi}\int_0^{\pi}\left[-\varPhi(\boldsymbol{r}_s)\mathrm{e}^{-\mathrm{j}kr} - r\left(\frac{\partial}{\partial r}\varPhi(\boldsymbol{r}_s) + \mathrm{j}k\varPhi(\boldsymbol{r}_s)\right)\mathrm{e}^{-\mathrm{j}kr}\right]\bigg|_{r=R}\sin\theta\mathrm{d}\theta\mathrm{d}\varphi$$

又，令 $R\rightarrow\infty$，利用声场速度势函数 $\varPhi(\boldsymbol{r}_s)$ 无穷远条件的下面表达形式：

$\varPhi(\boldsymbol{r})$ 满足无穷远条件，是指：

（1）$\lim\limits_{R\rightarrow\infty}|R\varPhi(R)|<c$——常数　（有限值条件）

$\Rightarrow\lim\limits_{R\rightarrow\infty}\int_0^{2\pi}\int_0^{\pi}\mathrm{e}^{-\mathrm{j}kR}\varPhi(R)\sin\theta\mathrm{d}\theta\mathrm{d}\varphi\rightarrow0$

（2）$\lim\limits_{R\rightarrow\infty}R\left(\dfrac{\partial\varPhi(\boldsymbol{r})}{\partial r}+\mathrm{j}k\varPhi(\boldsymbol{r})\right)_{r=R}\rightarrow0$　（辐射条件）

$\Rightarrow\lim\limits_{R\rightarrow\infty}\int_0^{2\pi}\int_0^{\pi}\mathrm{e}^{-\mathrm{j}kR}\left(\dfrac{\partial\varPhi(\boldsymbol{r})}{\partial r}+\mathrm{j}k\varPhi(\boldsymbol{r})\right)_{r=R}R\sin\theta\mathrm{d}\theta\mathrm{d}\varphi\rightarrow0$

$\begin{cases}(1)\\(2)\end{cases}$ 是无穷远声场的"熄灭条件"（也称作"索末菲远场条件"）。

又因为 $\boldsymbol{r}_s=\boldsymbol{r}+\boldsymbol{r}_M$，所以

$$\lim\limits_{R\rightarrow\infty}\varPhi(\boldsymbol{r}_s)\big|_{r=R} = \lim\limits_{R\rightarrow\infty}\varPhi(\boldsymbol{r})\big|_{r=R}, \lim\limits_{R\rightarrow\infty}\frac{\partial\varPhi(\boldsymbol{r}_s)}{\partial r}\bigg|_{r=R} = \lim\limits_{R\rightarrow\infty}\frac{\partial\varPhi(\boldsymbol{r})}{\partial r}\bigg|_{r=R}$$

所以

$$\lim\limits_{R\rightarrow\infty}\oiint_{\Sigma_R}\rightarrow0$$

得

$$\lim_{R \to \infty} \oiint_{S + \Sigma_R} = \oiint_{S} + \oiint_{\Sigma_R}$$

$$= \oiint_{S} \left[\Phi(\boldsymbol{r}_s) \frac{\partial}{\partial n'} \left(\frac{\mathrm{e}^{-\mathrm{j}kr_{sM}}}{r_{sM}} \right) - \frac{\mathrm{e}^{-\mathrm{j}kr_{sM}}}{r_{sM}} \frac{\partial}{\partial n'} \Phi(\boldsymbol{r}_s) \right] \mathrm{d}s$$

$$= \begin{cases} -4\pi \Phi(\boldsymbol{r}_M); & \boldsymbol{r}_M \in V' \\ 0; & \boldsymbol{r}_M \notin V' \end{cases}$$

式中,n'为V'边界面的外法线(图4-27)。

亦有

$$\oiint_{S} \left[\Phi(\boldsymbol{r}_s) \frac{\partial}{\partial n} \left(\frac{\mathrm{e}^{-\mathrm{j}kr_{sM}}}{r_{sM}} \right) - \frac{\mathrm{e}^{-\mathrm{j}kr_{sM}}}{r_{sM}} \frac{\partial}{\partial n} \Phi(\boldsymbol{r}_s) \right] \mathrm{d}s = \begin{cases} 4\pi \Phi(\boldsymbol{r}_M); \boldsymbol{r}_M \notin V \\ 0; \boldsymbol{r}_M \in V \end{cases}$$

式中,n为V边界面S的外法线。

因为

$$\frac{\partial}{\partial n} = -\frac{\partial}{\partial n'},$$

$$\boldsymbol{r}_M \notin V = \lim_{R \to \infty} \boldsymbol{r}_M \in V',$$

$$\boldsymbol{r}_M \in V = \lim_{R \to \infty} \boldsymbol{r}_M \notin V'$$

综上,得结论2:

如果S是声场中的闭曲面,所围区域为V,在V外速度势函数$\Phi(\boldsymbol{r})$满足H-方程和无穷远边界条件

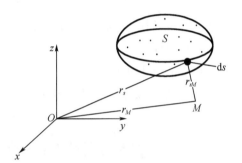

图4-27 源包含在S面内的示意图

$$\begin{cases} \nabla^2 \Phi(\boldsymbol{r}) + k^2 \Phi(\boldsymbol{r}) = 0; \boldsymbol{r} \notin V, \text{其中}, k = \omega/c \\ \Phi(\boldsymbol{r}) \text{ 满足 } \infty \text{ 边界条件} \end{cases}$$

则有H-积分公式:

$$\oiint_{S} \left[\Phi(\boldsymbol{r}_s) \frac{\partial}{\partial n} \left(\frac{\mathrm{e}^{-\mathrm{j}kr_{sM}}}{r_{sM}} \right) - \frac{\mathrm{e}^{-\mathrm{j}kr_{sM}}}{r_{sM}} \frac{\partial}{\partial n} \Phi(\boldsymbol{r}_s) \right] \mathrm{d}s \tag{4-176}$$

式中,n为V边界面S的外法线。

结论1与结论2统一在一起:如果S是声场中的闭曲面,将声场分为无源区和有源区;同时$\Phi(\boldsymbol{r})$满足无穷远边界条件,即

$$\begin{cases} \nabla^2 \Phi(\boldsymbol{r}) + k^2 \Phi(\boldsymbol{r}) = 0; \boldsymbol{r} \notin \text{有源区}, \text{其中}, k = \omega/c_0; \\ \Phi(\boldsymbol{r}) \text{ 满足 } \infty \text{ 边界条件} \end{cases}$$

$$= \begin{cases} 4\pi \Phi(\boldsymbol{r}_M); & \boldsymbol{r}_M \notin V \\ 0; & \boldsymbol{r}_M \in V \end{cases} \tag{4-177}$$

则有H-积分公式:

$$\oiint_{S} \left[\Phi(\boldsymbol{r}_s) \frac{\partial}{\partial n} \left(\frac{\mathrm{e}^{-\mathrm{j}kr_{sM}}}{r_{sM}} \right) - \frac{\mathrm{e}^{-\mathrm{j}kr_{sM}}}{r_{sM}} \frac{\partial}{\partial n} \Phi(\boldsymbol{r}_s) \right] \mathrm{d}s = \begin{cases} 4\pi \Phi(\boldsymbol{r}_M); & \boldsymbol{r}_M \notin \text{有源区} \\ 0; & \boldsymbol{r}_M \in \text{有源区} \end{cases}$$

$$\tag{4-178}$$

式中，n 为边界面 S 由有源区指向无源区的法线；

综上所述，亥姆霍兹积分公式是用数学形式表示的惠更斯原理，说明声场中一点速度势为新波面上次级元波在该点产生的速度势函数的叠加之和，比原始的惠更斯原理更加严密。由于亥姆霍兹积分公式表现为用 φ 和 $\dfrac{\partial\varphi}{\partial n}$ 边界值的面积分来确定声场中任意一点的速度势函数值，因此已知边界质点振速分布和声压的分布值时，就可以用亥姆霍兹积分求出场中任意点的速度势函数值。

关于亥姆霍兹积分公式的物理意义讨论：

H-积分公式：

$$\oiint_S\left[\Phi(\boldsymbol{r}_s)\frac{\partial}{\partial n}\left(\frac{\mathrm{e}^{-jkr_{sM}}}{r_{sM}}\right)-\frac{\mathrm{e}^{-jkr_{sM}}}{r_{sM}}\frac{\partial}{\partial n}\Phi(\boldsymbol{r}_s)\right]\mathrm{d}s=\begin{cases}4\pi\Phi(\boldsymbol{r}_M);&\boldsymbol{r}_M\notin\text{有源区}\\0;&\boldsymbol{r}_M\in\text{有源区}\end{cases}$$

① 可由场的边界值求出场值。（方程+边界条件求场）

② 场值由边界处子声源辐射场叠加构成。（子声源包括两类——点声源和偶极子声源——修正的惠更斯原理）

③ 源可唯一确定场；有限场不能唯一确定源。

4.8　具有无限大刚硬障板的圆面辐射器的声辐射

4.8.1　无限大刚硬障板上辐射器的辐射声场的瑞利公式表示

利用亥姆霍兹积分公式计算无限大刚硬障板的圆面活塞辐射器的声场，首先从亥姆霍兹积分公式出发，推导出瑞利公式：

$$\Phi(\boldsymbol{r})=\mathrm{e}^{j\omega t}\iint_S\frac{v(s)}{2\pi}\frac{\mathrm{e}^{-jkr_{os}}}{r_{os}}\mathrm{d}s \tag{4-179}$$

式中，$v(s)$ 是声源的振速分布；r_{os} 是辐射微元 $\mathrm{d}s$ 到场点的距离；S 是辐射面。如图 4-28 所示，瑞利公式表示的是镶嵌在无限大刚性障板上任意平面声源的辐射声场的计算公式，由瑞利公式知，只要知道 S 平面上振速 $v(s)$ 分布，就可以求出声场速度势函数 $\Phi(\boldsymbol{r})$。以式（4-179）与以前点声源辐射的速度势公式相比较可见，无限大刚硬障板上的平面辐射器向半无限空间辐射声波时，声场中某一点的速度势等于由辐射面上无穷多单元辐射器（单元辐射器的声源强度为 $v(s)\mathrm{d}s$）向半空间（2π 立体角中）辐射，在该点产生的速度

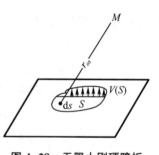

图 4-28　无限大刚硬障板
上平面辐射

势 $\mathrm{d}\Phi(\boldsymbol{r})=\dfrac{v(s)\,\mathrm{d}s}{2\pi r_{os}}\mathrm{e}^{-jkr_{os}}$ 的叠加。即式（4-179）的结论和惠更斯元波叠加的想法是一致的。

所以式（4-179）称为亥姆霍兹-惠更斯积分公式，又称为瑞利公式。

4.8.2 无限大刚硬障板上圆面活塞辐射器的辐射声场

圆面活塞式辐射器是指一个圆形的平面辐射器,辐射面上质点在表面的法线方向做同相等幅振动,振动速度为 $v_0 e^{j\omega t}$,这样一个圆面活塞辐射器镶嵌在一个无限大刚硬障板上,求其向半无限大空间的辐射声场,建立如图 4-29 所示的坐标系。

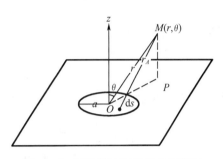

图 4-29 圆面活塞辐射器坐标选取

1. 远场速度势函数

由瑞利公式得到

$$\Phi(\boldsymbol{r}) = e^{j\omega t} \iint_S \frac{v(s)}{2\pi} \frac{e^{-jkr_{os}}}{r_{os}} ds$$

$$= e^{j\omega t} \iint_S \frac{v_0}{2\pi} \frac{e^{-jkr_A}}{r_A} ds$$

式中,S 是半径为 a 的圆面;r_A 为面积微元 ds 到场点 M 的距离,如图 4-29 所示。场点 M 的位置用球坐标变量 (r,θ) 表示,在辐射器振动圆面上取 $(O\text{-}\rho\text{-}\varphi)$ 极坐标,如图 4-30 所示,有 $ds = \rho d\varphi d\rho$,又若,$r \gg a$,有 $r_A \approx r - \rho\cos\varphi\sin\theta$,在被积函数的分母上,取 $r_A \to r$,在被积函数的指数因子中,取 $r_A \to r - \rho\cos\varphi\sin\theta$。得

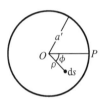

图 4-30 圆面上的极坐标选取

$$\Phi(\boldsymbol{r}) = e^{j\omega t} \iint_S \frac{v_0}{2\pi} \frac{e^{-jkr_A}}{r_A} ds = \frac{v_0}{2\pi} \frac{e^{j(\omega t - kr)}}{r} \int_0^a \int_0^{2\pi} e^{jk\rho\cos\varphi\sin\theta} \rho d\varphi d\rho$$

又因为

$$J_0(x) = \frac{1}{2\pi} \int_0^{2\pi} e^{\pm jx\cos\varphi} d\varphi, \quad xJ_1(x) = \int xJ_0(x) dx$$

所以得

$$\Phi(\boldsymbol{r}) = \frac{v_0}{2\pi} \frac{e^{j(\omega t - kr)}}{r} \int_0^a \int_0^{2\pi} e^{jk\rho\sin\theta\cos\varphi} \rho d\varphi d\rho$$

$$= \frac{v_0}{2\pi} \frac{e^{j(\omega t - kr)}}{r} 2\pi \int_0^a J_0(k\rho\sin\theta) \rho d\rho; \left(\text{因为 } J_0(x) = \frac{1}{2\pi} \int_0^{2\pi} e^{\pm jx\cos\varphi} d\varphi\right)$$

$$= \frac{e^{j(\omega t - kr)} v_0}{r} \int_0^a \frac{J_0(k\rho\sin\theta) k\rho\sin\theta}{(k\sin\theta)^2} dk\rho\sin\theta$$

$$= \frac{e^{j(\omega t - kr)} v_0 J_1(k\rho\sin\theta) k\rho\sin\theta}{r} \left.\frac{}{(k\sin\theta)^2}\right|_{\rho=0}^{\rho=a}; \left(\text{因为 } xJ_1(x) = \int xJ_0(x) dx\right)$$

$$= \frac{e^{j(\omega t - kr)} v_0 a^2}{r} \frac{J_1(ka\sin\theta)}{(ka\sin\theta)}$$

$$= \frac{Q e^{j(\omega t - kr)}}{2\pi r} \frac{2J_1(ka\sin\theta)}{(ka\sin\theta)}; (Q = \pi a^2 v_0)$$

2. 远场声压和指向性函数

因为速度势函数为

$$\Phi(\boldsymbol{r}) = \frac{Q\mathrm{e}^{\mathrm{j}(\omega t - kr)}}{2\pi r} \frac{2\mathrm{J}_1(ka\sin\theta)}{(ka\sin\theta)} (Q = \pi a^2 v_0) \qquad (4-180)$$

所以，远场声压函数为

$$p(\boldsymbol{r}) = \rho_0 \frac{\partial \Phi(\boldsymbol{r})}{\partial t} = \frac{\mathrm{j}\omega\rho_0 Q\mathrm{e}^{\mathrm{j}(\omega t - kr)}}{2\pi r} \frac{2\mathrm{J}_1(ka\sin\theta)}{(ka\sin\theta)} \qquad (4-181)$$

那么，远场指向性函数为

$$D(\theta) = \frac{|\widetilde{\Phi}(r,\theta)|}{|\widetilde{\Phi}(r,\theta=0)|} = \frac{|\widetilde{p}(r,\theta)|}{|\widetilde{p}(r,\theta=0)|} = \left| \frac{2\mathrm{J}_1(ka\sin\theta)}{(ka\sin\theta)} \right| \qquad (4-182)$$

下面分析指向性函数：关于函数 $y = \dfrac{2\mathrm{J}_1(x)}{x}$，$y$ 和 x 的变化关系曲线如图 4-31 所示。

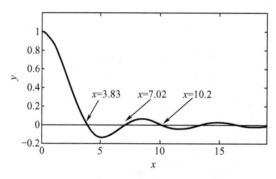

图 4-31 函数 $y = \dfrac{2\mathrm{J}_1(x)}{x}$ 变化关系曲线

从图 4-31 中曲线可以看出，$\dfrac{2\mathrm{J}_1(x)}{x}$ 函数当综量 x 为零时取最大值 1，随着 x 的增加，函数呈振荡衰减趋势，当 $x = 3.83, 7.02, 10.2, \cdots$ 值时，函数 y 出现系列零点。无限大刚硬障板上圆面活塞辐射器的远场指向性函数具有类似性质。

无限大刚硬障板上圆面活塞辐射器的远场指向性函数为 $D(\theta) = \left| \dfrac{2\mathrm{J}_1(ka\sin\theta)}{(ka\sin\theta)} \right|$，极坐标 $O\text{-}r\text{-}\theta$，取 $r = D(\theta)$，$\theta = \theta$ 画出极坐标下的指向性图如图 4-32 所示。这里考虑半空间上圆面活塞辐射器的指向性图，在正前方 $\theta \to 0$，即 $ka\sin\theta \to 0$，取最大值 $D(\theta) \to 1$。又当 $z_0 = ka\sin\theta = 3.83, 7.02, 10.2, \cdots$，所对应的 θ 值，有 $D(\theta) = 0$。根据函数 $\dfrac{2\mathrm{J}_1(x)}{x}$ 的连续性可知，在两个零值之间必有一次极大值，角度增大，次极大的数值减小。图 4-32 中三幅图分别为 $ka = 1, 3, 9$ 时的指向性，对比三种情况，当 $ka = 1$ 时指向性最胖，当 $ka = 3$ 时，指向性变得较尖锐；当 $ka = 9$ 时，指向性最尖锐，且出现旁瓣。

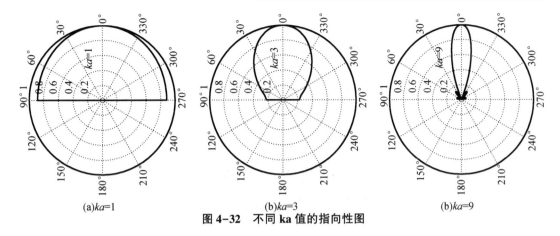

(b)ka=9

图 4-32 不同 ka 值的指向性图

由此得声源指向性的一般规律为:频率一定,声源尺度越大,指向性越"尖";声源尺度一定,频率越高,指向性越"尖"。

3. 远近场区域的轴上声压

如图 4-33 所示为计算无限大刚硬障板上圆面活塞辐射器沿轴上的声场分布示意图。坐标系选取如图 4-33 所示,由瑞利公式得

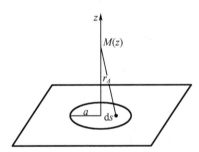

图 4-33 计算无限大刚硬障板上圆面活塞辐射器轴上声场分布示意图

$$\Phi(\boldsymbol{r}) = e^{j\omega t} \iint_S \frac{v(s)}{2\pi} \frac{e^{-jkr_{os}}}{r_{os}} ds = e^{j\omega t} \iint_S \frac{v_0}{2\pi} \frac{e^{-jkr_A}}{r_A} ds \qquad (4-183)$$

式中,S 是半径为 a 的圆面;r_A 为面积微元 ds 到场点 M 的距离。场点在轴上 z 点处,有 $r_A = \sqrt{z^2 + \rho^2}$,所以得

$$
\begin{aligned}
\Phi(z,t) &= e^{j\omega t} \iint_S \frac{v_0}{2\pi} \frac{e^{-jkr_A}}{r_A} ds \\
&= e^{j\omega t} \frac{v_0}{2\pi} \int_0^{2\pi} \int_0^a \frac{e^{-jk\sqrt{z^2+\rho^2}}}{\sqrt{z^2+\rho^2}} \rho \, d\rho \, d\varphi \\
&= e^{j\omega t} \frac{-v_0}{jk} (e^{-jk\sqrt{z^2+a^2}} - e^{-jkz}) \\
&= e^{j\omega t} \frac{jv_0}{k} \left[e^{-j\frac{k}{2}(\sqrt{z^2+a^2}-z)} - e^{j\frac{k}{2}(\sqrt{z^2+a^2}-z)} \right] e^{-j\frac{k}{2}(\sqrt{z^2+a^2}+z)} \\
&= \frac{2v_0}{k} \sin\left[\frac{k}{2}(\sqrt{z^2+a^2} - z) \right] e^{j\left[\omega t - \frac{k}{2}(\sqrt{z^2+a^2}+z)\right]}
\end{aligned}
\qquad (4-184)
$$

则声压函数为

$$p(z,t) = j\omega\rho_0 \Phi(z,t)$$

$$= j\omega\rho_0 \frac{2v_0}{k}\sin\left[\frac{k}{2}(\sqrt{z^2+a^2}-z)\right]e^{j\left[\omega t-\frac{k}{2}(\sqrt{z^2+a^2}+z)\right]} \tag{4-185}$$

这是 z 轴上声压分布未作近似的严格解。式中的 $\sqrt{z^2+a^2}$ 是活塞式辐射器边缘到场点 z 的距离。

分析 z 轴上声压幅值分布函数：$\left|\sin\left[\frac{k}{2}(\sqrt{z^2+a^2}-z)\right]\right|$

（1）z 轴上声压幅值极大值位置 $z=D_n$ 和极小值位置 $z=d_n$

由

$$\frac{k}{2}(\sqrt{z^2+a^2}-z)\bigg|_{z=D_n} = (n+\frac{1}{2})\pi$$

得一系列极大值点。

$$\sqrt{D_n^2+a^2}-D_n = (2n+1)\frac{\lambda}{2};n=0,1,2,\cdots$$

由

$$\frac{k}{2}(\sqrt{z^2+a^2}-z)\bigg|_{z=d_n} = n\pi$$

得一系列极小值点。

$$\sqrt{d_n^2+a^2}-d_n = 2n\frac{\lambda}{2};n=0,1,2,\cdots$$

与用"菲涅尔半波带法"分析结果一致。

（2）z 轴上声压幅值分布函数

$$p_m(z) = \left|\sin\left[\frac{k}{2}(\sqrt{z^2+a^2}-z)\right]\right|,沿 z 轴声压幅值分布图如图 4-34 所示。$$

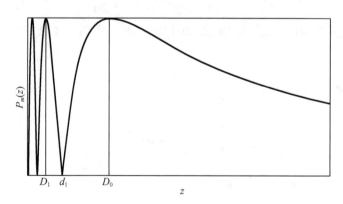

图 4-34 z 轴上声压幅值分布

（3）瑞利距离的概念

距辐射器最远的一个声压幅值极大位置：

$$D_0 = \frac{a^2}{\lambda} - \frac{\lambda}{4}$$

在 $z<D_0$ 的区域,声场幅值沿 z 轴分布有起伏;在 $z>D_0$ 的区域,声场幅值沿 z 轴单调下降;在 $z\gg D_0$ 的区域,声场幅值 $\propto \dfrac{1}{z}$ 规律下降。

定义 4-7(瑞利距离)   如果辐射器表面的最大线度为 d,辐射的声波在介质中的波长为 λ,则称 $R_e = \dfrac{d^2}{\lambda}$ 为该辐射器的瑞利距离,记作 R_e。

辐射器辐射声场的近场区和远场区的概念如下。

一般辐射器,在 $z<R_e$ 的区域,沿声波的传播方向声场幅值分布有起伏,称为近场区,也称"菲涅尔区";在 $z\sim R_e$ 的区域,声场幅值沿 z 轴单调下降,称为过渡区;在 $z\gg R_e$ 的区域,声场幅值 $\propto \dfrac{1}{传播距离}$ 规律下降,称为远场区,也称作"弗朗合菲区"。辐射器的瑞利距离(R_e)是辐射器近场距离的标志。

接近远场区(当 $z>a$),则 $\dfrac{k}{2}(\sqrt{z^2+a^2}-z) \approx \dfrac{ka^2}{4z}$,$\dfrac{k}{2}(\sqrt{z^2+a^2}+z) \approx kz$,代入式(4-185),得声压函数

$$p(z,t) \approx -j\omega\rho_0 \frac{2v_0}{k} \sin\left(\frac{ka^2}{4z}\right) e^{j(\omega t - kz)} \tag{4-186}$$

当 $z>D_0$,式(4-186)幅值按 $\sin\left(\dfrac{ka^2}{4z}\right)$ 规律衰减;当 $z\gg D_0$,$\sin\left(\dfrac{ka^2}{4z}\right)$ 可以展开成级数,保留其前两项,式(4-186)近似表示为

$$p(z,t) \approx -j\omega\rho_0 \frac{2v_0}{k} e^{j(\omega t - kz)} \frac{ka^2}{4z}\left[1 - \frac{1}{6}\left(\frac{ka^2}{4z}\right)^2\right] \tag{4-187}$$

式(4-187)中第一项正是把活塞面元波看作平行声束在轴上叠加的结果,它符合球面波衰减规律。由此可见,按弗朗霍费观点计算的远场声压振幅是按球面波规律传播,而在向远场过渡的区域中,声压近似按时式(4-187)规律传播,因此按弗朗霍费观点计算结果的修正误差近似地等于式(4-187)中方括号中的第二项。法线上声压按弗朗霍费观点计算结果的相对误差近似地等于 Δ。

$$\Delta = \left| \frac{-1}{6}\left(\frac{ka^2}{4z}\right) \right|$$

在声学测量中(如测量辐射器的指向性时)应考虑此误差,虽然在 $z\gg a$ 时,这个误差很小,但在靠近费涅尔衍射区域仍应考虑。

结论 4-4   在辐射器辐射声场的远场区,声压幅值沿径向(r)变化 $\propto \dfrac{1}{r}$,声压幅值沿周向由指向性函数描述。所以,在远场区,声压为

$$p(r,\theta,\varphi,t) = \frac{p_0}{r} D(\theta,\varphi) e^{j(\omega t - kr)} \tag{4-188}$$

结论 4-5 在辐射器辐射声场的近场区,由于声场幅值不均匀(有起伏),辐射器辐射性能的测量一般要求在远大于瑞利距离(R_e)外进行。频率愈高,半径愈大的发射器,近区衍射场愈长,因此按 $\dfrac{1}{r}$ 规律计算声场误差愈大,即在高频声测量时,收发换能器之间距离应安排得更远些。

习　题

1. 已知一半径为 a 的活塞声源镶嵌在无限大刚硬障板上,活塞声源表面的振速分布为 $V = V_0 \left(1 - \dfrac{\rho^2}{a^2} \right)$,求活塞声源辐射声场远场声压分布函数,并分析此活塞声源的指向性。

第5章 声波的散射

5.1 声波的散射过程和定解

5.1.1 散射过程

声波在声场中传播,如果不存在边界或障碍物时,只有入射声波存在。一般情况下,声波在传播的过程中会遇见各种各样的障碍物,声场中有障碍物存在时,会在障碍物上激起次级声波,习惯上称近场为衍射波,远场为散射波,其实,从波动原理来考虑,它们没有区别,一般统称为散射波。当声场中存在散射体时,总的声场为入射波和散射波的叠加,散射波的存在使得原入射波声场的结构发生变化。

近场衍射问题,对由于接收器对声波的散射引起的声场畸变研究有重要意义;远场散射问题,对于利用散射声和回声进行声探测分析有重要意义。本章介绍散射波场的分析方法,着重分析远场散射声波的特点。

5.1.2 散射的定解问题

当入射波遇到散射体产生散射波,入射波和散射波叠加形成总的声场,总的声场要满足散射体表面的各种各样的边界条件,包括刚硬边界、自由边界和阻抗边界等各类型的边界条件。

$p_i(\boldsymbol{r},t)$——无散射体时波场,称作入射波场;

$p_o(\boldsymbol{r},t)$——有散射体时波场,是入射波和散射波的叠加,称作总波场;

$p_s(\boldsymbol{r},t)$——总声场和入射波场的之差,称作散射波场。

总的声波场为入射波和散射波的叠加 $p_o = p_i + p_s$,总的法向振速为 $u_{on} = u_{in} + u_{sn}$。则散射波场为总波场和入射波场的之差。

$$p_s(\boldsymbol{r},t) = p_o(\boldsymbol{r},t) - p_i(\boldsymbol{r},t) \tag{5-1}$$

入射声场满足波动方程

$$\nabla^2 p_i(\boldsymbol{r},t) - \frac{1}{c_0^2} \frac{\partial^2 p_i(\boldsymbol{r},t)}{\partial t^2} = 0 \tag{5-2}$$

总波场也满足波动方程

$$\nabla^2 p_o(\boldsymbol{r},t) - \frac{1}{c_0^2} \frac{\partial^2 p_o(\boldsymbol{r},t)}{\partial t^2} = 0 \quad \boldsymbol{r} \notin S \text{内} \tag{5-3}$$

式中,S 为散射体的表面。式(5-3)和式(5-2)相减有

$$\nabla^2 \left[p_o(\boldsymbol{r},t) - p_i(\boldsymbol{r},t) \right] - \frac{1}{c_0^2} \frac{\partial^2 \left[p_o(\boldsymbol{r},t) - p_i(\boldsymbol{r},t) \right]}{\partial t^2} = 0 \quad \boldsymbol{r} \notin S \text{ 内} \tag{5-4}$$

推得

$$\nabla^2 p_s(\boldsymbol{r},t) - \frac{1}{c_0^2} \frac{\partial^2 p_s(\boldsymbol{r},t)}{\partial t^2} = 0 \quad \boldsymbol{r} \notin S \text{ 内} \tag{5-5}$$

式(5-5)是散射波场的波动方程。

如果入射波为谐和波,则散射波也为谐和波,取时间因子 $e^{j\omega t}$,得散射波场的亥姆霍兹方程

$$\nabla^2 p_s(\boldsymbol{r}) + k^2 p_s(\boldsymbol{r}) = 0 \quad k = \frac{\omega}{c_0} \tag{5-6}$$

如果散射体表面是刚硬表面,满足散射体表面总的法向质点振速为零的边界条件 $u_{on}\big|_S = 0$,即

$$u_{sn}\big|_S = - u_{in}\big|_S \tag{5-7}$$

利用欧拉方程得到刚硬条件的等效边界条件

$$\frac{\partial \widetilde{p}_s(\boldsymbol{r})}{\partial n}\bigg|_S = - \frac{\partial \widetilde{p}_i(\boldsymbol{r})}{\partial n}\bigg|_S \tag{5-8}$$

则散射场的定解问题为

$$\begin{cases} \nabla^2 p_s(\boldsymbol{r}) + k^2 p_s(\boldsymbol{r}) = 0 \quad k = \dfrac{\omega}{c_0} \\[2mm] \dfrac{\partial \widetilde{p}_s(\boldsymbol{r})}{\partial n}\bigg|_S = - \dfrac{\partial \widetilde{p}_i(\boldsymbol{r})}{\partial n}\bigg|_S \\[2mm] p_s(\boldsymbol{r}), \text{满足} \infty \text{ 远辐射条件。} \end{cases} \tag{5-9}$$

如果散射表面是自由边界,满足散射体表面总声压为零的边界条件,则散射场的定解问题为

$$\begin{cases} \nabla^2 p_s(\boldsymbol{r}) + k^2 p_s(\boldsymbol{r}) = 0 \quad k = \dfrac{\omega}{c_0} \\[2mm] \widetilde{p}_s(\boldsymbol{r})\big|_S = - \widetilde{p}_i(\boldsymbol{r})\big|_S \\[2mm] p_s(\boldsymbol{r}), \text{满足} \infty \text{ 远辐射条件。} \end{cases} \tag{5-10}$$

如果散射体表面为阻抗型表面,有

$$\frac{\widetilde{p}_o(\boldsymbol{r})}{\widetilde{u}_{on}(\boldsymbol{r})}\bigg|_S = Z_n(S)$$

式中,$Z_n(S)$ 为散射体表面法向声阻抗率。所以有

$$\frac{\widetilde{p}_i(\boldsymbol{r}) + \widetilde{p}_s(\boldsymbol{r})}{\widetilde{u}_{in}(\boldsymbol{r}) + \widetilde{u}_{sn}(\boldsymbol{r})}\bigg|_S = Z_n(S) \tag{5-11}$$

进一步变换得

$$[\widetilde{p}_s(\boldsymbol{r}) - Z_n(s)\widetilde{u}_{sn}(\boldsymbol{r})]\big|_S = [Z_n(s)\widetilde{u}_{in}(\boldsymbol{r}) - \widetilde{p}_i(\boldsymbol{r})]\big|_S \tag{5-12}$$

因为

$$\rho_0 \frac{\partial \boldsymbol{u}}{\partial t} = -\nabla p \tag{5-13}$$

所以

$$\widetilde{u}_{sn}(\boldsymbol{r}) = \frac{-1}{\mathrm{j}\omega\rho_0} \frac{\partial p_s}{\partial n} \tag{5-14}$$

则阻抗边界条件下散射场的定解问题为

$$\begin{cases} \nabla^2 p_s(\boldsymbol{r}) + k^2 p_s(\boldsymbol{r}) = 0 \quad k = \dfrac{\omega}{c_0} \\[2mm] \left[\widetilde{p}_s(\boldsymbol{r}) + \dfrac{Z_n(s)}{\mathrm{j}\omega\rho_0} \dfrac{\partial \widetilde{p}_s(\boldsymbol{r})}{\partial n}\right]\bigg|_S = [Z_n(s)\widetilde{u}_{in}(\boldsymbol{r}) - \widetilde{p}_i(\boldsymbol{r})]\big|_S \\[2mm] p_s(\boldsymbol{r}),满足 \infty 远辐射条件。 \end{cases} \tag{5-15}$$

可见,散射场与入射场有关,并与入散射体几何形状和表面性质有关。

5.2 圆球的散射

正如前面所指出的,声波在传播过程中常常会遇到各种各样的障碍物,如在水中传播时水中悬浮的气泡、浮游生物、水中的航行体等都会引起声波的散射。不同的障碍物对声波的散射是不一样的,处理散射问题在数学上是比较烦琐的,很难对各种各样具体的障碍物的散射波场进行讨论。事实上,至今能较好地解决的散射问题也仅限于圆球、圆柱和圆盘等散射物体。

5.2.1 刚硬圆球的散射

刚硬物体的散射是相对简单的例子,刚硬物体的表面法向振速为零。由于障碍物的存在,总声场是入射波和散射波的叠加,在求解刚硬物体散射时要求满足总声场在散射体表面任意一点的法向振速为零的边界条件。

在这里首先讨论单频谐和平面波在刚硬圆球上的散射问题,由于研究的是球形物体的散射,建立球坐标系,在解决刚硬圆球散射问题时,把球的散射波看作为不同阶球面波的合成,它们的频率和入射平面波的频率相同。同时把入射的平面波也表示为球面波展开形式,然后使两组球面波的合成波满足球面上径向振速等于零的边界条件,从而可以求解刚硬圆球的散射波场。

1. 刚硬圆球散射声场的声压和质点振速

为使问题简化但不失一般性,让球坐标系原点和刚硬圆球的球心重合,并取 x 与入射平面波的传播方向一致,如图 5-1 所示。

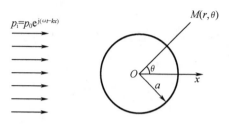

图 5-1　平面波在刚性圆球上的散射

如图 5-1 取坐标,则沿 x 方向传播的入射平面波为

$$p_i(x,t) = p_0 e^{j(\omega t - kx)} = p_0 e^{j(\omega t - kr\cos\theta)} \text{（因为 } x = r\cos\theta\text{）} \tag{5-16}$$

显然,散射波声压 p_s 应满足波动方程式,同时也满足球面上法向振速为零的边界条件 $u_{on}\big|_{r=a} = 0$,即

$$u_{sn}\big|_{r=a} = -u_{in}\big|_{r=a} \tag{5-17}$$

利用欧拉方程得到等效的边界条件

$$\frac{\partial \widetilde{p}_s(\boldsymbol{r})}{\partial n}\bigg|_{r=a} = -\frac{\partial \widetilde{p}_i(\boldsymbol{r})}{\partial n}\bigg|_{r=a} \tag{5-18}$$

因此刚硬球体散射的定解问题可表述为

$$\begin{cases} \nabla^2 p_s(\boldsymbol{r}) + k^2 p_s(\boldsymbol{r}) = 0 \quad k = \dfrac{\omega}{c_0} \\[2mm] \dfrac{\partial \widetilde{p}_s(\boldsymbol{r})}{\partial n}\bigg|_{r=a} = -\dfrac{\partial \widetilde{p}_i(\boldsymbol{r})}{\partial n}\bigg|_{r=a} \\[2mm] p_s(\boldsymbol{r}),\text{满足 } \infty \text{ 远辐射条件}_\circ \end{cases} \tag{5-19}$$

球坐标系下,波动方程的解可以表示成球函数的叠加,按照图 5-1 的坐标选取,我们研究的散射问题关于 x 轴对称,与 φ 无关,因此散射场亥姆霍兹方程的解为

$$p_s(r,\theta) = \sum_{l=0}^{\infty} P_l(\cos\theta)\{a_l h_l^{(2)}(kr) + b_l h_l^{(1)}(kr)\} \tag{5-20}$$

假设刚硬球处于无限大介质中,由无穷远边界条件,得 $b_l = 0$,所以

$$p_s(r,\theta) = \sum_{l=0}^{\infty} a_l h_l^{(2)}(kr) P_l(\cos\theta) \tag{5-21}$$

通过圆球表面边界条件来确定 a_l。

将入射平面波表示为球面波分解形式

$$p_i(r,\theta) = p_0 e^{-jkr\cos\theta} = p_0 \sum_{m=0}^{\infty} (-j)^m (2m+1) j_m(kr) P_m(\cos\theta) \tag{5-22}$$

由此可见,所谓平面波分解的含义是,把空间无限平面上等幅的单频声波变成无穷多不同振幅的各阶同频率球面声波分量的叠加。

求 $p_i(r,\theta)$ 的 r 方向空间导数得

$$\frac{\partial p_i(r,\theta)}{\partial r}\bigg|_{r=a} = p_0 \sum_{m=0}^{\infty} (-j)^m (2m+1) \frac{\partial j_m(kr)}{\partial r}\bigg|_{r=a} P_m(\cos\theta) \tag{5-23}$$

散射波如式(5-21),求 $p_s(r,\theta)$ 的 r 方向空间导数得

$$\frac{\partial p_s(r,\theta)}{\partial r}\bigg|_{r=a} = \sum_{l=0}^{\infty} a_l \frac{\partial h_l^{(2)}(kr)}{\partial r}\bigg|_{r=a} P_l(\cos\theta) \qquad (5-24)$$

将式(5-23)和式(5-24)代入边界条件 $\dfrac{\partial p_s(r,\theta)}{\partial r}\bigg|_{r=a} = -\dfrac{\partial p_i(r,\theta)}{\partial r}\bigg|_{r=a}$ 得

$$\sum_{l=0}^{\infty} a_l \frac{\partial h_l^{(2)}(kr)}{\partial r}\bigg|_{r=a} P_l(\cos\theta) = -p_0 \sum_{m=0}^{\infty}(-j)^m(2m+1)\frac{\partial j_m(kr)}{\partial r}\bigg|_{r=a} P_m(\cos\theta)$$

$$(5-25)$$

此式在 $\theta \in [0,\pi]$ 成立。所以,利用 $\{P_l(\cos\theta)\}$ 的正交完备性,得

$$a_m \frac{\partial h_m^{(2)}(kr)}{\partial r}\bigg|_{r=a} = -(-j)^m(2m+1)p_0 \frac{\partial j_m(kr)}{\partial r}\bigg|_{r=a}$$

所以得

$$a_m = \frac{-(-j)^m(2m+1)\dfrac{\partial j_m(kr)}{\partial r}\bigg|_{r=a}}{\dfrac{\partial h_m^{(2)}(kr)}{\partial r}\bigg|_{r=a}} p_0 \qquad (5-26)$$

将 a_m 代入式(5-21)得到散射波场声压解

$$p_s(r,\theta,t) = \sum_{m=0}^{\infty} a_m h_m^{(2)}(kr) P_m(\cos\theta) e^{j\omega t}$$

$$= p_0 \sum_{m=0}^{\infty} \frac{-(-j)^m(2m+1)\dfrac{\partial j_m(kr)}{\partial r}\bigg|_{r=a}}{\dfrac{\partial h_m^{(2)}(kr)}{\partial r}\bigg|_{r=a}} h_m^{(2)}(kr) P_m(\cos\theta) e^{j\omega t} \qquad (5-27)$$

散射波为各阶轴对称的球面波的叠加,因此它具有轴对称的方向性。散射波的声压幅值与入射波声压幅值成正比。

图 5-2 是根据式(5-27)计算的刚硬圆球的散射声场声压的复包络 $|p_s(r,\theta,t)|$,图 5-3 中是入射声波和散射声波叠加后总声场的复包络 $|p_i(r,\theta,t)+p_s(r,\theta,t)|$,图中 5-3(a)(b)(c)依次为 $ka=1,5,15$ 的计算结果。可以看出,ka 小时散射波很弱,总声场主要是入射波。随着 ka 值的增大,散射波增强,并且呈现复杂的指向性。

下面分析远场散射波场的性质,当 $kr \gg 1$,汉克尔函数可表示为 $h_m^{(2)}(x)\big|_{x\to\infty} = \dfrac{e^{-j\left(x-\frac{m+1}{2}\pi\right)}}{x}$,将其代入散射波远场声压解中得

$$p_s(r,\theta,t) = \sum_{m=0}^{\infty} a_m h_m^{(2)}(kr) P_m(\cos\theta)$$

$$= -p_0 \frac{e^{j(\omega t - kr)}}{kr} \sum_{m=0}^{\infty} a_m' e^{\frac{j\frac{m+1}{2}\pi}{}} P_m(\cos\theta)$$

$$= -p_0 a \frac{e^{j(\omega t - kr)}}{r} R(\theta) \qquad (5-28)$$

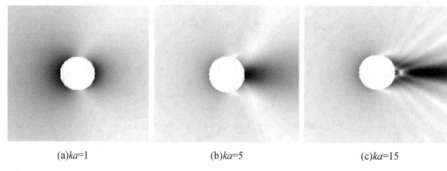

(a)$ka=1$ (b)$ka=5$ (c)$ka=15$

图 5-2　刚硬圆球的散射声场

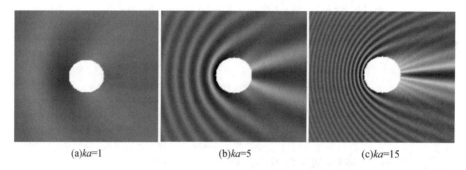

(a)$ka=1$ (b)$ka=5$ (c)$ka=15$

图 5-3　刚硬圆球的散射声场和入射波声场的叠加

其中

$$\left.\begin{array}{l} R(\theta) = \dfrac{1}{ka} \displaystyle\sum_{m=0}^{\infty} a'_m \mathrm{e}^{\mathrm{j}\frac{m+1}{2}\pi} \mathrm{P}_m(\cos\theta) \\[4mm] a'_m = -\dfrac{a_m}{p_0} = \dfrac{(-\mathrm{j})^m (2m+1) \dfrac{\partial \mathrm{j}_m(kr)}{\partial r}\bigg|_{r=a}}{\dfrac{\partial \mathrm{h}_m^{(2)}(kr)}{\partial r}\bigg|_{r=a}} \end{array}\right\} \tag{5-29}$$

$|R(\theta)|$ 为散射声场的指向性函数。

式(5-29)给出圆球散射远场声压的指向性函数,当 ka 改变时,a_m 或 a'_m 的数值改变,即各阶散射波分量的振幅和各阶波的能量分配随 ka 而变,因此散射波的方向特性也随 ka 而变,图 5-4 是 ka 取不同值时,根据式(5-29)计算的刚硬圆球散射波远场声压的指向性 $|R(\theta)|$ 曲线,曲线对最大值进行归一化。图 5-4 中从左至右依次是 ka 为 1,5 和 15。当 ka 值较小,即在频率比较低、圆球比较小时,散射主要在圆球面向声源的一侧,并且面向声源一侧散射比较均匀,在背着声波入射方向小球后面的散射声很弱,即几乎全部保留原来自由场,表现声波对小球的绕射现象。随着 ka 值的增大,即频率增高、圆球变大时,圆球背部散射波逐渐增强,与入射声波产生干涉,开始在球背面出现声阴影区,ka 值很大时,背面散射波甚强,它们的振动相位和入射波相反,结果在球的背面形成明显的几何阴影,并且在 ka 值增高时,指向性曲线开始出现花瓣,并且 ka 值越大花瓣愈多。

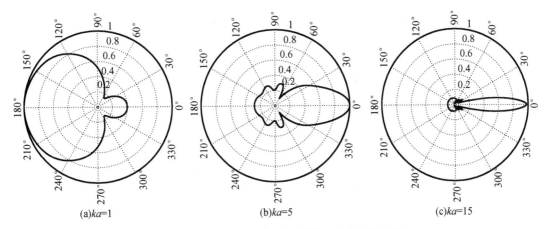

(a)$ka=1$ (b)$ka=5$ (c)$ka=15$

图 5-4　不同 ka 值刚硬圆球散射的远场声压指向性

散射波远场径向质点振速为

$$u_{sr}(r,\theta,t)_{kr\gg1} = -\frac{1}{j\omega\rho_0} \cdot \frac{\partial p_s}{\partial(r)}$$

$$= \frac{p_0 e^{j(\omega t-kr)}}{j\omega k\rho_0}\left(\frac{-jk}{r}-\frac{1}{r^2}\right)\sum_{m=0}^{\infty}a'_m e^{j\frac{m+1}{2}\pi}P_m(\cos\theta) \tag{5-30}$$

在远场条件下,略去括号中的第二项得

$$u_{sr}(r,\theta,t)_{kr\gg1} \approx \frac{-p_0}{\rho_0 c_0} \cdot \frac{e^{j(\omega t-kr)}}{kr}\sum_{m=0}^{\infty}a'_m e^{j\frac{m+1}{2}\pi}P_m(\cos\theta)$$

散射波远场垂直半径方向的振速为

$$u_{s\theta}(r,\theta,t)_{kr\gg1} = -\frac{1}{j\omega\rho_0} \cdot \frac{\partial p_s}{\partial(r\theta)} = -\frac{1}{j\omega\rho_0 r} \cdot \frac{\partial p_s}{\partial(\theta)}$$

$$= (-j)\frac{p_0}{\rho_0 c_0} \cdot \frac{e^{j(\omega t-kr)}}{(kr)^2}\sum_{m=0}^{\infty}a'_m e^{j\frac{m+1}{2}\pi}\frac{d[P_m(\cos\theta)]}{d\theta} \tag{5-31}$$

故当 $kr\gg1$,$u_{s\theta}$ 远小于 u_{sr},即在远场中径向振速幅值比垂直于径向的振速幅值大很多,因此质点沿半径方向振动,并且散射波径向振速和散射波声压同相,而散射波垂直径向振速与散射声压相位差 $\pi/2$,所以刚硬球散射波场能量的有功部分决定于径向振速并沿半径方向传播。

事实上,在远场条件下,即当 $kr\gg1$,$u_{sr}\approx\dfrac{p_s}{\rho_0 c_0}$,所以刚硬球远场散射波特性类似平面波特性。

2. 刚硬圆球散射波声强和散射波功率

由式(5-28),有远场散射波强度为

$$I_s(r,\theta)_{kr\gg1} = \frac{1}{2\rho_0 c_0}|p_s|^2 = \frac{p_0^2}{2\rho_0 c_0} \cdot \frac{a^2}{r^2}|R(\theta)|^2 = I_0\frac{a^2}{r^2}|R(\theta)|^2 \tag{5-32}$$

式中,$I_0=\dfrac{p_0^2}{2\rho_0 c_0}$ 是入射平面波的声波强度;$|R(\theta)|^2$ 是散射波声压方向性函数的平方值。

$$|R(\theta)|^2 = \frac{1}{(ka)^2} \sum_{\substack{m=0 \\ n=0}}^{\infty} \left[a'_m a'^{*}_n e^{j\frac{m-n}{2}\pi} P_m(\cos\theta) P_n(\cos\theta) \right]$$

$$= \frac{1}{(ka)^2} \sum_{\substack{m=0 \\ n=0}}^{\infty} \left[|a'_m|^2 e^{j\frac{m-n}{2}\pi} P_m(\cos\theta) P_n(\cos\theta) \right] \tag{5-33}$$

式中, $|a'_m|^2$ 由式(5-29)给出

$$|a'_m|^2 = (2m+1)^2 \frac{\left| \dfrac{\partial j_m(kr)}{\partial r} \right|_{r=a}^2}{\left| \dfrac{\partial h_m^{(2)}(kr)}{\partial r} \right|_{r=a}^2} = (2m+1)^2 \frac{[j'_m(\mu)]^2}{[j'_m(\mu)]^2 + [n'_m(\mu)]^2} \Bigg|_{\mu=ka}$$

$$\tag{5-34}$$

柱函数原函数和导函数之间有递推关系: $Z'_m(\mu) = l Z_{m-1}(\mu) - (l-1) Z_{m+1}(\mu)$, 因此 $j'_m(\mu)$ 和 $n'_m(\mu)$ 可以通过 $j_{m-1}(\mu)$ 和 $j_{m+1}(\mu)$, 以及 $n_{m-1}(\mu)$ 和 $n_{m+1}(\mu)$ 得到。

从式(5-32)可以看出:

(1)刚硬圆球散射声强 I_s 和入射波强度 I_0 成正比;

(2)声场中大小一定的圆球对不同频率入射声波的散射能力不同,由于 a_m 和 a_n^* 的数值和幅角决定于 ka(或决定于 a/λ),则 $[a_m a_n^* e^{j\frac{m-n}{2}\pi}]$ 决定于 ka 值,因此散射声强随 ka 而变,圆球的半径愈大,散射波强度愈大;

(3)远场散射声强随距离按球面扩张衰减 $I_s \propto 1/r^2$;

(4)刚硬圆柱散射波强度的方向按函数 $|R(\theta)|^2$ 分布。对于不同的 ka 值,圆球散射的总能量在不同阶球面波中的能量分配是不同的,所以散射波强度的空间分布图形也不相同。

当频率很高(波长很短)时, $ka \gg 1 (a \gg \lambda)$,根据 Morse 的计算,远场散射波强度为

$$I_s(r,\theta) \approx I_0 \left[\frac{a^2}{4r^2} + \frac{a^2}{4r^2}\cot^2\left(\frac{\theta}{2}\right) J_1(ka\sin\theta) \right] \tag{5-35}$$

式(5-35)把散射波强度分两部分,因而把散射功率分两部分看待,第一项表示各向均匀地散射功率, $I_s = \pi a^2 I_0 / 4\pi r^2$;而后一项表示定向散射功率,它在 $\theta = \pi$ 的方向(即正对入射波方向)声强度为零,而 $\theta = 0$ 的方向(即在球的后面)声强度最大, $\left(\lim_{\theta\to 0} \left[\cot\left(\frac{\theta}{2}\right) J_1(ka\sin\theta) \right] \to ka$,在高频情况 $ka \gg 1 \right)$。故第二项主要表示小球后面的散射声波,它和入射声波产生很强的干涉,形成声影区,同时,它和入射声干涉使得球在非几何影区形成各向非均匀散射,如图5-4所示。

散射功率为散射声强沿包面的积分

$$W_s = \iint_s I_s(r,\theta)\,\mathrm{d}s = 2\pi r^2 \int_0^\pi I_s(r,\theta)\sin\theta\,\mathrm{d}s$$

$$= 2\pi r^2 \frac{I_0}{(kr)^2} \sum_{m,n=0}^{\infty} \left[\left(a'_m a'^{*}_m e^{j\frac{m-n}{2}\pi} \right) \int_{-1}^{+1} P_m(\cos\theta) P_n(\cos\theta)\,\mathrm{d}(\cos\theta) \right]$$

$$\tag{5-36}$$

利用 $P_m(u)$ 的正交性,所以 $m \neq n$ 的项皆为零,所以有

$$W_s = \frac{2\pi}{k^2}I_0\sum_{m=0}^{\infty}\left(a'_m a'^*_m \frac{2}{2m+1}\right) = \frac{4\pi}{k^2}I_0\sum_{m=0}^{\infty}\frac{|a'_m|^2}{2m+1} \tag{5-37}$$

散射功率也和入射波强度成正比,它还决定于 ka(即决定于 a/λ)值,ka 愈小,散射声功率愈小,随着 ka 的增大,散射功率呈增大趋势。

定义 5-1(散射因子) 散射功率与入射功率之比定义为散射因子 α_s,表示散射体的散射本领。

$$\alpha_s = \frac{W_s}{SI_0} \tag{5-38}$$

定义 5-2(散射截面) 散射功率 W_s 与入射声波强度 I_0 之比为散射截面 σ_s,也可用散射截面表示散射本领。

$$\sigma_s = \frac{W_s}{I_0} \tag{5-39}$$

散射截面的概念对于声学远距离探测十分有用,另一个与此相关的概念是目标强度。

定义 5-3(目标强度) 距离目标声中心 1 m 处散射声强与入射声强的比值,常用分贝度量。

$$TS = 10\lg\frac{I_{1m}}{I_0} \tag{5-40}$$

式中,I_0 是入射声波强度;I_{1m} 声距离目标声中心 1 m 处的散射声波强度,通常在离目标的远场测量后再按一定的规律换算到离目标 1 m 处得到 I_{1m}。

对式(5-37)用球截面积的入射功率 $\pi a^2 I_0$ 进行归一化处理得刚硬球的散射因子

$$\alpha_s = \frac{4}{(ka)^2}\sum_{m=0}^{\infty}\frac{|a'_m|^2}{2m+1} \tag{5-41}$$

图 5-5 中给出刚硬圆球散射因子随 ka 变化曲线,从图 5-5 中可以看出,对于一定尺寸的散射球,当频率很低时,刚硬圆球散射因子按 $(ka)^4$ 的规律增大,高频时,刚硬圆球散射因子趋于球截面积入射功率的 2 倍。

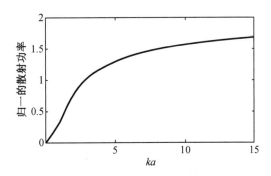

图 5-5 圆球散射功率随 ka 变化曲线

通过对式(5-35)在整个球面上积分求出高频声波 $ka \gg 1$($a \gg \lambda$)在刚硬球上的散射总

功率为

$$W_s = 2(\pi a^2)I_0 \tag{5-42}$$

由此可见，高频声波散射功率为过球中心截面入射功率的两倍，这和图 5-5 中的曲线一致。

3. 刚性不动微小粒子对平面波的散射

微粒的散射，也可看作球的低频散射，其声场可利用式（5-27），式（5-28）令 $ka \ll 1$ 给出。对式（5-29）球贝塞尔函数 $j_m(\mu)$ 和 $n_m(\mu)$ 的进行小宗量展开，当 $\mu \ll 1$ 时，B_m''' 的数值随 m 的增大而减小，因此微粒子散射场可以只取零阶和一阶波分量之和作为近似解，即

$$j_m(\mu) \underset{\mu \ll 1}{\approx} j_0(\mu) + j_1(\mu), \quad h_m^{(2)}(\mu) \underset{\mu \ll 1}{\approx} h_0^{(2)}(\mu) + h_1^{(2)}(\mu)$$

式中

$$j_0(\mu) = \frac{\sin \mu}{\mu}, \quad j_1(\mu) = \frac{\sin \mu}{\mu^2} - \frac{\cos \mu}{\mu}$$

$$h_0^{(2)}(\mu) = j\frac{e^{-j\mu}}{\mu}, \quad h_1^{(2)}(\mu) = -\frac{e^{-j\mu}}{\mu}\left(1 - \frac{j}{\mu}\right)$$

可以认为散射波是由两部分组成，一部分等效于脉动球辐射，另一部分等效于摆动球的辐射，即散射波声场等于零阶与一阶球面波的和。利用球面柱函数的 0 阶和一阶近似可求出 a_0'、a_1' 之值。

$$a_0'(\mu)\big|_{\mu=ka} = \frac{\dfrac{d[j_0(\mu)]}{d\mu}}{\dfrac{dh_0^{(2)}(\mu)}{d\mu}}\Bigg|_{\mu=ka} = \frac{\dfrac{d}{d\mu}\left(\dfrac{\sin\mu}{\mu}\right)}{\dfrac{d}{d\mu}\left(j\dfrac{e^{-j\mu}}{\mu}\right)}\Bigg|_{\mu=ka} = \frac{-\dfrac{\sin\mu}{\mu^2}+\dfrac{\cos\mu}{\mu}}{j\left(\dfrac{-j}{\mu}-\dfrac{1}{\mu^2}\right)e^{-j\mu}}\Bigg|_{\mu=ka} \tag{5-43}$$

$$a_1'(\mu)\big|_{\mu=ka} = -3j\frac{\dfrac{d[j_1(\mu)]}{d\mu}}{\dfrac{dh_1^{(2)}(\mu)}{d\mu}}\Bigg|_{\mu=ka} = -3j\frac{\dfrac{d}{d\mu}\left(\dfrac{\sin\mu}{\mu}-\dfrac{\cos\mu}{\mu}\right)}{\dfrac{d}{d\mu}\left[-\dfrac{e^{-j\mu}}{\mu}\left(1-\dfrac{j}{\mu}\right)\right]}\Bigg|_{\mu=ka} \tag{5-44}$$

考虑到 $\mu \ll 1$，则 $\sin\mu \approx \mu - \dfrac{\mu^2}{6}$，$\cos\mu \approx 1 - \dfrac{\mu^2}{2}$，$e^{-j\mu} \approx 1$，则有

$$a_0'(\mu) \underset{\mu \ll 1}{\approx} \frac{\dfrac{1}{\mu}\left(-\dfrac{\sin\mu}{\mu}+\cos\mu\right)}{-j\dfrac{1}{\mu^2}}\Bigg|_{\mu=ka} = \frac{\dfrac{1}{\mu}\left(-1+\dfrac{\mu^2}{6}+1-\dfrac{\mu^2}{2}\right)}{-j\dfrac{1}{\mu^2}}\Bigg|_{\mu=ka} \cong \frac{(ka)^3}{3j} \tag{5-45}$$

又经过推导得

$$a_1'(z_0) \approx \frac{(ka)^3}{2} \tag{5-46}$$

将 a_0'、a_1' 代入式（5-28），得远场低频（$kr \gg 1$，$ka \ll 1$）散射场声压

$$p_s \approx p_{s0} + p_{s1} = -p_0 \frac{e^{j(\omega t - kr)}}{kr}\left[a_0'(ka)e^{j\frac{\pi}{2}}P_0(\cos\theta) + a_1'(ka)e^{j\pi}P_1(\cos\theta)\right]$$

$$= -p_0 \frac{e^{j(\omega t - kr)}}{kr} \cdot \frac{(ka)^3}{3}\left(1 - \frac{3}{2}\cos\theta\right) \tag{5-47}$$

刚硬微小粒子散射声强为

$$I_s(r,\theta) = \frac{|p_s(r,\theta)|^2}{2\rho_0 c_0} = \frac{k^4 a^6}{9}\left(1 - \frac{3}{2}\cos\theta\right)^2 \frac{I_0}{r^2} \propto f^4 \qquad (5-48)$$

分析式(5-48)可以得出结论:

(1)刚硬微小粒子散射声强和入射波声强成正比,散射远场声强按照距离的平方衰减。

(2)微小粒子散射声波强度具有明显的方向性,方向性函数为 $f(\theta) = \left(1 - \frac{3}{2}\cos\theta\right)^2$,在 θ =0方向和 $\theta = \pi$ 方向,强度之比等于25倍。

(3)刚性微小粒子的散射功率正比于频率的4次方,这称为瑞利散射定律。

瑞利散射定律首先由瑞利在光学散射理论中提出。这可用于解释为什么晴朗的天空呈现蓝色,这是由于大气分子密度涨落引起分子散射,对高频光波的散射较强,可见光中的蓝色光波频率较高,因此天空呈淡蓝色。而有雾气的早晚的天空往往呈现红色的原因也是由于光的散射造成的,波长越低的光散射越弱,因此低频光波传播过程中能量损失较小,穿透力较强,因而早晚的天空呈现红色。

声波和光波的散射规律类似,高频声波在微小物体上散射更强,因而在树林中喊叫时,可能出现回声中高频音色较"浓"的现象。

单个刚硬小粒子的散射功率可由式(5-48)计算。

$$W_s = \iint_s I_s(r,\theta)\,\mathrm{d}s = \int_0^\pi I_s(r,\theta)2\pi r^2\sin\theta\mathrm{d}\theta = \frac{6.5\pi k^4 a^6 I_0}{9} \approx \frac{7}{9}(\pi a^2 I_0)k^4 a^4 \quad (5-49)$$

或

$$W_s = \frac{7\pi^3 V_0^2}{\lambda^4}I_0 \quad \left(V_0 = \frac{4}{3}\pi a^3,\text{粒子体积}\right) \qquad (5-50)$$

式中,$\pi a^2 I_0$ 表示平面波入射到球上的功率。可见,微粒散射功率和入射声波强度成正比,散射功率和频率的4次方成正比,而和波长的4次方成反比,并与粒子的体积的平方成正比。

刚硬微粒的散射因子为

$$\alpha_s = \frac{W_s}{\pi a^2 I_0} \approx \frac{7}{9}(ka)^4 \quad (ka \ll 1) \qquad (5-51)$$

刚硬微小粒子的散射截面为

$$\sigma_s = \frac{W_s}{I_0} \qquad (5-52)$$

对单个球体,其散射面积与 ka 有关,低频时散射截面小,高频时散射截面增大。微粒的散射截面为

$$\sigma_s \approx \frac{7}{9}\pi k^4 a^6 \text{ 或 } \sigma_s \approx \frac{7\pi^3 V_0^2}{\lambda^4} \quad (\alpha \ll \lambda) \qquad (5-53)$$

由于 $ka \ll 1$,故单微粒的散射本领很弱。但当介质中存在大量微粒时,散射总功率增加,使透过微粒群的声能减小,导致声波强度衰减。海水介质中含有悬浮砂粒、气泡和微生

物群、鱼群,以及暗流和海水密度不均匀性,这些都能引起声波的散射,物体的散射声是海洋中形成体积混响的主要因素。

定义 5-4（混响） 所谓混响是脉冲声发射结束以后,收到的绵续不断的反射声。

混响类似在大礼堂中讲话时"嗡嗡"不断地余响,这是由于声波碰到墙壁和室内物体等产生的散射声波到达接收点的声音,听起来好像讲话声的延续。在室内声学中,常用混响时间来描述室内声音衰减快慢的程度,混响时间是在扩散声场中,当声源停止后从初始的声压级降低 60 dB 所需的时间,混响时间对人的听音效果有重要影响,它是衡量室内音质好坏的重要参量,不同的室内场合要求的混响时间不同。例如,一般小型的播音室、录音室,最佳混响时间要求在 0.5 s 或更短一些,电影院的混响时间要求 1 s,剧院和音乐厅的混响时间一般要求 1.5 s 左右。

声波在海水中传播时,遇到各种各样的散射体而产生混响,根据引起混响的原因分为体积混响和界面混响,混响是影响主动声呐性能的主要因素之一。

5.2.2　自由表面圆球的散射

自由表面圆球要满足表面上的声压为零,即入射波和散射波的叠加声场在球表面上的声压为零,因此自由表面圆球散射的定解问题为

$$
\begin{cases}
\nabla^2 p_s(\boldsymbol{r}) + k^2 p_s(\boldsymbol{r}) = 0; \quad k = \dfrac{\omega}{c} \\
\tilde{p}_s(\boldsymbol{r})\,|_{r=a} = -\,\tilde{p}_i(\boldsymbol{r})\,|_{r=a} \\
p_s(\boldsymbol{r}),\text{满足 } \infty \text{ 远辐射条件}
\end{cases}
\tag{5-54}
$$

这类问题在实际中很少见,水中的气泡可看作是一个例子,但也仅限于入射声波很弱时才用到这里的解法。

自由表面圆球散射场求解和刚性球散射场的求解类似,坐标系选取如图 5-1 所示,写出球坐标下的散射波的形式解,利用圆球散射场和 x 轴的对称性条件与无穷远边界条件,得到散射波扩张波形式解

$$
p_s(r,\theta) = \sum_{l=0}^{\infty} a_l \mathrm{h}_l^{(2)}(kr) \mathrm{P}_l(\cos\theta)
\tag{5-55}
$$

通过圆球表面边界条件来确定 a_l。

圆球表面边界条件表达式为

$$
p_s\,|_{r=a} = -\,p_i\,|_{r=a}
\tag{5-56}
$$

由式（5-55）得边界条件表达式的左边为

$$
p_s\,|_{r=a} = \sum_{l=0}^{\infty} a_l \mathrm{h}_l^{(2)}(ka) \mathrm{P}_l(\cos\theta)
\tag{5-57}
$$

将入射平面波表示为球面波分解形式

$$
p_i(r,\theta) = p_0 \mathrm{e}^{-jkr\cos\theta} = p_0 \sum_{m=0}^{\infty} (-\mathrm{j})^m (2m+1) \mathrm{j}_m(kr) \mathrm{P}_m(\cos\theta)
\tag{5-58}
$$

由式（5-58）边界条件表达式的右边为

$$- p_i |_{r=a} = - p_0 \sum_{m=0}^{\infty} (-j)^m (2m+1) j_m(ka) P_m(\cos \theta) \qquad (5-59)$$

边界条件表达式的左边和右边相等得

$$\sum_{l=0}^{\infty} a_l h_l^{(2)}(ka) P_l(\cos \theta) = - p_0 \sum_{m=0}^{\infty} (-j)^m (2m+1) j_m(ka) P_m(\cos \theta) \qquad (5-60)$$

此式在 $\theta \in [0, \pi]$ 成立。所以,利用 $\{P_l(\cos \theta)\}$ 的正交完备性,得

$$a_m h_m^{(2)}(ka) = - p_0 (-j)^m (2m+1) j_m(ka) \qquad (5-61)$$

解出系数 a_m 为

$$a_m = \frac{-(-j)^m (2m+1) j_m(ka) p_0}{h_m^{(2)}(ka)} \qquad (5-62)$$

将式(5-62)代入式(5-21)即可获得自由表面圆球的散射声场声压解

$$
\begin{aligned}
p_s(r, \theta, t) &= \sum_{m=0}^{\infty} a_m h_m^{(2)}(kr) P_m(\cos \theta) e^{j\omega t} \\
&= \sum_{m=0}^{\infty} \frac{-(-j)^m (2m+1) j_m(ka) p_0}{h_m^{(2)}(ka)} h_m^{(2)}(kr) P_m(\cos \theta) e^{j\omega t}
\end{aligned} \qquad (5-63)
$$

自由表面圆球散射波为各阶轴对称的球面波的叠加,因此它具有轴对称的方向性。散射波的声压幅值与入射波声压幅值成正比。

自由表面圆球散射声场的性质和刚硬圆球散射声场的性能类似。散射声场的计算如图5-6和图5-7所示。

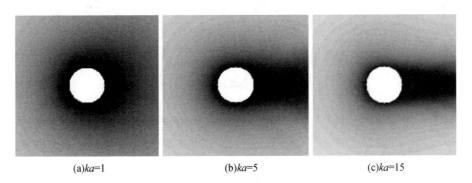

(a)$ka=1$ (b)$ka=5$ (c)$ka=15$

图5-6 自由边界圆球的散射声场

下面分析自由圆球远场散射波场的性质,当 $kr \gg 1$,汉克尔函数可表示为 $h_m^{(2)}(x) |_{x \to \infty} = \dfrac{e^{-j\left(x - \frac{m+1}{2}\pi\right)}}{x}$,将其代入到散射波远场声压解中得

$$
\begin{aligned}
p_s(r, \theta, t) &= \sum_{m=0}^{\infty} a_m h_m^{(2)}(kr) P_m(\cos \theta) \\
&= - p_0 \frac{e^{j(\omega t - kr)}}{kr} \sum_{m=0}^{\infty} a_m' e^{j \frac{m+1}{2}\pi} P_m(\cos \theta) \\
&= - p_0 a \frac{e^{j(\omega t - kr)}}{r} R(\theta)
\end{aligned} \qquad (5-64)
$$

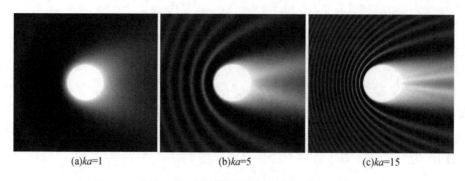

$(a)ka=1$ $(b)ka=5$ $(c)ka=15$

图 5-7 自由边界圆球的散射声场和入射波声场的叠加

式中

$$\begin{cases} R(\theta) = \dfrac{1}{ka} \displaystyle\sum_{m=0}^{\infty} a'_m e^{\frac{m+1}{2}\pi} P_m(\cos\theta) \\ a'_m = -\dfrac{a_m}{p_0} = \dfrac{(-j)^m(2m+1)j_m(ka)}{h_m^{(2)}(ka)} \end{cases} \quad (5-65)$$

$|R(\theta)|$ 为散射场声压远场指向性函数。

不同 ka 值自由边界圆球散射的远场声压指向性如图 5-8 所示。

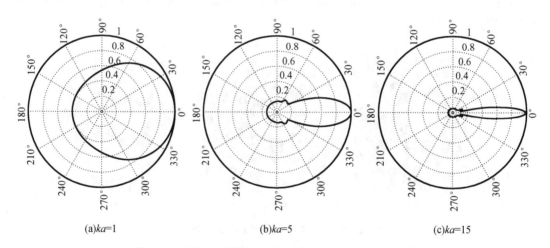

$(a)ka=1$ $(b)ka=5$ $(c)ka=15$

图 5-8 不同 ka 值自由边界圆球散射的远场声压指向性

远场散射波强度为

$$\begin{aligned} I_s(\underset{kr\gg1}{r,\theta}) &= \frac{1}{2\rho_0 c_0}|p_s|^2 \\ &= \frac{p_0^2}{2\rho_0 c_0} \cdot \frac{a^2}{r^2}|R(\theta)|^2 \\ &= I_0 \frac{a^2}{r^2}|R(\theta)|^2 \end{aligned} \quad (5-66)$$

式中，$I_0 = \dfrac{p_0^2}{2\rho_0 c_0}$ 是入射平面波的声波强度；$|R(\theta)|^2$ 是散射波声压方向性函数的平方值。

$$|R(\theta)|^2 = \frac{1}{(ka)^2} \sum_{\substack{m=0 \\ n=0}}^{\infty} \left[a'_m a'_m{}^* e^{j\frac{m-n}{2}\pi} P_m(\cos\theta) P_n(\cos\theta) \right]$$

$$= \frac{1}{(ka)^2} \sum_{\substack{m=0 \\ n=0}}^{\infty} \left[|a'_m|^2 e^{j\frac{m-n}{2}\pi} P_m(\cos\theta) P_n(\cos\theta) \right] \tag{5-67}$$

式中，$|a'_m|^2$ 由式(5-65)给出

$$|a'_m|^2 = (2m+1)^2 \frac{\left[j_m(ka) \right]^2}{\left[h_m^{(2)}(ka) \right]^2} \tag{5-68}$$

上面主要讨论了刚硬圆球和自由边界圆球的声散射问题的求解，实际上，刚硬圆球和自由边界圆球的散射问题的求解是转化为辐射问题求解的，刚硬球要求散射波的法向速度等于入射波的法向速度的相反数，相当于给定表面振速的辐射问题求解；自由边界则要求散射波的声压等于入射波声压的相反数，相当于给定表面声压的辐射问题求解。至于非刚硬球和非自由边界（如弹性球）的圆球的散射声场的计算会更复杂一些，当声波入射时，它本身将产生振动和形变，这样一来散射问题的解，将由于边界条件不同变得更为复杂了，这种情况下在球体表面要满足声压连续和法向振速连续的边界条件。

5.3 圆柱的散射

刚硬圆柱放在声场中时，圆柱表面同样会激起散射波。因此在声场中除了原来的入射声波外，还有柱面的散射波，整个声场声压等于自由场声压与散射波声压之和。圆柱散射的分析方法和球散射的分析方法类似，把柱的散射波看作为各种不同阶柱面声波的合成，同时把入射平面波分解为各阶柱面波的合成，然后使入射波与散射波的和在柱表面满足边界条件（刚性边界、自由边界或阻抗边界），从而可以求出柱面散射波场。

5.3.1 刚硬圆柱的散射

刚硬圆柱和刚硬圆球散射问题求解相类似，入射波和散射波的叠加声场满足圆柱表面法向质点振速为零的边界条件。

1. 刚硬圆柱散射声场的声压和质点振速

设入射声波平面波沿 Ox 方向入射，而且

$$p_i(x,t) = p_0 e^{j(\omega t - kx)} \tag{5-69}$$

换成柱坐标表示，则有

$$p_i(r,\varphi,t) = p_0 e^{-jkr\cos\varphi} e^{j\omega t} \tag{5-70}$$

刚硬圆柱面边界条件为入射波和散射波径向振速之和等于零：

$$(u_{sn} + u_{in})\big|_{r=a} = 0, \quad 即 \frac{\partial}{\partial r}(p_{i+} + p_s)\big|_{r=a} = 0 \tag{5-71}$$

则绝对硬圆柱散射的定解问题表述为

$$
\begin{cases}
\nabla^2 p_s(\boldsymbol{r}) + k^2 p_s(\boldsymbol{r}) = 0; \quad k = \dfrac{\omega}{c_0}; \mathrm{e}^{\mathrm{j}\omega t} \text{ 略记} \\[2mm]
\dfrac{\partial[p_i(\boldsymbol{r}) + p_s(\boldsymbol{r})]}{\partial n}\bigg|_{r=a} = 0 \\[2mm]
p_s(\boldsymbol{r}), \text{满足 } \infty \text{ 远辐射条件}
\end{cases}
\tag{5-72}
$$

柱坐标系下，散射场亥姆霍兹方程的形式解为

$$
\begin{aligned}
p_s(r,\varphi,z) = \sum_{k_z} \sum_{n=0}^{\infty} & \left\{ \left[A_n' \mathrm{H}_n^{(1)}(k_r r) + B_n' \mathrm{H}_n^{(2)}(k_r r) \right] \left[a_n \cos(n\varphi) + b_n \sin(n\varphi) \right] \right. \\
& \left. \left[a\mathrm{e}^{\mathrm{j}k_z z} + b\mathrm{e}^{-\mathrm{j}k_z z} \right] \right\}
\end{aligned}
\tag{5-73}
$$

式中，$k_r^2 + k_z^2 = \left(\dfrac{\omega}{c_0}\right)^2$。

为简便起见，使柱轴与柱坐标 Oz 轴重合，如图 5-9 所示。由于问题的对称性，散射波必然以 xOz 平面为对称面，即散射波声压 p_s 是 φ 的偶函数。又由于柱无限长，因此对任意 z 平面上散射波场的分布函数皆相同，即 p_s 与 z 无关。

于是取柱面函数通解中的以下形式解

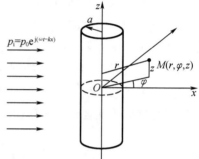

图 5-9　平面波在刚性圆柱上的散射

$$
p_s(r,\varphi) = \sum_{n=0}^{\infty} \left[a_n \mathrm{H}_n^{(2)}(kr) + b_n \mathrm{H}_n^{(1)}(kr) \right] \cos(n\varphi)
\tag{5-74}
$$

设圆柱处于无限空间里散射，散射波向外扩张，没有遇到障碍物产生反向收敛波，因此 $b_n = 0$，形式解简化为

$$
p_s(r,\varphi) = \sum_{n=0}^{\infty} a_n \mathrm{H}_n^{(2)}(kr) \cos(n\varphi)
\tag{5-75}
$$

式中，a_n 为复常数，决定于圆柱表面边界条件。

把入射平面波分解为柱面波叠加形式

$$
\begin{aligned}
p_i(r,\varphi) &= p_0 \mathrm{e}^{\mathrm{j}kr\cos\varphi} \\
&= p_0 \left[\mathrm{J}_0(kr) + 2 \sum_{n=1}^{\infty} (-\mathrm{j})^n \mathrm{J}_n(kr) \cos(n\varphi) \right] \\
&= p_0 \sum_{n=0}^{\infty} \varepsilon_n (-\mathrm{j})^n \mathrm{J}_n(ka) \cos(n\varphi)
\end{aligned}
\tag{5-76}
$$

式中，$\varepsilon_n = \begin{cases} 1 & n=0 \\ 2 & n \neq 0 \end{cases}$。

将式（5-75）和式（5-76）代入式（5-71），有

$$
\sum_{n=0}^{\infty} a_n \left[\frac{\mathrm{d}\mathrm{H}_n^{(2)}(\mu)}{\mathrm{d}\mu} \right]_{\mu=ka} \cos(n\varphi) = -p_0 \sum_{m=1}^{\infty} (-1)^n \varepsilon_n \left[\frac{\mathrm{d}\mathrm{J}_n(\mu)}{\mathrm{d}\mu} \right]_{\mu=ka} \cos(n\varphi)
\tag{5-77}
$$

式（5-77）在 $\varphi \in [0,2\pi]$ 成立。所以，利用 $\{\cos(n\varphi)\}$ 函数族在 $\varphi \in [0,2\pi]$ 区间的正交

完备性,得

$$a_n = -p_0(-\mathrm{j})^n \varepsilon_n \left[\frac{\dfrac{\mathrm{d}J_n(\mu)}{\mathrm{d}\mu}}{\dfrac{\mathrm{d}H_n^{(2)}(\mu)}{\mathrm{d}\mu}} \right]_{\mu=ka} \left(\varepsilon_n = \begin{cases} 1 & n=0 \\ 2 & n=1,2,3 \end{cases} \right) \tag{5-78}$$

令 $a_n' = a_n/p_0$

$$a_n' = -(-\mathrm{j})^n \varepsilon_n \left[\frac{\dfrac{\mathrm{d}J_n(\mu)}{\mathrm{d}\mu}}{\dfrac{\mathrm{d}H_n^{(2)}(\mu)}{\mathrm{d}\mu}} \right]_{\mu=ka} \left(\varepsilon_n = \begin{cases} 1 & n=0 \\ 2 & n>0 \end{cases} \right) \tag{5-79}$$

于是散射波场中声压

$$p_s(r,\varphi,t) = p_0 \mathrm{e}^{\mathrm{j}\omega t} \sum_{n=0}^{\infty} a_n' H_n^{(2)}(kr)\cos(n\varphi) \tag{5-80}$$

散射波场中径向质点振速为

$$u_{sr}(r,\varphi,t) = \frac{p_0 \mathrm{e}^{\mathrm{j}\omega t}}{-\mathrm{j}\rho_0 c} \sum_{n=0}^{\infty} a_n' \frac{\mathrm{d}H_n^{(2)}(kr)}{\mathrm{d}(kr)}\cos(n\varphi) \tag{5-81}$$

图 5-10 是根据式(5-80)计算的刚硬圆柱的散射声场声压的复包络 $|p_s(r,\theta,t)|$,图 5-11 中是入射声波和散射声波叠加后总声场的复包络 $|p_i(r,\theta,t)+p_s(r,\theta,t)|$,图 5-11 中(a)(b)(c)依次为 $ka=1,5,15$ 的计算结果。可以看出,ka 小时散射波很弱,总声场主要是入射波。随着 ka 值的增大,散射波增强,并且呈现复杂的指向性。

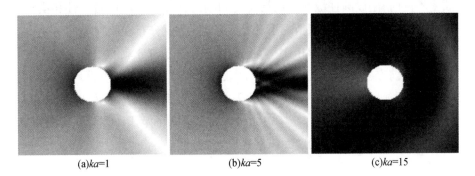

(a)$ka=1$ (b)$ka=5$ (c)$ka=15$

图 5-10　刚硬圆柱的散射声场

下面求刚硬圆柱散射波场远场特性,在远场中($kr \gg 1$),$H_n^{(2)}(kr)$ 的渐近公式

$$H_n^{(2)}\underset{kr \gg 1}{(kr)} \approx \sqrt{\frac{2}{\pi kr}} \mathrm{e}^{-\mathrm{j}\left(kr-\frac{2n+1}{4}\pi\right)} \tag{5-82}$$

将式(5-82)代入式(5-80),得刚硬圆柱散射远场声压

$$p_s(r,\underset{kr \gg 1}{\varphi},t) \approx p_0 \mathrm{e}^{\mathrm{j}\omega t}\sqrt{\frac{2}{\pi kr}} \cdot \frac{\mathrm{e}^{-\mathrm{j}kr}}{\sqrt{r}} \sum_{n=0}^{\infty} \left[a_n' \mathrm{e}^{\mathrm{j}\frac{2n+1}{4}\pi} \cdot \cos(n\varphi) \right] \tag{5-83}$$

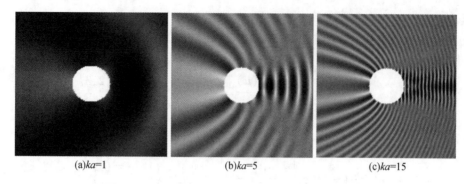

(a)ka=1　　　　　　(b)ka=5　　　　　　(c)ka=15

图 5-11　刚硬圆柱的散射声场和入射波声场的叠加

散射远场声压还可写成

$$p_s(r,\varphi,t) \approx p_0 \sqrt{\frac{2a}{\pi}} \frac{e^{j(\omega t-kr)}}{\sqrt{r}} R(\varphi) \tag{5-84}$$

式中

$$R(\varphi) = \frac{1}{\sqrt{ka}} \sum_{n=0}^{\infty} \left[a_n' e^{j\frac{2n+1}{4}\pi} \cos(n\varphi) \right] \tag{5-85}$$

式(5-85)反映了散射波场的方向特性,由于 a_n' 是 ka 的函数,因此散射波场的方向特性还决定于 ka,即还决定于柱面的半径与波长之比 a/λ。

图 5-12 是 ka 取不同值时,根据式(5-85)计算的刚硬圆柱散射波远场声压的指向性 $|R(\varphi)|$ 曲线,曲线对最大值进行归一化。图 5-12 中从左至右依次是 ka 为 1,5 和 15。可以看出,频率不同时,刚硬圆柱散射声场指向性和刚硬圆球散射声场指向性相类似,其空间分布具有不同的方向特性,在低频情况下,散射波能量主要分布在入射波的入射方向,并且散射波的分布比较均匀,与刚硬球相比,刚硬柱的散射随方向分散的图形更为平钝;当频率升高时,刚硬圆柱前方(正对入射波传来方向)散射比刚硬球前方散射更均匀。然而刚硬圆柱后面散射与刚硬球后方散射波相比指向性更窄。应当注意,圆柱的衍射和球的衍射存在不同之处,圆柱是沿 z 轴无限延展的,所以声波只能从两侧向阴影区绕射,而球对声波屏蔽截面是圆的,所以声波可以沿球的四周向阴影区绕射。

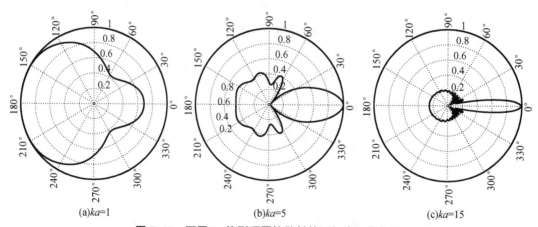

(a)ka=1　　　　　　(b)ka=5　　　　　　(c)ka=15

图 5-12　不同 ka 值刚硬圆柱散射的远场声压指向性

以上讨论设柱为无限长,所以散射声场只在垂直轴的平面里有方向性。如果柱为有限长,则轴所在平面内也有方向性。

当 $kr \gg 1$ 时,取 $H_n^{(2)}(kr)$ 的渐近式微分,并略去高次小量,则

$$u_{sr}(r,\underset{kr \gg 1}{\varphi},t) \approx \frac{p_s(r,\varphi,t)}{\rho_0 c_0} \tag{5-86}$$

由式(5-86)可以看出,刚硬圆柱体散射声场远场特性趋近平面波特性。

2. 刚硬圆柱散射波声强和散射波功率

刚硬圆柱远场散射波强度

$$I_s(r) = \frac{1}{2\rho_0 c_0}|p_s|^2$$
$$= \frac{p_0^2}{2\rho_0 c_0} \cdot \frac{2a}{\pi r}|R(\varphi)|^2 \tag{5-87}$$

或者

$$I_s(r) = I_0\left(\frac{2a}{\pi}\right)\frac{|R(\varphi)|^2}{r} \tag{5-88}$$

式中,$I_0 = \dfrac{p_0^2}{2\rho_0 c_0}$ 为入射波声强。$R(\varphi)$ 为复数量,由式(5-85)确定,$|R(\varphi)|^2$ 是刚硬圆柱散射波声压方向性函数的平方值。

$$|R(\varphi)|^2 = \frac{1}{ka}\sum_{\substack{m=0 \\ n=0}}^{\infty}\left[a_n' a_n'^* e^{\mathrm{j}\frac{m-n}{2}\pi}\cos(m\varphi)\cos(n\varphi)\right] \tag{5-89}$$

由此看出:

(1)刚硬圆柱散射波强度 I_s 与入射波强度 I_0 成正比;

(2)刚硬圆柱散射波强度与圆柱的波长半径 a/λ 有关(因为 $|R(\varphi)|$ 与 $ka = \dfrac{2\pi}{\lambda}a$ 有关),圆柱的半径愈大,散射波强度愈大;

(3)刚硬圆柱散射波强度随距离按柱面扩散衰减 $I_s \propto \dfrac{1}{r}$;

(4)刚硬圆柱散射波强度的方向按函数 $|R(\varphi)|^2$ 分布。对于不同的 a/λ 值,圆柱散射的总能量在不同阶柱面波中的能量分配是不同的,所以散射波强度的空间分布图形也不相同。

当高频声波入射时 $ka \gg 1 (a \gg \lambda)$。根据莫尔斯(P. Morse)的计算,散射波远场区的强度近似地为

$$I_s \underset{\substack{a \gg \lambda \\ r \gg a}}{\approx} I_0\left[\frac{a}{2r}\sin\frac{\varphi}{2} + \frac{1}{2\pi kr}\cot^2\left(\frac{\varphi}{2}\right)\sin^2(ka\sin\varphi) + (随角度变化起伏很快的余项)\right] \tag{5-90}$$

式(5-90)中第一项代表"反射"的声强,在 $\varphi = \pi$ 的方向(圆柱向着入射波方向)具有最大值,而在圆柱的后面($\varphi = 0$)强度分布为零。后一项表示集中向后面散射的强度,这部分

声能集中在很窄的声束中 $\left(\text{在}\dfrac{\pi}{ka}=\dfrac{\lambda}{2a}\text{角度内}\right)$，它们在圆柱的后面与入射声波干涉形成声影区。第三项包含起伏变化很快的项，它在不大的而有限角度内平均效果为零，因而可以忽略不计。

刚硬圆柱散射声功率的计算通过将散射强度 $I_s(r)$ 乘以 r，再对 φ 从 0 到 2π 积分，可以得到圆柱单位长度的总的散射功率，由于 $\cos(m\varphi)$ 函数的正交性，和数中的交叉项不出现，所以有

$$W_s = 4aI_0\left(\frac{1}{ka}\right)\sum_{m=0}^{\infty}\varepsilon_m\sin^2(\mu) \tag{5-91}$$

根据式（5-91）计算刚硬圆柱散射功率随 ka 的变化关系曲线如图 5-13 所示，可以看出，和刚硬球散射类似，在低频时刚硬圆柱的散射功率较小，但随频率增长的速度较快，高频声波的散射功率较大。

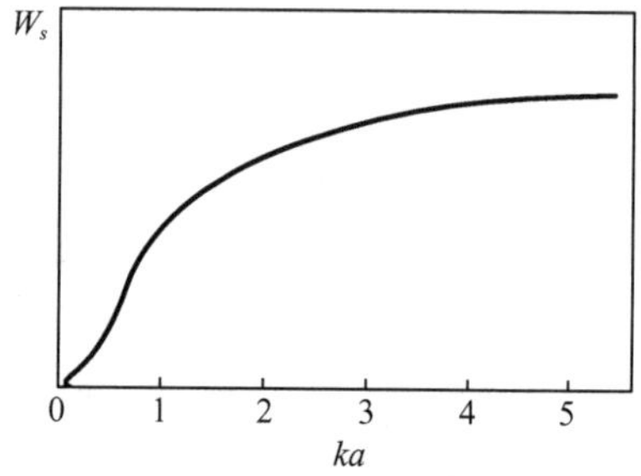

3. 刚硬细柱的散射

当柱很细时，$ka \ll 1$（$a \ll \lambda$），在式（5-83）和式（5-84）中前 2 阶（$n=0$ 和 $n=1$）起主要作用。由式（5-84），有

图 5-13 圆柱散射功率随 ka
变化的曲线

$$a_0' = \left.\frac{\dfrac{\mathrm{d}J_0(\mu)}{\mathrm{d}\mu}}{\dfrac{\mathrm{d}H_0^{(2)}(\mu)}{\mathrm{d}\mu}}\right|_{\mu=ka} = \left.\frac{J_1(\mu)}{H_1^{(2)}(\mu)}\right|_{\mu=ka}$$

$$a_1' = \left.2\mathrm{j}\frac{\dfrac{\mathrm{d}J_1(\mu)}{\mathrm{d}\mu}}{\dfrac{\mathrm{d}J_1(\mu)}{\mathrm{d}\mu} - \mathrm{j}\dfrac{\mathrm{d}N_1(\mu)}{\mathrm{d}\mu}}\right|_{\mu=ka}$$

而 $J_1(\mu) \approx \dfrac{\mu}{2}$，$N_1(\mu) \approx -\dfrac{2}{\pi\mu}$，$J_1'(\mu) \approx \dfrac{1}{2}$，$N_1'(\mu) \approx \dfrac{2}{\pi\mu^2}$，代入上式，得

$$a_0' \approx -\mathrm{j}\pi\mu^2/4 = \frac{-\mathrm{j}\pi(ka)^2}{4}, a_1' \approx -\frac{1}{2}\pi\mu^2 = -\frac{\pi(ka)^2}{2}$$

代入式（5-85）中，有

$$R(\varphi) = \frac{1}{\sqrt{ka}}(b_0\mathrm{e}^{\mathrm{j}\frac{\pi}{4}} + b_1\mathrm{e}^{\mathrm{j}\frac{3\pi}{4}}\cos\varphi) = \frac{\pi(ka)^2}{4\sqrt{ka}}\mathrm{e}^{-\mathrm{j}\frac{\pi}{4}}(1-2\cos\varphi) \tag{5-92}$$

代入式（5-83）中得到低频细柱散射波声压

$$p_s(r,\underset{\substack{r\gg\lambda\\a\ll\lambda}}{\varphi},t) \approx p_0\sqrt{\frac{2\pi}{k}}\cdot\frac{(ka)^2}{4}\cdot\frac{\mathrm{e}^{\mathrm{j}(\omega t-kr-\frac{\pi}{4})}}{\sqrt{r}}(1-2\cos\varphi) \tag{5-93}$$

将式（5-92）代入式（5-88），得细柱低频散射场中声波强度

$$I_s(\underset{\substack{r\gg\lambda\\a\ll\lambda}}{r},\varphi) \approx I_0\left(\frac{2a}{\pi}\right)\cdot\frac{\pi^2(ka)^4}{16kar}(1-2\cos\varphi)^2 = \frac{I_0}{r}\cdot\frac{\pi k^3a^4}{8}(1-2\cos\varphi)^2 \tag{5-94}$$

式(5-92)、式(5-94)表明细柱低频散射场等效于柱面低频脉动辐射(零阶柱面波)和细柱摆动辐射(一阶柱面波)声场的叠加。由式(5-94)可见,细柱的散射波强度在正对入射波方向角比较均匀。

将式(5-94)对柱面积分(单位长度)得单个细柱的散射功率

$$W_{s1} \approx r \int_0^{2\pi} I_s(r,\varphi)\,\mathrm{d}\varphi = \frac{3\pi^2 k^3 a^4 I_0}{4} = \frac{3\pi^2 \omega^3 a^4 I_0}{4c_0^3} = \frac{6\pi^5 a^4}{\lambda^3} I_0 \qquad (5-95)$$

柱面波散射功率和波长的三次方成反比。单位长度柱接受能流的截面为 $2\pi a$,所以细柱的散射因子为

$$a_s = \frac{W_{s1}}{2\pi a I_0} = \frac{3\pi^2 k^3 a^4 I_0}{4} \frac{1}{2\pi a I_0} = \frac{3\pi}{8}(ka)^3 \quad (ka \ll 1, a \ll \lambda) \qquad (5-96)$$

散射截面

$$\sigma_s = \frac{W_{s1}}{I_0} = \frac{6\pi^5 a^4}{\lambda^3} \qquad (5-97)$$

由于 $ka \ll 1$,所以单个细柱在低频情况散射本领也比较小。刚硬小球的散射因子为 $\alpha_s = \frac{7}{9}(ka)^4 (ka \ll 1)$,刚硬细柱与刚硬小球的散射相比,刚硬小球的散射本领更弱。

5.3.2 自由表面圆柱的散射

自由表面圆柱的求解要求满足圆柱表面入射波和散射波的总声压为零,取柱坐标,入射平面波表示为

$$p_i(x,t) = p_0 \mathrm{e}^{\mathrm{j}(\omega t - kx)} = p_0 \mathrm{e}^{\mathrm{j}(\omega t - kr\cos\varphi)} \qquad (5-98)$$

自由边界圆柱满足的边界条件

$$[p_i(\boldsymbol{r}) + p_s(\boldsymbol{r})]\big|_{r=a} = 0 \qquad (5-99)$$

自由边界圆柱定解问题为

$$\begin{cases} \nabla^2 p_s(\boldsymbol{r}) + k^2 p_s(\boldsymbol{r}) = 0; k = \dfrac{\omega}{c}; \mathrm{e}^{\mathrm{j}\omega t} \text{ 略记} \\ [p_i(\boldsymbol{r}) + p_s(\boldsymbol{r})]\big|_{r=a} = 0 \\ p_s(\boldsymbol{r}), \text{满足 } \infty \text{ 远辐射条件} \end{cases} \qquad (5-100)$$

使柱轴与柱坐标 Oz 轴重合,如图5-9所示。散射波声压 p_s 是 φ 的偶函数,柱无限长,因此对任意 z 平面上散射波场的分布函数皆相同,即 p_s 与 z 无关。

于是取柱面函数通解中以下形式解

$$p_s(r,\varphi) = \sum_{n=0}^{\infty} a_n \mathrm{H}_n^{(2)}(kr)\cos(n\varphi) \qquad (5-101)$$

式中, a_n 由界面边界条件确定。

边界条件表达式为

$$p_s\big|_{r=a} = -p_i\big|_{r=a} \qquad (5-102)$$

由式(5-102)得边界条件表达式的左边为

$$p_s \big|_{r=a} = \sum_{n=0}^{\infty} B_n \mathrm{H}_n^{(2)}(ka)\cos(n\varphi) \tag{5-103}$$

入射平面波的柱函数展开形式为

$$p_i(r,\varphi) = p_0 \mathrm{e}^{jkr\cos\varphi}$$

$$= p_0 \sum_{n=0}^{\infty} \varepsilon_n (-j)^n \mathrm{J}_n(ka)\cos(n\varphi) \tag{5-104}$$

式中，$\varepsilon_n = \begin{cases} 1 & n=0 \\ 2 & n\neq 0 \end{cases}$。

边界条件表达式的右边为

$$- p_i \big|_{r=a} = p_0 \sum_{n=0}^{\infty} -\varepsilon_n (-j)^n \mathrm{J}_n(ka)\cos(n\varphi) \tag{5-105}$$

边界条件表达式的左边和右边相等得

$$\sum_{n=0}^{\infty} a_n \mathrm{H}_n^{(2)}(ka)\cos(n\varphi) = \sum_{n=1}^{\infty} -p_0 \varepsilon_n (-j)^n \mathrm{J}_n(ka)\cos(n\varphi) \tag{5-106}$$

式(5-106)在 $\varphi \in [0,2\pi]$ 成立。所以，利用 $\{\cos(n\varphi)\}$ 函数族在 $\varphi \in [0,2\pi]$ 区间的正交完备性，得

$$a_n = \frac{-\varepsilon_n (-j)^n \mathrm{J}_n(ka)}{\mathrm{H}_n^{(2)}(ka)} p_0 \tag{5-107}$$

绝对软圆柱的散射声压场为

$$p_s(r,\varphi) = \sum_{n=0}^{\infty} a_n \mathrm{H}_n^{(2)}(kr)\cos(n\varphi) = \sum_{n=0}^{\infty} \frac{-\varepsilon_n (-j)^n \mathrm{J}_n(ka)}{\mathrm{H}_n^{(2)}(ka)} p_0 \mathrm{H}_n^{(2)}(kr)\cos(n\varphi)$$

$$\tag{5-108}$$

式中，$\varepsilon_n = \begin{cases} 1, & n=0 \\ 2, & n\neq 0 \end{cases}$。

自由表面圆柱散射声场的性质和刚硬圆柱散射声场的性能类似。散射声场的计算如图5-14和图5-15所示。

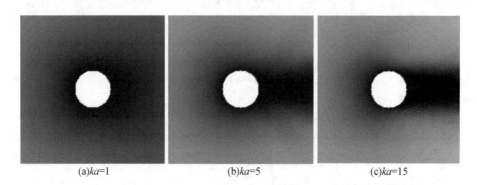

(a)ka=1   (b)ka=5   (c)ka=15

图5-14 自由边界圆柱的散射声场

下面分析自由边界圆柱散射远场特性，远场条件 $kr \gg 1$，汉克尔函数的远场近似为

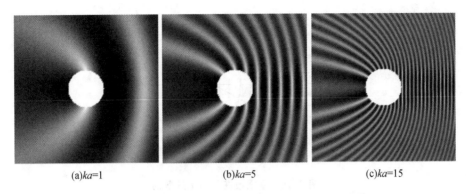

$$(a)ka=1 \qquad\qquad (b)ka=5 \qquad\qquad (c)ka=15$$

图 5-15 自由边界圆柱的散射声场和入射波声场的叠加

$$H_n^{(2)}(x)\big|_{x\to\infty} = \sqrt{\frac{2}{\pi x}}\,e^{-j\left(x-\frac{2n+1}{4}\pi\right)} \tag{5-109}$$

代入式(5-108)得散射远场声压为

$$
\begin{aligned}
p_s(r,\varphi,t) &= \sum_{n=0}^{\infty} B_n H_n^{(2)}(kr)\cos(n\varphi) \\
&= p_0 e^{j(\omega t-kr)}\sqrt{\frac{2}{\pi kr}}\sum_{n=0}^{\infty} B_n' e^{j\frac{2n+1}{4}\pi}\cos(n\varphi) \\
&= p_0\sqrt{\frac{2a}{\pi}}\,\frac{e^{j(\omega t-kr)}}{\sqrt{r}}R(\varphi)
\end{aligned}
\tag{5-110}
$$

式中，$B_n' = \dfrac{B_n}{p_0}$；$R(\varphi) = \sqrt{\dfrac{1}{ka}}\displaystyle\sum_{n=0}^{\infty} B_n' e^{j\frac{2n+1}{4}\pi}\cos(n\varphi)$ 为散射场的声压远场指向性函数。

远场散射声强为

$$
I_s(r,\varphi)\Big|_{kr\gg1} = \frac{1}{2\rho_0 c_0}R_e\{p_s p_s^*\} = \frac{p_0^2}{2\rho_0 c_0}\frac{2a}{\pi r}|R(\varphi)|^2 = I_0\frac{2a}{\pi r}|R(\varphi)|^2 \tag{5-111}
$$

式中，$I_0 = \dfrac{p_0^2}{2\rho_0 c_0}$ 为入射波声强；$|R(\varphi)|^2$ 为散射声强的方向性函数。

5.4 刚硬薄圆盘的散射

下面讨论刚硬薄圆盘的声散射，如图 5-16 建立坐标系。设入射平面波速度势为

$$\varphi_i = \varphi_0 e^{-jk\xi} \tag{5-112}$$

声波垂直圆盘盘面入射，坐标原点在圆盘中心。显然散射声场是以 $\theta=0°$ 为轴对称的。根据前两节的分析，这种情况下的边界条件为

$$(u_i + u_s)\big|_{\xi=0} = 0 \quad (0 \leqslant \rho \leqslant a) \tag{5-113}$$

或者

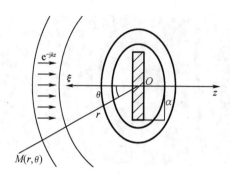

图 5-16 平面波在圆盘上的散射

$$\frac{\partial}{\partial \xi}(\varphi_i + \varphi_s)\big|_{\xi=0} = 0 \quad (0 \leqslant \rho \leqslant a) \tag{5-114}$$

式中，φ_s 是圆盘散射波场势函数；ρ 是圆盘所在面内坐标的半径。

为了计算这个问题，最合适的坐标系是扁椭球坐标，把入射波和散射波都表成扁椭球函数，然后根据边界条件式（5-114）求解波函数的系数。这里不作详细推导，而只给出结论。

当 $ka<1$ 时，散射波速度势函数简化为

$$\varphi_s \approx -\frac{2}{3}\frac{a}{\pi}(ka)^2 \varphi_0 \frac{e^{-jkr}}{r}\cos\theta \tag{5-115}$$

式中，r 是场中 M 点到盘中心的距离；θ 是 M 点的矢径和圆盘法线交角。

于是散射场声压

$$p_s \approx -\frac{2}{3}\frac{a}{\pi}(ka)^2 p_0 \frac{e^{-jkr}}{r}\cos\theta \tag{5-116}$$

式中，p_0 是入射波的声压值，圆盘低频时散射方向性图和球的低频散射相似。

进而可得散射场的声波强度

$$I_s \approx \frac{|p_s|^2}{2\rho_0 c_0} = I_0 \cdot \frac{4a^2(ka)^4}{9\pi^2} \cdot \frac{\cos^2\theta}{r^2} \tag{5-117}$$

式中，$I_0 = \dfrac{p_0^2}{2\rho_0 c_0}$ 是入射波的声波强度。

散射功率为

$$W_s = 2\pi r^2 \int_0^\pi I_s \sin\theta \, d\theta = I_0 2\pi a^2 \frac{8(ka)^4}{27\pi^2} \tag{5-118}$$

求得低频时圆盘的散射因子和散射截面分别为

$$\alpha_s = \frac{W_s}{\pi a^2 I_0} = \frac{16(ka)^4}{27\pi^2} \tag{5-119}$$

$$\sigma_s = \frac{W_s}{I_0} = \frac{8(ka)^4}{27\pi^2}(2\pi a^2) \tag{5-120}$$

圆盘与同样截面的球相比，圆盘比同截面球散射本领小。

图 5-17 给出了圆盘散射截面 σ_s 与 $(2\pi a^2)$ 比值 $(\pi a^2$ 为圆盘的单面面积)随 ka 变化的曲线。圆盘散射和圆球散射规律相似,高频时,散射本领大,同样入射波强度情况下,高频时散射功率更大。低频时,散射本领大大变小,在 $ka<1$ 时,圆盘散射和圆球散射本领都和 $(ka)^4$ 成正比。圆盘散射本领在高频时和球有差异,前者在极限值上下摆动,其散射本领有时超过圆球。

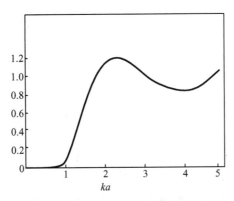

图 5-17　圆盘的散射本领和散射面积随 ka 的变化关系

散射体不是理想刚硬的物体时,散射本领都还取决于弹性体的介质参数、尺寸以及弹性体振动的本征值。

5.5　阻抗表面目标声散射

物理声学方法原始导出的情况是理想表面(刚性边界或软边界)的声散射。但是对于流体中目标声散射问题,流体和目标表面常常不能看作理想表面。当流体中目标的外壳用阻抗材料制造时,流体中目标表面的反射系数取决于入射声波的频率和入射角度。因此,分析流体中目标阻抗表面的情况有实际意义,文献[10]将物理声学方法推广到阻抗表面目标的声散射求解。

5.5.1　阻抗目标的声散射

有限尺寸的刚性、软球和无限长刚性、软柱等规则形状目标的几何声散射场可以求出严格解析解,但是在实际中,散射目标通常不是规则形状,而是具有复杂结构形状的目标,这时分离变量法不适用,通常采用 Kirchhoff 近似来求解复杂目标的声散射问题。

对于阻抗反射面,表面上的声压及其法向导数可以用无限大平面上的平面波反射系数和声阻抗联系起来。

当高频声波入射到散射体表面,由于声波波长短,可近似认为散射体表面的曲率半径远大于声波波长,散射表面可以分为"亮区"和"暗区",如图 5-18 所示。"亮区 σ_1"是指入射声波直接照射到散射体表面上的区域;"暗区 σ_2"是指入射声波不能直接照射到散射体表面上的区域。

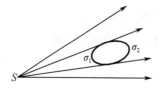

图5-18　散射目标表面"亮区"与"暗区"示意图

当声波入射到散射目标表面处，根据 *Helmholtz* 积分公式（详见4.6节），散射声波的速度势函数可表示为

$$\Phi_s(\boldsymbol{r}_M) = \frac{1}{4\pi}\oiint_S \left\{ \Phi_s(\boldsymbol{r}_s)\frac{\partial}{\partial n}\left(\frac{e^{-jkr_{sM}}}{r_{sM}}\right) - \frac{e^{-jkr_{sM}}}{r_{sM}}\frac{\partial}{\partial n}\Phi_s(\boldsymbol{r}_s) \right\} ds \qquad (5\text{-}121)$$

其中，S 为包围散射体的闭曲面，$\boldsymbol{n}$ 为 S 的外法线。

由于波长远小于散射面曲率半径，散射面的各个局部都可以近似成平面。对于"亮区"表面，散射声波速度势函数及势函数的方向导数由入射声波形式和散射表面性质确定；对于"暗区"表面，散射声波速度势函数及势函数的方向导数都为0。

如图5-19所示，声源位于 S 点，散射体表面分为"亮区 σ_1"和"暗区 σ_2"，M 点为接收点，局部表面 ds 的法向为 $\boldsymbol{n}$，入射声波和散射声波与法向的夹角分别为 α_1 和 α_2。

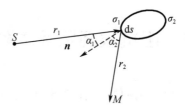

图5-19　声散射声线示意图

假设表面的反射系数是 $R(\alpha)$，表面声阻抗率是 Z_S，在亮区中存在关系式

$$\begin{cases} \Phi_s = R(\alpha_1)\Phi_i \\ -\dfrac{j\omega\rho_0(\Phi_i + \Phi_s)}{\partial(\Phi_i + \Phi_s)/\partial n} = Z_S \end{cases} \qquad (5\text{-}122)$$

代入式(5-121)有

$$\Phi_s(\boldsymbol{r}_M) = \frac{1}{4\pi}\oiint_S \left(R(\alpha_1)\Phi_i(\boldsymbol{r}_s)\frac{\partial}{\partial n}\left(\frac{e^{-jkr_{sM}}}{r_{sM}}\right) + \left\{\frac{j\omega\rho_0}{Z_S}[1 + R(\alpha_1)]\Phi_i + \frac{\partial\Phi_i(\boldsymbol{r}_s)}{\partial n}\right\}\frac{e^{-jkr_{sM}}}{r_{sM}} \right) ds$$

$$(5\text{-}123)$$

若声源为点声源，根据图5-19的几何关系，有

$$\begin{cases} \Phi_i(\boldsymbol{r}_s) = \dfrac{Q}{4\pi r_1}\mathrm{e}^{-jkr_1} \\[3mm] \dfrac{\partial \Phi_i(\boldsymbol{r}_s)}{\partial n} = \dfrac{\partial}{\partial n}\left\{\dfrac{Q}{4\pi r_1}\mathrm{e}^{-jkr_1}\right\} = -\dfrac{Q}{4\pi r_1}\mathrm{e}^{-jkr_1}\left(jk+\dfrac{1}{r_1}\right)\cos\alpha_1\,(\text{时间因子 }\mathrm{e}^{j\omega t}) \\[3mm] \dfrac{\partial}{\partial n}\left(\dfrac{\mathrm{e}^{-jkr_{sM}}}{r_{sM}}\right) = \dfrac{\partial}{\partial n}\left(\dfrac{\mathrm{e}^{-jkr_2}}{r_2}\right) = -\dfrac{1}{r_2}\mathrm{e}^{-jkr_2}\left(jk+\dfrac{1}{r_2}\right)\cos\alpha_2 \end{cases} \quad (5-124)$$

其中，Q 为点声源的声源强度。

在高频远场条件下，上式可近似为

$$\begin{cases} \dfrac{\partial \Phi_i(\boldsymbol{r}_s)}{\partial n} = -\dfrac{jkQ}{4\pi r_1}\mathrm{e}^{-jkr_1}\cos\alpha_1 \\[3mm] \dfrac{\partial}{\partial n}\left(\dfrac{\mathrm{e}^{-jkr_{sM}}}{r_{sM}}\right) = -\dfrac{jk}{r_2}\mathrm{e}^{-jkr_2}\cos\alpha_2 \end{cases} \quad (5-125)$$

利用前面已经得到的近似式(5-124)和(5-125)，得到

$$\Phi_s = -\frac{jkQ}{4\pi}\int_S \frac{\mathrm{e}^{-jk(r_1+r_2)}}{r_1 r_2}\left\{R(\alpha_1)\cos\alpha_2 + \cos\alpha_1 - \frac{\rho_0 c}{Z_S}\left[1+R(\alpha_1)\right]\right\}\mathrm{d}s \quad (5-126)$$

在平面界面上，平面波反射系数与表面声阻抗总可以用下式联系：

$$\frac{\rho_0 c/\cos\alpha_1}{Z_S} = \frac{1-R(\alpha_1)}{1+R(\alpha_1)} \quad (5-127)$$

将此关系式代入式(5-126)得到

$$\Phi_s = -\frac{jkQ}{(4\pi)^2}\int_S \frac{\mathrm{e}^{-jk(r_1+r_2)}}{r_1 r_2}R(\alpha_1)(\cos\alpha_1 + \cos\alpha_2)\mathrm{d}s \quad (5-128)$$

若声源与接收位置重合，则有

$$\begin{cases} r_1 = r_2 = r \\ \alpha_2 = \alpha_1 = \alpha \end{cases} \quad (5-129)$$

将式(5-129)代入式(5-128)可得收发合置情况阻抗表面目标的散射声波速度势函数为

$$\Phi_s = -\frac{jkQ}{2\pi 4\pi}\int_S \frac{\mathrm{e}^{-j2kr}}{r^2}R(\alpha)\cos\alpha\,\mathrm{d}s = -\frac{jQ}{4\pi\lambda}\int_S \frac{\mathrm{e}^{-j2kr}}{r^2}R(\alpha)\cos\alpha\,\mathrm{d}s \quad (5-130)$$

5.5.2 刚性表面目标声散射

若散射体表面为刚性表面，则在对于"亮区"表面，散射声波速度势函数近似等于入射声波速度势函数，且入射声场和散射声场合起来的总声场的速度势函数的方向导数为 0，记为

$$\begin{cases} \text{亮区 }\sigma_1: \Phi_s(\boldsymbol{r}_s) = \Phi_i(\boldsymbol{r}_s),\ \dfrac{\partial \Phi_s(\boldsymbol{r}_s)}{\partial n} = -\dfrac{\partial \Phi_i(\boldsymbol{r}_s)}{\partial n} \\[3mm] \text{暗区 }\sigma_2: \Phi_s(\boldsymbol{r}_s) = 0,\ \dfrac{\partial \Phi_s(\boldsymbol{r}_s)}{\partial n} = 0 \end{cases} \quad (5-131)$$

代入式(5-121)可得

$$\Phi_{s}(\boldsymbol{r}_M) = \frac{1}{4\pi}\iint\limits_{\sigma_1}\left\{\Phi_i(\boldsymbol{r}_s)\frac{\partial}{\partial n}\left(\frac{e^{-jkr_{sM}}}{r_{sM}}\right) + \frac{e^{-jkr_{sM}}}{r_{sM}}\frac{\partial\Phi_i(\boldsymbol{r}_s)}{\partial n}\right\}ds \qquad (5\text{-}132)$$

当声源为点声源，将式(5-124)和式(5-125)代入式(5-132)可得散射声场为

$$\Phi_{s}(\boldsymbol{r}_M) = \frac{1}{4\pi}\iint\limits_{\sigma_1}\left\{\Phi_i(\boldsymbol{r}_s)\frac{\partial}{\partial n}\left(\frac{e^{-jkr_{sM}}}{r_{sM}}\right) + \frac{e^{-jkr_{sM}}}{r_{sM}}\frac{\partial\Phi_i(\boldsymbol{r}_s)}{\partial n}\right\}ds$$

$$= -\frac{1}{4\pi}\iint\limits_{\sigma_1}\left\{\frac{Q}{4\pi r_1}e^{-jkr_1}\frac{jk}{r_2}e^{-jkr_2}\cos\alpha_2 + \frac{e^{-jkr_2}}{r_2}\frac{jkQ}{4\pi r_1}e^{-jkr_1}\cos\alpha_1\right\}ds$$

$$= -\frac{jkQ}{(4\pi)^2}\iint\limits_{\sigma_1}\frac{e^{-jk(r_1+r_2)}}{r_1 r_2}(\cos\alpha_2 + \cos\alpha_1)ds \qquad (5\text{-}133)$$

当声源与接收位置重合，即收发合置条件下刚性表面目标散射声波速度势函数为

$$\Phi_{s}(\boldsymbol{r}_M) = -\frac{j2kQ}{(4\pi)^2}\iint\limits_{\sigma_1}\frac{e^{-j2kr}}{r^2}(\cos\alpha)ds = -\frac{jQ}{4\pi\lambda}\iint\limits_{\sigma_1}\frac{e^{-j2kr}}{r^2}(\cos\alpha)ds \qquad (5\text{-}134)$$

第6章 声波的接收

接收声波就是要将声场中的声信号提取出来,并能对期望提取出的声信号进行后续处理,这就要求对接收到的声信号有一定的要求。一是要求接收到的声信号的能量足够大,满足声信号鉴别的可靠性;二是要求接收到的声信号能反映出声场的特征。例如,声呐系统需要判断出接收到的声信号是目标的回波信号还是海洋环境噪声信号。显然这不仅和发射、信号处理等设备有关,还和接收系统有关。

6.1 声波的接收过程

在测量或研究空间某一位置的声场时,总要把接收器置于声场中,当入射声波声压作用到接收器振动表面,接收器的振动系统发生振动,利用接收器的声电转换器件将机械振动转换为电信号,这就是声波的接收过程。

在空气媒质中最常用的接收声波的传感器称为传声器(俗称麦克风)。在水媒质中最常用的接收声波的传感器称为水听器。

6.2 接收器机械振动系统的振速畸变及其控制方法

6.2.1 接收器表面的压力

接收器置于声场中,接收器表面会受到周围声场的作用力,接收器表面单位面积受到的作用力在数值上等于接收器表面的声压。然而,接收器表面处的声压却不是声场中没有接收器时自由声场在此处的声压值。这是因为将接收器置于声场中某点,相当于在自由声场中放置了一个散射体,入射声波会在接收器表面激起散射波,所以此时声场中接收器表面处的声压值应为入射波声压与散射波声压之和。当声场中有接收器时,声场中任意一点的声压值不等于自由场中的声压值,这种现象称为"声场畸变"。有接收器时声场的声压和无接收器时声场声压之比称为声场的畸变系数,若有接收器时的声压为 $p_o(\boldsymbol{r}, t)$,无接收器时自由场声压为 $p_i(\boldsymbol{r}, t)$,对于谐和振动波场,声场的畸变系数可记为

$$\gamma = \frac{\tilde{p}_o(\boldsymbol{r}, t)}{\tilde{p}_i(\boldsymbol{r}, t)} \tag{6-1}$$

式中,$p_o(\boldsymbol{r}, t) = p_s(\boldsymbol{r}, t) + p_i(\boldsymbol{r}, t)$,其中 $p_s(\boldsymbol{r}, t)$ 为声场中存在接收器时的散射波场声压。

接收器接收的总压力在数值上等于

$$F_0 = \iint\limits_{S} p_0 \mathrm{d}s \tag{6-2}$$

若声压 $p_0 > 0$，F_0 对接收器表面作用是正压力；若声压 $p_0 < 0$，则 F_0 对接收器表面作用是负压力，即表现为拉力。

接收器表面上平均畸变压强为

$$\bar{p}_0 = \frac{F_0}{S} = \frac{1}{S}\iint_S p_o \mathrm{d}s \tag{6-3}$$

对于谐和律振动波场，接收器表面平均畸变压强与自由声场声压之比称之为接收压力系数，即

$$\bar{\gamma} = \frac{\bar{p}_o}{p_i} \tag{6-4}$$

因此，接收器的畸变力可写为

$$F_0 = S\bar{\gamma}p_i \tag{6-5}$$

根据相关文献，圆面活塞接收器接收压力系数的绝对值为

$$\bar{\gamma} = \left| 1 + \frac{Z_s}{2\rho cs} \right| \tag{6-6}$$

式中，Z_s 为圆面活塞在自由介质中的辐射阻抗。

圆球接收器接收压力系数为

$$\bar{\gamma} = \frac{1}{\sqrt{1 + (ka)^2}}e^{j\delta_0} \tag{6-7}$$

式中，δ_0 是以球几何中心处自由场声压 p_i 为参考零相位。

图 6-1 给出了圆面活塞式接收器和圆球接收器这两种典型接收器的压力系数随 ka 的变化曲线。可见，当 $ka \ll 1$ 时，接收压力系数的模值趋于常数，即此时接收压力系数与频率无关。

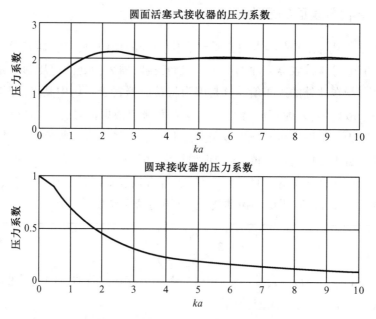

图 6-1 典型接收器的压力系数模值

6.2.2 接收器的二次辐射阻抗及接收面振速

以上各式中的声压都是假设接收面不动时受到的压强,然而考虑到接收面在声波作用时产生振动,因而产生二次辐射现象,这时将产生介质的反作用,这个反作用力等效在接收机械系统中增加了机械阻抗,此阻抗称为二次辐射阻抗。振动系统阻抗型类比电路如图6-2所示。

二次辐射时介质反作用力 F_2 和接收面的实际振速 u_2 方向相反,它和辐射声源的形式有关。若振速均匀,则介质反作用力可记为

$$F_2 = -u_2 Z_{2s} \qquad (6-8)$$

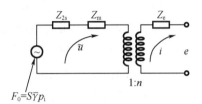

图6-2 接收器机械振动系统的机电类比图

式中,Z_{2s} 为二次辐射的辐射阻抗。"-"号表示介质的反作用力与振速 u_2 反方向。

当接收系统以 u_2 进行振动时,在机械系统上产生一反抗力,这反抗力 F_M 与振速 u_2 成正比,面方向则相反,即有

$$F_M = -u_2 Z_M \qquad (6-9)$$

式中,Z_M 为接收系统的机械阻抗。

根据受力平衡,则有

$$F_0 + F_2 + F_M = F_0 - u_2(Z_{2s} + Z_M) = 0 \qquad (6-10)$$

因此声场作用力引起接收器机械系统的振动速度为

$$\widetilde{u} = \frac{F_0}{Z_m + Z_{2s}} = \frac{\widetilde{p}_i S \overline{\gamma}}{Z_m + Z_{2s}} \qquad (6-11)$$

如果,原声场声压信号为 $p_i(t)$,则振速信号 $u(t)$ 为

$$u(t) = F^{-1}\left\{ \frac{S\overline{\gamma}}{Z_m + Z_{2s}} F[p_i(t)] \right\} \qquad (6-12)$$

6.2.3 接收器机械振动系统的振速畸变及其控制方法

将接收器置于声场中接收声场的声信号,要求接收到声场的声信号的振动规律要与自由场中声信号的振动规律相同。根据式(6-12),当入射信号为非正弦信号,甚至入射信号为非周期信号时,根据傅里叶分析,入射信号可分解为多种频率分量。但是,接收压力系数 $\overline{\gamma}$、接收器振动系统的机械阻抗 Z_m 以及接收器二次辐射阻抗 Z_{2s} 皆不是常数,而是与频率相关的函数,即使声场声压幅值对于声波的不同频率分量能保持不变,接收器接收到的振速信号的幅值可能并不相等,导致 u_2 与 p_i 不成线性关系,进而使得接收到的振速信号产生失真。

对于接收器压力系数 $\overline{\gamma}$,在一般情况下其值并不等于1,而是随着 ka 值的改变而变,如图6-1所示。但当接收器的尺寸比声场中传播声波的波长小得多(即 $ka \ll 1$)时,接收器压

力系数 γ 近似等于1，即接收器表面上的声压值与自由场中的声压值几近相等，接收器接收到的振速信号几乎不会产生畸变。因此，为使接收器接收到的声场振速信号不畸变，应使用尺寸足够小的接收器，以保证在接收器接收信号上限频率对应的波长 λ 要大于接收器的最大线度。但是接收器的最大线度越小，其接收面就越小，会导致接收器本身的灵敏度很小，这对声信号的接收不利。因此，设计接收器时应在其最大限度满足小于工作频率上限对应的波长的条件下尽量的大，这样既能使得接收信号畸变小，又能有足够的灵敏度。

当接收器置于声场中接收具有一定带宽的声信号时，为了使接收到的声场振速信号不产生严重失真，应设计接收器机械振动系统让接收器的二次辐射阻抗远小于接收器自身的机械阻抗，并且使接收器做工作的频率范围远离接收器振动系统的谐振频率。

不同功用的接收器其机械振动系统的设计侧重点不同，因此由机械阻抗引起 $u(t)$ 畸变的控制方法通常要根据实际具体问题进行。一般来说，对于实际接收器，由于输出是电学量，所以考虑和控制信号畸变往往并不局限于针对 $u(t)$ 进行，而是根据接收器机电转换元件的类型，要合理设计选择机械振动系统的结构及其参数，使得工作频率段，输出的电学量具有平坦的频响。例如，电容式麦克风这类接收器利用"弹性"进行信号畸变控制；动圈式麦克风这类接收器利用"阻尼"进行信号畸变控制；加速度计这类接收器利用"质量"进行信号畸变控制。

习 题

1. 声场中接收到的振速信号产生畸变的原因为何？如何能抑制振速信号的畸变？

6.3 声场中的互易原理

6.3.1 声场互易定理数学表达的推导

设在无限介质区域内有声源1和声源2两个声源，分别位于 A,B 两点，令 S_1 和 S_2 分别是包围声源1和声源2的闭曲面，如图6-3所示。两个声源表面上的振速分布分别为 v_1 和 v_2，声源1辐射声场的声压记作 p_1，声源2辐射声场的声压记作 p_2，且声源1在 S_1 外声压 $p_1(\boldsymbol{r})$ 以及声源2在 S_2 外声压 $p_2(\boldsymbol{r})$ 皆满足 Helmholtz 方程[见式(6-13))和式6-14)]和无穷远边界条件：

$$\nabla^2 p_1(\boldsymbol{r}) + k^2 p_1(\boldsymbol{r}) = 0 \quad \boldsymbol{r} \notin V_1 \tag{6-13}$$

$$\nabla^2 p_2(\boldsymbol{r}) + k^2 p_2(\boldsymbol{r}) = 0 \quad \boldsymbol{r} \notin V_2 \tag{6-14}$$

式中，$k = \dfrac{\omega}{c}$；V_1 为 S_1 所围区域；V_2 为 S_2 所围区域。

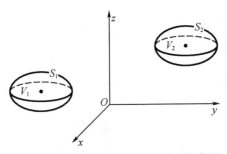

图 6-3 声源 1 以及声源 2 所对应的曲面

以式 $(6\text{-}14) \times p_1(\boldsymbol{r})$ 减去式 $(6\text{-}14) \times p_2(\boldsymbol{r})$，可得

$$p_1(\boldsymbol{r}) \, \nabla^2 p_2(\boldsymbol{r}) - p_2(\boldsymbol{r}) \, \nabla^2 p_1(\boldsymbol{r}) = 0 \tag{6-15}$$

整理后得

$$\nabla \cdot \left[p_1(\boldsymbol{r}) \, \nabla p_2(\boldsymbol{r}) - p_2(\boldsymbol{r}) \, \nabla p_1(\boldsymbol{r}) \right] = 0 \tag{6-16}$$

式 $(6\text{-}16)$ 在 $\boldsymbol{r} \notin V1+V2$ 内处处成立。

作包面 S(图 6-4)，使 V_1、V_2 在 S 内，若将以 S、S_1 和 S_2 为边界的区域记作 V，则对式 $(6\text{-}16)$ 在 V 内做体积分，得

$$\iiint\limits_{V} \nabla \cdot \left[p_1(\boldsymbol{r}) \, \nabla p_2(\boldsymbol{r}) - p_2(\boldsymbol{r}) \, \nabla p_1(\boldsymbol{r}) \right] \mathrm{d}v = 0 \tag{6-17}$$

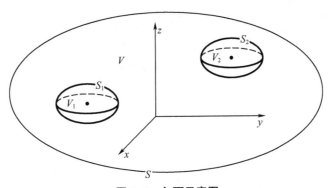

图 6-4 包面示意图

根据奥-高公式：

$$\iiint\limits_{V} \nabla \cdot \boldsymbol{A} \mathrm{d}v = \oiint\limits_{S_v} \boldsymbol{A} \cdot \mathrm{d}\boldsymbol{s}$$

式 $(6\text{-}17)$ 可化为

$$\oiint\limits_{S_1+S_2+S} \left[p_1(\boldsymbol{r}) \, \nabla p_2(\boldsymbol{r}) - p_2(\boldsymbol{r}) \, \nabla p_1(\boldsymbol{r}) \right] \cdot \mathrm{d}\boldsymbol{s} = 0 \tag{6-18}$$

又因为

$$\nabla p_1(\boldsymbol{r}) \cdot \mathrm{d}\boldsymbol{s} = \nabla p_1(\boldsymbol{r}) \cdot \boldsymbol{n} \mathrm{d}s = \frac{\partial p_1(\boldsymbol{r})}{\partial n} \mathrm{d}s$$

$$\nabla p_2(\boldsymbol{r}) \cdot \mathrm{d}\boldsymbol{s} = \nabla p_2(\boldsymbol{r}) \cdot \boldsymbol{n} \mathrm{d}s = \frac{\partial p_2(\boldsymbol{r})}{\partial n} \mathrm{d}s \tag{6-19}$$

式（6-18）可化为

$$\oiint_{S_1+S_2+S} \left[p_1(\boldsymbol{r}) \frac{\partial p_2(\boldsymbol{r})}{\partial n} - p_2(\boldsymbol{r}) \frac{\partial p_1(\boldsymbol{r})}{\partial n} \right] \mathrm{d}s = 0 \qquad (6\text{-}20)$$

式中，n 为 S_v 的外法线方向。

令 $S \to \infty$，由于 $p_1(\boldsymbol{r})$、$p_2(\boldsymbol{r})$ 满足无穷远辐射条件，则

$$\oiint_{S_1+S_2+S} = \oiint_{S_1} + \oiint_{S_2} + \oiint_{S} = 0 \qquad (6\text{-}21)$$

进而可得

$$\oiint_{S_1} + \oiint_{S_2} = 0 \qquad (6\text{-}22)$$

p_1 声场由声源 1 辐射产生，根据欧拉公式：$\rho \dfrac{\partial u_n}{\partial t} = -\dfrac{\partial p}{\partial n}$，当为谐和波场时，有

$$\mathrm{j}\omega\rho u_n = -\frac{\partial p}{\partial n} \qquad (6\text{-}23)$$

又令 $S_1 \to$ 声源 1 的表面，且声源 1 的表面振速为 v_1，根据边界条件有

$$v_1 = u_{1n} \big|_{S_1} = -\frac{1}{\mathrm{j}\omega\rho} \frac{\partial p_1}{\partial n_1} \bigg|_{S_1} \qquad (6\text{-}24)$$

式中，n_1 为 S_1 的外法向。

同理，$S_2 \to$ 声源 2 的表面，且声源 2 的表面振速为 v_2，有

$$v_2 = u_{2n} \big|_{S_2} = -\frac{1}{\mathrm{j}\omega\rho} \frac{\partial p_2}{\partial n_2} \bigg|_{S_2} \qquad (6\text{-}25)$$

式中，n_2 为 S_2 的外法向。

又因为 $(u_{1n} + u_{2n})\big|_{S_1} = v_1$，并且 $u_{1n}\big|_{S_1} = v_1$，所以有

$$u_{2n}\big|_{s1} = 0 \qquad (6\text{-}26)$$

因此有

$$\begin{aligned}
\oiint_{S_1} &= -\oiint_{S_1} \left[p_1(\boldsymbol{r}) \frac{\partial p_2(\boldsymbol{r})}{\partial n_1} - p_2(\boldsymbol{r}) \frac{\partial p_1(\boldsymbol{r})}{\partial n_1} \right] \mathrm{d}s \\
&= \mathrm{j}\omega\rho \oiint_{S_1} \left[p_1(\boldsymbol{r}) u_{2n} - p_2(\boldsymbol{r}) u_{1n} \right] \mathrm{d}s \\
&= -\mathrm{j}\omega\rho \oiint_{S_1} p_2(\boldsymbol{r}) v_1 \mathrm{d}s \qquad (6\text{-}27)
\end{aligned}$$

同理可得

$$\begin{aligned}
\oiint_{S_2} &= -\oiint_{S_2} \left\{ p_1(\boldsymbol{r}) \frac{\partial p_2(\boldsymbol{r})}{\partial n_2} - p_2(\boldsymbol{r}) \frac{\partial p_1(\boldsymbol{r})}{\partial n_2} \right\} \mathrm{d}s \\
&= \mathrm{j}\omega\rho \oiint_{S_2} \left\{ p_1(\boldsymbol{r}) u_{2n} - p_2(\boldsymbol{r}) u_{1n} \right\} \mathrm{d}s \\
&= \mathrm{j}\omega\rho \oiint_{S_1} p_1(\boldsymbol{r}) v_2 \mathrm{d}s \qquad (6\text{-}28)
\end{aligned}$$

将式(6-27)和式(6-28)代入式(6-22)得

$$- j\omega\rho \oiint_{S_1} p_2(\boldsymbol{r})v_1 ds + j\omega\rho \oiint_{S_2} p_1(\boldsymbol{r})v_2 ds = 0$$

简化后可得

$$\oiint_{S_1} p_2(\boldsymbol{r})v_1 ds = \oiint_{S_2} p_1(\boldsymbol{r})v_2 ds \tag{6-29}$$

式(6-29)即为声场互易定理的数学表达式。

6.3.2 声场互易定理的物理意义

根据第 3 章内容,声压 p 与振速 u 的乘积是声能流密度,即通过与声波传播垂直方向上单位面积的声功率。根据声场互易定理的数学表达式(6-29)可知,等式的左侧表示为声源 2 的辐射声场对声源 1 的输入功率,而等式的右侧为声源 1 辐射的声场对声源 2 的输入功率。因此声场互易定理可表示为声场中声源间的输入功率相等。

如果声源 1 和声源 2 为点声源,则式(6-29)可化为

$$p_2(\boldsymbol{r}_{S_1}) \oiint_{S_1} v_1 ds = p_1(\boldsymbol{r}_{S_2}) \oiint_{S_2} v_2 ds \tag{6-30}$$

定义 $Q_i = \oiint_{S_i} v_i ds$ 为声源辐射时的声源强度,则有 Q_1 和 Q_2 分别为声源 1 及声源 2 辐射时的声源强度,因此式(6-30)可化为

$$p_2(\boldsymbol{r}_{S_1})Q_1 = p_1(\boldsymbol{r}_{S_2})Q_2 \tag{6-31}$$

若声源 1 及声源 2 的声源强度相等,即 $Q_1 = Q_2$,那么有

$$p_2(\boldsymbol{r}_{S_1}) = p_1(\boldsymbol{r}_{S_2}) \tag{6-32}$$

因此,对于同一个声源,在声场中 A 点发射 B 点接收与在 B 点发射 A 点接收的声场值相等。亦即:收发互易。

如果声源 1 和声源 2 皆振速分布均匀,则式(6-29)可化为

$$v_1 \oiint_{S_1} p_2(\boldsymbol{r}) ds = v_2 \oiint_{S_2} p_1(\boldsymbol{r}) ds \tag{6-33}$$

并且,声源 1 的辐射声场对声源 2 表面的作用力为

$$f_{21} = \oiint_{S_2} p_1(\boldsymbol{r}) ds \tag{6-34}$$

声源 2 的辐射声场对声源 1 表面的作用力为

$$f_{12} = \oiint_{S_1} p_2(\boldsymbol{r}) ds \tag{6-35}$$

将式(6-34)和式(6-35)代入式(6-33)有

$$v_1 f_{12} = v_2 f_{21} \tag{6-36}$$

进而有

$$\frac{f_{12}}{v_2} = \frac{f_{21}}{v_1} \Rightarrow Z_{12} = Z_{21} \tag{6-37}$$

式中，$Z_{21} = \dfrac{f_{21}}{v_1}$ 为声源1的辐射场对声源2的互辐射阻抗；$Z_{12} = \dfrac{f_{12}}{v_2}$ 为声源2的辐射场对声源1的互辐射阻抗。

对于声场中振速分布均匀的两个声源，声场中声源间的互辐射阻抗相等。

如果一个换能器既可以作为声源辐射声波，又可以作为接收器接收声波，则此换能器称作收发互易换能器。

在第4章中给出了声源的指向性以及指向性函数的概念，类似地，接收器也有其指向性及指向性函数的概念。

以接收器为球心的远场球面上有点声源辐射声波，点声源在球面不同位置 (r_0, θ, φ) 时，接收器接收面上的接收力为 $F(r_0, \theta, \varphi)$，则接收器的接收指向性函数为

$$D_r(r_0, \theta, \varphi) = \frac{|F(r_0, \theta, \varphi)|}{|F(r_0, \theta_0, \varphi_0)|} \tag{6-38}$$

式中，$|F(r_0, \theta_0, \varphi_0)| = \max\{|F(r_0, \theta, \varphi)|\}$。

并且，利用声场互易原理可以证明，收发系统的接收指向性函数与其发射指向性函数是相同的。

6.4　多普勒效应

用接收器接收声波，由于介质、辐射器和接收器有相对运动，会使得接收器接收的声波频率与辐射器辐射声波的频率不同，此现象称作多普勒效应（现象）。

（1）介质中声波波速为 c，辐射器辐射频率为 f，接收器相对介质静止，辐射器相对介质以 v 的速度向接收器运动，此时介质中声波的波长为 $\lambda' = \dfrac{c}{f} - \dfrac{v}{f} = \dfrac{c-v}{f}$，因此，接收器接收到的频率为

$$f' = \frac{c}{\lambda'} = \frac{c}{\dfrac{c-v}{f}} = \frac{1}{1 - M_v} f \tag{6-39}$$

式中，$M_v = \dfrac{v}{c}$ 为辐射器在介质中运动的马赫数。辐射器相对运动时的多普勒效应如图6-5所示。

同理，当接收器相对介质静止，辐射器相对介质以 v 的速度远离接收器运动，接收器接收到的频率为

$$f'' = \frac{c}{\lambda''} = \frac{c}{\dfrac{c+v}{f}} = \frac{1}{1 + M_v} f \tag{6-40}$$

可见，当接收器相对介质静止，辐射器向接收器运动时接收器接收到的频率会比辐射器发射频率高；反之，辐射器远离接收器运动时接收器接收到的频率会比辐射器发射频

率低。

（2）介质中声波波速为 c，辐射器辐射频率为 f，辐射器相对介质静止，接收器相对介质以 u 的速度向辐射器运动。声波通过接收器一个波长所经历时间为

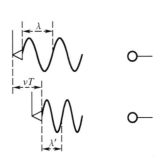

$$T' = \frac{\lambda}{c + u} = \frac{c}{f(c + u)} \tag{6-41}$$

其倒数为接收器接收的频率为

$$f' = \frac{1}{T'} = \frac{c + u}{c}f = (1 + M_u)f \tag{6-42}$$

图 6-5　辐射器相对运动时的多普勒效应

式中，$M_u = \dfrac{u}{c}$ 为接收器在介质中运动的马赫数。接收器相对运动时的多普勒效应如图 6-6 所示.

同理，介质中声波波速为 c，辐射器辐射频率为 f，辐射器相对介质静止，接收器相对介质以 u 的速度远离辐射器运动，接收器接收的频率为

$$f'' = \frac{1}{T''} = \frac{c - u}{c}f = (1 - M_u)f \tag{6-43}$$

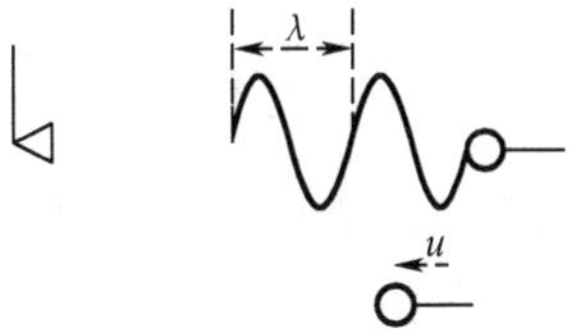

图 6-6　接收器相对运动时的多普勒效应

可见，当辐射器相对介质静止，接收器向辐射器运动时接收器接收到的频率会比辐射器发射频率高；反之，接收器远离辐射器运动时接收器接收到的频率会比辐射器发射频率低。

（3）根据（1）和（2）过程，介质中声波波速为 c，辐射器辐射频率为 f，辐射器相对介质以 v 的速度向接收器运动，接收器相对介质以 u 的速度向辐射器运动，接收器接收的频率为

$$f' = \frac{1 + M_u}{1 - M_v}f \tag{6-44}$$

（4）介质中声波波速为 c，辐射器相对介质以 v 的速度运动，发射声波频率为 f，接收器相对介质以 u 的速度运动，辐射器与接收器的连线方向的单位向量记为 $\boldsymbol{r}_{tr}$（发射指向接收）和 $\boldsymbol{r}_{rt}$（接收指向发射），则接收器接收的频率：

$$f' = \frac{1 + M_u\cos\theta}{1 - M_v\cos\varphi}f \tag{6-45}$$

式中，$\cos\theta = \dfrac{\boldsymbol{u}\cdot\boldsymbol{r}_{rt}}{|\boldsymbol{u}|}$；$\cos\varphi = \dfrac{\boldsymbol{v}\cdot\boldsymbol{r}_{tr}}{|\boldsymbol{v}|}$；$M_u = \dfrac{u}{c}$；$M_v = \dfrac{v}{c}$。

习　　题

1. 如何利用多普勒效应测量流体的流速？

第7章 介质对声波的吸收和吸声材料、吸声结构

7.1 介质对声波的吸收

7.1.1 声衰减的原因

在之前的章节中,如均匀扩散球面波或均匀扩散柱面波,声波在传播过程中,由于波阵面的扩张,导致单位面积上能量的减少,致使声波声压幅值在传播过程中随着距离的增加而出现衰减,这种由于波阵面扩张引起的声波在传播中的衰减现象称为几何衰减。又如介质中存在大小不一的粒子,声波在传播过程中入射到这些粒子上引起粒子的散射,导致沿原来入射方向的声波能量会有发散,也会导致声波声压幅值随着传播距离的增加而出现衰减。这两种原因导致的声衰减对声能都没有损耗,声场总的声能保持不变。这是由于在之前的学习中,不管是流体介质还是弹性介质都是理想化的,只考虑了弹性形变,并且形变的过程也是绝热过程,在此基础上得到声波的波动方程,所以声波在传播过程中不存在声能转化为其他形式能量的过程,也就没有声能的消耗。

实际上,即使是平面波,在传播过程中也会出现声波振幅衰减的现象,这是由于声波在介质中传播,介质本身会对声波能量产生吸收作用,导致声波振幅的衰减。另外,声波在富含散射体的介质中传播时会导致散射体的振动,使散射体产生形变,就会有一部分的声能转化为热能,也会导致声波振幅的衰减。这两种原因导致的声波振幅的衰减是由于声能转化为其他形式的能量引起的,称之为物理衰减。

7.1.2 介质的声吸收

1. 描述介质声吸收的方法

声吸收是指声波在媒质中传播或在界面反射过程中,能量减少的现象。造成声吸收的原因主要是媒质的黏滞性、热传导性和分子弛豫过程,使有规的声运动能量不可逆的转变为无规的热运动能量。

谐和平面声波在介质中传播,x_1,x_2 是沿传播方向的两点,$\xi(x_1)$、$\xi(x_2)$ 分别是声波在 x_1、x_2 处的幅值,则 $\alpha = \dfrac{1}{x_2-x_1}\ln\left[\dfrac{\xi(x_1)}{\xi(x_2)}\right]$ 称作介质的声吸收系数[单位:奈培/米(Np/m)]。

介质的声吸收系数反映了介质对声波的吸收程度,是平面声波在介质中传播单位距

离,幅度相对变化的自然对数值。有时也用"波长声吸收系数"表示介质的声吸收程度,公式为

$$\lambda \alpha = \ln\left[\frac{\xi(x_1)}{\xi(x_1 + \lambda)}\right] \quad (\text{单位:奈培}/\lambda) \tag{7-1}$$

而在水声学中,则用式(7-2)定义介质的声吸收系数。

$$\alpha' = \frac{1}{x_2 - x_1}10\lg\left[\frac{I(x_1)}{I(x_2)}\right] \quad (\text{单位:dB/m}) \tag{7-2}$$

此时,波长声吸收系数表示为

$$\lambda \alpha' = 10\lg\frac{I(x_1)}{I(x_1 + \lambda)} \quad (\text{单位:dB}/\lambda) \tag{7-3}$$

奈培/米(Np/m)与分贝/米(dB/m)具有如下转换式:

$$1\ \text{Np/m} = 8.68\ \text{dB/m}$$

如果,在声吸收系数为 α 的介质中有谐和平面声波传播,且 $x=0$ 处声压幅值是 p_0,则介质中声场可表示为

$$p(x,t) = p_0 e^{-\alpha x}e^{j(\omega t - kx)} = p_0 e^{j(\omega t - kx + j\alpha x)}$$
$$= p_0 e^{j[\omega t - (k - j\alpha)x]} = p_0 e^{j(\omega t - k^* x)} \tag{7-4}$$

式中, $k^* = (k - j\alpha)$ 称为声波在介质中的复波数。

可见,介质中的复波数 $k^* = \frac{\omega}{c} - j\alpha$ 可表示介质的声吸收。复波数 k^* 的实部为介质中声波的波数,虚部为介质的声吸收系数。

又因为 $k = \frac{\omega}{c}$,因此,复波数 $k^* = k - j\alpha = \frac{\omega}{c^*}$,由此可知,介质的复声速可表示为

$$c^* = \frac{\omega}{k^*} = \frac{\omega}{k - j\alpha} \tag{7-5}$$

当 $k \gg \alpha$ 时,式(7-5)可化为

$$c^* = \frac{\omega(k + j\alpha)}{(k - j\alpha)(k + j\alpha)} = \frac{c\left(1 + j\frac{\alpha}{k}\right)}{1 + \left(\frac{\alpha}{k}\right)^2} \approx c\left(1 + j\frac{\alpha}{k}\right) \tag{7-6}$$

式(7-6)称为介质的复波速。

可见,介质中的复波速 $c^* = c\left(1 + j\frac{\alpha}{k}\right)$ 也可表示介质的声吸收。

2. 介质声吸收的机理

均匀介质对声波的吸收作用,通常分为黏滞性吸收、热传导吸收以及内分子过程吸收三类。早在20世纪 Stokes 和 Kirchhoff 就对前两种声吸收的机理作了理论阐明和计算,这些工作对声吸收的机理研究有着重要的作用,通常称之为古典声吸收。

随着声学理论工作的发展和声学测量设备、测量方法的提高,介质声吸收的内分子能量传输的弛豫声吸收机理被提出和证实,完善了介质声吸收理论。它不仅修正了古典吸收

和实际测量结果的不一致，还促进了用声学方法研究物质结构新理论、新方法的研究，进而开拓出了一个新的声学研究领域——分子声学。

7.1.3 介质的黏滞性吸收

声波在介质中传播是会引起介质的形变，这种形变又会导致介质中内应力的变化，而根据广义胡克定律可知，内应力与应变是成正比的。实际的流体介质都是非理想的，都是具有黏滞性的，由于介质的黏滞性导致的应力会产生介质的内"摩擦力"作用，当声波在实际的流体介质中传播时，介质的黏滞性作用会使得部分声能转化为热能消耗掉，进而会致使声波在传播过程中振动幅值随传播距离的增加而减小。这种由于介质的黏滞作用引起的声波衰减在声学中称为介质的黏滞性吸收。

对于平面声波的传播问题，单位面积上的黏滞力可表示成与速度梯度成正比的关系，即

$$T = \eta \frac{\partial u}{\partial x} \tag{7-7}$$

式中，比例系数 η 称为黏滞系数。通常它由两部分组成，一部分是切变黏滞系数 η'，另一部分是容变黏滞系数 η''。且黏滞系数表示为 $\eta = \frac{3}{4}\eta' + \eta''$。因此对于黏滞流体介质在运动方程中还需计及黏滞应力的部分，它等于

$$p' = -T = -\eta \frac{\partial u}{\partial x} \tag{7-8}$$

则黏滞流体介质中的波动方程可化为

$$\rho_0 \frac{\partial^2 \xi}{\partial t^2} = K_s \frac{\partial^2 \xi}{\partial x^2} + \eta \frac{\partial^3 \xi}{\partial x^2 \partial t} \tag{7-9}$$

对于简谐声波，其函数形式为 $\xi(x,t) = \xi_1(x)e^{j\omega t}$，则式（7-9）可化为

$$-\rho_0 \omega^2 \xi_1 = (K_s + j\omega\eta)\frac{\partial^2 \xi_1}{\partial x^2} = K\frac{\partial^2 \xi_1}{\partial x^2} \tag{7-10}$$

因此有 $-k^* \xi_1 = \frac{\partial^2 \xi_1}{\partial x^2}$，其中 $k^* = \omega\sqrt{\frac{\rho_0}{K}}$ 称为复波数，可表示为

$$k^* = \frac{\omega}{c} - j\alpha_\eta \tag{7-11}$$

为计算黏滞介质中声波的传播速度以及介质的吸收系数，令

$$K = (K_s + j\omega\eta) = K_s\left(1 + j\omega\frac{\eta}{K_s}\right) = K_s(1 + j\omega H) \tag{7-12}$$

由复波数 k^* 和式（7-12）可得

$$\left.\begin{array}{l} \dfrac{\omega^2}{c^2} - \alpha_\eta^2 = \dfrac{\omega^2 \rho_0}{K_s}\dfrac{1}{1 + \omega^2 H^2} \\[4mm] 2\alpha_\eta \dfrac{\omega}{c} = \dfrac{\omega^2 \rho_0}{K_s}\dfrac{\omega H}{1 + \omega^2 H^2} \end{array}\right\} \tag{7-13}$$

当黏滞力与弹性力相比为很小时,即 $\frac{\omega\eta}{K}=\omega H\ll1$ 时,解式(7-13)可得

$$c = \sqrt{\frac{K_s}{\rho_0}} = \sqrt{\frac{1}{\rho_0\beta_s}} \qquad (7-14)$$

$$\alpha_\eta = \frac{\omega^2\eta}{2\rho_0c^3} = \frac{\omega^2}{2\rho_0c^3}\left(\frac{4}{3}\eta' + \eta''\right) \qquad (7-15)$$

式中,β_s 为流体的压缩系数。

由式(7-15)可知,介质的黏滞声吸收系数与频率的平方成正比,与声速的三次方成反比。

7.1.4 介质的热传导声吸收系数

在声波传播过程中,会引起介质的形变,当形变产生介质的压缩时会导致此处温度升高,当形变产生介质的膨胀时会导致此处温度降低,由于声波产生的介质的压缩和膨胀交替变化过程很短,因此声波传播过程基本上是绝热过程,而不是等温过程。但是尽管这种介质的压缩膨胀交替变化过程很短,也会在相邻的膨胀区和压缩区之间形成温度梯度,产生热传导过程。这个过程是不可逆的,因此使小部分的声能转化为热能消耗掉,使得声波在传播过程中振动幅值随传播距离的增加而减小,这种由于介质的热传导作用引起的声波衰减在声学中称为介质的热传导吸收。

理论计算表明,介质的热传导声吸收系数为

$$\alpha_h = \frac{\omega^2}{2\rho_0c^3}\chi\left(\frac{1}{C_v} - \frac{1}{C_p}\right) \qquad (7-16)$$

式中 χ 为介质的热传导系数;C_v 为介质的等容比热;C_p 为介质的等压比热。

由式(7-16)可知,介质的热传导声吸收系数也与频率的平方成正比,与声速的三次方成反比。

7.1.5 古典声吸收理论

在考虑了介质的黏滞和热传导效应后,总的声吸收系数为

$$\alpha = \frac{\omega^2}{2\rho_0c^3}\left[\left(\frac{4}{3}\eta' + \eta''\right) + \chi\left(\frac{1}{C_v} - \frac{1}{C_p}\right)\right] \qquad (7-17)$$

这就是斯托克斯-克希霍夫公式,即古典声吸收理论的介质声吸收系数。

对于某些像氩、氖、氮气等单原子惰性气体,古典声吸收理论计算结果与实验测量结果能吻合较好,但对于大多数多原子气体,理论和实验结果相差很大。

类似气体情况,对于液态氩、氧、氮、氢等单原子液化气体和水银,古典声吸收理论计算结果与实验测量结果能吻合较好,而对于其他绝大多数的液体,古典声吸收理论计算结果比实验测量结果要小。

由古典声吸收理论计算一般介质的声吸收系数结果可知,声吸收系数与频率的平方成正比,黏滞性声吸收系数大于热传导声吸收系数,并且黏滞性吸收系数与热传导声吸收系

数是同一数量级的。以常见介质空气,海水,淡水的声吸收系数为例,分析古典声吸收理论计算值与实际测量值的差别,结果如图 7-1 所示。

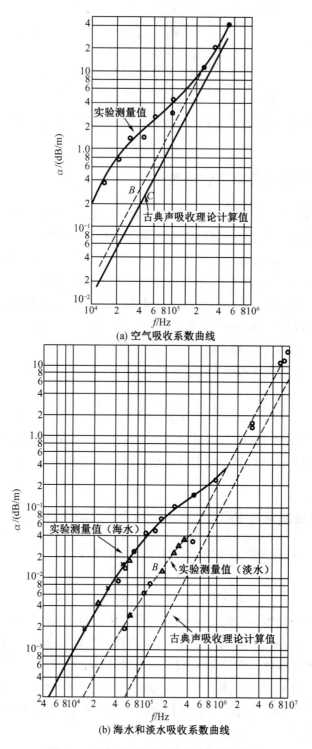

(a) 空气吸收系数曲线

(b) 海水和淡水吸收系数曲线

图 7-1　空气、海水以及淡水吸收系数曲线

7.1.6 分子弛豫引起的声吸收

由图 7-1 可知,实验测量实际介质的声吸收结果与古典声吸收计算值有较大差别,主要表现在:实际介质的声吸收值大于古典声吸收计算值,在某些频段上实际介质的声吸收值不与频率的平方成比例。为了描述这个差别,定义了"超吸收"的概念。

所谓"超吸收"是指实际介质的声吸收超出古典声吸收理论计算值的那部分声吸收。由于古典声吸收理论所考虑的声吸收是介质"质团"运动引起的,而实际介质是由分子构成,即大量的分子构成"质团",正是古典声吸收理论对介质模型的简化,没有考虑到介质微观结构–分子的"运动",因而不会预计还会有另一类吸声机制——弛豫声吸收。"超吸收"是介质的弛豫声吸收引起的,表明古典声吸收理论的介质模型不完善。

介质在每一个状态下,分子的各个"能态"的分子数目是一定的,达到统计平衡态,声波作用下改变了介质状态,各个"能态"的分子数目随之变化,向新的统计平衡态转移。完成两个平衡态之间转移的时间为弛豫时间,记为 τ_i。这里"能态"是一个宽泛的概念,它有许多表现形式,如分子的动能,分子的化学能,分子的结构能等。

弛豫时间 τ_i 对介质宏观物理量的影响表现为:一定质量的介质中压强 p 与体积 V 的变化之间存在时间差,声波过程在 P-V 图上表现为包围一块"面积"的闭曲线。该面积就是一个周期内介质吸收的声波能量。

弛豫声吸收是声波作用下介质分子的弛豫过程引起的声吸收。能引起介质声吸收的"弛豫过程"的种类有分子热弛豫、分子结构弛豫和化学弛豫。

分子热弛豫是最早提出的一种弛豫吸收机制。一般发生于多原子分子的气体中。其实质是,由于分子的相互碰撞,使外自由度(指分子平动自由度)和内自由度(分子的振动和转动自由度)之间发生能量的重新分配。当媒质静止时,可用压强、温度、密度等物理参量描述这一平衡状态。此时分子的内外自由度能量也应具有一定的平衡分配。当声波通过时,媒质发生压缩和膨胀过程,媒质的物理参量及其相应的平衡状态也将随声波过程而发生简谐变化。而任何状态的变化都伴有内外自由度能量的重新分配,并向一个具有新的平衡能量分配状态过渡。然而建立一个新的平衡分配需要一段有限的时间。这样的过程称为弛豫过程,建立新的平衡状态所需要的时间称为弛豫时间。这种过程伴随着热力学熵的增加。由此导致有规的声能向无规的热转化,即声波的弛豫吸收。

当声波通过会产生可逆化学反应的媒质时,也会发生与上述热弛豫类似的化学反应平衡的破坏,并产生弛豫过程。这种过程同样也导致声的吸收。可以出现这种化学反应弛豫的媒质有分子发生解离和缔合作用的气体,各种能起化学反应的混合物以及电解质溶液等。

当声波通过一般液体时,由于分子间互相作用力很强,热弛豫时间很短,其吸收主要由于其分子的体积发生变化,这种发生媒质微观结构的重建过程的弛豫称为结构弛豫。

综上,第 i 种弛豫过程引起的介质吸收的声吸收系数:

$$\alpha_i = \frac{\omega^2}{2\rho c^3}\left(\frac{\eta_i}{1 + \omega^2 \tau_i^2}\right) \tag{7-18}$$

式中，τ_i 第 i 种弛豫过程的弛豫时间；η_i 与第 i 种弛豫过程有关的常数；ω 声波角频率。其随角频率 ω 的变化规律如图 7-2 所示。

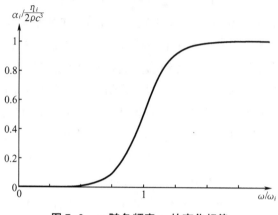

图 7-2　α_i 随角频率 ω 的变化规律

7.1.7　介质的声吸收系数

综上，如果各种弛豫过程独立，则介质的声吸收系数为古典声吸收理论的声吸收系数与各种弛豫声吸收系数之和：

$$\alpha = \alpha_\eta + \alpha_h + \sum_i \alpha_i = \frac{\omega^2}{2\rho c^3}\left[\left(\frac{4}{3}\eta' + \eta''\right) + \chi\left(\frac{1}{C_v} - \frac{1}{C_p}\right) + \sum_i \frac{\eta_i}{1 + \omega^2\tau_i^2}\right]$$

(7-19)

式中，η' 介质的切变黏滞系数；η'' 介质的体黏滞系数；χ 介质的热传导系数；C_v 介质的等容比热；C_p 介质的等压比热；τ_i 第 i 种弛豫过程的弛豫时间；η_i 与第 i 种弛豫过程有关的常数。

7.1.8　纯水与海水的声吸收

分子热弛豫吸收理论不但适于在气体分子内过程引起的超吸收，还适用于诸如 CS_2、苯、乙炔等液体介质。但是对于类似酒精和水一类的分子受邻近分子强作用的液体，其弛豫时间很短，由于分子热弛豫吸收与弛豫时间成正比，因此这类液体的热弛豫声吸收很小。所以水中的超吸收不是分子热弛豫吸收引起的。

1. 纯水的超吸收

纯水的晶格不仅会随着外界压力温度条件的变化而变化，还能组成多分子结构，不同结构的分子大小不同，具有的内能也不同，因此纯水是一种特殊的液体，通常可称为缔合液体。在某些条件下，缔合液体中不同结构多分子的数量是按照特定配分函数分配的。当条件改变时，不同分子的分配数以及液体的体积和能量等参数都要发生改变，这种改变是要经过一段时间才能达到一定的平衡，因此这种内分子结构的变化称为内分子的结构弛豫。

1947 年，哈尔在前人的基础上，提出了用结构弛豫计算纯水的声吸收理论，该理论能较好地解决关于纯水的超吸收问题，从而总结出结构弛豫声吸收是纯水中超吸收的主要原因。

2. 海水的超吸收

与纯水类似,海水中也存在弛豫吸收。实验结果表明在 $f<10^6$ MHz 时,海水的声吸收系数比纯水的声吸收系数大很多,并且声吸收系数与频率平方的比值在 $100\sim200$ kHz 有跳变,这就说明在此频率范围内存某种弛豫吸收。

Leonard,Combs 和 Skidmore 等于 1949 年通过实验发现海水的超吸收与海水的溶解盐有关,但对海水超吸收其主要贡献的不是溶解度大的一价盐 NaCl,而是溶解度小的的二价盐 $MgSO_4$。通过一系列的实验室实验表明,二价盐都具有明显的超吸收现象,然而一价盐不仅测不出高于纯水的超吸收,甚至在高频段还会呈现负的超水吸收。同时还发现当一价盐的浓度越大,海水超吸收相比纯水的超吸收就越小,分析其原因则是由于溶质对水分子结构变化有影响的缘故;同样,在二价盐溶液中加入一价盐溶液,溶液中的超水吸收不但没有升高反而下降。这就证实了溶液中二价盐的声吸收系数和其浓度成线性关系。海水的这种超吸收弛豫过程是化学反应的弛豫过程,因此海水超吸收的主要原因是化学弛豫声吸收。

海水中 $MgSO_4$ 的溶解化学反应是 $MgSO_4 \leftrightarrow Mg^{2+}+SO_4^{2-}$。$MgSO_4$ 的弛豫时间较短,弛豫时间对应的频率约为:1.3×10^5 Hz。

海水中溶解有多种盐类,对于他们的化学弛豫声吸收,由于各种盐类的弛豫时间不同,对应有不同的频率。所以,海水中声吸收的经验公式在声波的不同频段有不同的表示:

(1)海水中声吸收的经验公式 1(Schulkin 和 Marsh)

$$\alpha = 1.89 \times 10^{-2} \frac{S \times f_m \times f^2}{f_m^2 + f^2} + 2.72 \times 10^{-2} \frac{f^2}{f_m} \ \text{dB/km} \tag{7-20}$$

式中,$f(\text{kHz})$ 为声波信号频率,弛豫频率 $f_m = 21.9 \times 10^{6-\frac{1520}{T+273}}$ kHz,温度 $T(\text{℃})$,盐度 $S(‰)$。

此经验公式适用的声波频段为 $2\sim25$ kHz。

(2)海水中声吸收的经验公式 2(Thorp)

$$\alpha = \frac{0.102 \times f^2}{1 + f^2} + \frac{40.7 \times f^2}{4100 + f^2} \ \text{dB/km} \tag{7-21}$$

其中,$f(\text{kHz})$ 为声波信号频率。此经验公式适用的声波频段为 $0.1\sim5$ kHz。

7.2　吸声材料及吸声结构

7.2.1　概述

在礼堂、剧场、教室等许许多多的场所,为了降低场所表面产生的反射声,通常在其表面敷设特殊的材料或采用特殊的结构,用于吸收入射声能量,降低反射声能量,这些材料称为吸声材料,这些结构称为吸声结构。对于吸声材料,其本身具有吸声特性,如玻璃棉、岩棉等纤维或多孔材料。而对于吸声结构,其构成吸声结构的材料本身不具备吸声特性,但由材料制成某种结构后具有吸声能力,如穿孔石膏板吊顶、谐振腔等。吸声材料和吸声结构广泛地应用于音质设计和噪声控制中。

1. 吸声材料的应用

在礼堂和剧场中,音响设备发出的声音由墙壁及顶棚的散射产生混响(交混回响)。恰当的混响时间能"润色"声音,但是如果混响时间过长会引起"嗡嗡"声,这样听到声音的清晰度会下降,为此,需要在礼堂、剧场、教室等场所的四壁和顶棚等地装置恰当的吸声材料。在建筑声学中,吸声问题已成为这门学科的重要内容。

至于在水声技术中,由于作用距离的增远,水声设备性能的提高,反水声探测材料的研究工作也响应加强。水声中研究吸声技术的目的是研究特殊的吸声结构和吸声材料,装置在舰船上或敷设在艇体表面,以减小舰船本体的振动产生的辐射噪声和减弱艇体表面的反射;装置在水声实验水池四壁和上下面消除反射声。

对吸声材料或吸声结构的基本要求是,在一定的频率范围内,具有一定的吸声能力。作为吸声材料或吸声结构的主要性能指标有:

(1)界面吸声系数

当平面波垂直入射到吸声材料层或吸声结构层表面时,透入到吸声层的声能与入射声波声能的比值称为吸声设备的界面吸声系数。

令平面声波强度为 I_i,透射进吸声层的单位面积中的平均声能为 I_t,假设吸声层的结构均匀,则反射波依然可以近似为平面波,此时吸声层单位面积上的反射声波强度为 I_r,因此吸声系数 α 可用下式表示:

$$\alpha = \frac{I_t}{I_i} \tag{7-22}$$

由吸声系数的概念可知,吸声系数必定是小于 1 的数值。

(2)吸声设备的谐振频率

此谐振频率又可称之为最大吸声频率,是吸声设备的吸声系数最大值所对应的频率。

(3)吸声设备的频带宽度

设定吸声设备最小吸声系数,则超过这个额定值的频率范围称为吸声设备的频带宽度,它决定了吸声设备的频率特性。

在水声中,通常要求宽带吸声设备在频率范围内,其吸声设备表面的反射系数要小于10%。对于敷设在艇体表面的吸声覆盖,除了要满足反射的要求外,还要兼顾吸声覆盖的物理和化学性能的稳定性,保证在长期浸泡的情况下吸声系数长久不变,并且防止长期浸泡对吸声覆盖的侵蚀和老化;在工艺上要求吸声覆盖能长期牢固的粘贴在艇体表面,保证在长期快速的航行中吸声覆盖不会脱落,还有保证吸声覆盖层表面平滑,不会严重影响舰船航行速度。

2. 界面的吸声系数与声压反射系数模值的关系

根据界面吸声系数的定义,其也可表述为:平面声波垂直入射到界面上,入射声强与反射声强之差与入射声强的比为界面的吸声系数。

$$\alpha = \frac{I_i - I_r}{I_i} = 1 - |R|^2 \qquad (7-23)$$

根据第 3 章的知识,当平面波垂直入射到法向声阻抗率为 Z_n 的平面分界面上时,其反射系数为

$$R = \frac{Z_n - \rho c}{Z_n + \rho c} \qquad (7-24)$$

式中,ρc 为介质的特性阻抗;Z_n 为界面的法向声阻抗率。

若将界面的比阻抗定义为 $\dfrac{Z_n}{\rho c} = R_b + jX_b$,则有

$$R = \frac{(R_b - 1) + jX_b}{(R_b + 1) + jX_b} = |R|e^{j\varphi} \qquad (7-25)$$

$$|R| = \left| \frac{(R_b - 1) + jX_b}{(R_b + 1) + jX_b} \right| = \sqrt{\frac{(R_b - 1)^2 + X_b^2}{(R_b + 1)^2 + X_b^2}} \qquad (7-26)$$

$$\tan \varphi = \frac{2X_b}{R_b^2 + X_b^2 - 1} \qquad (7-27)$$

由式(7-23)和式(7-26)得

$$\alpha = 1 - |R|^2 = 1 - \frac{(R_b - 1)^2 + X_b^2}{(R_b + 1)^2 + X_b^2} \Rightarrow \left(R_b - \frac{2-\alpha}{\alpha}\right)^2 + X_b^2 = \frac{4(1-\alpha)}{\alpha^2} \qquad (7-28)$$

在 R_b-X_b 平面上等 α(等吸声)曲线为圆(图 7-3)。

因为 $\alpha = 1 - |R|^2$,因此有

$$\left(R_b - \frac{1+|R|^2}{1-|R|^2}\right)^2 + X_b^2 = \frac{4|R|^2}{(1-|R|^2)^2} \qquad (7-29)$$

在 R_b-X_b 平面上等 $|R|$(等声压反射系数模值)曲线为圆(图 7-4)。

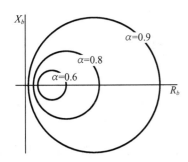

图 7-3　R_b-X_b 平面上等 α 曲线

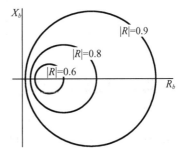

图 7-4　R_b-X_b 平面上等 $|R|$(等幅值)曲线

由式(7-28)可得

$$\tan \varphi (R_b^2 + X_b^2 - 1) = 2X_b$$

$$\Rightarrow R_b^2 + \left(X_b^X - \frac{1}{\tan \varphi}\right)^2 = \left(1 + \frac{1}{\tan^2 \varphi}\right) \qquad (7-30)$$

在 R_b-X_b 平面上等 φ（等声压反射系数相角）曲线也为圆（图7-5）。

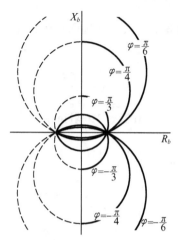

图 7-5　R_b-X_b 平面上等 φ（等相角）曲线

R_b-X_b 平面上等 R（等反射系数）曲线也为圆（图7-6）。

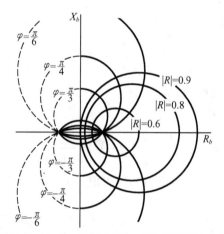

图 7-6　R_b-X_b 平面上等 R（等反射系数）曲线

7.2.2　均匀弹性吸声材料

1. 均匀弹性吸声材料的吸声原因

诸如黏弹性材料这类均匀弹性材料在声波作用下会发生形变,由于材料的黏性内摩擦作用和材料的弹性弛豫过程作用,会把声波的声能转化为热能。橡胶、塑料、尼龙等高分子聚合物材料多属于这一类材料。

均匀弹性材料是由长分子链组成的,并且每个分子链又是由许许多多个链段连接组成。长链分子受力产生高弹性形变,这种形状改变导致内摩擦生热,引起机械能损耗。宏观表现为声压与振速之间有延迟（相位差）。均匀弹性材料产生在外力作用下产生高弹性形变,分子链到达平衡会需要时间,当撤掉外力后,分子链要自行恢复到原来的平衡状态,这也需要一个过程,这种弛豫过程被称作高弹性形变的弹性弛豫过程。

2. 黏弹性材料的平面波波阻抗

在计算黏弹性材料的平面波波阻抗时只考虑纵振动(有类似细棒纵振动波的近似条件),设黏弹性材料中谐和的纵振动平面压缩波的复数声压函数为 $p(x,t)=p(x)\,e^{j\omega t}$,根据广义胡克定律,应变与应力的关系为

$$\varepsilon_{xx} = \frac{1}{E}T_{xx} \tag{7-31}$$

式中,E 为材料的杨氏模量。

这里,只考虑由 x 方向的正应变引起的 x 方向的面元在 x 方向的受力,略去了其他应变、应力分量。

介质中有吸收,可认为杨氏模量是复数:

$$\widetilde{E} = E e^{j\delta} = E(\cos\delta + j\sin\delta) = E_e(1+j\eta) \tag{7-32}$$

式中,$E_e = E\cos\delta$;$\eta = \dfrac{\sin\delta}{\cos\delta} = \tan\delta$ 称为材料损耗系数。

常温常压下,$\eta \approx 0.002$(玻璃);$\eta \approx 0.13$(软木);$\eta \approx 0.2$(橡胶);δ 材料损耗角。

因为 $c^2 = \dfrac{E}{\rho} \Rightarrow \widetilde{c}^2 = \dfrac{\widetilde{E}}{\rho} = \dfrac{E_e}{\rho}(1+j\eta)$(参见细棒纵振动波速),可知

$$\widetilde{c} = \sqrt{\frac{E_e}{\rho}(1+j\eta)} = \sqrt{\frac{E_e}{\rho}}\sqrt{(1+j\eta)} = c_0\sqrt{(1+j\eta)} \tag{7-33}$$

由式(7-33)可知

$$\widetilde{k} = \frac{\omega}{\widetilde{c}} = \frac{\omega}{c_0}\frac{1}{\sqrt{1+j\eta}} \tag{7-34}$$

由于 $\eta<1$,式(7-34)可化为

$$\widetilde{k} = \frac{\omega}{\widetilde{c}} = \frac{\omega}{c_0}\frac{1}{\sqrt{1+j\eta}} \approx \frac{\omega}{c_0}\left(1 - j\frac{\eta}{2}\right) \tag{7-35}$$

式中,$c_0 = \sqrt{\dfrac{E_e}{\rho}}$。

因此,声压函数化为 $p(x,t) = p_0 e^{j(\omega t - \widetilde{k}x)}$。由于 $\varepsilon_{xx}(x,t) = -\dfrac{1}{\widetilde{E}}T_{xx} = -\dfrac{1}{\widetilde{E}}p(x,t)$,且

$\varepsilon_{xx} = \dfrac{\partial}{\partial x}\xi(x,t)$,而振速为 $u(x,t) = \dfrac{\partial}{\partial t}\xi(x,t)$,因此有

$$\int u(x,t)\,\mathrm{d}t = \int \varepsilon_{xx}(x,t)\,\mathrm{d}x$$

$$\Rightarrow \frac{1}{j\omega}u(x,t) = -\int\frac{1}{\widetilde{E}}p(x,t)\,\mathrm{d}x$$

$$\Rightarrow u(x,t) = -\frac{j\omega}{\widetilde{E}}\int p_0 e^{j(\omega t - \widetilde{k}x)}\,\mathrm{d}x = -\frac{j\omega p_0 e^{j(\omega t - \widetilde{k}x)}}{\widetilde{E}(-j\widetilde{k})} = \frac{1}{\rho\widetilde{c}}p_0 e^{j(\omega t - \widetilde{k}x)} \tag{7-36}$$

因此波阻抗为

$$Z = \frac{\widetilde{p}(x,t)}{\widetilde{u}(x,t)} = \rho\widetilde{c} = \rho c_0 \sqrt{(1+\mathrm{j}\eta)} \approx \rho c_0 \left(1 + \mathrm{j}\frac{\eta}{2}\right) \tag{7-37}$$

式中，$c_0 = \sqrt{\dfrac{E_\mathrm{e}}{\rho}}$。

3. 无限厚黏弹性材料界面的吸声系数

将所得上式，推用至半无限黏弹性介质的平面表面，可得半无限黏弹性介质表面的法向声阻抗率为

$$Z_n = \frac{\widetilde{p}}{\widetilde{u}}\bigg|_{\text{界面}} = \rho\widetilde{c} = \rho c_0 \sqrt{(1+\mathrm{j}\eta)} \approx \rho c_0 \left(1 + \mathrm{j}\frac{\eta}{2}\right) \tag{7-38}$$

如果介质的特性阻抗为 $\rho'c'$，则由前节公式，可得界面声压反射系数的模值：

$$|R| = \left|\frac{(R_b - 1) + \mathrm{j}X_b}{(R_b + 1) + \mathrm{j}X_b}\right| = \sqrt{\frac{\left(\dfrac{\rho c_0}{\rho'c'} - 1\right)^2 + \left(\dfrac{\rho c_0 \eta}{2\rho'c'}\right)^2}{\left(\dfrac{\rho c_0}{\rho'c'} + 1\right)^2 + \left(\dfrac{\rho c_0 \eta}{2\rho'c'}\right)^2}} \tag{7-39}$$

为获得小的声压反射系数，通常设计成：$\rho c_0 \approx \rho'c'$，则声压反射系数的模值为

$$|R| = \sqrt{\frac{\left(\dfrac{\eta}{2}\right)^2}{(1+1)^2 + \left(\dfrac{\eta}{2}\right)^2}} \approx \frac{\eta}{4} \quad (\text{因为 } \eta < 1) \tag{7-40}$$

此时界面的吸声系数

$$\alpha = 1 - |R|^2 = 1 - \left(\frac{\eta}{4}\right)^2$$

7.2.3 多孔性吸声材料

1. 多孔性吸声材料的吸声原因

多孔吸声材料是多孔状结构的材料。丝棉类材料、丝绒布幕、水底的沙层等多属于此类材料。

声波入射到多孔吸声材料上时，一方面构成多孔吸声材料的介质在入射声波的作用下会产生振动，导致介质和孔隙壁的摩擦；另一方面构成孔隙的介质在声波的作用下会产生伸长或压缩形变，在形变过程中会导致介质的温度变化，进而引起介质和孔隙壁之间的热传导作用。上述这两种热力学作用都是不可逆过程，会使得声波的声能转化为热能消耗掉，这就是一方面材料里的介质在声波作用下产生振动，引起介质与孔道壁的摩擦；另一方面孔道中介质在声波作用下引起压缩伸张形变。在形变过程中介质的温度发生变化，因而与孔道壁之间产生热传导作用，这两种作用都是不可逆过程，使得声波的能量转变为热能而消耗。这就是多孔性吸声材料的吸声原因。

影响多孔性吸声材料吸声性能的因素主要有材料中的空气流阻(空气流稳定的流过材料时材料两面的静压差和流速之比)、空隙率(材料中空隙体积和材料总体积之比)、材料厚度、材料表观密度(容重)等。

2. 多孔性吸声材料的平面波波阻抗

多孔性吸声材料的平面波波阻抗如图7-7所示。

(1)多孔性材料中的介质运动方程

$$-\frac{\partial p}{\partial x} = \rho_0 \frac{\partial \bar{u}}{\partial t} + \gamma \bar{u} \qquad (7-41)$$

式中,γ 为等效壁面阻力系数;$\bar{u}$ 为孔中平均振速。

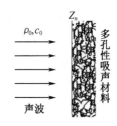

图7-7 多孔性吸声材料的平面波波阻抗

若把单位截面所含孔的面积定义为多孔性材料的含孔率(记 σ_0)且 Q 为单位截面上介质的体积速度,则有 $Q = \sigma_0 \bar{u}$,代入式(7-41)得

$$-\frac{\partial p}{\partial x} = \frac{\rho_0}{\sigma_0} \frac{\partial Q}{\partial t} + \frac{\gamma}{\sigma_0} Q \qquad (7-42)$$

若为谐和声波,有 $\frac{\partial}{\partial t} = j\omega$,则

$$-\frac{\partial p}{\partial x} = \frac{\rho_0}{\sigma_0} j\omega Q + \frac{\gamma}{\sigma_0} Q = \frac{\rho_0}{\sigma_0}\left(1 - j\frac{\gamma}{\rho_0\omega}\right)\frac{\partial Q}{\partial t} = \rho'^* \frac{\partial Q}{\partial t} \qquad (7-43)$$

式中,$\rho'^* = \frac{\rho_0}{\sigma_0}\left(1 - j\frac{\gamma}{\rho_0\omega}\right)$。考虑结构后(例如,盲孔、孔径变化、弯曲等),有结构修正因子 s,则有 $\rho^* = s\rho'^*$。所以,多孔性材料孔中的介质运动方程为

$$-\frac{\partial p}{\partial x} = \rho^* \frac{\partial Q}{\partial t} \qquad (7-44)$$

(2)多孔性材料中的介质的连续性方程

因为 $\frac{\partial \rho}{\partial t} = -\rho_0 \frac{\partial \bar{u}}{\partial x}$,并且 $Q = \sigma_0 \bar{u}$,所以连续性方程为

$$\sigma_0 \frac{\partial \rho}{\partial t} = -\rho_0 \frac{\partial Q}{\partial x} \qquad (7-45)$$

(3)多孔性材料中的介质的状态方程

$$\frac{\partial p}{\partial t} = c_0^2 \frac{\partial \rho}{\partial t} \qquad (7-46)$$

式中,$c_0^2 = \frac{\partial p}{\partial \rho}\bigg|_{多孔性材料中声波的热力学过程}$。

由式(7-44)、式(7-45)、式(7-46)可得

$$\frac{\partial^2 Q}{\partial t^2} = \tilde{c}_0^2 \frac{\partial^2 Q}{\partial x^2} \qquad (7-47)$$

式中,$\tilde{c}_0^2 = c_0^2 \dfrac{1}{s\left(1 - j\dfrac{\gamma}{\rho_0\omega}\right)}$。

由式(7-47)可得无穷大区域中多孔性材料中的谐和平面行波函数为

$$Q(x,t) = Q_0 e^{j(\omega t - \tilde{k}x)} \tag{7-48}$$

式中，$\tilde{k} = \dfrac{\omega}{c_0 \sqrt{\dfrac{1}{s\left(1-j\dfrac{\gamma}{\rho_0\omega}\right)}}}$。

因此，振速为

$$\tilde{u} = \frac{Q}{\sigma_0} = \frac{Q_0}{\sigma_0} e^{j(\omega t - \tilde{k}x)} \tag{7-49}$$

又因为 $-\dfrac{\partial p}{\partial x} = \rho^* \dfrac{\partial Q}{\partial t}$，所以声压函数为

$$\tilde{p} = -\rho^* \int \frac{\partial Q}{\partial t} dx = -\rho^* \frac{Q_0}{\sigma_0} \cdot \frac{j\omega}{-j\tilde{k}} e^{j(\omega t - \tilde{k}x)} = \rho^* \tilde{c} \frac{Q_0}{\sigma_0} e^{j(\omega t - \tilde{k}x)} \tag{7-50}$$

所以多孔性材料中的平面行波波阻抗：

$$Z_a = \frac{\tilde{p}}{\tilde{u}} = \rho^* \tilde{c}_0 \tag{7-51}$$

式中，$\rho^* = \dfrac{s\rho_0}{\sigma_0}\left(1-j\dfrac{\gamma}{\rho_0\omega}\right)$；$\tilde{c}_0^{\,2} = c_0^2 \dfrac{1}{s\left(1-j\dfrac{\gamma}{\rho_0\omega}\right)}$。

3. 多孔性材料界面的吸声系数

将所得上式推用至半无限多孔性介质的平面表面，可得半无限多孔性介质表面的法向声阻抗率为

$$Z_n = \frac{\tilde{p}}{\tilde{u}}\bigg|_{\text{界面}} = \rho^* \tilde{c}_0 \tag{7-52}$$

如果半无限空间介质的特性阻抗为 $\rho'c'$，且多孔性材料的孔中所充介质就是半无限空间中的介质，所以比阻抗为

$$\frac{Z_n}{\rho'c'} = \frac{\rho^* \tilde{c}_0}{\rho'c'} = \frac{s}{\sigma_0}\left(1 - j\frac{\gamma}{\rho_0\omega}\right)\sqrt{\frac{1}{s\left(1 - j\dfrac{\gamma}{\rho_0\omega}\right)}}$$

$$= \frac{1}{\sigma_0}\sqrt{s\left(1 - j\frac{\gamma}{\rho_0\omega}\right)} \xrightarrow{\frac{\gamma}{\rho_0\omega} \ll 1} \frac{\sqrt{s}}{\sigma_0}\left(1 - j\frac{\gamma}{2\rho_0\omega}\right) \tag{7-53}$$

由前节公式，可得界面的声压反射系数的模值 $|R|$ 和吸声系数 α。

7.2.4 谐振腔式吸声结构

均匀弹性吸声材料和多孔性吸声材料在中、高频率范围内具有较好的吸声效果，并不

适用于低频段。在低频段通常采用谐振腔式吸声结构来达到较好的吸声效果。

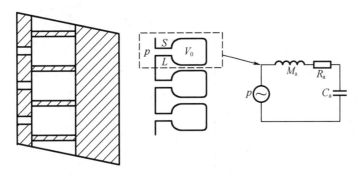

图 7-8　亥姆霍兹谐振腔

如图 7-8 所示,亥姆霍兹谐振腔腔体的声容值为 $C_a = \dfrac{V_0}{\rho c^2}$,细管的声感值为 $M = \dfrac{\rho L}{S}$,细管的声阻值 $R_a = \dfrac{8\pi\mu' L}{S^2}$,因此图 7-8 所示的声电类比图中的声阻抗为

$$Z_{a1} = \frac{\tilde{p}}{\tilde{V}_1} = R_a + j\left(\omega M - \frac{1}{\omega C_a}\right) \tag{7-54}$$

式中,$\tilde{p}$ 是加在界面上的复声压;$\tilde{V}$ 是管口处介质的复体积速度。

若单位面积界面所含孔德面积为 σ_0(含孔率),$n = \dfrac{\sigma_0}{S}$(单位面积界面所含谐振腔的数目)则,单位面积界面上的介质平均体积速度为 $n\tilde{V}$,单位面积界面上的平均声阻抗为 $Z_a = \dfrac{\tilde{p}}{n\tilde{V}_1} = \dfrac{1}{n}Z_{a1}$,因此界面上的法向声阻抗率为

$$Z_n = \frac{\tilde{p}}{\tilde{u}_n} = \frac{\tilde{p}}{n\tilde{V}_1} = \frac{1}{n}Z_{a1} \tag{7-55}$$

单位面积界面如图 7-9 所示。

因此界面的阻抗比:$\dfrac{Z_n}{\rho c} = \dfrac{Z_{a1}}{\rho cn}$,代入前节公式,可求的界面的 $|R|$ 和吸声系数 α。

因为 $Z_{a1} = \dfrac{\tilde{p}}{\tilde{V}_1} = R_a + j\left(\omega M - \dfrac{1}{\omega C_a}\right)$,所以当 $\omega = \omega_0 = \sqrt{\dfrac{1}{MC_a}}$ 时,有

$$\begin{cases} |Z_{a1}(\omega)|_{\min} = R_a \\ |V_1(\omega)|_{\max} = \dfrac{1}{R_a} \end{cases} \tag{7-56}$$

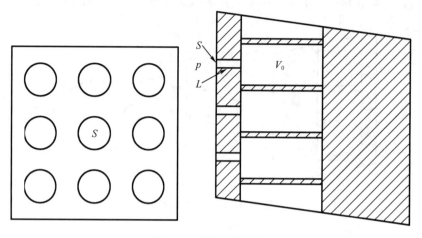

图 7-9　单位面积界面

　　同样声压幅值，ω_0 频率下的振速幅值最大，ω_0 频率附近的频段 $\Delta\omega$ 内振速幅值较大，界面对声波有相对较大的吸收。

　　上述计算模型，没有考虑腔和腔之间的作用，没有考虑介质和内壁面对声波的吸收，没有考虑管口的二次辐射阻抗，管口间的互辐射阻抗。

参 考 文 献

[1] 何祚镛,赵玉芳.声学理论基础[M].北京:国防工业出版社,1981.

[2] 杜功焕,朱哲民,龚秀芬.声学基础:上册[M].上海:上海科学技术出版社,1981.

[3] 杜功焕,朱哲民,龚秀芬.声学基础:下册[M].上海:上海科学技术出版社,1981.

[4] 马大猷.现代声学理论基础[M].北京:科学出版社,2004.

[5] 莫尔斯 P M.振动与声[M].南京大学《振动与声》翻译组,译.北京:科学出版社,1974.

[6] 杨士莪.声学原理概要[M].哈尔滨:哈尔滨工程大学出版,2015.

[7] 陈文剑,张揽月.MATLAB 在声学理论基础中的应用[M].哈尔滨:哈尔滨工程大学出版社,2016.

[8] KINSLER L E, FREY A R,COPPENS A B,et al. Fundamentals of Acoustics[M].4th ed. New York:John Wiley & Sons,1999.

[9] HALL D E. Basic Acoustics[M]. New York:Harper & Row Publishers,Inc. ,2002.

[10] SETO W W. Theory and Problems of Acoustics [M]. New York:McGraw–Hill Book Company, 1971.

[11] 汤渭霖.用物理声学方法计算非硬表面的声散射[J].声学学报,1993,18(1):45-53.